普通高等教育"十三五"规划教材

物理化学实验

同济大学　浙江大学　合编

许新华　王晓岗　王国平　主编

·北京·

《物理化学实验》分为上、中、下三篇，上篇是实验相关知识，包括"致学生——物理化学实验的课程要求和注意事项""实验数据处理与分析"和"科学数据分析与绘图软件在物理化学实验中的应用"三章，第1章着重介绍了编者的物理化学实验教学理念，第2章着重于误差分析，第3章着重于Origin软件的实用技术。中篇和下篇分别是基础型实验和拓展型实验，包括A类实验（基础型实验）21个和B类实验（拓展型实验）12个，共计33个实验项目。每个实验项目由实验简介、理论探讨、仪器试剂、安全须知和废弃物处理、实验步骤、数据处理与结果分析、讨论与思考及附（若有）构成。

《物理化学实验》对一些经典实验项目的实验设计和理论探讨进行了拓展，对实验技术的学习提供了多层次指导和训练，强调科学数据处理软件的应用，尝试在教学实验中模拟科学研究过程。采用全彩色印刷，绘图精美，生动逼真地展现了化学实验的多姿多彩。

《物理化学实验》可作为高等院校尤其是工科院校化学及近化学类专业的物理化学实验教材，也可以作为化学类专业基础化学实验教材和化学工作者的参考书。

图书在版编目（CIP）数据

物理化学实验/许新华，王晓岗，王国平主编. —北京：化学工业出版社，2017.8
普通高等教育"十三五"规划教材
ISBN 978-7-122-29979-6

Ⅰ. ①物… Ⅱ. ①许… ②王… ③王… Ⅲ. ①物理化学-化学实验-高等学校-教材 Ⅳ. ①O64-33

中国版本图书馆CIP数据核字（2017）第141349号

责任编辑：刘俊之　　　　　　　　　文字编辑：刘志茹
责任校对：吴　静　　　　　　　　　装帧设计：关　飞

出版发行：化学工业出版社（北京市东城区青年湖南街13号　邮政编码100011）
印　　装：高教社（天津）印务有限公司
787mm×1092mm　1/16　印张24½　字数628千字　2017年10月北京第1版第1次印刷

购书咨询：010-64518888（传真：010-64519686）　　售后服务：010-64518899
网　　址：http://www.cip.com.cn

凡购买本书，如有缺损质量问题，本社销售中心负责调换。

定　价：79.00元　　　　　　　　　　　　　　　　　　　　　　版权所有　违者必究

前言

本教材从酝酿写作计划到今天完成书稿,已历时6年了。说实话,编写一本物理化学实验的教材是需要勇气的,虽然编者都是从事物理化学实验教学逾二十年的一线教师,但是面对国内各高校优秀教师们编写的上百个版本各具特色的物理化学实验教科书,仍然有无从下笔之感。对于物理化学实验,我们还有多少新"货色"可以提供给同行和学生呢?

一切的教学成果都来自于教学一线的实践,教材也不例外。当编者们还是一群"青椒"的时候,也曾一度"唯书本是从",在实验教学中严格按照选定教材的内容、方法和教学理念去指导学生。记得有一个经典的物理化学实验项目——溶液表面吸附的测定(参见本书A18),实验原理是吉布斯等温吸附方程,其中最大吸附量的推算采用朗格缪尔吸附等温式变形的双倒数直线方程。但是在测量乙醇水溶液体系时,很多学生都得不到满意的线性拟合结果,编者当年将这种情况一律归之于学生实验完成质量差,并给予他们低等级成绩。学生都有些失落,因为他们觉得实验的重现性是不错的,数据计算也是经过仔细核对的,应该是实验本身有问题。编者当年可是拿出了好几本不同的物理化学实验教材,以此证明实验方法是得到公认的,将他们打发了事。后来在教学中偶然翻到 E. A. Guggenheim 研究乙醇水溶液表面吸附的经典论文,才发现该实验体系根本不符合朗格缪尔吸附等温式。对此,编者至今对那些学生怀有深深的歉意,同时也促使编者不断考虑究竟应该如何组织和编写一本物理化学实验教材。

结合多年一线教学体会,本教材主要在以下几个方面做了新的尝试。

第一,对一些经典实验项目的实验设计和理论探讨进行了拓展。

以燃烧热测定实验项目为例(参见实验A1),常规教学中一般要求学生由实测数据直接计算有机物的恒容燃烧热和恒压燃烧焓,本教材增加了实验数据的校正内容,包括温度校正、液体物质的压力校正和气态物质的理想气体状态校正,最后得到25℃时物质的标准生成焓数据。通过这种实验设计,使学生知道物质的实际状态与标准状态的差别和联系,从而加深对标准热力学函数等抽象概念的理解。除实验A1外,实验A4、A5、A6、A9、A13、A14、A17、A18和A19等也进行了类似的实验设计拓展。

第二,对实验技术的学习提供了多层次指导和训练。

教材在实验A7、B3和B4中,集中研究合金相变问题,分别采用热分析、差热分析和扫描电子显微镜等技术,逐步将研究内容由宏观拓展到微观;在实验A3、B6、B9和B10中,采用差热分析技术,分别研究化学反应、简单体系相图、复杂体系相图和热动力学过程,展示了同一实验技术在不同研究工作中的运用方式;实验B3和B7则是训练学生组装与改造商品化实验仪器用于特殊研究目的等。本教材中许多实验项目在实验技术方面都存在一定的内在联系和分层递进关系。

第三,强调科学数据处理软件的应用。

教材上篇重点介绍数据分析理论和方法以及Origin软件的应用，所用案例全部来自于学生的物理化学实验报告。同时，在许多实验项目中要求学生使用相关科学数据处理软件进行误差统计、科学绘图和回归分析。以此培养学生正确处理实验数据和分析实验结果的能力。

第四，尝试在教学实验中模拟科学研究过程。

编者通过重新整理各实验项目的原始文献，追溯其由研究性课题到基础实验项目的演化路径，尽量展示其内在的科学研究特征。比如实验A13用非线性拟合法进行蔗糖酶催化转化反应动力学测定、实验A19由临界胶束浓度推算胶束热力学性质、实验B5测定生成化合物的二组分固液平衡相图、实验B10差热分析-光谱技术联用测定熔盐相变等。同时，在有些实验的讨论与思考中引入实验相关的经典文献阅读与分析等内容，并在按照科学论文格式撰写实验报告、文献查阅方法、科学道德诚信、实验室安全等方面编写了指导内容。

通过以上的工作，编者希望学生从准备实验开始，通过实验操作、结果分析，直至实验报告的撰写，在每一个物理化学实验项目的完成过程中经历一次模拟科学研究项目的训练。

本教材分为上、中、下三篇：上篇是实验相关知识，中篇和下篇分别是基础型实验和拓展型实验。上篇包括"致学生——物理化学实验的课程要求和注意事项""实验数据处理与分析"和"科学数据分析与绘图软件在物理化学实验中的应用"三章，其中第1章着重介绍了编者的物理化学实验教学理念，第2章着重于误差分析，第3章着重于Origin软件的实用技术。中篇包括基础型实验21个，下篇包括拓展型实验12个，共计33个实验项目，每个实验项目由实验简介、理论探讨、仪器试剂、安全须知和废弃物处理、实验步骤、数据处理与结果分析、讨论与思考及附（若有）构成。

本教材所选的实验项目绝大部分都能够在一个实验班规模上进行实验教学，并针对4课时和8课时实验教学分别设计了实验内容，以满足工科实验教学和理科实验教学的不同要求。教材涉及的实验仪器以常规类型为主，部分物理化学实验仪器原理和操作介绍附于相关实验之后，或给出了相应仪器公司的网址。教材没有选入一些常见于各类实验教材中的物理化学实验项目，因为这些项目涉及中、高级的大型仪器，如傅里叶变换红外光谱仪、X射线衍射仪、核磁共振波谱仪、全自动表面吸附仪等，当前不可能满足人手（或人组）一套的实验条件，容易造成实验教学中一人动手、全体"围观"的状态，不符合我们一贯倡导的学生全体、全程动手实验的教学理念。此外，教材没有编制实验技术和标准数据等内容，因为在当今互联网资源极其丰富的背景下，学生可以、而且应该能够获得实验所需的各种资料，而查阅文献寻找准确可靠的参考数据以及对实验方法进行比较和研究，也是学生完成科学研究训练的基本内容之一。

本教材由同济大学化学科学与工程学院的许新华、王晓岗和浙江大学化学系的王国平整理编写，其中王晓岗编写了实验A7、A8、A9、A11、A12、B2、B3和B11，王国平编写了实验A10、A13、A14、A21、B1和B7，其余部分由许新华编写（实验B12由韦广丰博士提供）。本教材许多内容是在同济大学化学科学与工程学院（原化学系）物理化学教研室和浙江大学化学实验教学中心长期的实验教学改革实践基础上凝练成形的，同济大学教务处、实验室与设备管理处对本书的编写出版给予了大力支持，在此谨向他们表示衷心感谢。

由于编者水平有限，教材中各种缺点以及实验安排的不合理之处在所难免，这些问题概由编者负责，恳请同行和学生批评指正（联系邮箱：xxh01@tongji.edu.cn）。

编者

2017年3月

目 录

上篇　物理化学实验基础知识

第1章　致学生——物理化学实验的课程要求和注意事项 ... 2

1.1　准备实验 ... 2
1.2　进行实验 ... 3
1.3　完成实验 ... 4
1.4　文献资料和文献数据 ... 5
1.5　实验诚信与道德 ... 6
1.6　实验室安全 ... 7

第2章　实验数据处理与分析 ... 9

2.1　数值计算与数据表达 ... 9
2.2　数据和结果的不确定性 ... 11
2.3　随机误差统计处理的基本概念 ... 15
2.4　个体标准不确定度的估算 ... 20
2.5　合成标准不确定度：误差传递 ... 31
参考文献 ... 38

第3章　科学数据分析与绘图软件在物理化学实验中的应用 ... 39

3.1　数据输入 ... 39
3.2　图线绘制 ... 41
3.3　线性拟合 ... 45
3.4　图形输出 ... 48
3.5　在已有图形中添加曲线 ... 50
3.6　多坐标图和图层叠合技术 ... 52
3.7　非线性拟合 ... 57
3.8　信号处理 ... 65
3.9　峰的拟合与分析 ... 68

3.10 特殊图线的处理与绘制……74

中篇　基础型实验

A1　氧弹量热法——固体有机物生成焓的测定……86
　　附　热电阻温度传感器……95
A2　溶解热的测定……97
A3　差热分析……104
　　附　恒温控制原理……110
A4　纯液体饱和蒸气压的测定……120
A5　凝固点降低法测定溶质的摩尔质量……124
A6　二元溶液的气液平衡……133
　　附　折射率和阿贝折光仪……139
A7　二组分合金体系液固平衡相图的绘制……144
A8　正戊醇-乙酸-水三元体系等温等压相图的绘制……149
A9　电解质溶液电导率的测定……156
　　附　电导率仪和电导池常数的标定……162
A10　希托夫法测定离子的迁移数……166
　　附　铜离子标准溶液的配制和铜离子浓度的分光光度法测定……172
A11　原电池电动势的测定……173
　　附　SDC-Ⅱ数字电位差综合测试仪……179
A12　建筑钢筋在混凝土模拟液中的腐蚀行为……181
A13　旋光度法测定蔗糖酸催化转化反应的速率常数……187
　　附一　旋光度和旋光仪……193
　　附二　变旋过程对旋光度法测量蔗糖转化反应速率的影响分析……199
A14　电导法测定乙酸乙酯皂化反应速率常数……202
　　附　溶液电导率与浓度的关系……206
A15　一级可逆-连续反应动力学：谷胱甘肽还原Cr（Ⅵ）……209
　　附　一级可逆-连续反应动力学方程推导……216
A16　蔗糖酶催化蔗糖转化反应……220
A17　特性黏度法测定聚（乙烯醇）高分子链结构……226
　　附　水的黏度系数……235

A18	溶液表面吸附的测定	237
A19	十二烷基硫酸钠胶束的热力学性质测定	245
A20	溶液法测定极性分子的偶极矩	251
	附一　PGM-Ⅱ介电常数实验装置使用说明	262
	附二　电容池底值 C_d 的测量方法	263
	附三　极性分子平均摩尔取向极化度的计算	263
A21	配合物磁化率的测定	265
	附　磁学物理量和磁学单位	274

参考文献 ... 278

下篇　拓展型实验

B1	简单离子晶体的晶格能与水合热测定与计算	280
	附　关于电学公式中国际单位制与高斯单位制的换算问题	284
B2	混合熵的测定	286
B3	简易差热分析装置组装及二元合金相变过程的测定	293
	附　热电偶温度计	300
B4	扫描电子显微镜对二元合金相结构的观察与分析	305
B5	苯酚-叔丁醇固液平衡相图的绘制	314
B6	差热分析法测定 $NaNO_3$-KNO_3 固液平衡相图	318
B7	简易流动色谱法BET装置测定固体物质比表面积	326
B8	酶反应——α-糜蛋白酶催化有机酯水解反应动力学	335
B9	热动力学分析：固体分解反应活化能的测定	345
B10	差热分析-拉曼光谱联用测定液固相变	352
B11	循环伏安法测定电极过程动力学参数	362
B12	H_2 分子在 Ag（111）表面势能面的构建	375

参考文献 ... 382

元素周期表 ... 383

上篇

物理化学实验基础知识

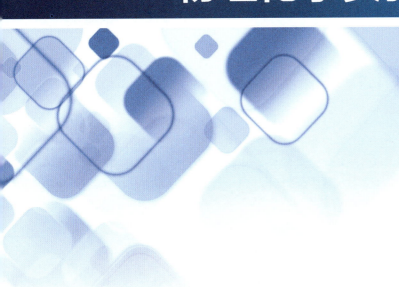

第1章

致学生
——物理化学实验的课程要求和注意事项

在所有化学专业实验中，物理化学实验综合程度高，实验技术多样，实验组织安排复杂，实验数据处理和结果分析要求精细。每一个物理化学实验项目的完成，都可以看作一个模拟科研工作，你们将经历实验前的预案准备，实验中的操作测量，以及实验后的数据处理和结果讨论，并撰写完成实验报告。虽然大部分类型的化学实验课程都能够列出类似的教学过程，但是物理化学实验绝对与你们曾经完成的其他实验课程不同，因为通过实验，我们希望同学们能够在思维方式和行为举止上向科学家或者工程师的要求靠拢，尽管各位的研究能力还需要后续学习进一步磨炼。因此，物理化学实验课程将会提出很高的要求，请仔细阅读下面的文字。

1.1 准备实验

虽然大部分实验都是可以由个人独立完成的，但是物理化学实验的标准安排是2人一组合作完成，若选课人数过多，也可能偶尔出现3人一组的情况。实验小组就是一个团队，这种组织形式提供了实验者相互协作、分工，合理安排实验进程，以及有价值地相互讨论的机会。合作者的交流、提醒、评论甚至批评，对于我们自身都是一面镜子，可以用来自省。实验分组将根据教务处选课系统的名单进行，一般不鼓励自行组合（开放实验除外），因为在实际工作中，有时我们也是无法预先挑选搭档的，希望大家能够适应。

在到实验室进行相关实验之前，请仔细阅读该实验的资料。准备一个实验笔记本，将预习实验的内容写在实验记录本上。很多时候，物理化学实验课程与理论教学并不同步，甚至实验课程的内容超前于理论教学，但是这并不影响你顺利完成实验，须知实验教学也是学习物理化学的一条重要途径，其功能和作用与理论课听讲和完成作业是一样有效的。在这种情况下，物理化学实验的预习重点是实验方法、仪器操作和实验步骤，这些内容即使没有学习过相关课程的理论和原理，也能够通过阅读实验资料弄明白，换句话说，实验预习重点在于弄清楚实验怎么做，测量哪些物质的什么性质等等。**作为预习是否有效的一个检验标准，请设想你在进入实验室时只携带了实验笔记本，没有携带任何其他有关实验的书面或电子资料，你的预习内容必须能够帮助你完成整个实验工作。**

请按上述要求完成每个实验的预习工作，我们将抽取部分实验项目，规定除实验笔记本外，不得携带任何实验资料进入实验室，以强化实验训练。

1.2 进行实验

做任何事情都需要天赋，做实验也不例外，就像弹钢琴或者踢足球一样。不可否认，有极少部分学生完全没有实验细胞，最后只能去从事理论工作。但是，绝大部分学生是能够学会实验的技能，进而体会到实验工作的乐趣的，当然需要经常进行练习，由简到繁，由易到难，就像弹钢琴或者踢足球也得天天训练一样。

实际进行的实验过程可能与你的预习内容有所差别，比如仪器的型号改变了，指导教师调整了试剂的浓度或数量，实验内容增加或减少了，等等。应该在实验笔记本上据实完整地记录实验者在实验室中所做的全部工作。实验笔记本是实验室与外部世界之间的纽带，是你进行实验观察的原始记录，对实验笔记本内容的核心要求是完整性和可理解性，而不是优雅美观、组织严密，检验实验笔记本是否合格的标准是：任何经过训练的人员都能够根据这个记录，重复完成这个实验。注意不要将"实验笔记本"与"最终实验报告"混为一谈，实验笔记本不是实验报告，它只提供你得出结论及组织撰写最终报告的信息。

请记住，没有实验笔记本的实验科学家是不称职的。实验笔记本及其记录有以下要求。

① 使用带封皮的软脊本子或者硬面抄，以便任何一页都可以平摊在桌面上，不要使用页面容易脱落的本子（如活页夹等），页面上最好有印刷的页码和宽度合适的横格线，横格线可以方便数据排列，也能够方便在笔记本上绘制实验曲线草图。

② 用黑色墨水笔进行记录。错误的记录用单线划除，不要用墨团涂黑，在错误记录旁边应注明更改记录的理由。

③ 将姓名、学号及实验安排表布置在笔记本的前几页中。

④ 从第一个实验记录开始，笔记本不要空页（实验记录完成除外），每个实验的记录从新的一页开始，**单面记录**，在新实验开始页的右上角写上实验日期及合作者，每页的记录不要过于拥挤。

⑤ 每个实验笔记的开头部分应简要总结实验的目的、原理，并简单勾勒实验装置的图样，篇幅不超过16开本子的半页。

⑥ 与实验相关的所有信息（数据、计算、注释语、评论、文献来源、草图等）均应记录在案，比如温度变化波动的幅度、试剂配制的方案、使用仪器的型号规格等；当离开主要实验位置进行其他操作（如称量、配制溶液），应随身携带实验笔记本，不要将测量数据记录在其他纸片上，然后再抄写到实验笔记本上。

⑦ 所有原始数据应当场记录，不要事后补记，所进行的计算过程也应清晰明了地书写在笔记本上。物理化学实验中，往往需要测量变量之间的一系列关系，比如温度与压力的关系等，此时应在实验过程中将已经测出的数据按要求**即时**在笔记本或坐标纸上画出草图，不要等到实验完成后再进行这些工作。实验不应盲目进行，即时作图可以帮助发现实验中可能存在的问题；当然，也应防止已有的实验结果误导你的观察。若用坐标纸画草图，坐标纸应粘贴在记录本相应部位。

⑧ 采用计算机记录时，应将数据保存路径记录在案。所有计算机记录与处理的实验数据一律上传至化学实验中心网站的专用数据库中，实验后可以通过网络下载使用。**实验室所有联网计算机的USB接口全部禁用，防止病毒侵入，请自觉抵制U盘等移动数据载体接入实验室计算机。**

⑨ 如果实验小组的实验数据记录在一个实验笔记本上，其他成员可以采用复写、复印

或者拍照方式转录实验数据，不要采用誊抄方式，以免引起抄录错误，复印或打印件请粘贴在实验记录本上。

⑩ 实验完成后，指导教师会在该实验记录的最后一页签字。

物理化学实验会涉及许多仪器，请爱护使用，以保证其他实验班同学也能正常完成实验。请注意预先学习相关仪器的知识，准确学习指导教师的示范讲解，并像对待自己的数码产品一样对待实验仪器。实验过程中发现仪器不能正常进行测量的，及时与指导教师沟通解决。

1.3 完成实验

实验工作的重点在做完实验以后才真正开始，这就是处理实验数据，撰写实验报告。你是仅仅提交了一份学生实验报告，还是进行了一次科学论文的写作训练，抑或你是仅仅给出了实验的结果，还是进行了一次模拟科研工作，都取决于你如何完成这个阶段的任务。请记住，我们希望各位是能够成为科学家和工程师的，所以请按照这个标准来要求自己。

（1）实验课程完成要求

① 每个实验都要提交实验报告；

② 实验报告的提交时间是下一次实验时，最后一次实验的报告于考核时提交；

③ 每个实验都是两人合作，但是实验报告必须独立完成，并分别提交；

④ 每个同学准备一个实验笔记本，并独立完成实验预习和实验记录，实验结束后交教师签阅。参加每个实验前应预习相关内容，并将实验要点记录在实验记录本上，没有预习记录的同学不能参加当次实验，且该实验评分为0。

⑤ 实验笔记本于最后一次提交实验报告时一并上交。

（2）实验课程评分标准

    实验和实验报告   70%
    测试考核   20%
    实验笔记本   10%

若实验课程中未安排测试考核，第一部分"实验和实验报告"占85%，第三部分"实验笔记本"占15%。

（3）实验报告的要求

评价一个实验工作的水平主要依靠所写作的书面报告的内容和质量。事实上，科学事业的进步主要也是依靠书面信息的交流，只有将实验结果准确恰当地报道出来，一个实验工作才算完成。这类报告必须很好地组织文字，使之具有可读性，以保证不熟悉该实验的人能够根据报告所呈现的内容，对实验如何进行以及所获得的结果有清晰的了解。

科学实验的报告应努力使用科学写作文体和风格，而不是文学写作的文体与风格。语句通顺、用词准确、语法正确是基本要求。报告应简洁明了，实事求是，不含糊其辞。数学公式是科学报告中不可或缺的内容，应书写正确，并伴以足够清楚的文字说明。

实验报告及其图表的要求请参阅以下文献。

① 美国化学会科学论文写作指南：*The ACS Style Guide–A Manual for Authors and Editors.*

② 美国化学会《物理化学》期刊 "*The Journal of Physical Chemistry*（A）" 作者须知：*JPC Author Guide*，下载网址：http://pubs.acs.org/paragonplus/submission/jpchax/jpchax_authguide.pdf.

③ 中国化学会、北京大学主编《物理化学学报》征稿简则和论文模板，下载网址：http://www.whxb.pku.edu.cn/CN/column/column84.shtml。

④ Robinson M. S., Stoller F. L., Costanza-Robinson M. S., Jones J. K. *Write Like a Chemist–A Guide and Resource*. New York: Oxford University Press, Inc., 2008.

⑤ 罗伯特·戴，巴巴拉·盖斯特尔. 如何撰写和发表科技论文（第六版，影印版）. 北京：北京大学出版社，2011.

实验报告是文字、图、表的混合体，应呈现为一种连续的信息流。报告中图表均应编号，并在文字部分引用这些编号，必须注意到报告文字部分的一个重要内容就是介绍这些图表的内容，以使读者明了其含义。为保证阅读的连贯性，段落或句子不要以符号、数字或图表等元素开头。报告应基本按逻辑顺序排列相关内容：实验原理和方法，所获实验数据，计算的结果和对结果的讨论等。短表和简图可以直接插入报告相应位置，长表和正规图谱可在报告最后另外附页。

实验绘图建议使用专业科学绘图和计算软件，如 Excel、Origin 等。

实验报告的文字风格应清晰简单，一般不以第一人称写作。报告要求用中文撰写，请注明实验合作者，每份实验报告请附加200字以内的中、英文摘要及关键词，鼓励用全英文撰写实验报告。

实验报告手写稿和打印稿均可提交，若为打印稿请将电子版同时在课程网站提交。手写稿请使用专用实验报告纸，单面书写；打印稿请使用A4纸单面打印，格式要求参见上述文献③。

实验报告最重要的问题是原创性，从教科书、书面材料或其他人的报告中复制、影印或者抄写大段内容是禁止的行为，包括实验原理、方法部分的写作也是如此。直接引用文献内容应加标引用号，并注明文献出处。实验教材关于实验原理和仪器方法的详细解释是帮助你们学习和完成实验的，不是用于抄写到实验报告中的，这些内容应在实验报告中做出简单的归纳叙述。

再次重申：虽然实验是合作完成的，但是实验报告和实验笔记本均必须独立完成。鉴于每个人的观察角度与行文方式的独特性，不可能有两份雷同的实验报告及记录。显系拷贝的材料将被退回重写，并扣除相应的30%评分；再次提交仍然不合格的，该实验评分为0。拷贝实验小组外其他成员材料的，该实验直接评定为0分。

1.4 文献资料和文献数据

物理化学实验涉及的文献资料和文献数据可以通过以下途径查询。

① David R. L., ed., *CRC Handbook of Chemistry and Physics, Internet Version 2005*, <http://www.hbcpnetbase.com>, CRC Press, BocaRaton, FL, 2005.

CRC物理化学手册。

② Speight J. G., ed., *Lange's Handbook of Chemistry*（16th edition），McGraw-HillCo., Inc., NY, 2005.

兰氏化学手册。

③ https://www.nist.gov/services-resources

美国国家标准局网站，"服务-资源"分项。在其中的数据"Data"栏目中，与物理化学实验内容相关的文献数据有以下几个部分：

化学 http://webbook.nist.gov/chemistry/

物理学 https://www.nist.gov/pml/productsservices/physical-reference-data，物理学常数和国际单位制规则可以在这里查询。

标准参考数据 https://www.nist.gov/srd

④ https://iupac.org/what-we-do/journals/ 和 https://iupac.org/what-we-do/databases/

国际纯粹与应用化学联合会期刊与数据库。

⑤ http://aip.scitation.org/toc/jpr/current

美国物理学会（AIP）期刊：Journal of Physical and Chemical Reference Data，发表各种物理化学性质及参数。

⑥ http://pubs.acs.org/

美国化学会（ACS）。与物理化学实验相关的期刊有：

Journal of the American Chemical Societ, JACS, 网址 http://pubs.acs.org/journal/jacsat

The Journal of Physical Chemistry, JPC, 网址 http://pubs.acs.org/journal/jpcafh，该期刊分为A、B、C三个子刊，可在上述网页上切换。

Journal of Chemical Education, JCE, 网址 http://pubs.acs.org/journal/jceda8

⑦ http://www.cas.cn/ky/kycc/kxsjk/index.shtml

中国科学院科学数据库。需注册后使用，与物理化学实验相关的有以下几个部分：

化学专业数据库 http://www.organchem.csdb.cn/scdb/default.asp

理化性能及分析数据库 http://www.chemicalphysics.csdb.cn/

⑧ http://www.cnki.net/

中国知网。国内期刊论文、毕业论文等资料。

物理化学实验报告中引用的文献及文献数据必须以权威数据库和公开发表的专业期刊论文为准，不允许使用百度等搜索引擎获得的网页内容。

1.5 实验诚信与道德

现实社会应该建立在互相信任的基础上，从看似很小的每天的日常活动到政治事务的决策，道德的引导作用都很巨大。然而不幸的是，这世界到处都是亵渎信任的例子，使得有时候很难区分对与错。

幸运的是，在实验室课程中很容易就能区分对与错，对不正当学术行为有很严厉的政策，我们设想所有参加课程的学生都有很严肃认真的目的，并希望他们对自己有很高的道德和诚信要求，能对自己的个人行为负责。欺骗、剽窃、未被授权的行动、故意干扰别人工作的完整性、编造篡改数据以及其他形式的学术上不诚实的行为被认为是严重的违规，将受到强制惩罚。

科学实验工作要求背景知识（我们为什么要做这个实验，我们要从中得到什么）、实验技术（我们怎样做）、科学道德规范（我们通过它提供的信息可以做什么，如果实验失败了怎么办，等等）。来到实验室的学生有各种动机，研究的动机、学习的动机、发现的动机，甚至是获得一个好的评分的动机。缺少动机是实验失败的一个主要原因，尤其是在实验室做实验的过程中。这种对动机的缺乏通常会伴随着后台准备的缺乏，对实验技术和流程的忽视，并且在某些情况下伴随着不道德行为。动机是个性化的东西，它不能由别人提供和教给你。另外，你做实验所需的背景知识可以通过学习得到，在实验的过程中可以学习实验技巧。良好的动机、足够的背景知识和熟练的实验技能是构成一个人科学道德行为的基础。

不道德科学行为有很多形式，比如编造数据和结果（造假）、篡改或是谎报数据和结果（歪曲）、使用他人的观点而没有给出适当的说明（剽窃）以及对科学和社会价值核心的攻击等等。这些不同形式的不道德科学行为导致了很多不同程度的后果，应视其违反道德的严重性而定。比如，抄袭同学的实验报告或是在考试中作弊会导致课程的失败，在科学杂志等出版物上的数据伪造将导致失去信誉名声，甚至对整个科学生涯的破坏，隐藏关键信息将导致大量的经济损失甚至生命的浪费。相关信息可以参阅以下文献：

① 美国国家科学学会，美国国家工程师协会，美国国家医学会. *On Being a Scientist–A Guide to Responsible Conduct in Research* (3rd Ed.). Washington D.C.: National Academies Press

②《同济大学研究生学术行为规范》《同济大学学生违反校纪校规处分条例》（因尚未有针对本科生的相关规范，以此对照参考）

挫折对每个学生或者是科学家来说都不陌生，第一次、第二次甚至有时第三次失败是很正常的事。有时实验中收集的数据并不能像我们想象中的一样给出解释，或是得到的物质并不会表现出我们想象的样子或性质。在这些情况下，什么行为是可以接受的，而什么行为是不可接受的呢？不去花时间重复一个失败的实验，甚至要忍受这个实验的反复失败，而去伪造拼凑数据，甚至是从同学那里抄袭数据可能会很诱人，有些人会争辩"这只是一份实验报告"，但是很显然上述不端正的态度将破坏学术系统的根基，应该很严肃地对待。好的科学行为的构建贯穿了一个科学家、医生、工程师、或是一个商人的整个形成过程，这适用于学术、工程、商业以及生活的各个方面。

同课堂学习不同的是，在实验室中的表现能够且一般都影响你的同学。想象一下，如果你很偶然地污染了一个试剂的溶液，而你的同学将在你之后使用它，你会不会通知你的指导教师，哪怕为此会失去一些得分？或是你保持沉默，而让同学用你污染的试剂继续进行实验？再比如你失手将有毒有害的物质（如汞）洒漏在实验室不为人注意的角落中，你会不会立即通知其他人注意并且花费时间进行仔细的清理？或是你仍然保持沉默，使这种无形的危害长期存在于公共实验室之中？有些情况下，采取不道德行为看上去是很容易摆脱困境的，而且有些学生认为他们可以很侥幸地逃脱惩罚。那当然不是理由，我们将尽我们所能保护那些为做好学术而诚实工作的学生所付出的努力。

1.6 实验室安全

化学实验会涉及各种类型的危险和危害，每一个进入化学实验室进行实验的人都必须意识到可能的安全问题。意识到安全问题是第一位的，因为一旦你觉察到某个实验过程蕴含的特定危险或危害，出于自我保护的本能，你将有足够的动力去防止这些问题发生。严重的危险常常来自于对问题的忽视或健忘。

以下强调几点实验室工作的基本安全原则，详细的安全规程可登录各自学校的安全管理网站查询，比如同济大学实验室安全教育与管理网的网址为：

http://shbc.tongji.edu.cn/sysaq/net/foreground/index.jsp

① 确定潜在的危险危害，并在实验开始前确认合适的安全操作程序。

② 了解安全设备和设施的位置和使用方法，如灭火器、报警装置、急救包、安全冲淋器、洗眼器、紧急出口等。

③ 对发现的不安全情况及时提醒，别人造成的事故同样可能对你自身造成损害。

④ 插入电源插头前检查电气设备，检查或更改电气线路前拔出电源插头，确保仪器没有任何暴露在外的高压电组件。

⑤ 不要用嘴将溶液吸入移液管。

⑥ 进入实验室必须始终穿着实验服，佩戴防护目镜和丁腈橡胶手套。

⑦ 禁止戴实验防护手套在实验室外游荡，接触电梯按钮、门窗把手、楼梯扶手、电话机等公共物品。

⑧ 以下人员不得进入实验室进行实验工作：披肩长发者、穿着裙子、短裤者、穿拖鞋、凉鞋、浅口鞋、高跟鞋者。

⑨ 遵守实验废弃物处理规则，将实验废弃物分别放入指定的回收容器中，不得随意丢弃或冲入下水道，以防止安全危害和环境污染。

⑩ 不要单独一人在实验室做实验。

⑪ 不要在实验室里饮食。

每个实验资料中都包括涉及的危险危害内容和注意事项。建议实验前通过材料安全性数据表（material safety data sheet，MSDS）查验相关安全信息。MSDS 是一个在化工领域被广泛使用的用来描述化学试剂和化学混合物的系统编录，MSDS 信息包含安全使用化学品的指引、潜在的可能由化学品引发的威胁，MSDS 应在使用化学品的任何地方找到。该数据库的官方网站为：https://www.msds.com。

在国内查阅 MSDS 相关数据有以下几种方法。

① 中国科学院科学数据库中有 MSDS 专项子库，网址 http://www.organchem.csdb.cn/scdb/main/msds_introduce.asp。

② http://www.flinnsci.com/msds-search.aspx，能够提供大部分实验室使用试剂的英语 MSDS 信息。

③ 比较权威的英语 MSDS 表格可以从 Sigma-Aldlich 公司的官方网站进行检索，网址为：http://www.sigmaaldrich.com/china-mainland.html。首先输入试剂名称（中文名称亦可）进行搜索，找到产品后在"文档与安全信息"中找到"安全技术说明书"，即为 MSDS 表格，可选择不同语言。

另外，一个比较有效的查阅 MSDS 数据的网站是：http://www.msdsonline.com/。该网站需免费注册后才能正常使用，在搜索栏中输入相应化合物的英文名称等就可以查询了。不过，英文名称搜索的结果涵盖面很大，包括该化合物的海量衍生物，如果想快速达到目标，建议输入物质的 CAS 号码或者商品序列号，这样可以有效缩小搜索范围。

建议查阅英文版 MSDS 信息，以确保获得信息的完整性。根据查阅获得的信息，考虑适当的防护措施。

第 2 章 实验数据处理与分析

一般来说,进行物理化学实验的目标是获得一个或几个数值结果。在记录测量数据与报告最终结果之间,必须进行一系列的数值计算,比如取平均值、平滑测量数据等,更多的时候,会用到由理论推导出的各种公式和方程。有些工作可以依靠手工计算完成(加上科学计算器),有些则必须依靠专业的数学计算和绘图软件,如 Excel、Origin 等。

当获得了感兴趣的数值结果时,对于实验数据的处理还没有结束,还必须评价数值结果的好坏,如果无法评价的话,则数值结果几近无用。对实验结果好坏的评价常归属于实验精确性或准确度的范畴,但是它实际上表达了实验结果的不确定性。如果把这个问题提到实验开始之前,那就是首先需要确定究竟希望获得一个多好的实验结果,而这一点将对实验的设计、仪器的选择以及个人做出的努力产生重大影响。

下面将就实验数值结果的计算、误差的产生与结果精确性两个方面进行讨论。

2.1 数值计算与数据表达

对测量数据进行数学计算的过程可以获得所希望的结果。在物理化学实验中,一般获得的实验数据都是一系列实验观测点 (x_i, y_i),而在自变量 x_i 与应变量 y_i 之间存在内在的数值运算关系。应变量 y 还可能是多个变量的函数,比如 y 可以是变量 x 和 z 的函数。运用数值计算可以把数据拟合成函数形式,比如在 x-y 图上通过实验点的最佳曲线 $y(x)$,或者在三维坐标系中绘制出的最佳曲面 $y(x, z)$。在此基础上,进一步的数值分析可以获得所需要的各种参数和结果。

2.1.1 有效数字

无论在文献中还是日常活动中,许多数值数据并不带有明确的不确定性说明。从定性的角度看,测量数据的不确定性可以用所取数值的位数来表达,而能够完全表达数值的准确度或精确度的数字称为有效数字(significant figures)。比如,数字 5632 和 2.079 都具有 4 位有效数字,而数字 5632000 和 0.0002079 则很难认定为是否具有相同的有效数字,因为前置或拖尾的数字 0 一般仅表示数字大小,与精确度没什么关系。为消除歧义,可以采用指数表示法处理拖尾的数字 0,比如 5.632×10^4 是四位有效数字,而 5.6320×10^4 是五位有效数字。在化学实验中,某些对数值(如 pH、pK 等)的有效数字位数仅取决于小数部分的数字位数,比如 pH=2.70 为两位有效数字。此外,如果一个数值的最大位数字大于等于 8,则有效数字位数可增加一位,比如 8.37 可以认为接近 10,为四位有效数字。

在记录和报告数值数据时，数字过少会导致有效信息的缺失，但是更普遍的错误是随意使用过多的有效数字，这会导致对数据准确度或精确度的误判。因此，在记录或报告数据时，应遵循以下有关有效数字处理的规则。

（1）数值的不确定性原则

数值的不确定性由有效数字的最后一位确定，有效数字最后一位的不确定范围为±3，或者更大，甚至可以扩展到有效数字的倒数第二位，一般认为倒数第二位的不确定范围不得大于±2。

（2）数字的取舍原则

① 若拟舍弃数字的最左边一位数字大于5，或等于5但右边数字不全为0，则最后一位拟保留数字加1，例如（绿色阴影部分数字为拟舍弃数字）

$$2.636 \to 2.64 \quad 45.2507 \to 45.3$$

② 若拟舍弃数字的最左边一位数字小于5，则最后一位拟保留数字不变，例如

$$0.45649 \to 0.456$$

③ 若拟舍弃数字的最左边一位数字等于5，且没有右边数字或右边数字全为0，则最后一位拟保留数字为奇数时加1，为偶数时不变，例如

$$63.435 \to 63.44 \quad 35.625 \to 35.62$$

2.1.2 计算的精确度

手工计算过程中往往要多保留一位或两位有效数字，而采用计算机或计算器时计算过程中的有效数字位数更多，因此在报告最后结果时必须恰当地调整数值的有效数字位数。

在加法运算中，结果的精确度不能大于计算涉及的所有数字中精确度最小的一个。一般来说，结果的小数点位数应该与这些数字中小数点位数最少的一个相同，例如

$$\begin{array}{r} 33.5 \\ +5.52 \\ +11.125 \\ \hline 50.145 \end{array} \to 50.1$$

两个数字相减产生出一个较小的结果，该结果的精确度不仅受限于这两个数字中精确度较低的那一个，其相对精确度还会远远低于这两个数字中的任何一个，例如

$$\begin{array}{r} 653.453 \\ -652.86 \\ \hline 0.593 \end{array} \to 0.59$$

两个数字中较小数字的相对不确定度为：±3/65286=±0.0046%，而结果的相对不确定度为：±3/59=±5%。运算过程中相对精确度的丧失是非常惊人的，而且当我们在使用计算机进行工作时，往往意识不到这一点。

在乘法中，结果的相对精确度不能高于所涉计算数值中的最小相对精确度，因此结果的有效数字位数大致等于所涉计算数值中最少的有效数字位数。在判断结果的有效数字位数时，应该意识到相对精确度不仅仅取决于此，比如数字999与数字1001的相对精确度其实是一样的。当对有效数字的位数存疑时，一般取较大的位数，例如

$$576 \times 642 \times 800.0 = 295833600 \to 2.96 \times 10^7$$

所涉计算数值中，相对精确度最小的是576，其不确定度为3/576=0.5%，而结果的不确定度为3/296=1.0%，这当然意味着结果具有更小的精确度。但是如果将结果取作3.0×10^7，则其

不确定度为3/30=10%，显然舍弃了过多的有效数字；如果将结果取作2.958×10^7，则其不确定度为3/2958=0.1%，结果的精确度过高。因此，该结果取三位有效数字较为合适。

除法适用同样的原理，例如

$$4.66\times\frac{0.124}{8.167}=0.07075303\rightarrow0.0707 \text{ 或者 } 0.071$$

所涉计算数值中，相对精确度最小的是0.124，其不确定度为3/124=2.4%。结果0.0707的不确定度为3/707=0.4%，显然相对精确度过高；而结果0.071的不确定度为3/71=4.2%，相对精确度虽有所降低但仍可接受。

由此可见，在乘除法中，不能仅根据计算所涉数值的有效数字位数决定结果的有效数字位数，还应该考虑相对精确度的变化。过多舍弃尾数可能导致精确度的大幅下降，但是保留更多的有效数字（有时即使仅仅多保留一位），也可能使结果的相对精确度超出规定的范围。

无论是代数运算还是抄录数据都可能发生错误，使用计算机程序或者计算器可以有效地避免代数运算过程中的错误，但是在输入、输出数据时仍然可能出错，因此对计算进行复核往往是必要的。进行计算复核的最好方法是以不同的方式进行重复计算，以验证是否能够得到相同精确度的结果，当处理实验数据时，同一实验小组的两个同学可以分别独立完成计算，然后进行交叉检验。

2.2 数据和结果的不确定性

本节讨论如何评价数据和计算结果的不确定性，将涉及随机误差/精确度和系统误差/准确度等概念，统计理论将用于分析随机误差，尤其重要的是将讨论误差的传递，即计算结果的总误差与各输入数据的已知误差或估算误差之间的关系。

实验室测量一般属于精密测量，即要求精细估计测量误差的测量。进行实验室测量的仪器设备必须具有一定的精度和灵敏度，测量过程应重复多次，以反映测量误差的存在和变化。测量完成后，应根据统计理论进行数据分析，计算出最佳结果，并精细估计测量误差。

测量可以分为直接测量和间接测量。直接测量是将被测量和标准量比较，直接获得被测量的方法，比如用游标卡尺测量物体的尺寸，或者用精密天平称量物质的质量等。间接测量时，被测量不能直接测得，而是通过被测量与直接测量值之间的函数关系间接获得，比如用游标卡尺直接测量圆柱体的直径后，通过计算可以间接得到该圆柱体的横截面积。

2.2.1 随机误差与精确度

当通过一种仪器获得数据时，可以先验地认为某个物理量在可测量数值范围内是连续的。比如可能使用一种能够连续读数的仪器，仪器表盘被用标线划分出刻度，习惯上，在读取数据时应估读至最小分度的五分之一或十分之一。一个具有正常感官的人在读取数据时会受限于可能产生的偏差（比如如何划分最小分度进行估读就是一种主观的行为），即使一个人在读数时具有超强的感官灵敏度，在任何特定的时刻所进行的测量还会受到不可预测的、随机的环境条件涨落变化的影响，比如温度变化、供电系统的电压起伏、设备的电子噪声以及机械振动等，这些因素都会导致仪器的响应发生改变。因此，重复的测量往往会得到不同的读数，这些读数会随机地分布在一个小范围内，可正可负，而且不会表现出在某个特定方向上偏离数据真实值的趋势。对于数字化的仪器，如果最小的数字输出增幅（一般是最后一个数位上的±1）小于预期的重复读数差异，则上述情况依然成立；反之，则说明仪器本身会造成测量误差，其精度可能无法保证测量的需要。总之，无论对于哪种类型的仪器，测量结果都受限于**随机误差**（random error），所谓测量数据的精确度（precision）就是对重复测量的重现性的表达，而测量的不确定度（uncertainty）可以归咎于随机误差。

对于不可避免的随机误差，实验观察者通常是对某个特定的物理量进行多次测量，然后取其平均值，以获得比单次测量结果更可靠的数据。一个实验变量 x 的 N 次测量的**平均值**定义为

$$\bar{x} = \frac{1}{N} \sum_{i=1}^{N} x_i \tag{2-1}$$

式中，x_i 是第 i 次测量的结果。

为了表示观察数据的离散程度，传统方法是采用**平均偏差**（average deviation），定义为

$$\bar{\Delta} = \frac{1}{N} \sum_{i=1}^{N} |x_i - \bar{x}| \tag{2-2}$$

虽然这种表示方法在手工计算方面具有简单性的优势，但是在计算机时代已无足轻重，而且平均偏差的大小对于数据的样本数非常敏感，这就限制了它在定量分析实验误差方面的应用。

在表征实验测量精确度时，与样本大小无关的参数是**方差**（variance），定义为

$$S^2 = \frac{1}{N-1} \sum_{i=1}^{N} (x_i - \bar{x})^2 \tag{2-3}$$

方差具有加和性，即不同来源的随机误差能够累加起来，这在概率计算上非常有用。方差也可以等价地表示为

$$S^2 = \frac{1}{N-1} \left(\sum_{i=1}^{N} x_i^2 - N\bar{x}^2 \right) = \frac{N}{N-1} (\overline{x^2} - \bar{x}^2) \tag{2-4}$$

在使用计算器或计算机时，方程（2-4）比较方便应用。

方程（2-3）或方程（2-4）中的分母（$N-1$）称为"自由度"，即计算方差时涉及的独立变量数，对于由 N 个测量数据组成的样本，存在如下关系

$$\sum_{i=1}^{N} (x_i - \bar{x}) = 0 \tag{2-5}$$

因此只有 $N-1$ 个 x_i 是独立变化的，比如 x_N 可以由其他测量数据计算出来

$$x_N = \bar{x} - \sum_{i=1}^{N-1} (x_i - \bar{x})$$

当样本数大于100时，N 与 $N-1$ 之间的差异可以忽略，但是如果样本数很小，则影响很大。

方差的平方根通常称为**估计标准偏差**（estimated standard deviation）

$$S = \frac{1}{\sqrt{N-1}} \left[\sum_{i=1}^{N} (x_i - \bar{x})^2 \right]^{\frac{1}{2}} \tag{2-6}$$

这个参数广泛用于评价测量的精确度。对于实验测量而言，测量数据平均值往往被当作测量对象的近似准确值，因此考察平均值的精确度更加重要，这可以用 N 次测量**平均值的估计标准偏差**（estimated standard deviation of the mean）来表示，定义如下

$$S_{\mathrm{m}} = \frac{S}{\sqrt{N}} = \frac{1}{\sqrt{N(N-1)}} \left[\sum_{i=1}^{N} (x_i - \bar{x})^2 \right]^{\frac{1}{2}} \qquad (2\text{-}7)$$

可以看出，增加测量的次数能够提高平均值的精确度，但是随着测量次数的增加，这种对平均值精确度的提高效应迅速衰减，类似于经济学上的"报酬递减定律"。因此，虽然从理论上说能够通过增加重复测量次数将实验的随机误差降低到任意小的值，在实际工作中却很少对同一物理量进行超过10次的重复测量。

2.2.2 系统误差和准确度

对同一物理量进行大量的重复测量，以降低随机误差的值，这种方法和努力是完全没有必要的，因为测量工作的质量还会受到其他误差因素的影响，其中最主要的就是**系统误差**（systematic error），其大小经常很容易超过随机误差。一个系统误差是不能通过提高重复测量次数来降低或消除的，因为它是由实验方法或实验仪器的固有特性决定的，有时也与数据的推演方法有关。比如用电子天平称量时，校准砝码的质量偏差就是一种常数性的系统误差。圆形刻度盘安装偏心，会导致一周的示值出现周期性的系统误差。系统误差可能来源于仪器的标定偏差、没有正确地进行零点校正、仪器的测量范围没有恰当地分度和校准、没有对仪器的漂移进行补偿、物质泄漏（比如压力容器或真空容器中的气体进出）或者漏电以及没有完全满足实验条件（比如量热实验中样品未完全燃烧）等。此外，对测量结果采用错误的理论处理方法也会导致系统误差，比如近似处理方法错误等。

系统误差中有一种特殊的类型，称为"个人偏差"或者"主观偏差"，它来源于实验者的主观判断或者个人癖好，比如单方向的读数视差或者十字线对焦偏移、总是反应超时以及读数时存在强烈的个人倾向（比如偏好0和5，或者迷信数字8，回避数字4、13等）。当实验者抱有从实验结果中获得重大利益的心理时，此类误差就会悄然而至，比如希望证明一个重大的理论去赢得诺贝尔奖，或者仅仅是希望获得一个实验老师认可的结果而取得"优"的成绩。人有共同的弱点，这一类偏差不会因为实验者的身份高低而有多寡之分。

系统误差可能显著影响测量结果，但遗憾的是，不是所有的系统误差都能够在实验前被确定其大小、变化方向及变化规律。按照对系统误差的掌握程度，可将其分为**确定系统误差**（即误差的大小和方向已知）和**不确定系统误差**（即误差的大小和方向未知），后者往往视作随机误差处理。

测量结果与物理量的真实值之间存在差异，这就是误差。差异有大小之分，这就是所谓的测量精度高低。表征精度的指标有以下几种类型。

① 正确度（correctness），用于表征测量结果的系统误差的大小程度；
② 精确度（precision），用于表征测量结果的随机误差的大小程度；
③ 准确度（accuracy），用于表征测量结果的系统误差和随机误差的总和，描述测量结果与真实值之间的一致程度。
④ 不确定度（uncertainty），由于系统误差中包含有不确定性因素，因此用不确定度表征测量结果的不确定系统误差与随机误差的总和，描述测量结果偏离真实值的不确定程度大小。

如前所述，当把测量过程的不确定系统误差与随机误差合并处理时，测量结果的精确度就表达了不确定度，而结果的准确度则表达了包括确定系统误差在内的总不确定度。准确度比精确度更加难以描述评估，因为虽然确定系统误差（包括粗大误差）可以设法修正或剔除,但是不确定系统误差和随机误差既不能修正,也无法剔除,它们的符号和大小是不完全确定的,由此导致测量结果与真实值之间的偏离程度具有一个不可确定的数量范围,即不确定度,它是测量结果中不可修正的部分,是评定一个测量好坏的重要指标。

图2-1用打靶的情况来比喻正确度、精确度和准确度三者的含义。如果靶心表示真实值,图2-1(a)表示精确度很高,但是不正确,测量存在较大的系统误差,正确度低;图2-1(b)表示精确度比(a)低,随机误差大,但是正确度比(a)高,系统误差小;图2-1(c)表示正确度和精确度都很高,即系统误差和随机误差都很小,测量的准确度高。

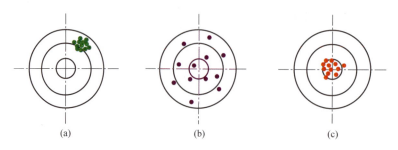

图2-1　精度的几个概念

图2-1表示的是理想化的情况,在实际对未知物理量的测量中,我们面临的问题是不能准确判断"靶心"的位置,也就是说,通过测量数据的离散程度可以判断精确度,但是无法判断正确度。系统误差的消除是一项非常困难的工作,因为它不会像随机误差那样在统计学行为上表现出来,我们必须花费很大的精力分析整个实验过程以及实验方法所依据的全部假设,以发现和修正系统误差。某些因素,比如标定或校准的误差,是很容易发现的;而另外一些因素,比如理论本身的误差或者完全预料之外的实验现象的干扰,则使得采用常规方法确定系统误差的努力基本无效。许多重要的系统误差从来就没有被发现过,而且毫无疑问地永久埋藏在科学文献之中。只有当采用另外的误差更小的实验方法获得新的测量结果时,原有实验方法中暗藏的系统误差才可能显现出来。比如,密里根在油滴实验中测出的电子电荷为$(4.774\pm0.009)\times10^{-10}$esu[即$(1.592\pm0.003)\times10^{-19}$C],并根据法拉第常数计算得到阿伏伽德罗常数为$(6.062\pm0.012)\times10^{23}$mol^{-1};电子电荷$e$和阿伏伽德罗常数$L$的公认标准值为

$$e=(1.602\ 1766208\pm0.000\ 000\ 0098)\times10^{-19}\text{C}$$

$$L=(6.022\ 140\ 82\pm0.000\ 000\ 18)\times10^{23}\text{mol}^{-1}$$

L值的测量方法是通过X射线衍射测定硅晶体的晶格常数,再结合标准硅球体的质量和几何尺寸等数据计算得到的。密里根是一个非常仔细认真的实验物理学家,他的测定结果的误差来源于计算过程中使用了一些有偏差的文献数据,比如空气的黏度数值等。

因此,确保系统误差很低的可靠途径是采用两种或两种以上不同的实验方法进行测量,并取得一致的结果。当所有的系统误差的来源无法完全消除时,我们必须设法寻找出它们,并且将其大小限制在一定的范围之内,系统误差的大小应保持在小于随机误差的范围内,这样才能保证统计学估算的方法具有意义。

2.2.3　其他误差

除上述几种类型的误差外,还有一类极其重要的误差来源,学术上把这类误差称为"无规律误差"(erratic error),实际上就是错误。比如计算错误,这当然是不可原谅的错误,因为所有的计算都应该仔细复核。在一次性测量时(比如称量实验试剂),读错测量示值(比

如将5读作6)、记录数据的数字位次颠倒（比如将91记作19)、或者看错小数点位置等，这些错误往往是致命的，因为除非重新测量，否则不可能追溯，而且这些错误往往非常巨大，远远超过随机误差的范围。实验操作失误也会引入此类误差，比如忘记打开加热器、没有开启循环冷却系统、用错了滤色片或者用错了化学试剂等。这些错误不会显示在实验记录本上，所以除非是一个一丝不苟的实验者，否则只能等待计算数值显示出完全不可能或不可置信的结果时，才可能意识到此类错误的发生。

当进行一次性测量时，必须具有强烈的不安定意识，全身心地投入数据测量和记录，并在继续后续测量前仔细复核。如果可能的话，每个测量都至少重复两次，即使像称量试剂这样的操作，也可以重复读数几次。很多人认为重复两次测量是为了降低随机误差，这是完全错误的，重复测量两次**不是**为了降低随机误差，否则应该测量四次或更多次。对于操作程序中的错误，可以通过仔细安排实验计划和进度的方法予以克服，对于复杂的实验设计，事先列出操作顺序核对表是一种可行的方式，同时在实验记录本上简要记录所用仪器设备的相关参数也有利于防止此类错误的发生。此外，应合理有序地布置实验仪器，防止杂乱无章的实验环境导致错误操作。

2.3 随机误差统计处理的基本概念

2.3.1 测量的母体分布和样本分布

考虑在实验室中对某物质的水分含量进行了50次测量，得到的水分百分含量（%）如下：

$$3.4, \ 2.9, \ 4.6, \ 3.9, \ 3.5, \ 2.8, \ 3.4, \ 4.0, \ 3.1, \ 3.7,$$
$$3.5, \ 3.1, \ 2.5, \ 4.4, \ 3.7, \ 3.2, \ 3.8, \ 3.2, \ 3.7, \ 3.2,$$
$$3.6, \ 3.0, \ 3.3, \ 4.0, \ 3.4, \ 3.0, \ 4.3, \ 3.8, \ 3.8, \ 3.6,$$
$$3.4, \ 2.7, \ 3.5, \ 3.6, \ 3.6, \ 3.3, \ 3.7, \ 3.5, \ 4.1, \ 3.1,$$
$$3.7, \ 3.2, \ 3.9, \ 4.2, \ 3.5, \ 2.9, \ 3.9, \ 3.6, \ 3.4, \ 3.3$$

这些数据可以用图2-2中的不同曲线表示。图2-2（a）中的简单散点表示的是按照测量顺序获得的实验数据，由于每次测量都需要时间，实际上这条曲线也就表示了实验数据随时间变化的方式，这有助于检验实验数据是否存在明显的单方向变化趋势。如果随着实验的进行，实验数据表现出稳定的变化趋势，那么对其进行统计处理就毫无意义。

图2-2（b）以测量得到的水分百分含量（%）为横坐标，清晰地表示出数据的分布（distribution），由于测量的最小分度为0.1%，因此可能有多次测量都会得到相同的数值，由此曲线表现为柱状图（histogram）的形式，曲线每一部分的高度表示落在0.1%窗口中的测量数据个数。

测量数据都围绕在3.5%附近，虽然有些数据偏离达1%或更多。样品的水分百分含量在整个实验过程中可能并没有任何变化，测量数据的起伏由随机误差导致，那么就需要一种方法来表示数据的分布。数据分布可以用函数$P(x)$表示，$P(x)$说明有多大的可能性得到某个数据x，可能性越大，$P(x)$越大，反之亦然。

假想现在拥有一大箱小球，每个小球上都标着水分百分含量。现在把上面测量水分百分含量的实验当作从箱子里众多的小球中拿出50个，并记录下拿出小球上的数字。如果把箱子里的小球全部都拿出来，并且把数据画成柱状图，这样得到的数据分布称为母体分布（parent distribution）；而仅拿出50个小球得到的数据柱状图［见图2-2（b）］称为样本分布

(sample distribution)。如果再次取出另外50个小球，那么就得到另外一个样本分布，而且很可能与前一个样本分布不同。

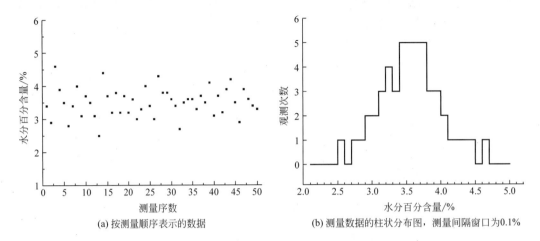

(a) 按测量顺序表示的数据　　　　　　(b) 测量数据的柱状分布图，测量间隔窗口为0.1%

图2-2　一些水分百分含量（%）测量曲线

在真实的实验中，永远不可能知道母体分布，但是可以通过样本分布来估算母体分布的情况。在上述实验中，水分百分含量分布在2.5%～4.6%之间，取值为5.0%的可能性很小。但是，取值为2.6%的可能性有多大呢？在50个数据中，没有发现2.6%这个取值，但是在它周围都是有取值的。在数据分析时，一般假定母体分布是平滑的，而不是尖锐突变的，所以虽然在实验中没有测到数值2.6%，在箱子里一定有一些球上标着这个数字，统计方法就是要解决从样本分布推测母体分布的问题。

2.3.2　概率分布

2.3.2.1　离散分布和连续分布

再回到水分百分含量测量的问题上来，测量精度只能达到0.1%，因此可能获得的读数肯定是离散的，对此类测量来说，分布函数就是每个可能测量数值x_i与其对应的概率$P(x_i)$之间的数据表。例如，$P(3.7)$就相当大，而$P(2.8)$就比较小，而永远不会考虑$P(3.54)$，因为并没有这样一个可测量的数值。

如果对任何一个可能的测量取值，分布函数都给出了相应的概率，那么所有这些概率的总和应该等于1，即

$$\sum_{i=1}^{N} P(x_i) = 1 \tag{2-8}$$

这个性质称为归一化（normalization）。可以注意到图2-2（b）中的柱状图并不是表示概率，如果要表示概率的话，图2-2（b）纵坐标的值都要除以50。

水分百分含量当然不可能限于仅仅是0.1%的倍数，如果实验测量可以给出任意精度的结果，则讨论某个特定数值的概率将毫无意义，因为此时有无限多个可能的取值，而每个取值的概率将趋向于0。在这种情况下，必须讨论的是在某个特定范围内的取值概率，而此前讨论的概率函数$P(x_i)$就变成了概率密度函数$P(x)$，它是这样定义的：处于两个极限值之间的概率密度函数曲线以下的面积给出了测量值处于这两个极限值之间的概率，即

$$P(a \leqslant x \leqslant b) = \int_a^b P(x)\mathrm{d}x \qquad (2\text{-}9)$$

对于这样的连续分布数据，其归一化条件为

$$\int_{-\infty}^{+\infty} P(x)\mathrm{d}x = 1 \qquad (2\text{-}10)$$

若所测量的物理量只能取正值，在积分限为$0 \to +\infty$。

某些数据分布天生就是离散的，比如统计一条马路上的路灯杆数目，无论计数多么精确，都只能得到整数值。在物理化学实验中，比如单位时间内样品发射的光子数目等计数实验的数据分布也是离散的，不过大多数的物理量（包括温度、压力、波长、电压、浓度等）都是连续分布的，只是由于实验精度的限制，而表现为一组离散的测量数值。作为一种很好的近似，可以选择性地忽视这些"被离散"的实验数据，而将其母体分布当作连续分布进行处理和分析。

2.3.2.2 泊松分布

泊松分布（Poisson distribution）常用于描述诸如计数实验等离散数据分布的情况。如果在单位时间或单位空间内某个事件的平均发生次数为λ，则观察到某个特定取值x的概率为

$$P_\mathrm{P}(\xi = x) = \frac{\lambda^x}{x!}\mathrm{e}^{-\lambda} \qquad (2\text{-}11)$$

式中，x取正整数，即$x=0, 1, 2, \cdots$。一个随机事件，例如某电话交换台收到的呼叫、来到某公共汽车站的乘客、机器出现的故障数、某放射性物质发射出的粒子、显微镜下某区域中的白细胞等，以固定的平均瞬时速率λ（或密度）随机且独立地出现时，那么这个事件在单位时间（面积或体积）内出现的次数或个数就近似地服从泊松分布$P_\mathrm{P}(x, \lambda)$。

图2-3是几种参数λ下的泊松分布，图中数据点之间的连线并不存在。可以看出当λ很小时，泊松分布近似于一条指数下降曲线；而当λ较大时，泊松分布近似于正态分布。

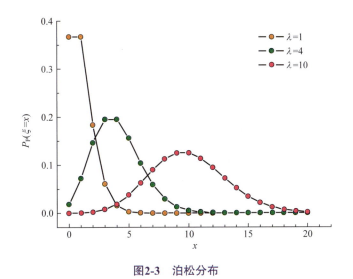

图2-3　泊松分布

2.3.2.3 正态分布

对连续分布的数据，如果数据的真值x_0是已知的，那么测量值x与真值之间的偏差可以

表示为 $\varepsilon = x - x_0$。根据中心极限定理（central limit theorem），偏差 ε 符合正态分布（也称为高斯分布或钟形分布），正态分布（normal distribution）函数为

$$P(\varepsilon) = \frac{1}{\sigma\sqrt{2\pi}} e^{-\frac{1}{2}\left(\frac{\varepsilon}{\sigma}\right)^2} \tag{2-12}$$

式中，σ 是标准偏差（standard deviation），表示分布函数曲线的宽度。根据概率密度函数的定义，标准偏差可以表示为

$$\sigma = (\overline{\varepsilon^2})^{1/2} = \left[\frac{1}{\sigma\sqrt{2\pi}}\int_{-\infty}^{+\infty}\varepsilon^2 e^{-\frac{1}{2}\left(\frac{\varepsilon}{\sigma}\right)^2}\right]^{1/2} \tag{2-13}$$

对于实际的测量来说，真值 x_0 是无法确定的，只能根据一组测量数据得到这次测量的平均值 $\bar{x}$，并计算某个测量值 x_i 与平均值之间的偏差 $(x_i - \bar{x})$。如果在实验中进行了非常大量的测量（近似于无限次测量），那么可以将所得到的平均值称为真实平均值（true mean）μ，实验数据 x 围绕 μ 的分散程度代表了实验测量的精确度，其概率密度函数同样符合正态分布的形式，可以表示为

$$P(x) = \frac{1}{\sigma\sqrt{2\pi}} \exp\left[-\frac{1}{2}\left(\frac{x-\mu}{\sigma}\right)^2\right] \tag{2-14}$$

式中，μ 为真实平均值，定义了正态分布曲线峰值所在位置；σ 为标准偏差，度量分布函数曲线的宽度（见图2-4）。μ 和 σ 的单位都与测量值 x 的单位相同。

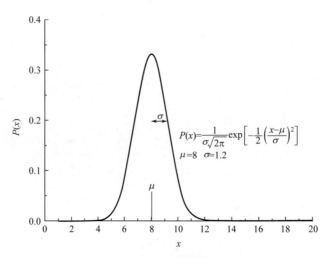

图2-4 正态分布曲线

根据正态分布函数［见方程（2-14）］，在曲线峰值处的高度为

$$P(\mu) = \frac{1}{\sigma\sqrt{2\pi}}$$

而在 $x = \mu \pm \sigma$ 处的高度为

$$P(\mu \pm \sigma) = \frac{e^{-1/2}}{\sigma\sqrt{2\pi}}$$

因此得到

$$\frac{P(\mu \pm \sigma)}{P(\mu)} = e^{-1/2} = 0.6065$$

这就意味着当你从正态分布函数曲线的中心向两边外移出σ的距离后，曲线高度大约降低至峰值高度的60%。

现在考虑与真实平均值μ偏差在一个σ范围内的正态分布曲线下的面积分数，即

$$P(x \in [\mu-\sigma, \mu+\sigma]) = \frac{1}{\sigma\sqrt{2\pi}} \int_{\mu-\sigma}^{\mu+\sigma} \exp\left[-\frac{1}{2}\left(\frac{x-\mu}{\sigma}\right)^2\right] dx$$

令$y=(x-\mu)/\sigma$，则

$$P(x \in [\mu-\sigma, \mu+\sigma]) = \frac{1}{\sqrt{2\pi}} \int_{-1}^{1} e^{-y^2/2} dy$$

该积分除$[0, +\infty]$和$[-\infty, +\infty]$两种积分限外，无法求出解析解，为此可以通过数值解法求出，或直接查阅正态分布表，得到其值为0.6826。由于正态分布曲线下的总面积为1，因此大于68%的面积处于$\mu-\sigma$和$\mu+\sigma$之间，也就是说，如果对某个母体分布符合正态分布的体系进行一系列测量的话，会期望有68%的结果落在真实平均值的一个标准偏差范围之内，也可称为置信水平为68%。

与真实平均值μ偏差δ范围内的正态分布曲线下的面积分数为

$$P(x \in [\mu-\delta, \mu+\delta]) = \frac{1}{\sigma\sqrt{2\pi}} \int_{\mu-\delta}^{\mu+\delta} \exp\left[-\frac{1}{2}\left(\frac{x-\mu}{\sigma}\right)^2\right] dx = \frac{1}{\sqrt{2\pi}} \int_{-\delta/\sigma}^{\delta/\sigma} e^{-y^2/2} dy$$

根据正态分布表，若置信水平达到90%，则$\delta_{0.90} = 1.64\sigma$；若置信水平达到95%，则$\delta_{0.95} = 1.96\sigma$。

2.3.2.4 标准不确定度

正态分布可以描述某个实验中多次重复测量的随机误差，也可以用于在物理、化学等科学研究中表达实验结果。可以将所用到的每个定量数据当作是从某些母体分布中提取出来的一个样本，无论这个数据是否为通过重复测量得到的。比较精确的数据对应较窄σ的母体分布，而不太精确的数据则对应较宽σ的母体分布。假定处理的每一个母体分布都近似符合正态分布，并能够估算其标准偏差，则将估计标准偏差称为**标准不确定度**（standard uncertainty），用符号u表示。

当测量并收集所有实验数据后，会通过一系列的数学计算得到最后结果。这些数据包括自己或者他人测量的、从数据手册查阅的以及各种校正项等，它们都会在计算过程中引起一些误差，因此最终的结果一定会存在偏差，不可能恰好得到大自然的正确答案。当报告实验结果时，可以想象最后的结果也同样存在自身误差的母体分布，而且近似为正态分布。如果不存在未经校正的系统误差，那么该母体分布的平均值就是大自然的答案。从某种程度上说，最终结果就是从一个未知的母体分布中抽取出来的一个样本，当报告实验结果时，也要同时报告该未知母体分布的估计标准偏差σ，这可以通过对多个影响结果母体分布宽度的不确定度贡献的综合评估而形成，因此称为**合成标准不确定度**（standard combined uncertainty），用符号u_c表示。

以下关于数据误差处理的内容依据国际标准文献[1,2]。

2.4 个体标准不确定度的估算

在物理化学实验中，很少有通过直接测量得到所需数据的情况。一般来说，必须通过直接观测获得多个其他的数据，比如质量、温度、压力、滴定消耗的体积、吸光度等，然后根据一定的数学计算过程得到实验所需要的结果。每一个直接测量的数据都有自己的标准不确定度 u_i，而在最终结果中这些不确定度会被合成在一起，得到合成标准不确定度 u_c，这称为误差传递（propagation of error）。这里讨论的重点就是误差传递和个体标准不确定度的估算，根据 ISO 关于数据分析方法的规定，可以有两种估算类型：统计学方法和非统计学方法，后者更加依赖实验者的个人判断力。

2.4.1 类型 I 估算不确定度的统计学方法

所有的数据统计方法都基于一个简单的思路，当计算一个数据时，测量工作所需要完成的次数有一个绝对最小值，即最少完成几次测量才可能获得数据计算结果；如果测量的次数超过了这个绝对最小值，统计分析方法就可以对不同的观测数据进行比较，由这些数据之间相合或不相合的程度得出数据偏差涨落的信息，进而确定随机误差分布对测量不确定度的贡献。

比如，如果想知道实验室的大气温度，可以读取温度计读数一次，测量获得一个温度值，但是却不知道有关该测量不确定度的任何信息；如果要进行统计分析，至少还要再读一次温度计，这样就进行了超出最小绝对值次数的测量。

再比如，在溶液法测量极性分子偶极矩的实验中，需要测量溶液的介电常数与溶液摩尔分数之间的关系，$\varepsilon_{12}=\varepsilon_1(1+ax_2)$，其中 ε_{12} 是某溶液介电常数的测量值；ε_1 是纯溶剂的介电常数的测量值；x_2 是溶质的摩尔分数；a 是比例系数。为了确定 a 的值，必须至少进行两次测量，即测定两个不同浓度溶液的介电常数。然而，如果采用统计分析方法，必须测定两个以上溶液的介电常数，即测量次数超过最小绝对值。这种统计分析过程叫做最小二乘法拟合（least squares fitting），它可以显示出整个数据集对线性模型的符合程度，并估算出线性方程斜率和截距的不确定度。

在统计学中，超出测量次数绝对最小值的"额外"观测次数叫做自由度数（the number of degrees of freedom），用符号 ν 表示。"额外"数据越多，在实验中观察到的数据涨落越能真实反映随机误差。随着自由度数的提高，统计结果将变得更加可靠。

2.4.1.1 单一物理量的重复测量

很多情况下，重复多次测量是确定一个被测量性质的不确定度的好方法。重复测量既可能是简单直接的测量，也可能是复杂综合的测量。比如读取实验室大气温度 4 次就是重复的简单直接测量，而用滴定法测量一元酸的分子量就涉及复杂综合的测量，可以称取 3 份不同质量的样品，分别滴定，然后计算出三个不同的分子量数据，并将这三个值作为一组重复测量的数据。在上面的两个例子中，测量次数的最小绝对值都是 1，而自由度数 $\nu=N-1$，其中 N 是测量的次数。若采用最小二乘法需要拟合的未知参数数目为 n，则 $\nu=N-n$。

当有足够大量的数据点时（至少 20 个，通常要求 100 个），经典的概率计算能够很好地描述测量的精确度。但是，实际上很少对同一个物理量进行 20 次以上的测量，一般的实验都是基于重复 6 次或者更少的情况下进行的，经典的概率统计不适用于处理这种测量次数很少的实验模式,在最好的情况下,也仅能得到真实平均值μ和标准偏差σ的估计值,即测量平均值$\bar{x}$和估计标准偏差S[见方程(2-1)和方程(2-6)]。显然,若测量次数$N\to\infty$,则$\bar{x}\to\mu$,$S\to\sigma$。

应该认识到,估计标准偏差S综合表征了实验仪器和实验过程的特性,它描述了通过一次实验测量所希望得到的数据的离散情况。随着实验测量次数的增多,这个值不会变化很大,因为它反映的是测量技术本身的性质。但是,实验测量次数的增多会导致这样一种趋势,即测量的平均值$\bar{x}$越来越接近真实平均值μ。以前面测定样品的水分百分含量的数据为例,取前10、前15、前30和全部50个数据,分别计算它们的平均值和估计标准偏差,结果列在表2-1中。

表2-1　不同大小样本的平均值和估计标准偏差

项目＼样本	前10个数据	前15个数据	前30个数据	全部50个数据
平均值$\bar{x}$/%	3.53	3.50	3.51	3.51
估计标准偏差S	0.546	0.579	0.482	0.437

注:为显示微小数值的变化,估计标准偏差S多取了一位小数。

若将每个测量样本的平均值作为一个统计样本,则平均值与真实平均值之间同样存在正态分布关系(只要样本数量足够大),$\bar{x}$与μ之间的偏差可以用平均值的估计标准偏差S_m表示[见方程(2-7)],它说明一个样本平均值的精确度与样本的精确度成正比,与样本数量的平方根成反比,即样本数量越大,平均值越接近于真实平均值,这个结论是与直观认识一致的。图2-5中表示了表2-1各样本的数据点和$\bar{x}$、S、S_m,可以看出随着样本数量的增加,$\bar{x}$、S呈现涨落,而S_m则单独下降。

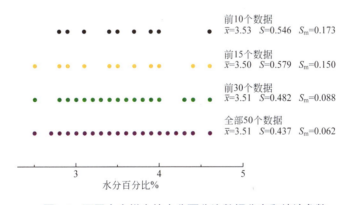

图2-5　不同大小样本的水分百分比数据分布和统计参数

在统计学中,真实平均值μ也称为期望值,平均值的估计标准偏差S_m也称为标准误差(standard error,简写为SE),以区别于标准偏差(standard deviation,简写为SD)。S_m与S之间关系的推导可参见统计学教科书。在科学文献中,SE和SD都能够被采用为实验测量精确度的参数,不少国外期刊强调使用SE,将其作为由实验数据了解母体平均值信息的指标,比如,如果确认母体平均值落在$\bar{x}\pm S_m$的范围内,那么有68%的可能性是对的。如果将平均值$\bar{x}$作为最后的实验结果予以报告,那么实验测量的标准不确定度u就是平均值的估计标准偏差S_m;如果$\bar{x}$还作为其他物理量Y计算过程的一部分,那么在计算Y的合成标准不确定度$u_c(Y)$时,来自于$\bar{x}$的标准不确定度u仍然是S_m。

2.4.1.2 不一致数据的处理

在进行重复测量时，可能发生某个数据严重偏离其他数据的情况，以致会怀疑实验中产生了某些错误，那是否应该在取平均值之前把这个不一致的数据剔除掉呢？这个问题具有悠久而且混乱的历史，直至今天在科学家和统计学家中也没有形成完全统一的意见。不过，有几个观点是得到公认的，而且必须在剔除不一致数据前先进行检查。

首先，如果确切知道某次测量中存在错误，无论该次测量所得数据是否与其他数据一致，该数据都必须剔除，或者在继续实验或计算前对错误进行校正。

第二，如果一个测量数据与其他实验数据不一致，应该先考察是否有证据说明可能存在问题或错误，比如用错了移液管或试剂、记录数据时颠倒了数字、温度控制失灵、样品没有完全燃烧等等，对此进行彻底检查是非常重要的，因为出现不一致数据也可能是意料之外的新实验现象的某种信号。

第三，在未经证实检验之前，不能仅仅因为不喜欢这个数据、或者因为这个数据显得稍有偏离其他数据，就把这个数据舍弃掉。

通过上述的思考和检查，如果没有发现任何问题和错误，那么事情就变得棘手了。此时，可以选择如下几种处理方式。

第一种方式：如果没有任何关于这个离异值存在问题的证据，最正宗、最传统的方法是保留这个测量值，它可能是同一母体样本的一个合理的观察值。保留这个离异值当然会导致样本标准偏差变大，但是这也正反映了一个具有较宽分布样本的真实不确定度。可能的话，应该再多收集一些测量数据，这样有助于了解导致这个离异值出现的原因，或者稀释该离异值对分析结果的影响。

第二种方式：可以应用统计学的方法进行检验，以确定该离异值与其他数据是否来自于同一母体样本，如果检验证明为否，则可以剔除这个离异值。

第三种方式：还可以采用数值分析方法，这些方法属于统计学的一个分支：robust analysis，即稳健性分析（或直译为鲁棒性分析）。

对于何种选择为最佳、哪个剔除离异值的方法为最优等问题，并没有统一的答案。没有一种方法是完美的，任何一种统计方法都可能把某些好数据当作可以剔除的对象，而且当离异值很多时，大多数统计学方法都会失效。以下举例说明两种剔除离异值的方法。

（1）狄克逊准则和 Q 检验

狄克逊（Dixon）准则无需计算样本的平均值 $\bar{x}$ 和标准偏差 S，它是根据样本数据按大小排列后的顺序差来判别是否存在不一致数据。由于不一致数据一般处于数据序列的两侧，因此狄克逊双侧检验准则常用于剔除样本中混有一个以上异常值的情况。

设将某个测量样本的数据 $\{x_i, i=1, 2, \cdots, n\}$ 按大小顺序重新排列为：

$$x'_1 \leqslant x'_2 \leqslant \cdots \leqslant x'_n$$

根据样本数据量的不同，分别构造检验高端异常值和低端异常值的统计变量如下：

$$r_{10} = \frac{x'_n - x'_{n-1}}{x'_n - x'_1}, \quad r'_{10} = \frac{x'_2 - x'_1}{x'_n - x'_1} \qquad (n=3\sim7) \qquad (2\text{-}15\text{a})$$

$$r_{11} = \frac{x'_n - x'_{n-1}}{x'_n - x'_2}, \quad r'_{11} = \frac{x'_2 - x'_1}{x'_{n-1} - x'_1} \qquad (n=8\sim10) \qquad (2\text{-}15\text{b})$$

$$r_{21} = \frac{x'_n - x'_{n-2}}{x'_n - x'_2}, \quad r'_{21} = \frac{x'_3 - x'_1}{x'_{n-1} - x'_1} \quad (n=11\sim13) \quad (2\text{-}15\text{c})$$

$$r_{22} = \frac{x'_n - x'_{n-2}}{x'_n - x'_3}, \quad r'_{22} = \frac{x'_3 - x'_1}{x'_{n-2} - x'_1} \quad (n=14\sim30) \quad (2\text{-}15\text{d})$$

式中，统计量 r_{10}、r_{11}、…简记为 r_{ij}；r'_{10}、r'_{11}、…简记为 r'_{ij}；n 为样本数。在显著性水平 $\alpha=0.05$、0.01（即置信水平为95%和99%）的条件下，狄克逊临界值 $D(\alpha,n)$ 见表2-2。

表2-2 狄克逊双侧检验的临界值

n	统计量	$\alpha=0.05$	$\alpha=0.01$
3		0.970	0.994
4		0.829	0.926
5	r_{10} 与 r'_{10} 中较大者	0.710	0.821
6		0.628	0.740
7		0.569	0.680
8		0.608	0.717
9	r_{11} 与 r'_{11} 中较大者	0.564	0.672
10		0.530	0.635
11		0.619	0.709
12	r_{21} 与 r'_{21} 中较大者	0.583	0.660
13		0.557	0.638
14		0.586	0.670
15		0.565	0.647
16		0.546	0.627
17		0.529	0.610
18		0.514	0.594
19		0.501	0.580
20		0.489	0.567
21		0.478	0.555
22	r_{22} 与 r'_{22} 中较大者	0.468	0.544
23		0.459	0.535
24		0.451	0.526
25		0.443	0.517
26		0.436	0.510
27		0.429	0.502
28		0.423	0.495
29		0.417	0.489
30		0.412	0.483

若满足

$$r_{ij} > r'_{ij}, \quad 且\ r_{ij} > D(\alpha,n) \quad (2\text{-}16)$$

则 x'_n 可判断为异常值。

若满足

$$r_{ij} < r'_{ij}, \quad 且\ r'_{ij} > D(\alpha,n) \quad (2\text{-}17)$$

则x_1'可判断为异常值。

否则，判断为没有异常值。

在化学实验中，一个样本经常只有一个异常值怀疑对象，因此狄克逊准则可以简化为Q检验法。使用Q检验法时，首先计算统计量

$$Q = \frac{|x_{怀疑} - x_{最邻近}|}{x_{最大} - x_{最小}} \tag{2-18}$$

式中，被怀疑的异常值为$x_{怀疑}$，与之最邻近的测量值为$x_{最邻近}$，样本中的最大值和最小值分别为$x_{最大}$和$x_{最小}$。将Q值与对应样本数及置信度的临界值Q_c对比，若$Q \geq Q_c$，则怀疑对象可确定为异常值并剔除，否则应保留该数据。表2-3为不同样本数和置信度时的临界Q_c值。

表2-3 不同样本数时90%和95%置信度下的临界Q_c值

n	Q_c (90%)	Q_c (95%)	Q_c (99%)
3	0.941	0.970	0.994
4	0.765	0.829	0.926
5	0.642	0.710	0.821
6	0.560	0.625	0.740
7	0.507	0.568	0.680
8	0.468	0.526	0.634
9	0.437	0.493	0.598
10	0.412	0.466	0.568

【例2-1】 某学生用测定1mL水的质量的方法标定移液管，共测定5次，得到如下数据：0.9987g、0.9921g、0.9962g、1.0084g和0.9939g。在95%置信水平上，试用狄克逊准则检验是否存在异常值，并用Q检验法进行验证。

解 样本数$n=5$，取置信水平为95%，$D(0.05, 5)=0.710$。将样本按大小排列为：0.9921、0.9939、0.9962、0.9987和1.0084。求得统计量为

$$r_{10} = \frac{x_5' - x_4'}{x_5' - x_1'} = \frac{1.0084 - 0.9987}{1.0084 - 0.9921} = 0.595$$

$$r_{10}' = \frac{x_2' - x_1'}{x_5' - x_1'} = \frac{0.9939 - 0.9921}{1.0084 - 0.9921} = 0.110$$

$$r_{10} > r_{10}'，且 r_{10} < D(\alpha, n)$$

因此该样本中不存在异常值。

异常值总是出现在数字序列的两端，因此用Q检验法分别计算1.0084和0.9921的Q值如下：

$$Q_{1.0084} = \frac{|1.0084 - 0.9987|}{1.0084 - 0.9921} = 0.595$$

$$Q_{0.9921} = \frac{|0.9921 - 0.9939|}{1.0084 - 0.9921} = 0.110$$

在95%置信水平上，样本数$n=5$的$Q_c=0.710$，$Q_{0.9921} < Q_{1.0084} < Q_c$，因此0.9921和1.0084都不是异常值。

（2）跳动均值法

在处理异常值问题时，也可以采用一些统计学技术。与样本平均值和标准偏差相比，这些技术受异常值的影响比较小，对异常值也不是完全剔除。在统计学中，这类方法称为鲁棒性分析。

中值法是鲁棒性分析的一个实例。所谓中值$med(x_i)$，是指恰好将数据集$\{x_i\}$中的全部数据平分为两半的那个数字，其中一半的数据大于中值，另一半的数据小于中值。将全部数据按升序（或降序）排列，对于数据点为奇数的样本，$med(x_i)$就是这个数列最中间的那个数值；对于数据点为偶数的样本，$med(x_i)$就是这个数列最中间两个数据的平均值。中值对出现一些异常值的情况不敏感，可以用它来代替样本平均值，估算数据分布的中心位置。

能够更好地估算数据分布中心位置的方法称为胡贝尔型跳动均值法（Huber-type skipped mean），具体操作方法如下。

① 首先计算数据集的中值$t = med(x_i)$；
② 计算数据集的中值绝对偏差MAD，即计算每个数据点与中值偏差的绝对值$|x_i - t|$，然后求出这些偏差绝对值的中值：$\text{MAD} = med(|x_i - t|)$；
③ 计算数据分布宽度值$s = \text{MAD}/0.6745$，若数据样本符合正态分布，则s就近似等于标准偏差；
④ 定义数据取值范围$w = 2.71s$，其中乘数2.71代表了置信水平，取该值能够满足一般数据分析的需要；
⑤ 计算落在区间$[t-w, t+w]$范围内所有数据点x_i的平均值，该平均值称为跳动均值，所有落在上述范围之外的数据点被剔除；
⑥ 计算标准不确定度：$u = s/(N_a)^{1/2}$，式中，N_a为上述第⑤步中用于计算跳动均值的数据点数目。这个不确定度虽然在统计学上不太规范，但是可以作为后续计算的参考。

用Excel表格等工具可以非常方便地计算跳动均值，与简单的中值法相比，跳动均值法更好地利用和处理了实验数据，而且对异常值也不太敏感。如果对样本中可能存在的异常值问题感到棘手，用跳动均值及其标准不确定度代替常规的平均值和平均值标准偏差是一种合理的选择。

【例2-2】 再次处理"狄克逊准则和Q检验"中的标定移液管的数据，计算跳动均值及其相关的标准不确定度。

解 将样本按大小排列为：0.9921、0.9939、0.9962、0.9987和1.0084，样本中值$t = 0.9962$。$|x_i - t| = 0.0041, 0.0023, 0, 0.0025, 0.0122$，由此得到偏差绝对值的中值：$\text{MAD} = 0.0025$。$s = \text{MAD}/0.6745 = 0.0037$，$w = 2.71s = 0.0100$。

$[t-w, t+w] = [0.9862, 1.0062]$，数据点1.0084被剔除，剩余4个数据的平均值即为跳动均值$= 0.9952$，标准不确定度$u = s/(N_a)^{1/2} = 0.0037/(4)^{1/2} = 0.00185$，报告实验数据时可以表述为"用胡贝尔型跳动均值法估算的质量为$m = 0.9952\text{g}$，标准不确定度0.0019g"。

按"狄克逊准则和Q检验"中的结论，上述样本的平均值为$m = 0.9979\text{g}$，平均值标准不确定度$S_m = 0.0029\text{g}$，与胡贝尔型跳动均值法相比，所得的平均值更高，标准偏差更大，这反映了不一致数据1.0084的引入所造成的影响。

2.4.1.3 t分布（或学生分布）

对于大样本数的情况，平均值$\bar{x}$以真实平均值μ为期望值，以$S_m^2 = \sigma^2/N$为方差，服从正态分布，因此平均值的68.26%置信水平边界值为

$$\Delta_{0.6826} = \delta_{m,0.6826} = \frac{S}{\sqrt{N}}$$

而平均值的95%置信水平边界值为

$$\Delta_{0.95} = \delta_{m,0.95} = \frac{1.96S}{\sqrt{N}} \approx \frac{2S}{\sqrt{N}}$$

若标准偏差σ已确定，则平均值分布的标准偏差为

$$\sigma_m = \frac{\sigma}{\sqrt{N}}$$

而平均值的概率分布函数为

$$P_m(\bar{x}) = \frac{1}{(\sigma/\sqrt{N})\sqrt{2\pi}} \exp\left[-\frac{1}{2}\left(\frac{\bar{x}-\mu}{\sigma/\sqrt{N}}\right)^2\right]$$

实验中经常出现的是小样本数的情况，比如N一般为3~4，此时仍然可以计算平均值$\bar{x}$、估计标准偏差S和估计平均值标准偏差S_m，但问题是如果不知道概率分布函数的形式，这些统计数据的意义就不清晰。在样本数很少且标准偏差S未知的情况下，需要一种有别于正态分布的新分布函数。

t分布的推导由英国人威廉·戈塞特（Willam S. Gosset）于1908年首先发表，当时他还在爱尔兰都柏林的吉尼斯（Guinness）啤酒厂工作，设计了一种后来被称为t检验的方法来评价酒的质量。因为行业机密，酒厂不允许他的工作内容外泄，但允许他在不提到酿酒的前提下，以笔名发表t分布的发现，所以当他后来将其发表到至今仍十分著名的一本杂志"Biometrika"时，就署了"student"的笔名。之后t检定以及相关理论经由费歇尔（Sir Ronald Aylmer Fisher）发扬光大，为了感谢戈塞特的功劳，费歇尔将这一分布命名为"Student's distribution"，并以"t"为之标记。

若σ无法确定，则只能用S代替，令统计量

$$\tau = \frac{\bar{x}-\mu}{S/\sqrt{N}} = \frac{\bar{x}-\mu}{S_m} \tag{2-19}$$

当样本数N很大时，τ近似符合标准正态分布；当样本数N很小时，τ就不再符合标准正态分布，而是服从t分布

$$dP = P(\tau)d\tau \tag{2-20}$$

$$P(\tau) = \frac{\Gamma[(v+1)/2]}{\Gamma(v/2)\sqrt{v\pi}}\left(1+\frac{\tau^2}{v}\right)^{-\frac{v+1}{2}} \tag{2-21}$$

式中，Γ为伽马函数；v为自由度数。可以注意到，标准偏差σ没有出现在t分布的概率函数方程中。

图2-6绘出了不同自由度下的学生t分布函数曲线以及正态分布函数曲线。可见，随着样本量N的增加（自由度v随之增加），t分布越来越接近正态分布。正态分布可以看做t分布在自由度趋向∞时的一个特例。

仔细分析可以发现，t分布（图2-6中的红、蓝、绿曲线）虽然也是钟形曲线，但是中间较低、两侧尾巴却很高，这就是t分布的优势特征，这一点相当重要，t分布历经100多年长

盛不衰，就是依靠这个特征。与正态曲线相比，t分布曲线更宽、更厚，且样本量越小（自由度越小），t分布的尾部越高，这个尾部的高度，有十分重要的统计学意义。正态分布的曲线不具备"宽、厚"的特征，它的尾部很低，随着变量偏离中心位置，尾部快速贴近横轴，概率值趋近于0，也就是说，正态分布不能够容忍它长长的尾部出现大概率的事件，如果出现这种情况，必然造成整条正态分布曲线的中心向异常值方向偏移，标准偏差增大。反之，t分布曲线的尾巴很高，高高的长尾让它有容忍大偏差数据出现的概率，同时不会造成曲线中心的大幅偏移和标准偏差增大。因此t分布曲线能够很好地捕捉到数据点的集中趋势和离散趋势，尤其是应用于小样本检验时，可以轻松地排除异常值的干扰，准确把握住数据的特征。

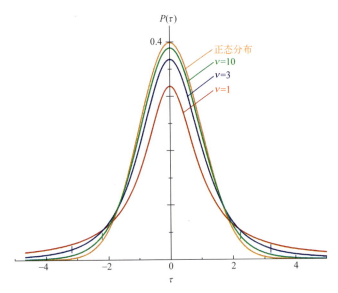

图2-6 自由度$\nu=1, 3, 10$时的学生t分布函数$P(\tau)$曲线和正态分布函数曲线

所有曲线参数均为：真实平均值$\mu=0$，平均值标准偏差$\sigma_m=S_m=0.9$，正态分布曲线横坐标由$\bar{x}$转换为τ；$\Gamma(x)$的值由伽马函数表获得；正态分布曲线相当于$\nu=\infty$的t分布曲线；加在$\nu=3$和$\nu=10$曲线两侧的短竖线标示了95%置信区间的边界；$\nu=1$曲线的95%置信区间边界为$\tau=\pm12.706$，远超图示范围，故未标出

尽管通常认为t分布都是指小样本的分布，但其实正态分布可以算作t分布的特例，也就是说，t分布在大小样本中都是可以适用的，无论样本数的多少，t分布大小通吃！

t分布曲线之下的面积百分数同样代表数据的可置信程度，这可以用双侧积分表示

$$P = \int_{-t}^{t} P(\tau)d\tau \tag{2-22}$$

对应于不同的自由度ν和置信水平P的t临界值列在表2-4中。根据方程（2-19），同样可以计算测量平均值的误差边界极限

$$\Delta = tS_m = t\frac{S}{\sqrt{N}} \tag{2-23}$$

比如，对于自由度$\nu=N-1=3$的样本，t分布置信水平95%的误差边界极限为

$$\Delta_{0.95} = t_{0.95}S_m = t_{0.95}\frac{S}{\sqrt{N}} = \frac{3.182S}{\sqrt{4}} = 1.591S$$

不同文献上的t临界值对应的积分项可能不同，比如可使用单侧积分

$$P' = \int_{-\infty}^{t} P(\tau)\mathrm{d}\tau \qquad (2\text{-}24)$$

要注意区别。根据积分定义可以得到

$$P = 2P' - 1 \qquad (2\text{-}25)$$

表 2-4 中也列出了与 P 对应的 P' 值。

表 2-4 t 分布临界值

v	P	0.50	0.60	0.70	0.80	0.90	0.95	0.98	0.99	0.995	0.998	0.999
	P'	0.75	0.80	0.85	0.90	0.95	0.975	0.99	0.995	0.9975	0.999	0.9995
1		1.000	1.376	1.963	3.078	6.314	12.71	31.82	63.66	127.3	318.3	636.6
2		0.816	1.061	1.386	1.886	2.920	4.303	6.965	9.925	14.09	22.33	31.60
3		0.765	0.978	1.250	1.638	2.353	3.182	4.541	5.841	7.453	10.21	12.92
4		0.741	0.941	1.190	1.533	2.132	2.776	3.747	4.604	5.598	7.173	8.610
5		0.727	0.920	1.156	1.476	2.015	2.571	3.365	4.032	4.773	5.893	6.869
6		0.718	0.906	1.134	1.440	1.943	2.447	3.143	3.707	4.317	5.208	5.959
7		0.711	0.896	1.119	1.415	1.895	2.365	2.998	3.499	4.029	4.785	5.408
8		0.706	0.889	1.108	1.397	1.860	2.306	2.896	3.355	3.833	4.501	5.041
9		0.703	0.883	1.100	1.383	1.833	2.262	2.821	3.250	3.690	4.297	4.781
10		0.700	0.879	1.093	1.372	1.812	2.228	2.764	3.169	3.581	4.144	4.587
11		0.697	0.876	1.088	1.363	1.796	2.201	2.718	3.106	3.497	4.025	4.437
12		0.695	0.873	1.083	1.356	1.782	2.179	2.681	3.055	3.428	3.930	4.318
13		0.694	0.870	1.079	1.350	1.771	2.160	2.650	3.012	3.372	3.852	4.221
14		0.692	0.868	1.076	1.345	1.761	2.145	2.624	2.977	3.326	3.787	4.140
15		0.691	0.866	1.074	1.341	1.753	2.131	2.602	2.947	3.286	3.733	4.073
16		0.690	0.865	1.071	1.337	1.746	2.120	2.583	2.921	3.252	3.686	4.015
17		0.689	0.863	1.069	1.333	1.740	2.110	2.567	2.898	3.222	3.646	3.965
18		0.688	0.862	1.067	1.330	1.734	2.101	2.552	2.878	3.197	3.610	3.922
19		0.688	0.861	1.066	1.328	1.729	2.093	2.539	2.861	3.174	3.579	3.883
20		0.687	0.860	1.064	1.325	1.725	2.086	2.528	2.845	3.153	3.552	3.850
21		0.686	0.859	1.063	1.323	1.721	2.080	2.518	2.831	3.135	3.527	3.819
22		0.686	0.858	1.061	1.321	1.717	2.074	2.508	2.819	3.119	3.505	3.792
23		0.685	0.858	1.060	1.319	1.714	2.069	2.500	2.807	3.104	3.485	3.767
24		0.685	0.857	1.059	1.318	1.711	2.064	2.492	2.797	3.091	3.467	3.745
25		0.684	0.856	1.058	1.316	1.708	2.060	2.485	2.787	3.078	3.450	3.725
26		0.684	0.856	1.058	1.315	1.706	2.056	2.479	2.779	3.067	3.435	3.707
27		0.684	0.855	1.057	1.314	1.703	2.052	2.473	2.771	3.057	3.421	3.690
28		0.683	0.855	1.056	1.313	1.701	2.048	2.467	2.763	3.047	3.408	3.674
29		0.683	0.854	1.055	1.311	1.699	2.045	2.462	2.756	3.038	3.396	3.659
30		0.683	0.854	1.055	1.310	1.697	2.042	2.457	2.750	3.030	3.385	3.646
40		0.681	0.851	1.050	1.303	1.684	2.021	2.423	2.704	2.971	3.307	3.551
50		0.679	0.849	1.047	1.299	1.676	2.009	2.403	2.678	2.937	3.261	3.496
60		0.679	0.848	1.045	1.296	1.671	2.000	2.390	2.660	2.915	3.232	3.460
80		0.678	0.846	1.043	1.292	1.664	1.990	2.374	2.639	2.887	3.195	3.416
100		0.677	0.845	1.042	1.290	1.660	1.984	2.364	2.626	2.871	3.174	3.390
120		0.677	0.845	1.041	1.289	1.658	1.980	2.358	2.617	2.860	3.160	3.373
∞		0.674	0.842	1.036	1.282	1.645	1.960	2.326	2.576	2.807	3.090	3.290

2.4.1.4 实验的数值结果的表达

实验的数值结果及其不确定度都是要在报告或论文中呈现的,对此必须采取清晰明了的表达方式。令人遗憾的是,在表达不确定度时(通常用符号"±"表示),常常忽略说明所采用的估算不确定度的方法或标准。表2-5中列出了一些数据表达的习惯性方式,但是这些方式并不被普遍接受。

表2-5 不确定度的常见表达方式

结果	不确定度	表达方式
以估计标准偏差S表达不确定度,并将不确定数字写在括号里		
3.42bar	S=0.04bar	3.42(4)bar
0.451nm	S=0.012nm	0.451(12)nm
以95%置信区间边界限Δ表达不确定度,用±表示		
66.32J·K^{-1}	Δ=0.21J·K^{-1}	66.32±0.21J·K^{-1}
5.02×10^{-4}V	Δ=5×10^{-6}V	(5.02±0.05)×10^{-4}V

注:1bar=10^{5}Pa。

无论采用什么规则来表达不确定度,不确定度数值的小数点位数必须与数值结果保持一致,两者的单位也必须相同。虽然95%的置信水平是常规设定,为避免混乱,现在越来越强调将置信水平、测量次数或自由度数也一起表达出来,例如结果数值是7次独立测量数据的平均值,可以表达为

$$w = (142.8 \pm 0.3) \text{ mg} \quad (95\%, N=7)$$

或者

$$w = (142.8 \pm 0.3) \text{ mg} \quad (95\%, \nu=6)$$

如果测量的误差极限是以经验或个人判断为基础的,也应该同时表达置信水平,例如

$$w = (142.8 \pm 0.3) \text{ mg} \quad (95\%)$$

95%置信水平与不确定度的有效数字之间存在匹配关系,一般来说,若以置信区间边界限表示不确定度,Δ为一位数时应不小于3,为两位数时应不大于25;若以估计标准偏差表示不确定度,S为一位数时应不小于2,为两位数时应不大于15。

2.4.2 类型Ⅱ 不确定度的直接估计

在很多情况下,很难用统计分析方法确定物理量的不确定度。由于受到实验时间的限制,对某个实验性质的测量次数会非常少,这就使得通过数据离散程度或分布范围来估计置信区间边界限的方法变得不可能或不现实;实验过程和实验仪器的不确定系统误差也会使得统计分析方法失效;此外,也可能会使用别人的实验数据。尽管如此,仍然需要在这些情况下对标准偏差进行估计,此时所谓的95%置信水平几乎完全依靠实验者个人的判断和经验。一个优秀的实验科学家的基本标志之一就是具有清晰确定误差界限的能力:这个界限范围必须足够大,以保证实验数据足够可信真实,但是又不能太大,以致降低了实验测量数据的质量。对此很难有一套统一的操作规程,但是以下几点是值得强调的。

(1) 注意阅读仪器说明书和操作规范

大多数商品仪器都会附有说明操作规范的说明书,这可以作为用这些仪器进行测量时估算标准偏差的基础。仪器厂商偶尔也可能提供测量的标准偏差,但是大多数情况下说明书中是比较含糊的表述,比如"精确到满刻度的±2%"等,满刻度是多少当然知道,满刻度的2%当然也没有问题,只是这个"±"是什么意思呢?很多教科书上说这是测量的标准偏差,

但并没有什么根据，许多优秀的仪器厂商的说明书是很保守的，如果没有其他进一步的信息，可以合理假定说明书上标示的不确定度 U 大约是实际测量标准偏差 u 的 2～3 倍。因此，把标准偏差的大小定义为 $u=U/3$ 是一种合理的推论，但是在做出这种决定的同时，必须在报告或论文中予以清晰的解释或说明。

（2）仪器读数标准偏差的估计：矩形分布和三角形分布

比如正在用温度计测定样品的降温曲线，每分钟读数一次，显然这种测量方式是不能对每个温度值进行重复多次测量的，如何确定实验的标准不确定度呢？

在这种情况下，对温度测量的误差主要来源于仪器的分辨率极限。假定现在用的是一根 1/10 刻度的摄氏温度计，温度计显示数值为 37.1℃，而实际温度可能在 37.05℃ 和 37.15℃ 之间，而且在这个温度区间里的每个温度值都具有相等的概率，换句话说，在 [-0.05, +0.05] 区间内温度测量的误差分布概率为某个恒定值，而在这个区间外均为零。这种分布称为矩形分布（或均匀分布），归一化的概率密度函数为

$$P(x) = \begin{cases} 0 & x < a \\ \dfrac{1}{b-a} & a \leqslant x \leqslant b \\ 0 & x > b \end{cases} \tag{2-26}$$

该分布的期望值为

$$\mu = \int_a^b xP(x)\mathrm{d}x = \frac{a+b}{2} \tag{2-27}$$

方差为

$$\sigma^2 = \int_a^b x^2 P(x)\mathrm{d}x - \overline{x}^2 = \frac{(b-a)^2}{12} \tag{2-28}$$

若误差分布区间的半宽度为 $m=(b-a)/2$，则矩形分布的标准偏差为

$$\sigma = \frac{b-a}{2\sqrt{3}} = \frac{m}{\sqrt{3}} \tag{2-29}$$

在上面的温度测量的例子中，$m=0.05℃$，标准不确定度 $u=m/\sqrt{3}=0.05/\sqrt{3}=0.03$（℃）。

再举一个矩形分布估算标准不确定度的例子，假定用电子天平称量样品，发现天平示值总是在 0.8362～0.8373g 之间摆动，而且并不特别偏向这个范围内的某个读数，那么可以合理估计样品质量的平均值为 0.83675g，标准不确定度为

$$\frac{0.8373-0.8362}{2}\frac{1}{\sqrt{3}}=0.00032\mathrm{g}$$

如果认为在某个数据的波动范围 $[a, b]$ 内，数据取某个值 c 的概率远远大于取 a、b 的概率，则适用三角形分布，归一化的概率密度函数为

$$P(x) = \begin{cases} \dfrac{2(x-a)}{(b-a)(c-a)} & a \leqslant x \leqslant c \\ \dfrac{2(b-x)}{(b-a)(b-c)} & c < x \leqslant b \end{cases} \tag{2-30}$$

该分布的期望值为

$$\mu = \frac{1}{3}(a+b+c) \tag{2-31}$$

一般而言，c为$[a, b]$的中值，即$b-c=c-a=m$，此时三角形分布的方差为

$$\sigma^2 = \int_a^b x^2 P(x) \mathrm{d}x - \bar{x}^2 = \frac{m^2}{6} \tag{2-32}$$

标准不确定度为

$$u = \sigma = \frac{m}{\sqrt{6}} \tag{2-33}$$

比如，一根滴定管的最小刻度为0.1mL，读数时可以多估读一位，假定记录读数为18.47mL，其实最后一位读数的大小是很难确定的，可以肯定这个读数一定大于18.45mL，但是究竟是18.46mL、18.47mL还是18.48mL还真不好说。在这种情况下，可以假定误差分布符合三角形分布，误差区间的半宽度m取作最小刻度的1/5或1/4，对于这根滴定管，$m=0.02$mL，则标准不确定度为$u=0.02/\sqrt{6}=0.008$mL。当然，这只是读数的不确定度，在实际的滴定实验中，一滴溶液的体积大约是0.05mL，因此最好的滴定技术大约能保证总误差控制在$0.05/\sqrt{6}=0.02$mL的水平。

对于具有游标卡尺设计的仪器，误差区间半宽度m可取作主尺最小刻度的1/10。

2.5　合成标准不确定度：误差传递

做完了实验，直接测量了一大堆各种性质，比如质量、体积、温度、电动势、光谱波长、吸光度等，它们的不确定度也用统计分析法或经验判断法进行了估计。用这些测量数据和相关的唯象理论，可以计算出某个最终的数值结果Y，然后，必须找出Y的不确定度。找出一个计算结果（而不是测量结果）的不确定度的程序称为误差传递（propagation of error）。

从某种程度上说，采用误差传递的方法是走捷径抄近道，如果有足够的实验时间和实验材料，应该把整个实验多做几遍，算出多个最终数值结果Y_i，然后用统计方法计算它们的标准偏差。如果结果的不确定度均来源于所测定数据的变化，这是估计结果随机误差的好方法。然而，可能无法完成多次实验，而且某些不确定性可能并非来源于直接测量过程，这样，还是需要使用误差传递的方法。

假定某个物理量Y可由测量数据x、y、z计算得到

$$Y = f(x, y, z) \tag{2-34}$$

当x、y、z均发生一个无限微小的变化时，所引起的Y的无限微小变化可用全微分表示为

$$\mathrm{d}Y = \left(\frac{\partial Y}{\partial x}\right)_{y,z} \mathrm{d}x + \left(\frac{\partial Y}{\partial y}\right)_{x,z} \mathrm{d}y + \left(\frac{\partial Y}{\partial z}\right)_{x,y} \mathrm{d}z \tag{2-35}$$

如果发生的变化不是无限微小，但是足够小，以至于不会影响各个偏微分的值，那么可以有近似关系

$$\Delta Y = \left(\frac{\partial Y}{\partial x}\right)_{y,z} \Delta x + \left(\frac{\partial Y}{\partial y}\right)_{x,z} \Delta y + \left(\frac{\partial Y}{\partial z}\right)_{x,y} \Delta z \tag{2-36}$$

这与保留一次微分项的泰勒级数展开式是等价的。现在，把Δx当作x的实验测量误差

$$\Delta x = \varepsilon(x) = x - x_0$$

式中，x_0代表x的真值。同样地

$$\Delta y = \varepsilon(y) = y - y_0, \quad \Delta z = \varepsilon(z) = z - z_0$$

而物理量Y的误差为

$$\Delta Y = \varepsilon(Y) = Y - Y_0$$

根据方程（2-36）得到

$$\varepsilon(Y) = \left(\frac{\partial Y}{\partial x}\right)_{y,z} \varepsilon(x) + \left(\frac{\partial Y}{\partial y}\right)_{x,z} \varepsilon(y) + \left(\frac{\partial Y}{\partial z}\right)_{x,y} \varepsilon(z) \qquad (2\text{-}37)$$

要注意到方程（2-37）的偏微分项和误差项都是有正、负的，这对于计算Y的误差造成一定的混乱，一般情况下，可以将方程（2-37）中的所有各项全部取绝对值，这样计算得到的是Y的误差上限，即最大误差。方程（2-37）也可以用作系统误差的累积计算，但是这样的做法不科学，因为如果已知系统误差的大小和正负，那么首先应该做的是校正测量数据。

鉴于方程（2-37）可能造成的歧义，采用方差和不确定度分析是比较稳妥的方法。以下分两种情况进行讨论，第一种情况是所有测量数据的误差都是非相关联的（uncorrelated），即计算结果所用的测量数据均来自于相互独立的实验；第二种情况是计算所使用几个参数的误差是相关联的（correlated），比如拟合直线方程的斜率和截距，这种情况下将使用协方差（covariance）。

2.5.1 非相关联数据的误差传递

实际上既不知道真值x_0，也当然不知道$\varepsilon(x)$、$\varepsilon(y)$、$\varepsilon(z)$等，对于随机误差，知道的是测量数据的估计标准偏差S或者置信边界限Δ。为求出计算结果Y的不确定度，可以将方程（2-37）两边同时取平方

$$[\varepsilon(Y)]^2 = \left(\frac{\partial Y}{\partial x}\right)_{y,z}^2 [\varepsilon(x)]^2 + \left(\frac{\partial Y}{\partial y}\right)_{x,z}^2 [\varepsilon(y)]^2 + \cdots + 2\left(\frac{\partial Y}{\partial x}\right)_{y,z}\left(\frac{\partial Y}{\partial y}\right)_{x,z} \varepsilon(x)\varepsilon(y) + \cdots$$

对于相互独立的实验测量数据，ε的交叉乘积项为零，故上式将仅剩平方项。将所有的ε项都替换为标准不确定度u，则计算结果的合成标准不确定度为

$$u_c(Y) = \left[\left(\frac{\partial Y}{\partial x}\right)_{y,z}^2 u_x^2 + \left(\frac{\partial Y}{\partial y}\right)_{x,z}^2 u_y^2 + \left(\frac{\partial Y}{\partial z}\right)_{x,y}^2 u_z^2\right]^{\frac{1}{2}} \qquad (2\text{-}38)$$

再次强调，不确定度的单位必须与所计算物理量的单位一致，应注意检查，以免发生错误。进行误差传递计算时，所有的偏微分项至少要保证两位有效数字，而基本常数项的有效数字位数应比测量值的有效数字位数多一位。物理化学实验中涉及的基本常数可参阅相关文献[3]。

2.5.1.1 误差传递公式

有些误差传递公式是经常用到的，它们都可以从方程（2-38）推导出来。
（1）与常数相乘
令$Y=ax$，a是可忽略不确定度的已知常数（比如气体常数R或数值3）。则

$$\frac{dY}{dx} = a \qquad u_c(Y) = \left[a^2 u_x^2\right]^{\frac{1}{2}}$$

$$u_c(Y) = au_x \qquad (2\text{-}39)$$

即Y的合成标准不确定度等于x的标准不确定度的a倍。
（2）加和减

令 $Y = ax \pm by \pm cz$，a、b、c 均为常数。则

$$u_c(Y) = \left[a^2 u_x^2 + b^2 u_y^2 + c^2 u_z^2 \right]^{\frac{1}{2}} \tag{2-40}$$

方程（2-40）在化学实验中具有重要意义，很多情况下都会用到诸如 $Y=x-y$ 这样形式的计算过程，比如用差量法称取试剂，或者滴定前、后两次读取移液管刻度求出滴定体积等，此时一般假定 $u_x = u_y$（即前后两次测量的不确定度相等），则所称试剂质量或滴定体积的合成标准不确定度为单次测量标准不确定度的 $\sqrt{2}$ 倍，这一点在进行计算时常常被忽略。

（3）乘和商

令 $Y = axyz$，则

$$u_c(Y) = a \left[(yz)^2 u_x^2 + (xz)^2 u_y^2 + (xy)^2 u_z^2 \right]^{\frac{1}{2}} \tag{2-41}$$

方程（2-41）可变换为相对不确定度

$$\frac{u_c(Y)}{Y} = \left[\left(\frac{u_x}{x} \right)^2 + \left(\frac{u_y}{y} \right)^2 + \left(\frac{u_z}{z} \right)^2 \right]^{\frac{1}{2}} \tag{2-42}$$

方程（2-42）同样适用于 $Y=axy/z$、$Y=ax/yz$ 和 $Y=a/xyz$ 等计算公式。

（4）指数式

令 $Y = ax^n$，则

$$u_c(Y) = \left[(anx^{n-1})^2 u_x^2 \right]^{\frac{1}{2}} = anx^{n-1} u_x \tag{2-43}$$

方程（2-43）也可变换为相对不确定度

$$\frac{u_c(Y)}{Y} = n \frac{u_x}{x} \tag{2-44}$$

（5）e 指数

令 $Y = ae^x$，则

$$u_c(Y) = ae^x u_x \tag{2-45}$$

相对不确定度为

$$\frac{u_c(Y)}{Y} = u_x \tag{2-46}$$

（6）自然对数

令 $Y = a\ln x$，则

$$u_c(Y) = a \frac{u_x}{x} \tag{2-47}$$

2.5.1.2 误差传递计算的错误和简化

对函数进行偏微分计算总是可能的，但是复杂的函数往往产生一大堆繁琐的表达式，这很容易产生错误，因此最好先考察一下 Y 函数的形态，看看是否可以简化函数方程，或者可以忽略某些对计算结果无足轻重的项。将计算公式进行变量代换可以简化计算过程，但是弄不好也会因为错误的计算方法导致错误的合成标准不确定度，比如

$$Y = a(e^x - 1) + b(y - cx)$$

错误的做法是：做变量代换

$$A = a(e^x - 1) \qquad B = b(y - cx)$$

则

$$[u_c(Y)]^2 = [u_c(A)]^2 + [u_c(B)]^2$$

$$[u_c(A)]^2 = (ake^x)^2[u_c(x)]^2 \qquad [u_c(B)]^2 = b^2[u_c(y)]^2 + b^2c^2[u_c(x)]^2$$

该错误做法的问题在于变量代换后的 A、B 两项是相互不独立的，即相关的，不适用前面的计算公式。正确的合成标准不确定度为

$$[u_c(Y)]^2 = (ake^x - bc)^2[u_c(x)]^2 + b^2[u_c(y)]^2$$

对 Y 的计算必须依据其精确方程的形式，以保证其数值结果达到尽可能高的精确度，但是对误差的值则大可不必要求如此精确。即使一个测量数据在计算 Y 时不可忽略，其不确定度在计算合成标准不确定度时仍然可能被忽略，一般而言，对 Y 的计算误差贡献在 5% 以内（甚至 10%）的项是可以忽略的，此时要注意的是，相较于忽略了某些项导致 Y 不确定度减小的情况，更偏向于忽略了某些项导致 Y 不确定度增加的情况，即不能因为忽略了某些项导致结果的合成标准不确定度明显减小，这会导致对实验数据质量的误判。比如实验 A5"凝固点降低法测定溶质的摩尔质量"中，溶质摩尔质量的计算公式为

$$M = 1000 \times \frac{w}{W} \times \frac{K_f}{\Delta T_f} \times (1 - \beta \Delta T_f)$$

由于修正因子 $\beta < 0.005 \text{K}^{-1}$，因此 $\beta\Delta T_f$ 项与 ΔT_f 项相比非常小。虽然在精确计算 M 时 $\beta\Delta T_f$ 不可忽略，但是在计算合成不确定度时可以把 M 的计算公式简化为

$$M = 1000 \times \frac{w}{W} \times \frac{K_f}{\Delta T_f}$$

此时应用前面的公式计算 $u_c(M)/M$ 就比较方便了。

2.5.1.3　误差传递计算实例

【例2-3】 由气体的压力、体积、温度测量值计算摩尔数，计算公式为

$$n = \frac{pV}{RT}$$

假定该气体是理想气体（系统误差的一种来源），各物理量的测量值如下：

$$p = (2.78 \pm 0.12) \times 10^4 \text{Pa} \qquad V = (1.32 \pm 0.05) \times 10^{-3} \text{m}^3 \qquad T = (292.2 \pm 0.3)\text{K}$$

计算气体摩尔数

$$n = \frac{(2.78 \times 10^4 \text{Pa})(1.32 \times 10^{-3} \text{m}^3)}{(8.3145 \frac{\text{J}}{\text{mol} \cdot \text{K}})(292.2\text{K})} = 0.015104 \text{mol}$$

各项的偏微分为

$$\frac{\partial n}{\partial p} = \frac{V}{RT} \qquad \frac{\partial n}{\partial V} = \frac{p}{RT} \qquad \frac{\partial n}{\partial T} = -\frac{pV}{RT^2}$$

合成标准不确定度为

$$u_c(n) = \left[\left(\frac{V}{RT}\right)^2 u_p^2 + \left(\frac{p}{RT}\right)^2 u_V^2 + \left(-\frac{pV}{RT^2}\right)^2 u_T^2\right]^{\frac{1}{2}}$$

$$= \left[\left(\frac{1.32 \times 10^{-3}}{8.3145 \times 292.2}\right)^2 \times (0.12 \times 10^4)^2 + \left(\frac{2.78 \times 10^4}{8.3145 \times 292.2}\right)^2 \times (0.05 \times 10^{-3})^2\right.$$

$$\left. + \left(\frac{2.78 \times 10^4 \times 1.32 \times 10^{-3}}{8.3145 \times 292.2^2}\right)^2 \times (0.3)^2\right]^{\frac{1}{2}} = \left[4.25 \times 10^{-7} + 3.27 \times 10^{-7} + 2.40 \times 10^{-10}\right]^{\frac{1}{2}}$$

$$= 0.000867 \text{ (mol)}$$

因此，最终计算结果应写作："$n = 0.01510$ mol，合成标准不确定度 $u_c(n) = 0.00087$ mol"，或者"$n = (0.01510 \pm 0.00087)$ mol，式中不确定度为合成标准不确定度 u_c"。注意在计算中摩尔气体常数 R 取了5位有效数字，比测量数据的最大有效数字位数多一位。

【例2-4】 比旋光度的计算公式为

$$[\alpha] = \frac{V}{Lm}\alpha$$

式中，V 是溶液体积，单位：cm^3；L 是旋光管长度，单位：dm；m 是溶质质量，单位：g；α 是溶液的旋光度，单位：（°）。这四个不相关变量及其95%置信边界限如下表所示

V	L	m	$\bar{\alpha}$
25.00 cm^3	2.000 dm	1.7160 g	+20.950°
$\Delta = 0.02$ cm^3	0.002 dm	0.0003 g	0.016°

其中，前三个变量的置信边界限是根据经验判断的，最后一个变量的置信边界限是根据10次测量值数据，按照方程（2-7）和方程（2-23）计算得到的。

计算比旋光度值

$$Y = [\alpha] = \frac{V}{Lm}\alpha = \frac{25.00}{2.000 \times 1.7160} \times 20.950 = 152.61 \,\text{deg} \cdot \text{dm}^{-1} \cdot (\text{g} \cdot \text{cm}^3)^{-1}$$

根据方程（2-42）

$$\frac{u_c(Y)}{Y} = \frac{u_c([\alpha])}{[\alpha]} = \left[\left(\frac{\Delta(V)}{V}\right)^2 + \left(\frac{\Delta(L)}{L}\right)^2 + \left(\frac{\Delta(m)}{m}\right)^2 + \left(\frac{\Delta(\bar{\alpha})}{\bar{\alpha}}\right)^2\right]^{\frac{1}{2}}$$

$$= \left[\left(\frac{0.02}{25.00}\right)^2 + \left(\frac{0.002}{2.000}\right)^2 + \left(\frac{0.0003}{1.7160}\right)^2 + \left(\frac{0.016}{20.950}\right)^2\right]^{\frac{1}{2}}$$

$$= \left[6.400 \times 10^{-7} + 1.000 \times 10^{-6} + 3.056 \times 10^{-8} + 5.833 \times 10^{-7}\right]^{\frac{1}{2}}$$

$$= 0.0015$$

$$\Rightarrow \quad u_c([\alpha]) = 0.23 \,\text{deg} \cdot \text{dm}^{-1} \cdot (\text{g} \cdot \text{cm}^3)^{-1}$$

最终计算结果应写作："$[\alpha] = 152.61 \pm 0.23 \,\text{deg} \cdot \text{dm}^{-1} \cdot (\text{g} \cdot \text{cm}^3)$，式中不确定度为合成标准不确定度 u_c"，或用SI制单位表示为"$[\alpha] = 1.5261 \pm 0.0023 \,\text{deg} \cdot \text{m}^2 \cdot \text{kg}^{-1}$"。

【例2-5】 用测定声速的方法可以测定氩气的热容比

$$C_p/C_V = \gamma = \frac{Mc^2}{RT}$$

式中，M为摩尔质量（单位：kg·mol^{-1}，Ar的M=0.039948）；c为声速（单位：m·s^{-1}）；R为气体常数（8.31447J·K^{-1}·mol^{-1}）；T为温度（单位：K）。

实验的平均温度为（25.1±0.4）℃＝（298.25±0.4）K，95%置信边界限$\Delta(T)$=0.4K是相当大的，因为实验装置无法用恒温槽恒温。声速计算公式为：$c=\lambda f$，其中λ是频率为f的声驻波的波长，声波频率非常精确，f=1023.0Hz，不确定度可以忽略，多次测量得到的声波波长为λ=（31.75±0.35）cm（95%置信度），由此得到声速为c=324.8m·s^{-1}，根据方程（2-39），声速的不确定度$u(c)$=3.58m·s^{-1}。

热容比

$$C_p/C_V = \gamma = \frac{Mc^2}{RT} = \frac{0.039948 \times 324.8^2}{8.31447 \times 298.25} = 1.699$$

综合应用方程（2-42）和方程（2-44）计算γ的合成标准不确定度

$$\frac{u_c(\gamma)}{\gamma} = \left[4\left(\frac{u(c)}{c}\right)^2 + \left(\frac{u(T)}{T}\right)^2 \right]^{\frac{1}{2}} = \left[4 \times \left(\frac{3.58}{324.8}\right)^2 + \left(\frac{0.4}{298.25}\right)^2 \right]^{\frac{1}{2}} = 0.02209$$

$$\Rightarrow \quad u_c(\gamma) = 0.0375$$

实验结果可以写作："298.25K时氩气的热容比为γ=1.70±0.04（95%置信度）"。单原子理想气体的热容比γ=5/3=1.6667，已知的最佳实验测量文献数据是γ=1.6677，这两个值都在本例实验测量的95%置信区间内。

2.5.2 相关联数据的误差传递：协方差

某些情况下，计算Y的公式里与误差有关的两个量之间是相互关联的，在物理化学实验中，最常见的例子就是由最小二乘法拟合得到的方程来计算某个物理量Y时，该方程中的两个或两个以上的可调参数是相互关联的。误差之间的相互关联性可以用协方差（covariance）表示，协方差取正值表示两个变量的误差具有相同的符号，反之亦然，若协方差为零，则两个变量的误差之间没有关联。

统计学上协方差的符号为σ_{xy}^2，但是这个符号容易造成误解，好像协方差应该为正值，实际上协方差可正可负，因此在表示标准不确定度时，协方差可以用$u(x, y)$表示。协方差中两个变量的顺序是无关紧要的，即$u(x, y)=u(y, x)$，当采用拟合程序进行两个以上可调参数的数据拟合时，每两个参数之间就会有一个协方差。

对于任意两个变量之间的协方差不为零的情况，方程（2-38）将增加一些附加项，每个非零的协方差都有一项，则合成标准不确定度的平方可以表示为

$$u_c^2(Y) = \sum_{i=1}^{N} \left(\frac{\partial Y}{\partial x_i}\right)_{x_j(i \neq j)}^2 u_i^2 + 2\sum_{i=1}^{N-1}\sum_{j=i+1}^{N} \left(\frac{\partial Y}{\partial x_i}\right)\left(\frac{\partial Y}{\partial x_j}\right) u(x_i, x_j) \quad (2\text{-}48)$$

式中等号右边的第一项加和就是方程（2-38）的内容，第二项加和涉及协方差，复杂的加和方式保证了协方差的加和不会有重复项。即使有多个变量，但是绝大多数变量之间的协方差为零，所以方程（2-48）等号右边第二项的加和项数一般不会太多。

【例2-6】 某同学用旋光仪测定不同摩尔浓度c_i蔗糖水溶液的旋光度α_i，得到如下数

据，请用最小二乘法拟合出旋光度-浓度标定曲线的方程，并计算当旋光度$\alpha_m=4.50°$时未知浓度蔗糖水溶液的摩尔浓度c_m，及其合成标准不确定度$u(c_m)$，这里下标m表示测量（measured）。

蔗糖摩尔浓度c/mol·dm^{-3}	0.048	0.060	0.084	0.120	0.150	0.300
旋光度α/deg	2.25	2.90	3.90	5.35	6.95	13.15

解 旋光度-浓度标定曲线近似为直线，拟合方程为：

$$\alpha = p + qc$$

用Origin软件做线性拟合得到如下结果：

旋光度-浓度关系最小二乘法拟合输出结果

p	0.27455
σ_p或u_p	0.09509
q	43.11377
σ_q或u_q	0.62284
p与q的协方差σ_{pq}^2或$u(p,q)$	−0.04927
α的估计标准偏差σ_α或u_α	0.10556

由方程可知，p和σ_p单位为：deg，q和σ_q单位为：deg·dm^3·mol^{-1}，σ_{pq}^2的单位：deg^2·dm^3·mol^{-1}，σ_α单位为：deg。将拟合方程重排后得到

$$c_m = \frac{\alpha_m - p}{q}$$

将p、q和α_m代入后得到$c_m=0.09800$mol·dm^{-3}，该方程中的三个变量都有不确定度，且p、q之间还有非零协方差，根据方程（2-48）写出

$$u_c^2(c_m) = \left(\frac{\partial c_m}{\partial \alpha_m}\right)^2 u_{\alpha_m}^2 + \left(\frac{\partial c_m}{\partial p}\right)^2 u_p^2 + \left(\frac{\partial c_m}{\partial q}\right)^2 u_q^2 + 2\left(\frac{\partial c_m}{\partial p}\right)\left(\frac{\partial c_m}{\partial q}\right) u(p,q)$$

$$= \frac{u_{\alpha_m}^2}{q^2} + \frac{u_p^2}{(-q)^2} + \left[-\frac{(\alpha_m - p)}{q^2}\right]^2 u_q^2 + 2 \times \left(-\frac{1}{q}\right)\left(-\frac{\alpha_m - p}{q^2}\right) u(p,q)$$

$$= \frac{0.10556^2}{43.11377^2} + \frac{0.09509^2}{(-43.11377)^2} + \left[-\frac{(4.50-0.27455)}{43.11377^2}\right]^2 \times (0.62284)^2$$

$$+ 2 \times \left(-\frac{1}{43.11377}\right)\left(-\frac{4.50-0.27455}{43.11377^2}\right)(-0.04927)$$

$$= 5.9947 \times 10^{-6} + 4.8645 \times 10^{-6} + 2.0046 \times 10^{-6} - 5.1956 \times 10^{-6} = 7.6682 \times 10^{-6}$$

由此得到$u_c(c_m)=0.00277$mol·dm^{-3}。因此实验结果应写作："未知浓度蔗糖水溶液的摩尔浓度为（0.0980±0.0028）mol·dm^{-3}，式中的不确定度为合成标准不确定度u_c"。

两个变量之间的线性方程是物理化学实验中最经常遇到的数学函数关系之一，上面例子中的协方差小于零，说明拟合直线方程的截距和斜率的偏差变化方向是相反的。当这种情况发生时，如果不考虑协方差的因素，上面例子的标准不确定度为0.0035mol·dm^{-3}，会变得大一些。对线性拟合而言，尤其是要通过外推得到某些参数时（比如将浓度外推到0，得到截距p），外推值往往不是非常精确，但是由于截距和斜率的偏差变化方向是相反的，如果截距被低估了，则斜率就会被高估，以保证拟合直线尽量接近实验数据，反之亦然。图2-7中

画出了上例中的拟合直线（红色实线），以及固定截距为 $p=0$ 和 $p=0.54$ 的两条拟合直线（蓝色虚线和绿色虚线），这三条拟合直线的调整确定系数（adj. R^2）分别为 0.99896、0.99911 和 0.99915，说明这三个拟合方程与实验数据的契合程度基本一致，后两条拟合直线在旋光度 $\alpha_m=4.50°$ 处的蔗糖浓度分别为 $c_m=0.1009$ 和 $0.0950\text{mol}\cdot\text{dm}^{-3}$，与上例中的计算结果相差不大，说明协方差项的存在能够保证即使截距不是非常精确，最终结果的不确定度依然很小。

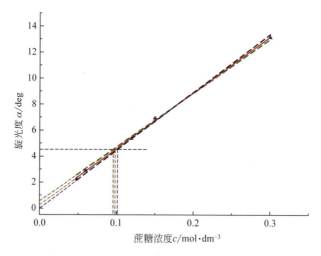

图2-7　不同截距的蔗糖浓度-旋光度标准曲线

参考文献

［1］Working Group 1 of the JointCommittee for Guides in Metrology（JCGM/WG 1）. *Evaluation of measurement data—Guide to the expression of uncertainty in measurement*（JCGM 100:2008）. International Organization for Standardization（ISO），2008. 下载网址http://www.bipm.org/en/publications/guides/gum.html.

［2］Barry N Taylor, Chris E Kuyatt. *Guidelines for Evaluating and Expressing the Uncertainty of NIST Measurement Results*（NIST Technical Note 1297）. National Institute of Standards and Technology, 1994. 下载网址http://www.nist.gov/pml/pubs/tn1297/upioad/tn1297s.pdf或http://www.nist.gov/pml/pubs/tn1297/.

［3］http://physics.nist.gov/cuu/Constants/index.html.

第3章

科学数据分析与绘图软件在物理化学实验中的应用

实验数据的误差分析往往涉及复杂繁琐的数值计算过程，纯粹的手工计算很容易出错，借助计算机软件进行这些工作则更为便捷、准确和可靠。随着实验技术和设备的进步，实验数据采集的数字化程度不断提高，即使学生实验中也可能出现需要处理成千上万个数据点的情况，这些工作当然也是不可能通过手工计算和绘图来完成的。同时，物理化学实验中经常会遇到求取曲线上某些特殊点的情况，比如极值点、拐点、延长线交点等，手工处理也会产生很大的偏差。因此，掌握科学数据分析和绘图软件的基本使用方法，对于正确解析实验数据、分析实验结果质量、得出合理实验结论，都是非常有益的。

物理化学实验数据处理经常使用 Excel 和 Origin 这两种数据分析和绘图软件。Excel 是 Microsoft Office 软件的基本单元之一，其数据表格功能和各类图形表达功能（如点线图、柱状图、饼图等）是大家比较熟悉，这里不再进行讨论。Origin 软件是由美国 OriginLab 公司开发的强大的实验数据处理和图表绘制软件，使用 Origin 软件与使用 Excel 一样简单，只需点击鼠标选择菜单命令就可以完成数据处理及绘图，但是其图形绘制和信号分析功能要好于 Excel，本章将重点讨论 Origin 在这两方面的应用。

Origin 被公认为"最快、最灵活、最容易使用的工程绘制软件"，应用 Origin 软件几乎可以绘制化学化工教科书中出现的所有数据图表。下面讨论的 Origin 软件版本为 OriginPro 8.6，附加画切线的插件"Tangent.opk"，内容包括图线绘制与输出、曲线拟合、信号处理和峰形拟合等。除此以外，在实际的绘图过程中还会使用一些专用的绘图软件，本书中只是借用这些软件的部分功能，因此将不对这些软件进行专门介绍。

3.1 数据输入

双击 OriginPro 8.6 软件启动图标，进入 Origin 软件运行界面。首先进入的是数据工作表（Worksheet）窗口，图 3-1 为该窗口的左上角部分。

数据工作表窗口由菜单栏、工具栏（多个）及数据表格主体构成，图 3-1 中还显示出了切线插件按钮小窗口，该插件可以在打开 Origin 界面状态下双击"Tangent.opk"进行安装，安装成功后，每次打开 Origin 即自行启动切线插件。

不同类型窗口的菜单栏功能是有差别的，在数据工作表窗口的菜单栏中，既有通用的"File（文件）""Edit（编辑）""View（视图）"等菜单命令，也有"Plot（绘图）""Column（数据列）""Worksheet（工作表）""Statistics（统计）"等该窗口特有的菜单命令。

Origin 的工具栏种类很多，默认显示的工具栏包括标准工具栏、图像工具栏、格式工具栏、样式工具栏、工具包工具栏和2D绘图工具栏等，使用者可以根据喜好和需要，通过"View-Toolbars"命令的对话窗口进行增删，工具栏可以放置在工作表格主体的上、下、左、右框之外，用鼠标直接拖动到相应位置即可。

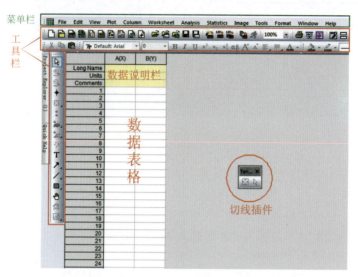

图3-1　Origin软件启动后进入数据工作表窗口（部分）

工具栏中有大家熟悉的"打开""保存""复制""粘贴"等命令按钮，还有很多是Origin特有的命令按钮，如果不了解其用途，只要将鼠标移动到某个命令按钮上，就会显示出相关的命令内容。图3-1工作表左侧为工具包工具栏（Tools Toolbar），该栏的命令在数据处理和绘图时经常被使用，其基本结构如图3-2所示。符号是点选工具按钮，可用于点击选择各种类型的对象（如数据、数据列、表格、图线、菜单命令等），是最常开的按钮；符号是屏幕读点器按钮，可以显示屏幕上任何一点的XY坐标值（如为3D图，则显示XYZ值）；符号是数据读点器按钮，可以显示所输入的某个数据点的XY坐标；符号是文本工具按钮，用于在图表中插入文本内容；其他按钮的功能包括在图表中插入箭头、弯曲箭头、直线、曲线、各种几何图形以及方程等。

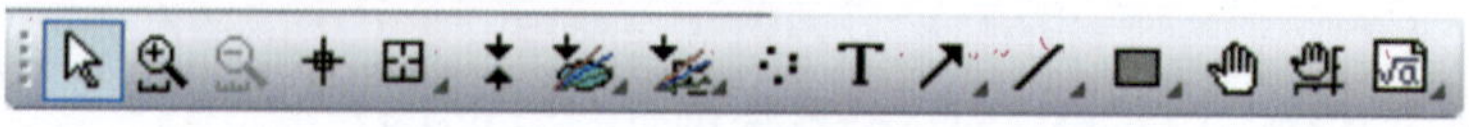

图3-2　工具包工具栏

Origin软件的数据输入方法很多，在数据较少时可以采用手工直接输入；如果数据很多，一般采用导入数据的方法。Origin支持的数据格式包括Excel表格、文本数据、ASCII码和矩阵表等，用菜单栏"复制-粘贴"命令或者导入按钮均很容易完成数据的输入，已经表格化的数据文件可直接拖入Origin数据表窗口生成数据文件。数字化的测量仪器所获得的数据或曲线通常都能够转换为Excel文件（*.xlsx）或表格化的文本文件（*.txt），从而被Origin软件直接读取。

回到图3-1的中间部分，即Origin的数据表，自动命名为"Book1"，要处理的数据就是在这里输入的。数据表的最上面涂成黄色的三行，可以用以标注变量名称、单位和附注，当然也可以什么也不填。在此以下编号的各行就是数据栏，每一列代表一类变量，这与Excel的表格形式有相似之处。数据列的数目是可以增加的，点击菜单栏中的"Column-Add New Columns"，在弹出的"Add New Columns"对话框中填写要增加的数据列数目，点击"OK"

即可完成，右击鼠标在弹出框中选择"Add New Columns"可以直接增加一列。在导入数据时，数据列的数目会根据输入数据的格式自动匹配增加，无需预先设定。

3.2 图线绘制

现在以蔗糖浓度-旋光度标准曲线的绘制为例，说明Origin软件绘制图线的具体过程和图样修饰方法，实验测定的数据较少，故采用直接输入法，如图3-3所示。

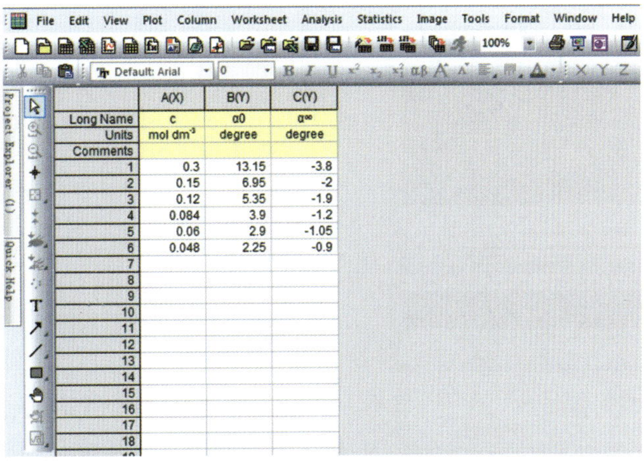

图3-3 蔗糖浓度—溶液旋光度实验数据工作表

图3-3中A(X)列为蔗糖溶液的浓度c/mol·dm^{-3}，B(Y)列为蔗糖溶液的初始旋光度α_0/deg，C(Y)列为蔗糖完全水解后溶液的终态旋光度α_∞/deg。现在，要绘制出蔗糖浓度对初始旋光度、终态旋光度关系的两条标准曲线，即α_0-c和α_∞-c的关系曲线。点击菜单栏中"Plot"命令按钮，弹出曲线形态选择下拉菜单（见图3-4）。

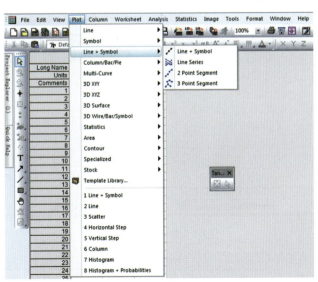

图3-4 曲线形态选择下拉菜单

对于本例这样简单的数据处理问题，只有前三行的绘图选择是有用的，分别是折线图"Line"、散点图"Symbol"和折线+散点图"Line + Symbol"三种图线形式，每种形式中还包含若干选项，一般选首选项即可。其他图形选择可通过点击相关按钮，根据显示的图标，就能够明白要绘制图形的样式。

先绘制 a_0-c 关系曲线。点击"Plot-Line + Symbol- Line + Symbol"，弹出曲线设置对话框（见图3-5），勾选 A 列的溶液浓度 c 为 X 轴、B 列的溶液初始旋光度 a_0 为 Y 轴，点击"Add"，在图线列表"Plot List"中添加对应的图线。

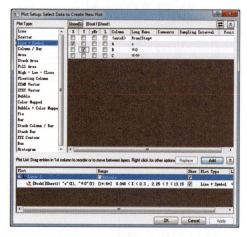

图3-5　曲线设置对话框

图3-6　蔗糖溶液的 α_0-c 关系曲线

点击"OK"，生成所要绘制的图线（见图3-6），此时软件的活跃界面转到图形窗口，可以注意到该窗口的菜单栏中部分菜单命令与工作表窗口有所不同，比如图形"Graph"、数据"Data"、小工具"Gadgets"等。

图3-6中曲线是由相邻两点之间的连线拼接起来的，看上去比较生硬，可以用Origin对其进行修饰。双击曲线，弹出曲线明细对话框（见图3-7）。

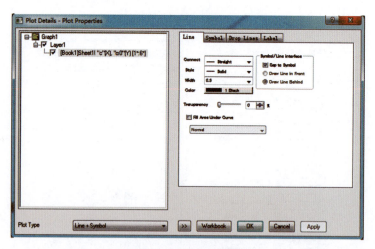

图3-7　曲线明细对话框

图3-7左边框中是曲线的来源信息，Origin软件按照"图（Graph）- 图层（Layer）- 曲线"的层次对各条曲线进行分类，图示信息表明该条曲线属于图3-1的第1图层，数据来自工作数据表的"c"栏和"α0"栏，该信息框下面的"Plot Type"下拉菜单可以选择曲线类型，如折线图、散点图等。右边框中最上边三个菜单栏，分别可以修饰曲线形状、数据点符号和添加网格线。

点开"Line"菜单命令，线型修饰的四个主要选项为：相邻数据点连接方式（Connect）、曲线形态（Style）、线宽（Width）和颜色（Color）。

修饰曲线绘制方法时，下拉"Connect"菜单，显示出一系列相邻数据点连接方式，其符号和含义分别为：

No Line	无连接线
Straight	直线
2 Point Segment	两点一线段
3 Point Segment	三点一折线
B-Spline	B样条函数
Spline	样条函数
Step Horz	沿水平方向的台阶线
Step Vert	沿垂直方向的台阶线
Step H Center	沿水平方向的台阶线，数据点为台阶中点
Step V Center	沿垂直方向的台阶线，数据点为台阶中点
Bezier	贝塞尔曲线（钢笔线）

其中软件默认的连接方式"Straight"，不是将数据点画成直线形态，而是将相邻数据点用直线连接，即所谓的折线图；一般绘图时应将曲线作平滑处理，可以选择"B-Spline""Spline"或"Bezier"的连接方式，就是对数据点做B样条函数处理、样条函数处理或贝塞尔函数处理，使得曲线分段（片）光滑，并且在各段交接处也有一定的光滑性。

修饰曲线形态时，下拉"Style"菜单，显示出一系列曲线的形态，可选实线、虚线、点线、点划线等；下拉"Width"菜单，可以选择线条的粗细宽度；下拉"Color"菜单，可以选择曲线的颜色。

点击菜单命令"Symbol"，在命令框中可以选择表示数据点的符号、大小和颜色。

以图3-6曲线的修饰为例，选择"B-Spline"平滑方式、"Solid"实线、线宽1.5、红色、数据点为#6红色空心圆圈，点击"OK"得到图3-8所示图形。

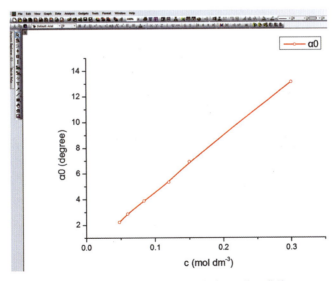

图3-8 线型修饰后的蔗糖溶液的α_0-c关系曲线

下面对坐标轴进行修饰，以X坐标为例，双击X轴弹出对话框，共有7个分栏可以对坐标轴进行修饰，比较重要的有两个。

"Scale"（见图3-9）：选定X轴的范围（From，To）、标尺的大小分度（Increment，Major

Tick/Minor）和标尺类型（Type）。标尺类型一般选择常规（Normal），特殊类型包括对数坐标等。X轴范围可根据作图需要选择合理的区间。注意标尺的大小分度，尤其是要将每一个大分度划分成10等份时，"Minor"的数值应填"9"，而不是"10"，否则会将每一个大的分度11等分。

图3-9　X坐标轴修饰对话框之"Scale"栏

"Title & Fromat"（见图3-10）：首先可以选择X轴的位置，默认设置为图的下框线，也可以设为图的上、左或右框线。中间部分可以设定X轴的名称、颜色、大小等。右边的"Major"和"Minor"按钮可以下拉选择标尺分度的形态，默认形态为指向图外（即"Out"），如果作图的要求是分度线指向图内，所以这里可以改选为"In"。"Axis"按钮比较重要，默认位置是图形的底部"Bottom"，下拉"Axis"菜单可以更改X轴的位置，其中有一个选项是"At Position ="，输入数值后可以将X轴设定在Y轴范围内的指定位置；此外，用鼠标点住X轴拖曳，可将X轴放置到图形中的任意位置。

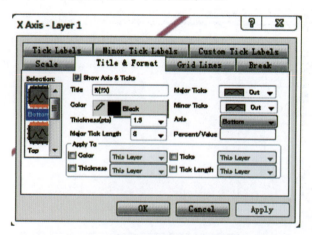

图3-10　X坐标轴修饰对话框之"Title & Format"栏

其他分栏可以对诸如字体、分度、坐标轴等进行进一步的修饰，在此不再赘述，请自行探索。Y轴的修饰方法与之相同。X、Y轴的名称一般可以直接双击曲线图上的对应项目进行修改。Origin能够输入中文字符和特殊符号，如果输入中文出现乱码，可以在工具栏中通过修改字体解决。

按上述方法对图3-8图线进行各种修饰，包括X、Y轴的范围调整和分度线设定、X轴、

Y轴中文名称及符号单位标示、字体选择和大小调整等,最终得到一幅标识规范的数据曲线图(见图3-11),其中各项要素(坐标轴、分度、名称等)的规格、形式均符合正式出版论文或撰写研究报告的要求。

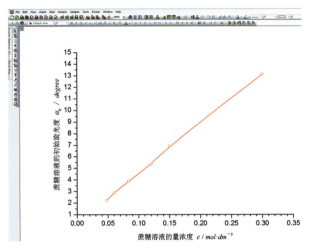

图3-11 规范修饰各要素后的蔗糖溶液的α_0-c关系曲线

3.3 线性拟合

如果实验测定的物理量之间存在明确的线性关系,则Origin提供了非常直观方便的线性拟合方法。如图3-12所示,点选要拟合的直线(若活跃图层上只有一条直线,则无需点选),点击"Analysis-Fitting-Linear Fit-Open Dialog…",弹出线性拟合对话框,一般什么也不用选,直接点"OK"即可。

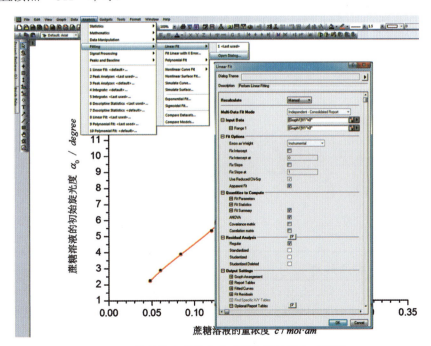

图3-12 线性拟合菜单命令路径和线性拟合对话框

这个对话框中也可以进行更加有针对性的拟合，比如固定截距（Fix Intercept）进行拟合，或者固定斜率（Fix Slope）进行拟合，等等。默认的拟合输出选项是有限的，主要是拟合参数及其标准偏差、相关系数等，但是Origin软件能够提供更多的统计参数选项，这可以对拟合成果的质量（或者误差）进行有效分析和评价，将该对话框中"Quantities to Compute"项目下的各个子项全部展开，其名称和含义如表3-1所示。

表3-1　线性拟合计算量的名称与释义

名称	释义
Quantities to Compute	计算量
Fit Parameters	拟合参数
Value	参数值
Standard Error	标准偏差
LCL	95%置信水平下限值
UCL	95%置信水平上限值
Confidence Level for Parameters (%)	参数的置信水平（默认95%，可修改）
t-Value	t 检验值
Prob>|t|	t 检验概率（置信水平95%，该值<0.05说明拟合较好）
CI Half-Width	置信区间（Confidence Interval）半宽度
Fit Statistics	拟合统计量
Number of Points	数据点数量
Degrees of Freedom	自由度
Reduced Chi-Sqr	简化的卡方检验值，等于残差平方和除以自由度
R Value	R 值，等于 R^2(COD)的平方根
Residual Sum of Squares	残差平方和，即测量值与预测值之差的平方和
Pearson's r	皮尔森相关系数
R-Square (COD)	决定系数
Adj. R-Square	调整决定系数
Root-MSE (SD)	均方根误差，在此含义为该线性回归的标准偏差，等于Reduced Chi-Sqr的二次根
Norm of Residuals	残差模（或残差范数），等于残差平方和的二次根
Fit Summary	拟合概要
Value	参数值
Standard Error	标准偏差
LCL	95%置信水平下限值
UCL	95%置信水平上限值
Adj. R-Square	调整决定系数
R-Square (COD)	决定系数
ANOVA	方差分析（包括 F 检验值和 F 检验概率）
Covariance Matrix	协方差矩阵，特指截距与斜率之间的协方差
Correlation Matrix	相关系数矩阵，特指截距与斜率之间的相关系数

勾选表3-1中所有的线性拟合计算量，点击"OK"按钮后，实验数据的线性拟合工作就完成了，文件转到图线窗口，在曲线图上会生成一条红色的拟合直线，同时弹出"Reminder Message"（提示信息）对话框，询问用户是否想切换到拟合报告页，选择"Yes"时文件就重新切回到数据工作表窗口，经过线性拟合后，该窗口除了原有的输入数据工作表"Sheet1"之外，新增加了两个数据工作表："FitLinear1"（见图3-13）和

"FitLinearCurve1",前者详细列出了表3-1中各项拟合计算量的数值,可以看出本次线性拟合的质量很好,皮尔森相关系数、决定系数和调整决定系数分别达到0.99958、0.99917和0.99896,拟合参数截距和斜率的 t 检验概率分别为0.04469和 2.60961×10^{-7}、F 检验概率(Prob>F)为 2.60961×10^{-7},均小于0.05,处于95%置信水平以上,说明蔗糖溶液的初始旋光度 α_0 与蔗糖的浓度 c 之间存在明确、良好的线性关系,其线性拟合方程可以表达为

$$\alpha_0/\text{degree}=0.27455+43.11377(c/\text{mol}\cdot\text{dm}^{-3})$$

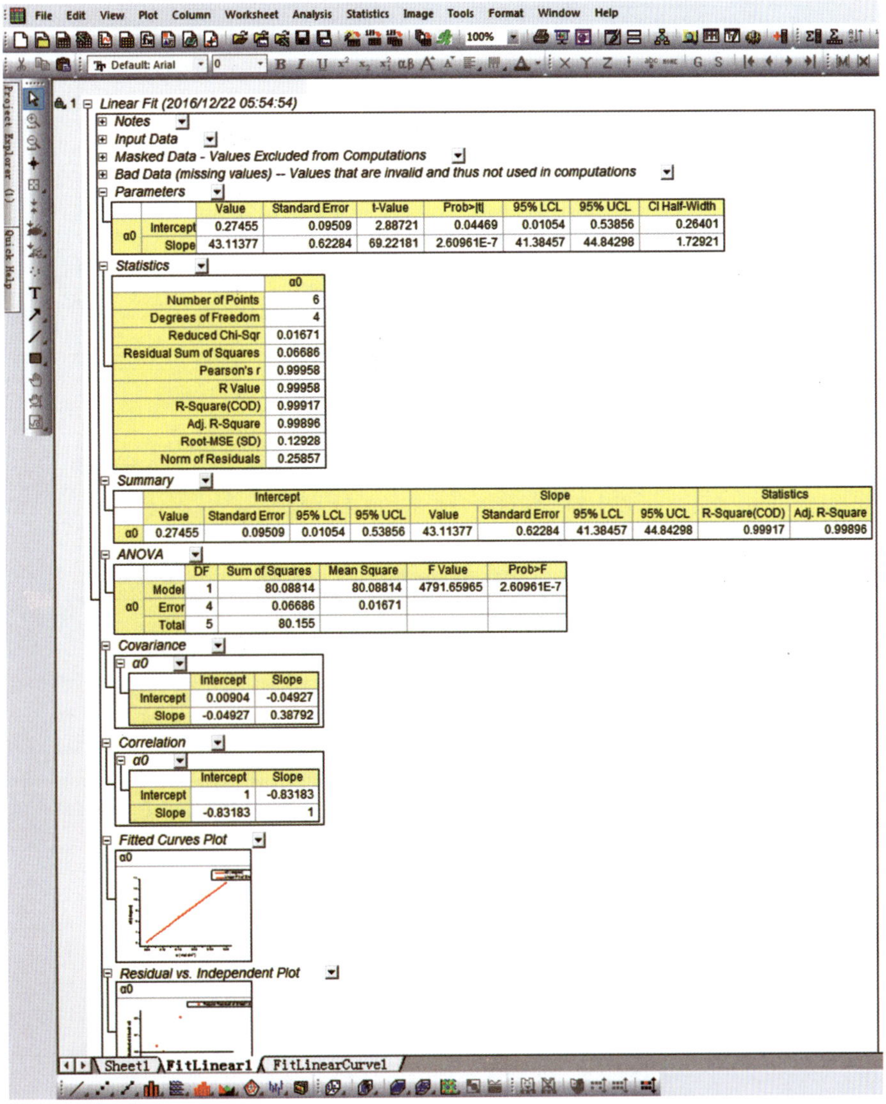

图3-13 拟合报告中的"FitLinear1"页

"FitLinearCurve1"页中列出了根据拟合方程计算的浓度-旋光度数据序列,给出的数据点数量远大于原输入的数据点数量,根据这些数据可以重新绘制拟合直线。该页中同时也列出了原始数据点应变量的残差值。

如果对拟合成果不满意,可以将拟合线删去,方法是右键点击"FitLinear1"按钮,在弹出的命令框中选择"Delete",即可将"FitLinear1"页、"FitLinearCurve1"页以及图线窗口中的拟合线全部删除。

如果认为本次拟合成功，可以点击"Window-Graph1"命令转到图线窗口，将图中的拟合信息框删除。

将原始曲线去掉，在图上仅保留原始数据点和拟合直线：先双击曲线（原始数据线或拟合直线均可）进入曲线明细对话框（见图3-14），在左边框中点选原始曲线，将其曲线形态（Plot Type）改为散点（Scatter），然后点选拟合直线，在右边框中将拟合线修饰为线宽1.5、黑色，数据点为黑色方块，点击"OK"，实验数据的线性拟合图线完成（见图3-15）。

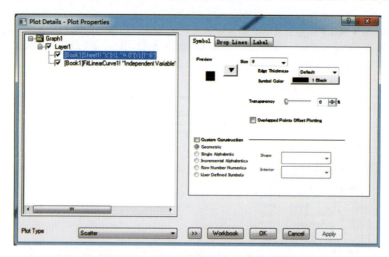

图3-14　修改拟合直线图的显示设置

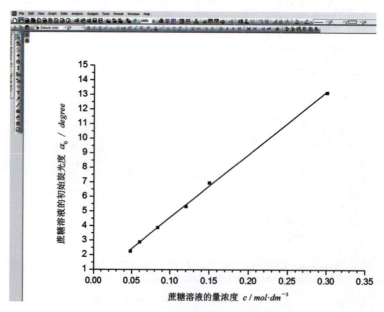

图3-15　线性拟合直线与数据点

3.4　图形输出

很多时候需要将Origin生成的图形输出到Word、Powerpoint或者pdf文件中，以满足撰写论文或者研究报告的需要。Origin输出图形最直接的方法是点击"Edit-Copy Page"命令，然后到所需制作的文件中粘贴即可。采用这种方法存在一些问题,主要是图形的分辨率和像素不足,有时图形中有中文字体会显示为乱码。

因此,一般是将Origin的图形文件输出为常规的图片,如jpg、tiff、eps等格式。点击"File-Export Graphs-Open Dialog"输出图片命令,弹出输出图片对话框(见图3-16),以输出jpg格式图片为例,下拉"Image Type"选择"Joint Photographic Experts Group(*.jpg)",在"Path"中输入图片输出目的地文件夹,在"Image Size"中选择合适的图片大小(Origin图片四周有留白区,因此一般选默认值,待图形输出后将其用其他绘图软件,如Photoshop,截取为要求的大小),在"Image Settings"中选择图像分辨率"DPI Resolution"(默认为600),勾选最底下的"Auto Preview"选项,在右边框中点击"Graph"按钮,获得预览图片。点击图3-16对话框中的"Apply"按钮(先不要点击"OK"按钮),输出图片(见图3-17)。

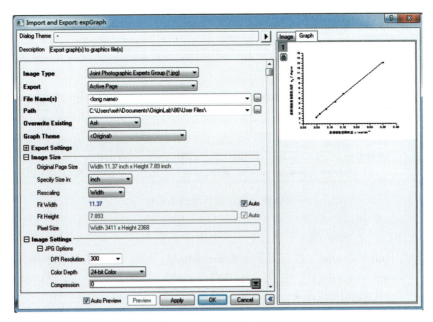

图3-16　图片输出对话框

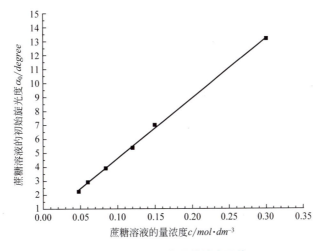

图3-17　α_0-c关系曲线的输出图片

图片查看器检查一下输出的图片，由于 Origin 版本的原因，有时输出的图片上有水印，如果发生这种情况，需要重新输出图片（现在知道点击"Apply"按钮的好处了吧）。回到 Origin 软件打开的图形输出对话框，已有选项不变，下拉"Graph Theme"框，点选"Speed Mode OFF"，然后重新输出图片（见图 3-18）。

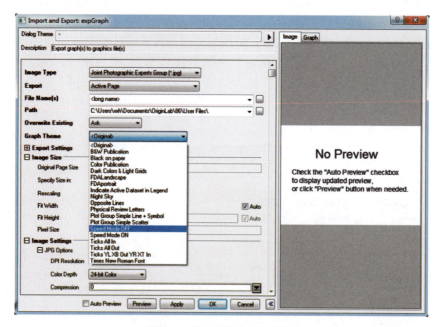

图 3-18　消除图片水印的操作

再次检查图片，若水印消除了就 OK，否则就回到图 3-17 所示图形输出对话框，已有选项不变，下拉"Graph Theme"框，点选"Speed Mode ON"，然后重新输出图片。通过这样的交替使用"Speed Mode OFF"和"Speed Mode ON"选项，一般三次之内就能够将由于 Origin 版本问题导致的输出图片水印现象彻底解决。

此外，Origin 输出图片周围的空当较大，可以利用绘图软件（最简单的就是画图板）将其裁剪至合适大小，便于后续编辑和使用。

3.5　在已有图形中添加曲线

将多条曲线绘制在一张图中，以便相互比较和讨论，这是科学研究中常用的分析方法。下面以前一节讨论的图形制作为基础，在已有的 α_0-c 关系曲线图中添加新的曲线 α_∞-c。

点击"Graph-Add Plot to Layer-Line + Symbol"，弹出对话框（见图 3-19 上部），点击右框下面的"Plot Setup"按钮，弹出一个新的对话框（见图 3-19 下部）。

选择原始数据表"Book1-Sheet1"，勾选 A 栏为 X 轴、C 栏为 Y 轴，点击"Add"将新曲线 α_∞-c 添加到曲线信息框"Plot"中，点击"OK"，添加新的曲线（见图 3-20）。

对新的 α_∞-c 曲线进行类似的修饰和直线拟合，并适当修改两条曲线数据点的图标符号，以示区别，用左边框中的"T"文本输入按钮加注必要的说明文字，用"↗"按钮或"／"按钮做出标示，最终输出一幅完整、清晰、包含两条实验数据拟合直线的图片（见图 3-21）。

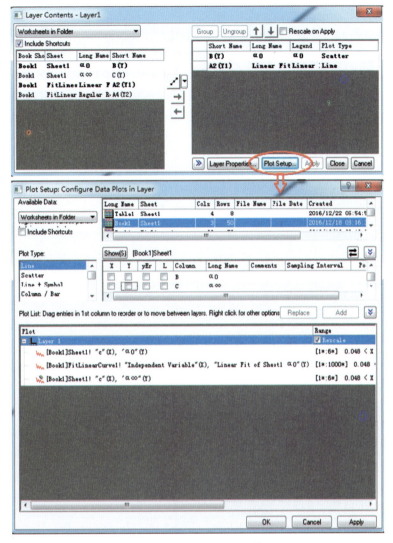

图3-19　添加新图线对话框

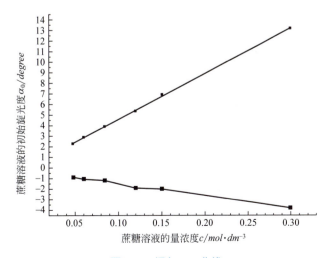

图3-20　添加α_∞-c曲线

3.6 多坐标图和图层叠合技术

图3-21中初始旋光度α_0和终态旋光度α_∞共用一个纵坐标轴，容易引起歧义，况且这还是在这两个变量具有相同物理意义的情况下。如果有多个不同物理意义的变量要同时表示在一张图上，显然不能采用上述的作图方法。

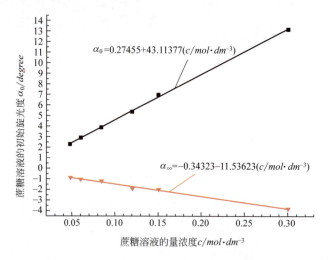

图3-21　包含α_0-c曲线和α_∞-c曲线的图片

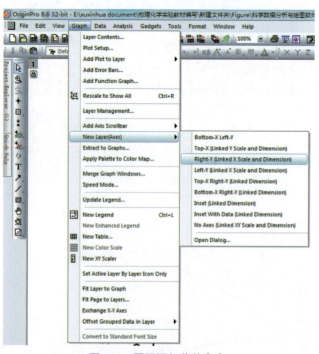

图3-22　图层添加菜单命令

Origin的强大功能之一就是图层叠合技术，该功能操作简便，效果直观，尤其适用于将多个不同的函数关系展现在一张平面图上，便于综合分析。下面还以上面的例子作为处理对象，对Origin的这种功能进行描述，从只展现一条α_0-c拟合直线的图3-17开始，点击

"Graph - New Layer(Axes) - Right-Y(Linked X Scale and Dimension)"（见图3-22），在X轴右端自动生成一个新的Y轴，同时在图形的左上角生成了一个新的图层序号2，可以注意到图层序号2显示为黑色，说明第2图层现在处于活跃状态，同时图层序号1显示为白色，说明原来对α_0-c关系作图的第1图层现在处于非活跃状态（见图3-23）。

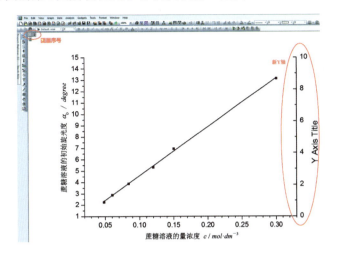

图3-23　在X轴右侧添加一个新Y轴

与3.5节中操作方式类似，在第2图层中点击"Graph-Add Plot to Layer-Line +Symbol"，弹出该图层的曲线设置对话框，在对话框中选择原始数据表"Book1"，勾选X轴为A栏、Y轴为C栏，点击"Add"按钮，将α_∞-c关系添加到曲线信息框"Plot"中，注意此时第2图层信息框中只有这一条线，先前画的α_0-c关系曲线和拟合直线在图层1中（见图3-24）。

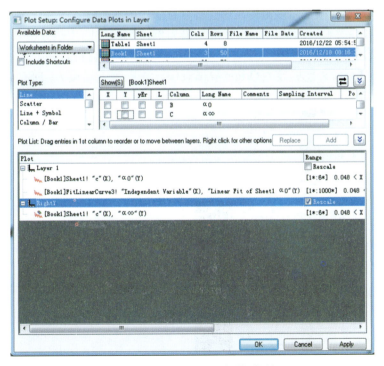

图3-24　第2图层曲线添加的对话框

点击"OK",以X轴和右Y轴为坐标系的α_∞-c关系曲线就添加到原来的图形中了。按前面的方法对新的曲线进行修饰和拟合,并标注右Y轴坐标的名称后,得到图3-25,这是一个典型的XYY型多图层叠合曲线图,X-左Y与X-右Y两个坐标系分别表示两种不同的函数关系。除这种类型外,还可以选择XXY、XYXY等其他类型的图层组合。

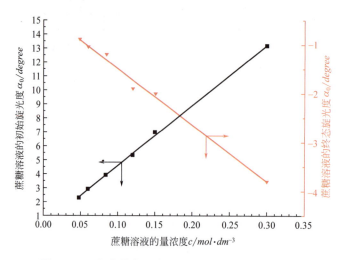

图3-25　两条曲线在两个图层,两个独立的纵坐标轴

图层叠合实例:同步热分析曲线的Origin输出

同步热分析是一种普遍采用的精密热分析技术,其图谱通常包含差示扫描热分析曲线(DSC)、热重分析曲线(TG)和微分热重分析曲线(DTG),以温度T为横坐标,以DSC、TG、DTG信号为三个纵坐标,这三个纵坐标变量的物理意义、量纲和单位各不相同,数值范围也有很大差别,必须采用多坐标系图层叠合方法作图。

以$CuSO_4 \cdot 5H_2O$脱水过程的同步热分析结果为例,实验在同步热分析仪(STA 409 PC,德国耐驰仪器制造有限公司)上完成,DSC、TG信号经仪器自带软件处理后输出为文本文件,然后转换为Excel文件后导入Origin数据表中,共三列:温度T、DSC信号、TG信号,

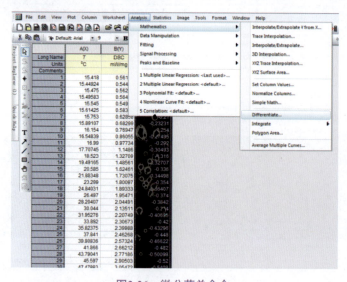

图3-26　微分菜单命令

各305个数据。数据表中没有DTG的数据，可以利用Origin软件中的数学处理工具对TG数据进行一次微分，得到DTG数据，选中数据列C，点击“Analysis-Mathematics-Differentiate-Open Dialog”，弹出一次微分对话框（见图3-26）。

在该对话框中选择“Derivative Order”（导数的级）为1，点击“OK”，生成新的D列数据，就是C列数据的一次微分，即DTG数据（见图3-27），D列上面的注释框中显示为“1st derivative of "TG"”（“TG”的一阶导数）。

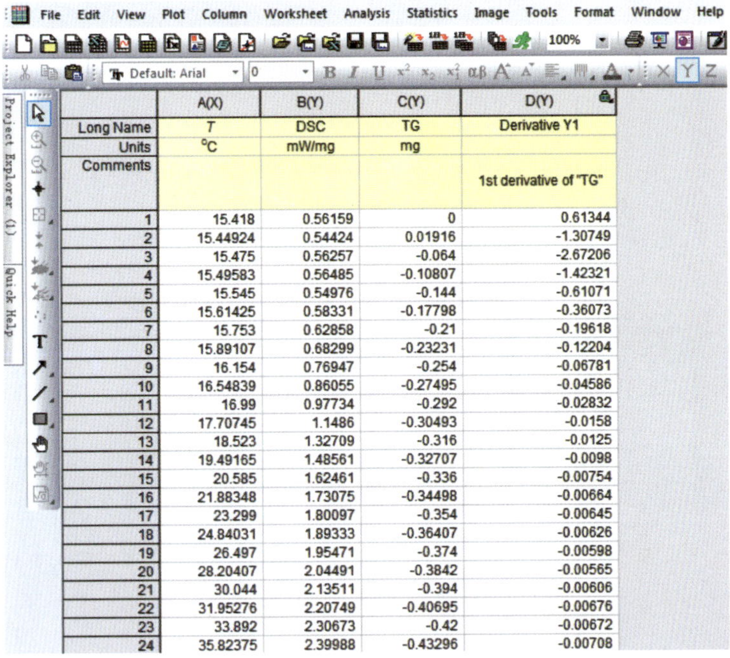

	A(X)	B(Y)	C(Y)	D(Y)
Long Name	T	DSC	TG	Derivative Y1
Units	°C	mW/mg	mg	
Comments				1st derivative of "TG"
1	15.418	0.56159	0	0.61344
2	15.44924	0.54424	0.01916	-1.30749
3	15.475	0.56257	-0.064	-2.67206
4	15.49583	0.56485	-0.10807	-1.42321
5	15.545	0.54976	-0.144	-0.61071
6	15.61425	0.58331	-0.17798	-0.36073
7	15.753	0.62858	-0.21	-0.19618
8	15.89107	0.68299	-0.23231	-0.12204
9	16.154	0.76947	-0.254	-0.06781
10	16.54839	0.86055	-0.27495	-0.04586
11	16.99	0.97734	-0.292	-0.02832
12	17.70745	1.1486	-0.30493	-0.0158
13	18.523	1.32709	-0.316	-0.0125
14	19.49165	1.48561	-0.32707	-0.0098
15	20.585	1.62461	-0.336	-0.00754
16	21.88348	1.73075	-0.34498	-0.00664
17	23.299	1.80097	-0.354	-0.00645
18	24.84031	1.89333	-0.36407	-0.00626
19	26.497	1.95471	-0.374	-0.00598
20	28.20407	2.04491	-0.3842	-0.00565
21	30.044	2.13511	-0.394	-0.00606
22	31.95276	2.20749	-0.40695	-0.00676
23	33.892	2.30673	-0.42	-0.00672
24	35.82375	2.39988	-0.43296	-0.00708

图3-27 生成C列数据的一阶导数（D列）

首先在第1图层中作出DSC-T曲线，由于数据点很多，这里不再选择“Line + Symbol”命令标示数据点。点击“Plot-Line-Line”，在对话框中选择X轴为A栏、Y轴为B栏，点击“Add”添加曲线后再点击“OK”，即在第1图层生成了DSC-T曲线。

接着，在X轴右端新建第2图层Y坐标轴，然后在第2图层中作出TG-T曲线，过程方法与前述相关内容相同。

第三步，同样在X轴右端新建第3图层Y坐标轴，用鼠标点住将该Y轴拖移至右Y轴的外侧，直至该坐标轴的标尺数值完全显现，然后在第3图层中作出DTG-T曲线（见图3-28）。

可以看到这个图层叠合曲线图还是非常粗糙的，尤其是在各条曲线的开始段和结束段存在扭曲波动的现象，这是测量时偏离线性升温状态造成的。由于在这些温度段的热分析谱线并不包含任何有用的信息，可以把它们舍弃，以消除这种曲线上的不规则形状。用左边工具栏中的数据读点按钮在曲线上点击，显示出坐标数据框，读取数据点坐标，确定要舍弃数据的范围。读取的坐标表明，本例中22℃以下和295℃以上的数据应该舍弃。点击“Window-Book1”回到原始数据表，将上述范围内的数据删除，再回到曲线图页面，可以发现前面的不规则变化曲线段已经自动消除了（见图3-29）。

对坐标轴的标识做规范性修饰，同时调整一下第3图层的Y轴坐标范围，以使DTG曲线的形态大小与其他两条曲线相匹配。将三条曲线标示为不同颜色，以使图形更加清晰（见图3-30）。

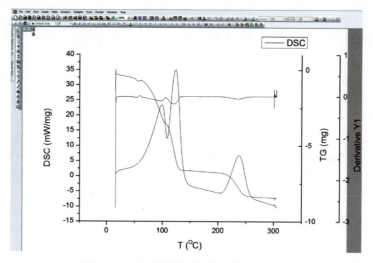

图3-28　三个图层叠合的同步热分析图谱

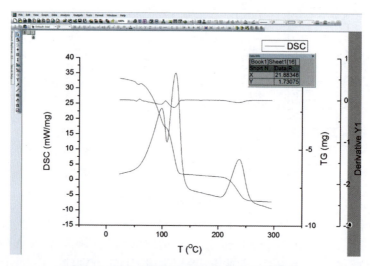

图3-29　消除无效数据点后的同步热分析图谱

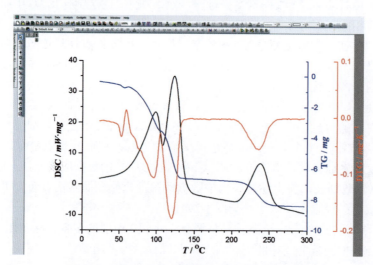

图3-30　修饰图线和坐标轴后的同步热分析图谱

由于设置了多个 Y 轴，图 3-30 右边部分超出了 Origin 页面设置范围（"DTG/mg·K^{-1}" 在阴影区），这会导致输出图片文件时缺失该超出部分的内容。更改页面大小设置是不能解决这个问题的，因为这个操作也同步改变图形的大小。将图层全部纳入页面的操作方法是：在图层的**空白处**点击鼠标右键，在弹出的命令框中选择"Fit Page To Layers"，从得到的图 3-31 可以看到，所有图层都进入了页面设置的范围（白色背景部分）。现在，可以把做好的图形输出为一张完整的图片了。

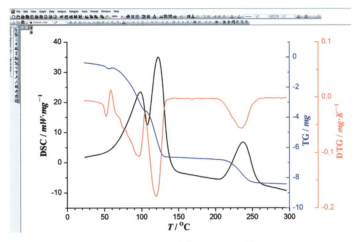

图 3-31　将图形全部纳入页面范围

3.7　非线性拟合

在科学数据的处理方法中，"曲线化直"是被最为广泛采用的，尤其对于手工计算和作图而言，线性拟合相对简便。不过，有了 Origin 的帮助，也可以直接对数据进行多参数非线性方程拟合，甚至在无法获得明确函数关系的情况下对数据进行非线性拟合。

表 3-2　蔗糖酶催化蔗糖转化反应的实验数据

反应时间 t/s	旋光度 α/degree	θ
176	13.00	0.98765
239	12.65	0.96708
300	12.10	0.93474
446	11.15	0.87889
606	10.25	0.82598
742	9.15	0.76132
888	8.25	0.70841
1000	7.50	0.66432
1130	6.60	0.61141
1297	5.55	0.54968
1470	4.60	0.49383
1600	4.00	0.45855
1808	2.90	0.39389
1929	2.30	0.35861

续表

反应时间 t/s	旋光度 α/degree	θ
2126	1.45	0.30864
2308	1.00	0.28219
2421	0.50	0.25279
2610	−0.15	0.21458
2818	−0.85	0.17343
3026	−1.30	0.14697
3224	−1.60	0.12934
3424	−2.00	0.10582
3781	−2.35	0.08524
4051	−2.70	0.06467

表3-2为蔗糖酶催化蔗糖转化反应的动力学测量数据，蔗糖浓度为0.3 mol·dm^{-3}，反应温度为35℃，蔗糖溶液的初始旋光度$α_0$=13.21，终态旋光度$α_∞$=−3.80（拟合计算值）。根据米氏方程可以得到溶液旋光度$α$与反应时间t的关系为

$$t = A(1-θ) - B\ln θ \tag{3-1}$$

式中，$θ=(α-α_∞)/(α_0-α_∞)$，表示反应时间t时溶液中未反应蔗糖的百分数；A、B为待定参数。上述方程是一个非线性方程，需要采用非线性的处理方法进行解决。

Origin对此类问题提供了解决方案。首先，根据旋光度$α$数据计算$θ$值，在原始数据表中增加一列C，选黑C列，点击右键选择"Set Column Values…"对C列数据进行赋值，在弹出的对话框中输入计算方程：(col(B)-(-3.80))/(13.21-(-3.80))（见图3-32）。

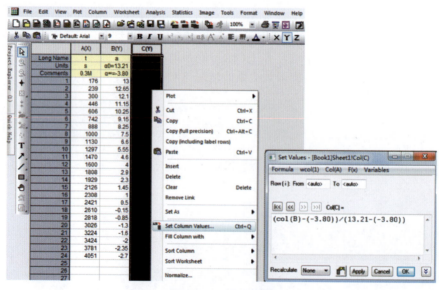

图3-32　数据列赋值

在Origin中，每一列数据代表一个变量，因此"col(B)"（B列数据）就代表变量$α$。点击图3-33中右侧对话框的"OK"按钮，得到$θ$数据（C列）。

现在作图，注意以A列为Y轴，C列为X轴，得到t-$θ$关系曲线（见图3-34）。

接下去开始拟合曲线。点击"Analysis-Fitting"菜单命令，弹出拟合选项（见图3-35）。

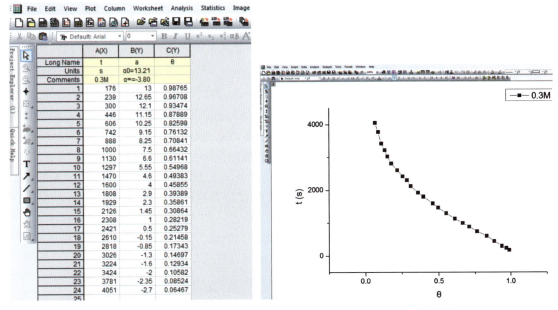

图3-33 C列数据计算结果　　　　　图3-34 t-θ关系曲线

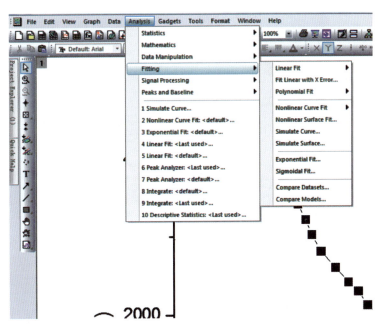

图3-35 拟合菜单命令选项

除了已经熟悉的常规线性拟合"Linear Fit"外，Origin还提供多种其他拟合方式：

Fit Linear with X Error	自变量带误差的线性拟合
Polynomial Fit	多项式拟合
Nonlinear Curve Fit	非线性曲线拟合
Nonlinear Surface Fit	非线性曲面拟合
Simulate Curve	模拟曲线（用给定参数计算并绘制一条函数曲线）
Simulate Surface	模拟曲面（用给定参数计算并绘制一个函数曲面）

	续表
Exponential Fit	指数拟合
Sigmoidal Fit	S型函数拟合
Compare Data sets	比较数据集合（在相同拟合模式下）
Compare Models	比较拟合模式（对相同的数据集合）

其中，多项式拟合适用于无明确函数关系的数据，Origin提供从二次项到九次项的各类多项式，使用者可以根据误差最小原则选取合适项数的多项式进行拟合，一般都可以得到满意的结果，不过多项式拟合所获得的参数没有明确的物理意义。

非线性拟合的选择范围更大，Origin自带几十种常见的非线性函数，点击"Analysis-Fitting-Nonlinear Curve Fit-Open Dialog"，弹出非线性拟合对话框（见图3-36），可以看到在基本函数类"Origin Basic Functions"中包含了20多个常用函数，这样的函数类有十几个，可以根据理论模型进行选择，在点击"Fit"按钮或"Done"按钮后，拟合得到相应的参数。在该对话框的下部可以查看所选择函数的信息，比如方程式、曲线形态等。

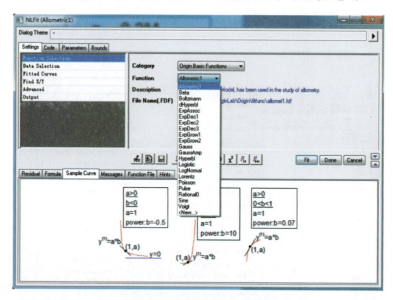

图3-36 非线性拟合对话框

拟合方程可能由多种形式的函数组合而成，以方程（3-1）为例，该方程包含线性函数和对数函数两个部分，而Origin自带函数库中不包含此类特定函数的信息，此时可以自行设定拟合函数的方程，并进行数据拟合。

点击图3-36对话框中间一排按钮的左边第二个"Create New Fitting Function"，弹出拟合函数建造器"Fitting Function Builder"的函数名称与形式"Name and Type"对话框（见图3-37），将新函数命名为"invertase"，注意这个新函数将归属在"Origin Basic Functions"类下。

点击"Next"按钮，进入变量与参数"Variables and Parameters"对话框（见图3-38），在参数"Parameters"栏中输入"A、B"两个参数，注意字母大小写是有区别的，应与后续设定的拟合方程中的参数数量和表达形式一致。

点击"Next"按钮，进入方程表达"Expression Function"对话框（见图3-39），在函数体"Function Body"栏中输入拟合方程式：A*(1−x)−B*ln(x)，注意所有的运算符号都要一一

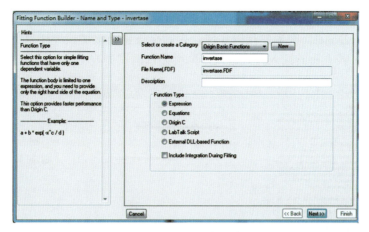

图3-37 创建新函数对话框和命名新函数

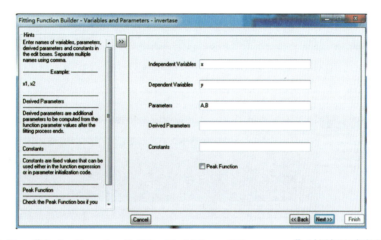

图3-38 "Fitting Function Builder-Variables and Parameters"对话框和参数输入

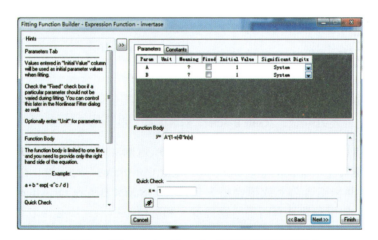

图3-39 "Expression Function"对话框和方程输入

表达，否则Origin无法识别，比如不能将上述方程简单地输入为：A(1−x)−Blnx。

点击"Next"按钮，进入参数初始化代码"Parameter Initialization Code"对话框（见图3-40），点击该对话框中的打开代码生成器"Open Code Builder"按钮，进入代码生成器窗口（见图3-41），点击编制"Compile"按钮运行程序，在输出"Output"栏中观察运行结果，若显示为"…Done!"则编制代码完成，否则会报错。该调试程序也可以检验方程的输入形式是否正确，若方程的输入方式错误，则会显示调试失败。

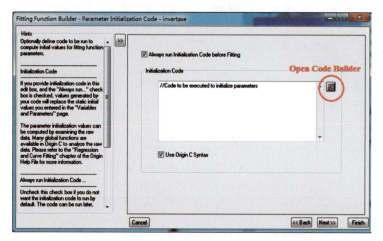

图3-40 "Parameter Initialization Code"对话框

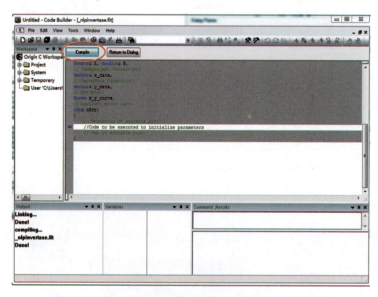

图3-41 "Code Builder"对话框和代码编制结果输出

代码编制成功后，点击"Return to Dialog"按钮返回主对话框，以下几步依次为参数边界与一般线性约束条件"Bounds and General Linear Constrains"对话框、衍生参数"Derived Parameters"对话框和拟合前（或拟合后）的脚本"Script Before Or After Fitting"对话框，一般不需要设定，如果参数具有明确的物理意义和取值范围，比如必须取正值等，则可以在相应对话框中予以明确。

最后点击"Finish"按钮，完成新函数的设定，重新回到非线性拟合对话框（见图3-42），可以注意到此时在"Origin Basic Function"类中生成了一个新的函数，标注为"invertase（User）"，这就是方程（3-1）。

现在调用自设定的函数"invertase(User)"对图3-34中的t-θ曲线进行拟合，点击"Fit"

按钮或者"Done"按钮可以一次完成拟合过程,但是非线性拟合与线性拟合不同,经常发生拟合无法收敛的情况,因此比较稳妥的方法是使用图3-42中间一排按钮中的右边第二个"1Iteration"进行一次迭代计算,查看拟合曲线(红色线)的形态,反复点击"1Iteration"按钮并观察拟合曲线是否趋近于实验数据点,如果是,则继续点击"1Iteration"直至其变灰,拟合过程达到预设收敛条件,或直接点击右边第一个"Fit Until Converged"(拟合至收敛)按钮完成拟合计算(见图3-43)。

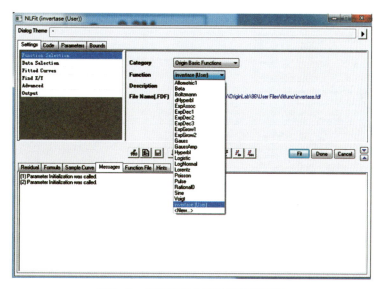

图3-42 非线性拟合对话框及新函数

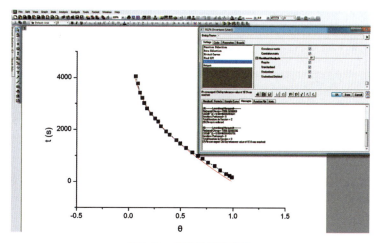

图3-43 非线性拟合操作

图3-44为本次非线性拟合成果表,各统计参数的含义与线性拟合中的相应参数一致,由t检验概率、决定系数及调整决定系数等统计参数值分析,本次非线性拟合是成功的。

与线性拟合不同,非线性拟合除了会发生拟合不收敛的情况外,还可能发生拟合结果的偏差仅仅满足"局域极小",而不是"全局极小"(参见实验A15),从而无法获得令人满意的拟合成果。解决这些问题的方法是点击"Parameters"按钮,人工设定拟合参数(见图3-45)。

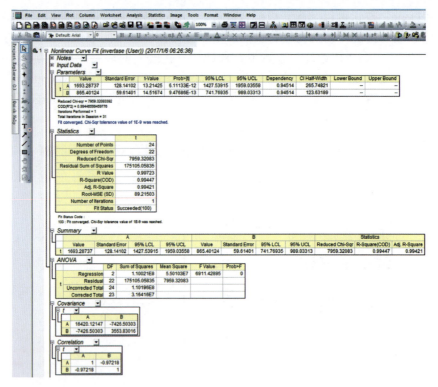

图3-44 非线性拟合成果表

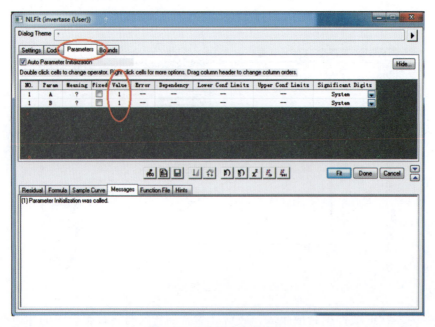

图3-45 设定拟合参数窗口

拟合计算量可根据实际需要进行选择,方法是点击"Setting"按钮,在下拉命令菜单中选择"Advanced"命令,然后在右侧展开的拟合计算选项中勾选相应的项目(见图3-46),Origin软件默认的非线性拟合卡方检验容忍度为1×10^{-9},最大迭代次数为400次,置信水平95%,这些条件均可修改。

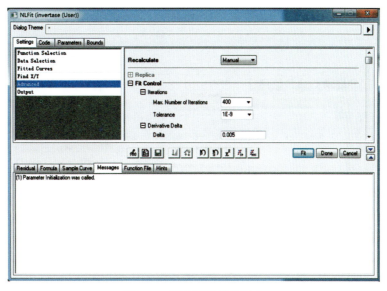

图3-46 拟合计算量的设定

3.8 信号处理

很多时候,实验数据和测量曲线会受到仪器状况和实验条件的影响,被叠加上一些规则变化或不规则变化的干扰讯号,形成诸如基线漂移、纹波、噪声等现象,导致实验测量结果的质量下降或分析困难。Origin软件可以有效地解决这些问题。

以某次测量的含锡14.73%(质量分数)的锡-铅合金差热分析曲线(DTA)为例(见图3-47),温度为横坐标,温差信号为纵坐标,可以看出该实验曲线上叠加了一个周期性的干扰信号,形成了噪声,且噪声幅度较大,影响了真实DTA曲线的判读。

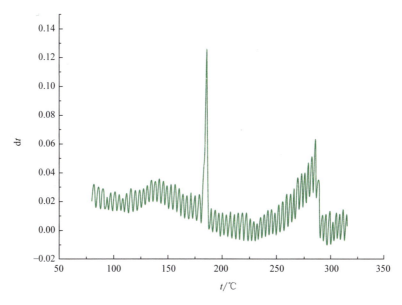

图3-47 锡-铅合金差热分析曲线

为消除这一噪声的影响，可以使用Origin自带的信号处理功能。点击"Analysis-Signal Processing"菜单命令，展开后有如下选项（见图3-48）：

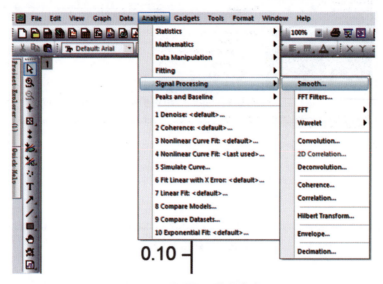

图3-48　信号处理菜单命令

Smooth	平滑
FFT Filters	快速傅里叶滤波
FFT	快速傅里叶变换
Wavelet	小波变换
Convolution	卷积
2D Correlation	二维信号相关性分析
Deconvolution	去卷积
Coherence	相干性分析（一致性分析，多用于频域计算）
Correlation	相关性分析（多用于数组或时域信号）
Hilbert Transform	希尔伯特变换
Envelope	包络线
Decimation	抽取滤波

平滑"Smooth"的主要作用是将噪声从信号中移除，Origin软件提供了多种数据（曲线）平滑方法。

"Adjacent Averaging"，邻近点平均化，也称为窗口平均化，是以某个数据为中心点，取对称分布的相邻几个数据，所取相邻数据点的数目称为窗口点数，计算窗口内数据的算术平均值，并用该平均值代替中心点数据。按上述方法依次对每一个数据进行处理，数据集或曲线两端无法满足窗口点数要求时，取符合对称性要求的最大数据点数。可见，窗口点数值越大，则平均化程度越高，平滑效果越好，噪声移除率越大，但是也会造成信号强度衰减严重。图3-49为窗口点数为100时，对锡-铅合金差热分析曲线（DTA）进行"Adjacent Averaging"平滑处理得到的效果（红线）。

"Savitzky-Golay"，是一种光滑滤波算子，简称为S-G滤波器，最初由Savitzky和Golay于1964年提出并发表于Analytical Chemistry期刊，之后被广泛地运用于数据流平滑除噪，是一种在时域内基于局域多项式最小二乘法拟合的滤波方法。它能有效地保留数据的原始特征，通常建议首选该项。图3-50为窗口点数为100时，对锡-铅合金差热分析曲线（DTA）进行"Savitzky-Golay"二项式拟合平滑处理得到的效果（蓝线）。

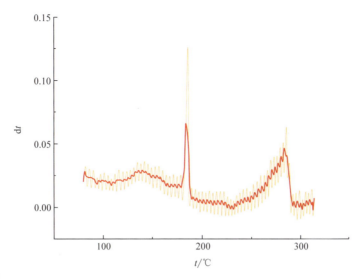

图3-49　"Adjacent Averaging"平滑处理后的锡-铅合金差热分析曲线（红线）

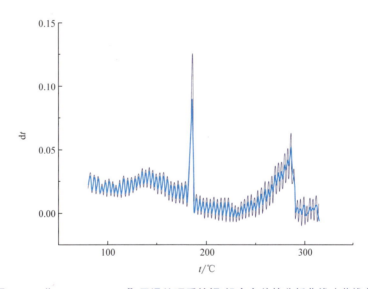

图3-50　"Savitzky-Golay"平滑处理后的锡-铅合金差热分析曲线（蓝线）

"Percentile Filter"，百分位数滤波器，是对局部数据计算一个指定百分比的分位值，将窗口中心点的原始数据替换为这个分位值，分位值可以理解为百分比排名成绩，比如50%的Percentile分位值是数据窗口中按大小排列数据序列的中间值，即窗口数据中值。Origin默认（default）50%Percentile，该方法也称为中值滤波，尤其适合于具有脉冲信号的平滑。图3-51为窗口点数为100时，对锡-铅合金差热分析曲线（DTA）进行中值滤波平滑处理得到的效果（绿线）。

"FFT Filter"，基于快速傅里叶变换的低通滤波算法，窗口点数与截止频率对应，通过滤除掉高频信号来实现曲线的平滑。图3-52为窗口点数为100（截止频率0.11367）时，对锡-铅合金差热分析曲线（DTA）进行快速傅里叶滤波平滑处理得到的效果（紫线）。

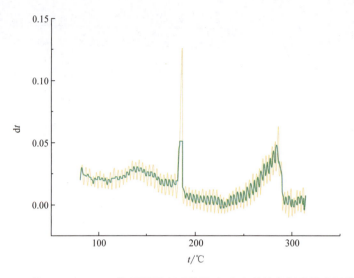

图3-51 "Percentile Filter" 平滑处理后的锡-铅合金差热分析曲线（绿线）

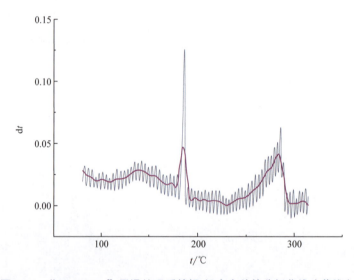

图3-52 "FFT Filter" 平滑处理后的锡-铅合金差热分析曲线（紫线）

从上面的信号处理实例来看，在同样窗口条件下，FFT方法的去噪效果较好，但是从保持信号强度的角度看，Savitzky-Golay滤波器更胜一筹。但是，无论采用哪一种平滑方式，信号强度降低都是必然的，这对于有定量分析要求的数据处理过程非常不利。

除平滑"Smooth"命令外，快速傅里叶滤波"FFT Filter"、小波变换"Wavelet"、包络线"Envelope"和抽取滤波"Decimation"等也具有平滑去噪的功能，每一种命令项下都有多种模式或可调用函数可供选择，这里不再赘述。

3.9 峰的拟合与分析

在保持原有信号强度基本不变的同时对曲线进行平滑处理，Origin提供了另外一种途径：峰与基线分析。点击"Analysis-Peaks and Baseline"菜单，展开的选项有：多峰拟合（Multiple PeakFit）、单峰拟合（Single Peak Fit）和峰分析器（Peak Analyzer）等（见

图3-53）。该方法也可以用于校正基线、拆分重叠峰等工作，这些任务都是对实验曲线进行正确分析所必需的。

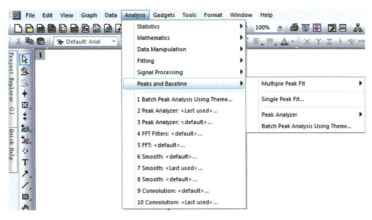

图3-53　峰与基线分析命令菜单及多峰拟合对话框

仍然以图3-47所示的锡-铅合金差热分析曲线为例，从轮廓线上看，该曲线有三个吸热峰，分别是110～170℃之间的弥散峰、180℃附近的尖锐强峰和225～290℃范围内的不对称峰，且随着温度的升高，基线呈现逐步下降的趋势。现在将对这条曲线进行基线修正和峰形拟合，同时消除噪声。

首先修正基线，点击"Analysis-Peaks and Baseline-Peak Analyzer-Open Dialog"，打开峰分析器对话框的第一步峰分析目的"pa_goal"（见图3-54），可以看到峰分析器可以选择完成以下工作：峰面积积分（Integrate Peaks）、产生基线（Create Baseline）、扣除基线

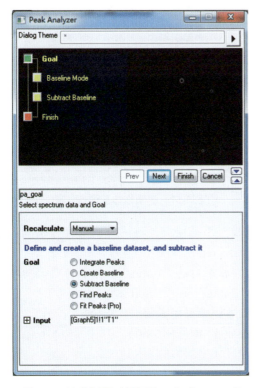

图3-54　峰分析器对话框第一步"pa_goal"

图3-55　峰分析器对话框第二步"pa_basemode"

（Substract Baseline）、找峰（Find Peaks）和拟合峰（Fit Peaks）。因为拟合函数的基线都默认是水平线，本例中曲线的基线倾斜度较大，且噪声也不低，软件无法准确地将基线部分和峰形部分分开，导致直接对曲线进行峰形拟合的准确度降低，因此在峰形拟合前必须找出基线并将其扣除，即把曲线的基线部分弄成水平状态。选择扣除基线的功能（点选），其操作目的框"Goal"中显示的操作内容依次为：选择基线模式、扣除基线、完成。

点击"Next"，进入第二步基线模式"pa_basemode"（见图3-55），下拉"Baseline Mode"菜单栏，选择用户自定义"User Defined"（见图3-56），平滑模式默认窗口点数为1，即不平滑，点击"Find"命令，在曲线上默认自动生成8个基线点。

将对话框中的"Enable Auto Find"功能的勾选去掉，点击"Modify/Del"按钮（见图3-57），可以在图线上将生成的基线点移动或删除，本例中将所有基线点都移动到轮廓线的下缘（见图3-58）。

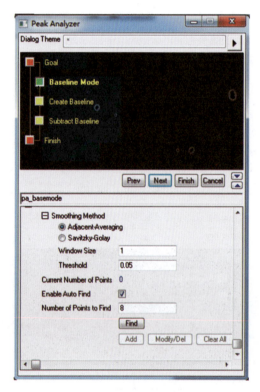
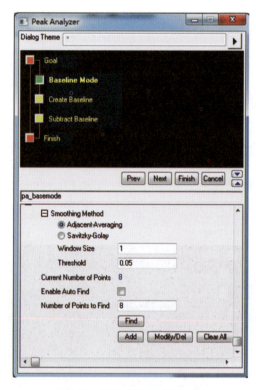

图3-56　用户自定义基线　　　　　　　　图3-57　手动修饰基线点设置

点击右上方小框中的"Done"按钮，完成基线点手动修饰，然后点击峰形分析器对话框中的"Next"按钮，进入第三步创建基线"pa_basecreate"（见图3-59）。

创建基线有两种方式：插值法"Interpolation"和拟合法"Fitting"，除非有明确的理论依据，一般不采用拟合法。插值模式有"Line""Spline"和"BSpline"，含义与3.2节中相似，点选插值模式后，在图线上会显示基线形态，本例中采用插值法"Spline"模式。

点击"Next"进入第四步基线扣除"pa-basesubtr"（见图3-60），点击"Substract"按钮，再点击"Finish"，完成基线扣除，得到新的图线（见图3-61）。

现在可以进行峰形拟合了，点击"Analysis-Peaks and Baseline-Multiple Peak Fit-Open Dialog"菜单命令，打开多峰拟合对话框"Spectroscopy: nlfitpeaks"（见图3-62）。

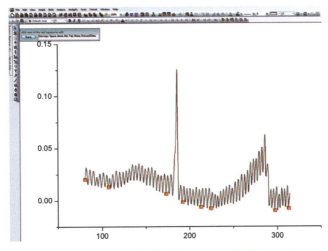

图3-58 手动将基线点移至轮廓线下缘

图3-59 峰分析器对话框第三步"pa_basecreate"　　图3-60 峰分析器对话框第四步"pa_basesubtr"

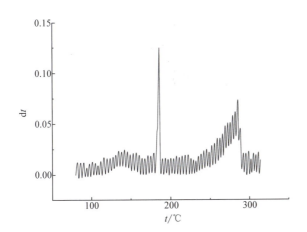

图3-61 扣除基线后的新图线

图3-62 多峰拟合对话框

可以看出Origin软件的多峰拟合是以光谱曲线为处理对象的，这对于热分析图谱同样适用。下拉"Peak Function"菜单，显示出可选择的拟合函数类型，最常用的是高斯函数"Gauss"和洛伦兹函数"Lorentz"，这两个函数曲线的峰形都是对称的，本例中前两个峰可用高斯函数进行拟合，而最后一个峰是明显的不对称峰，因此采用具有不对称峰形的拟合函数"Asym2Sig"更加恰当，该函数为不对称双重S型函数（Asymmetric Double Sigmoidal Function），函数形式为

$$y = y_0 + \frac{A}{1+\exp\left(-\frac{x-x_c+w_1/2}{w_2}\right)} \times \left[1 - \frac{1}{1+\exp\left(-\frac{x-x_c-w_1/2}{w_3}\right)}\right] \quad (3-2)$$

式中，A为函数最大振幅；x_c为函数中心横坐标；w_1为函数曲线的宽度；w_2和w_3是曲线形状参数，w_1、w_2、w_3均大于零。

由于本例中的三个峰的峰形相差过大，无法用一种函数形式完全拟合出来，因此必须分段用不同的函数进行拟合。

首先选定"Gauss"函数，点击"Input"框右侧的"Select Range from Graph"按钮，在图线上移动两侧的双箭头线设置Gauss函数的拟合范围，上方小提示框中显示出拟合数据区间，本例中为[1:3310]，即从第1个数据点到第3310个数据点（见图3-63），把这个范围记录一下。点击小提示框右侧的按钮，回到多峰拟合对话框，再点击"OK"按钮，弹出提示框"Get Points"，用鼠标在图线上的峰位置附近双击，确定拟合峰的峰位（见图3-64），本例中选定DTA曲线的前两个峰进行Gauss函数拟合，拟合峰顶位置无需非常精确，只要基本合理就可以了。

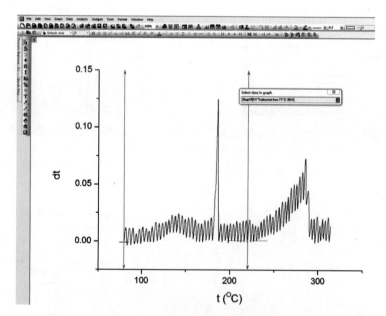

图3-63　设置Gauss函数拟合范围

选定峰位后，点击"Get Points"提示框中的"Fit"按钮，Origin软件就开始进行多峰拟合，这需要等待一段时间；也可以点击该提示框中的"Open NLFit"按钮进入非线性拟合对话框，与3.7节中操作类似，点击迭代按钮直至函数收敛为止，点击"Done"完成。这两个

峰的拟合曲线表示在图3-65中。

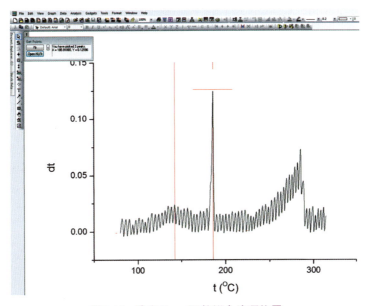

图3-64　选定Gauss函数拟合峰顶位置

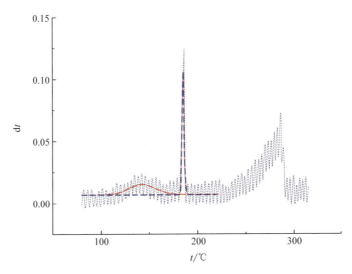

图3-65　Gauss函数拟合曲线

现在对DTA曲线上最后一个不对称峰进行拟合，仍然打开多峰拟合对话框"Spectroscopy: nlfitpeaks"（注意虽然本例中只有一个不对称峰需要拟合，仍必须在多峰拟合模式下进行操作，而不能选择单峰拟合，否则前后两次拟合模式不同，将无法完成），按上述同样步骤，选择不对称双重S型函数"Asym2Sig"，设置拟合数据区间的开始位置与前次Gauss拟合区间的结束位置相同（本例中为3310），以便两次拟合结果进行比对，选定峰位，进行拟合，得到拟合曲线（图3-66中的红色实线）。

图3-66中两次拟合结果的连接点处不连续，这在分段拟合时经常会发生，只需计算出拟合数据表中不连续点之间的差值，然后对某条拟合曲线做整体平移即可。本例中经过数据比对和曲线平移后，最终得到的多峰拟合曲线表示在图3-67中。

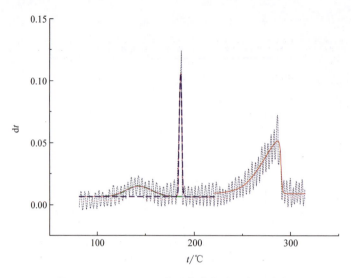

图3-66　Asym2Sig函数拟合曲线（红色实线）

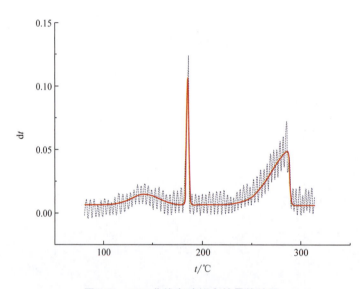

图3-67　DTA曲线多峰拟合的最终结果

3.10　特殊图线的处理与绘制

本节将讨论物理化学实验中涉及的一些特殊图线处理问题，包括切线、拐点、外推线、特殊坐标系（如三元相图绘制所用的正三角形坐标系）以及无数学关系数据点的平滑拟合等。本节将结合物理化学实验数据实例进行研究。

3.10.1　切线、拐点与差热分析始点温度

以实验B9为例，$CuSO_4 \cdot 5H_2O$ 晶体粉末在程序升温条件下测得的DTA曲线（200℃以下）如图3-68所示，两个吸热峰分别是第一脱水峰和第二脱水峰，每步各脱去2分子水。

根据实验要求，为求出形状因子，必须作出每个峰前缘和后缘最大斜率处的切线，并与

基线构成三角形,根据曲线变化形态可以判断,所谓最大斜率处正是该段曲线的拐点。可以注意到这两个脱水峰是相互重叠的,因此首先必须从DTA曲线中将这两个峰分离出来,然后才能分别找到各段曲线的拐点,并得到拐点处的切线。

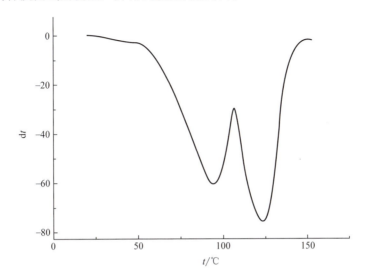

图3-68　200℃以下$CuSO_4·5H_2O$脱水过程的DTA曲线

参照3.9节中的方法,先进行扣除基线的操作,具体过程不再赘述。随后对该曲线进行多峰拟合,可以发现第一个脱水峰明显是不对称的,而第二个峰是否完全对称也不能确定,因此拟合函数都可以采用不对称双重S型函数"Asym2Sig"。与3.9节中的实例不同,本例实验曲线中各个峰的形态基本接近,基线噪声很低,且倾斜程度不大,用同一种类型的拟合函数对全数据区间进行一次拟合基本能够达成收敛,无需分段拟合,何况对于重叠峰,分段拟合如何划分分界点也是比较难以确定的。

图3-69是经过基线扣除和多峰拟合后的$CuSO_4·5H_2O$晶体粉末DTA曲线,其中黑色实线是实验曲线,红色和绿色虚线分别是第一、第二脱水峰拟合线,紫色实线是拟合DTA曲线,即红色虚线与绿色虚线的叠加线,拟合调整决定系数 Adj R^2 = 0.99891。

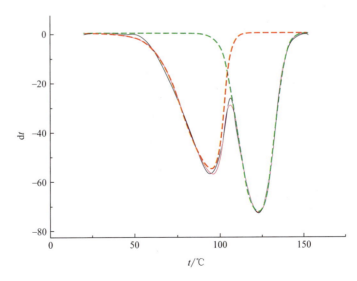

图3-69　基线扣除和多峰拟合后的$CuSO_4·5H_2O$晶体粉末DTA曲线

用画切线插件“Tangent”能够非常方便地给曲线任意一个数据点画切线，但是该功能仅对某一图层的唯一一条曲线有效，因此必须在新的Origin文件中重新绘制拟合曲线。以第一脱水峰形状因子计算为例，在数据工作表窗口中调用其拟合曲线计算值，复制粘贴至新开的一个Origin文件中并绘图（见图3-70）。

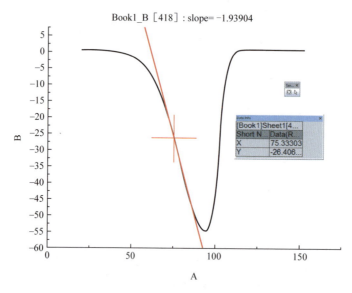

图3-70　$CuSO_4 \cdot 5H_2O$第一脱水峰拟合DTA曲线及切线

点选“Tangent”插件窗口中的读点按钮，将鼠标移至曲线某点后双击，就可以在曲线上画出该点的切线。那么，如何画出斜率最大点处的切线呢？这就需要找到拐点，拐点位置可以通过计算图3-70曲线上各点的一次微分进行分析，参见3.6节中关于DTG曲线绘制的内容。不过，切线的斜率也就是该点的一次微分，回到数据工作表窗口，看一看画过切线后，数据工作表有什么变化。

	A(X)	B(Y)	Bdrv(Y)	Btgt(Y)
Long Name	t	dt		-1.93904@
1	19.9	0.53901	-0.00598	81.0801
2	20.03293	0.53821	-0.00603	80.82234
3	20.16587	0.53741	-0.00613	80.56458
4	20.2988	0.53659	-0.00623	80.30682
5	20.43173	0.53575	-0.00633	80.04905
6	20.56466	0.5349	-0.00644	79.79129
7	20.6976	0.53404	-0.00654	79.53353
8	20.83053	0.53316	-0.00665	79.27576
9	20.96346	0.53227	-0.00676	79.018
10	21.0964	0.53136	-0.00688	78.76024
11	21.22933	0.53044	-0.00699	78.50248
12	21.36226	0.52951	-0.00711	78.24471
13	21.4952	0.52855	-0.00722	77.98695
14	21.62813	0.52758	-0.00734	77.72919
15	21.76106	0.5266	-0.00747	77.47143
16	21.89399	0.5256	-0.00759	77.21366
17	22.02693	0.52458	-0.00772	76.9559
18	22.15986	0.52355	-0.00784	76.69814
19	22.29279	0.5225	-0.00797	76.44038
20	22.42573	0.52143	-0.00811	76.18261

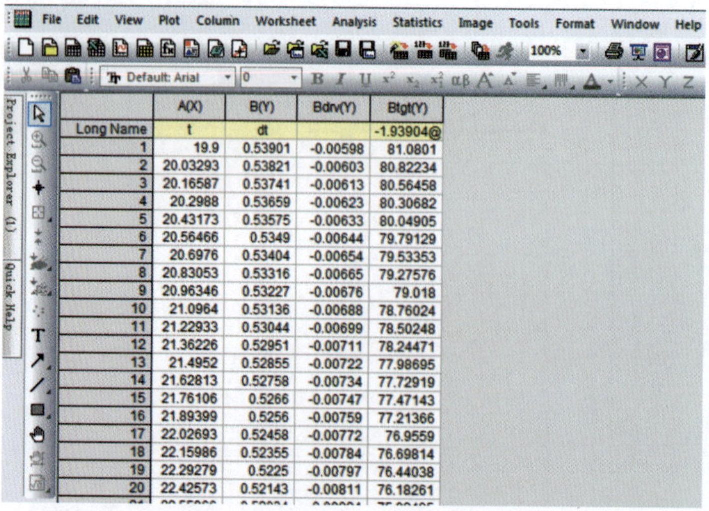

图3-71　画过切线后的数据工作表

图3-71是$CuSO_4 \cdot 5H_2O$第一脱水峰拟合DTA曲线上画过切线后的数据工作表，可以看到除了原始的A、B列数据外，已经生成了新的两列数据，其中“Bdrv(Y)”列正是各点的切线

斜率，即各点的一次微分，也就是说，只要对曲线上任意一个数据点画出切线，数据工作表就自动将所有数据点的切线斜率计算出来了（见图3-72）。

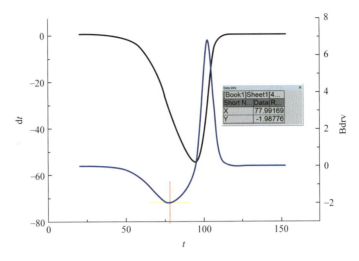

图3-72　添加新图层：一次微分，读取拐点坐标粗略值

通过添加第2图层绘制DTA曲线的一次微分线（A-Bdrv关系曲线），具体方法参见3.6节。用数据读点器读取$CuSO_4 \cdot 5H_2O$第一脱水峰前缘斜率最大处的横坐标粗略值（红十字标记处），显示为77.99169，然后回到数据工作表，在该值附近寻找Bdrv值的极值点，确定其横坐标为77.85876，记录这个数值。用画切线工具画出横坐标为77.85876处的切线，由于切线位置无法保存，当绘制新的切线时，原先画的切线会消除，因此可以用画直线工具在所画切线上覆盖一条直线以便长久标示切线位置（图3-73绿线）。

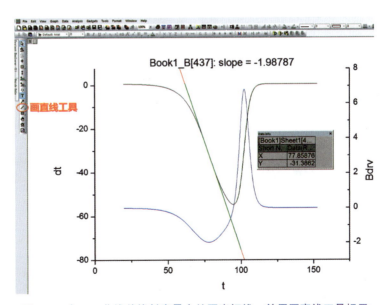

图3-73　在DTA曲线前缘斜率最大处画出切线，并用画直线工具标示

用同样方法画出该脱水峰后缘斜率最大处的切线并画直线进行标示（见图3-74蓝线），再用画直线工具画出基线（图3-74紫线），构成计算形状因子的三角形ABC。

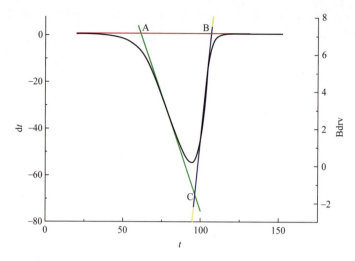

图3-74　前、后缘斜率最大位置切线及基线构成计算形状因子的三角形ABC

用屏幕读点器读出A、B、C三点的坐标值，即可计算$CuSO_4·5H_2O$第一脱水峰的形状因子，而A、B两点的横坐标温度值就是$CuSO_4·5H_2O$第一个脱水过程的始点温度和终点温度，当然这个规则主要应用于差热分析方法测定相变过程的研究中。

3.10.2　外推线

由前面的讨论可以看到，对实验数据点进行线性或非线性拟合处理后，拟合直线或拟合曲线都是落在数据点范围内的。很多情况下，当拟合完成后，需要将拟合图线进行适当延长，得到外推结果，比较常见的有外推到Y轴（自变量x=0）或外推到X轴（应变量y=0），这又怎么办呢。

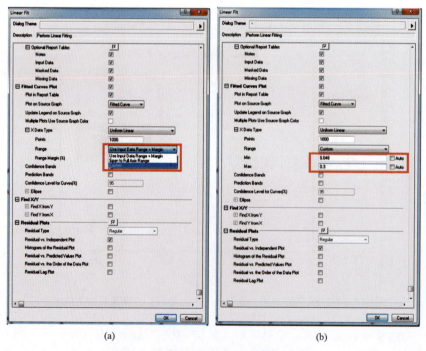

图3-75　线性拟合图线绘制范围的设置

一种方法当然是用获得的拟合方程重新赋值计算，在所需数值区间内重新画一条图线。此外，在拟合前就可以设置条件，使拟合线外推到所需要的位置，如图3-75（a）所示，在线性拟合对话框中，展开拟合曲线绘制选项"Fit Curves Plot"，下拉范围选项框"Range"，可以看到有三个选择：①Use Input Data Range + Margin，使用输入数据范围 + 空白，意思是在输入数据的范围内绘制拟合线，输入数据范围外的部分保留为空白，这是软件的默认设置；②Span to Full Axix Range，扩展到整个坐标范围，Origin绘制图线时，坐标范围会自动设置为略大于输入数据区间，该选项就是将拟合线延伸至整个坐标范围，但是该功能仅在拟合时有效，拟合线绘制完成后，再改变坐标范围，拟合线也不会延伸了；③Custom，拟合线定制，由用户自行设置拟合线的绘制范围，点击该选项后会显示设置参数［见图3-75（b）］，将区间上、下限后面的"Auto"勾选项去掉，然后输入拟合图线绘制范围值，就可以在任意数据区间内画出拟合线。

非线性拟合曲线同样可以任意延伸，在非线性拟合对话框中点选"Setting-Fitted Curves"，展开拟合曲线绘制选项"Fit Curves Plot"，设置方法与上面讨论类似（见图3-76）。

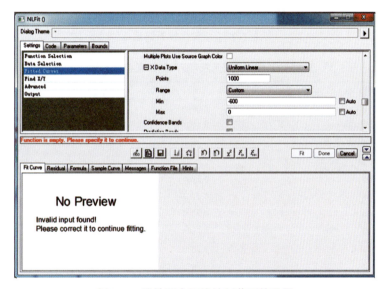

图3-76　线性拟合图线绘制范围的设置

3.10.3　特殊坐标系与特殊作图法

Origin软件有多种特殊作图方法，在数据工作表窗口中点击"Plot-Specialized"，展开特殊作图选项（见图3-77）。

特殊坐标系和特殊作图法分为极坐标图"Polar"、风玫瑰图"Wind Rose"、三元图"Ternary"、史密斯圆图"Smith Chart"、雷达图"Radar"、矢量图"Vector"和局部放大图"Zoom"等大类，其中物理化学实验中用到较多的是三元图和局部放大图。

实验A8用溶解度法测定具有一对共轭溶液的三元体系液-液平衡关系，由三角形坐标法表示三元相图，这是一种常见的实验和数据分析方法。手工绘制三元相图难度较高、处理繁琐、工作强度大，而且不容易绘制准确。应用Origin软件则非常方便。

以正戊醇-乙酸-水三元相图的绘制为例，实验数据见表3-3。

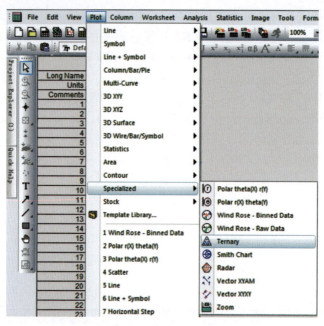

图3-77 特殊坐标系选项

表3-3 正戊醇-乙酸-水三元液-液平衡体系各组分的质量分数 w

w（正戊醇）/%	w（乙酸）/%	w（水）/%
0.9030	0.0000	0.0970
0.6616	0.1702	0.1682
0.4544	0.2630	0.2826
0.2557	0.2797	0.4646
0.2305	0.2965	0.4730
0.2308	0.2781	0.4911
0.1745	0.2807	0.5448
0.1490	0.2876	0.5634
0.1095	0.2818	0.6087
0.0832	0.2678	0.6490
0.0670	0.2586	0.6744
0.0407	0.2096	0.7497
0.0220	0.0000	0.9780

在进行三元相图绘制时，关键是要将处于三角形底边（X轴）的组分的数值按序排列（升序或降序均可），否则会产生图形扭曲变形。本例中将水的质量分数置于X轴上，因此该列数据已经按升序排列。点击"Plot-Specialized-Ternary"命令，弹出图线设置对话框，本例中水的质量分数为X轴，其他两坐标轴任意选定，所绘制的三元相图如图3-78所示。

要注意，三元图的图线是无法进行线性拟合或非线性拟合的，但是可以按常规进行数据点连接方式的修饰，使之变得较为平滑，但是无法得到连续顺畅的曲线，图3-78中红色的溶解度曲线就局部呈现出波动形态或锯齿状。

3.10.4 无数学关系的数据曲线的平滑与处理

在物理化学实验中，很多变量之间并没有明确的数学关系，比如图3-78所示三元相图中的溶解度曲线就无法用数学公式描述。一般而言，二元相图除了横轴两端附近的两相相变线存在克拉珀龙方程近似关系之外，相图中的相线都是不能用数学方程拟合的。此外，像实验A18中表面张力与溶液浓度之间也不存在数学关系。

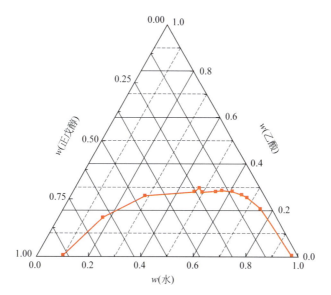

图3-78　正戊醇-乙酸-水三元相图

对于这些实验测量所得的离散数据点，只能按照手工作图的方式进行平滑处理，就如同没有计算机软件辅助，在方格纸上用铅笔、曲线板、圆规和三角尺描图一样。比如图3-78中的溶解度曲线，就可以用Origin软件工具中的画弯曲箭头工具逐段进行绘制，用放大缩小和拉伸收缩操作调整各线端的走向和弯曲度，示例见图3-79中的橙色线和蓝色线。

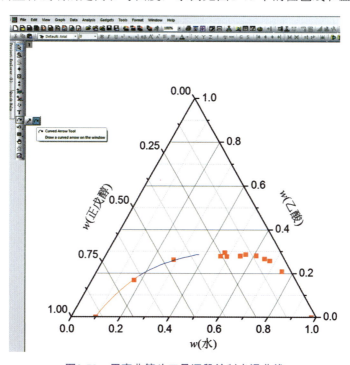

图3-79　用弯曲箭头工具逐段绘制光滑曲线

上述方法绘制曲线方向和弯曲度的控制不太方便,当绘图质量要求较高、或图线繁多(如复杂相图)时往往效果不令人满意。利用专业的作图软件可以更好地完成这项工作,具体方法是:首先用Origin软件画出散点图,然后将散点图输出为图片文件,插入到专业作图软件中;这些软件应该具有灵活调制曲线形态的功能,最好有钢笔工具,推荐使用的软件包括ChemBioOffice、ChemWindows、Photoshop、Illustrator等;在专业绘图软件中依据散点走势分段绘制拟合曲线,做到整体平滑、连续、无明显波动,线段连接处在局部放大状态下平缓过渡、无突跃间断(理论要求存在突跃点的除外,如两条相线在低共熔点处的交汇点就是一个不连续点);最后将绘制好的曲线整体复制粘贴回Origin散点图,该曲线整体形态与散点分布相似,但是大小可能有差异,可通过放大缩小等操作使之完全契合实验数据点。

本节讨论的数据处理问题虽然不太常见,但是有非常深刻的理论意义。以A18实验为例,实验测得的正丁醇水溶液的浓度c与溶液表面张力σ的关系如表3-4所示。

表3-4 不同浓度正丁醇水溶液的表面张力

溶液浓度 c/mol·dm^{-3}	表面张力 σ/N·m^{-1}
0.00	0.07118
0.05	0.06235
0.10	0.05566
0.15	0.04980
0.20	0.04603
0.25	0.04352

为求出表面过剩量Γ,根据吉布斯吸附等温方程

$$\Gamma = -\frac{c}{RT}\left(\frac{d\sigma}{dc}\right)_T \tag{3}$$

必须得到不同浓度c时的$d\sigma/dc$值,即不同c值时σ-c曲线的斜率。为此,首先在Origin软件中画出σ-c关系的散点图;在这里,分段拟合是不适用的,因为必须保证σ-c关系曲线为一条单一的平滑曲线,而分段拟合时各线段连接处很难保证这一点,因此必须用专业绘图软件完成手工拟合曲线的绘制,推荐使用ChemWindows软件的画弧线工具(具有4点位调整功能);将曲线复制粘贴回Origin文件并调整,对X轴以0.005分度划出分割线(见图3-80)。

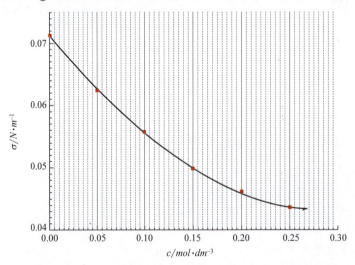

图3-80 σ-c关系的散点图、人工绘制拟合线和X轴分划线

实验数据点只有6个，过于稀疏，且不完全处于平滑曲线上，直接对实验点求切线斜率波动和误差过大，无法满足要求。由图3-80可见，X轴分划线与手工绘制的平滑拟合线之间有51个交点，用屏幕读点器可以非常方便地读出这些点的坐标（c_i，σ_i），然后可以由这些读取的坐标重新画一条σ-c关系曲线（见图3-81），该曲线上的数据点密度明显增大，因此后续画切线操作所得的结果将更加准确。

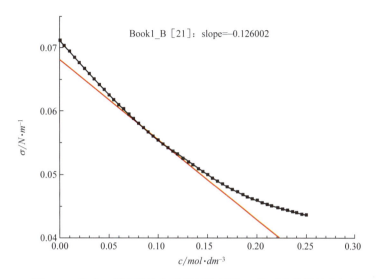

图3-81　由人工拟合线读点后重新绘制的σ-c关系曲线及某点切线

由切线斜率可以计算出各浓度下的表面过剩量Γ，以Γ-c作图（见图3-82），数据点分布显示正丁醇水溶液的表面过剩量存在极大值，因此不符合Langmuir吸附等温方程。

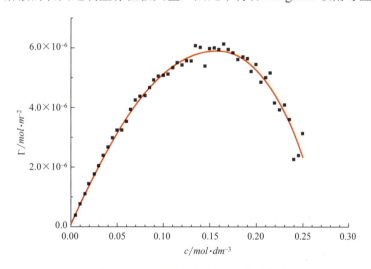

图3-82　正丁醇水溶液的Γ-c关系曲线

在这个实验中，吉布斯等温吸附方程是由热力学原理推导出来的，该方程中并未指明σ-c之间的数学关系，这个关系只能由实验数据分析得到，进而计算得到Γ-c关系曲线，推断等温吸附模型。因此，任何试图用数学方程去拟合σ-c关系曲线的尝试，其本质都是预设σ-c之间的数学关系，也就是预设了等温吸附模型，这是颠倒因果逻辑关系的。比如，很多人尝试用多项式拟合σ-c关系曲线，可以得到精度很高的拟合方程，但是，多项式方程是一定会有极值点的,也就是说,如果将拟合曲线外推延伸向溶液浓度增大的方向,一定会得出溶液表面张力随浓度增大而增大的荒唐结论,这是不符合实验规律的。所以,在这个实例中,$\sigma\text{-}c$关系曲线必须依靠手工绘制单一平滑曲线进行模拟,不使用任何数学拟合方法。

以上内容是Origin软件在物理化学实验中的一些基本应用,Origin软件的其他功能,尤其是多维作图功能和图像分析功能在这里没有涉及,数理统计功能也未做详细讨论,请读者自行探索。笔者一直认为,需求和兴趣是学习知识、掌握技能的第一推动力,绘制图线的目的是展示实验数据背后蕴含的数学关系和科学规律,如何让一张图具有表现力,成为论文中的点睛之处,是需要花功夫琢磨和练习的,这项技能的重要性并不输于实验技能。

中 篇

基础型实验

A1

氧弹量热法
——固体有机物生成焓的测定

A1.1 实验简介

本实验用氧弹量热计测定固体有机物的燃烧热，然后通过温度、压力等因素的校正，获得固体有机物的标准生成焓。量热学是热力学研究的基础性实验技术，庞大的标准态热力学数据库正是通过这种测量逐步建立起来的，我们将重新亲历这一过程。

对于4课时实验，建议仅完成量热仪标定和1个固体样品燃烧热的测定；对于8课时实验，建议完成量热仪标定和2个固体样品燃烧热的测定，并可以完成1个固体食物样品的燃烧热测定。

学生应熟悉热化学的基本概念，如反应热、燃烧焓、生成焓等，以及热力学函数（如内能U、焓H）与体系性质（如温度T、压力p）的关系。建议预先通过书面资料熟悉实验设计，尤其是实验过程中如何控制体系与环境的相互作用，以完成微小温度变化的精密测定。

A1.2 理论探讨

A1.2.1 生成焓和燃烧焓

化合物的标准生成焓数据是最有用的热力学信息之一，通过这些数据，并按照适当的计算规则（如盖斯定律），许多化学反应过程的标准反应热就可以被计算出来。因此，化合物生成焓的实验测量对热力学有重要意义，必须仔细操作，以达到所希望的精密性和准确度。

本实验中将通过测定一些固体有机物（如萘、葡萄糖或蔗糖）燃烧热的方法，来确定这些化合物的生成焓。所谓一个化合物的"生成反应"，以萘为例

$$10C(石墨，s) + 4H_2(g) \longrightarrow C_{10}H_8(萘，s) \qquad (1)$$

是指由稳定单质生成这个化合物的反应。但是化学常识告诉我们，即使这些单质以精确的化学计量比例混合在一起，也不会通过类似方程（1）这样的化学反应生成所希望的化合物，因此也不能借由测定这样反应的焓变来确定某个化合物的生成焓。解决这个问题的方法之一是测量另外一个涉及这个化合物的反应的焓变，比如萘的燃烧反应

$$C_{10}H_8(s) + 12O_2(g) \longrightarrow 10CO_2(g) + 4H_2O(l) \qquad (2)$$

如果上述燃烧反应被正确操作并得到了确定的产物，则伴随这个化学计量反应的热效应就可以被准确测定，根据盖斯定律，萘的生成焓可以通过萘的燃烧反应热计算出来

$$\Delta_f H[C_{10}H_8(s)] = 10\Delta_f H[CO_2(g)] + 4\Delta_f H[H_2O(g)] - \Delta_c H \tag{3}$$

式中，$\Delta_c H$是萘的燃烧焓，即在恒定温度下反应（2）的反应热。从方程（3）可以看出，萘的生成焓的计算来源于两部分数据，一部分来源于热力学数据表（产物的生成焓），另一部分来源于燃烧反应的测量。

为使反应完全按照式（2）完成，萘的燃烧一般要求氧气大大过量，这能够保证反应结束后没有剩余未燃烧的萘或者未完全燃烧的副产物，过量的氧气也能够保证反应在极短的时间内完成。为此，燃烧热测定实验的要求之一就是反应器中必须维持高压，即反应是在厚壁的金属反应器中进行的，该反应器称为"氧弹"。在氧弹量热计中测得的是恒定体积条件下萘燃烧反应的热效应，根据热力学第一定律$\Delta U = Q + W$，在只做体积功的条件下，氧弹中燃烧反应的热效应等于反应过程中体系的内能变化

$$\Delta_c U = Q_V \tag{4}$$

燃烧焓的值可以根据焓的定义$H = U + pV$得到

$$\Delta_c H = \Delta_c U + \Delta(pV) \tag{5}$$

式中，$\Delta(pV)$是产物的pV值与反应物的pV值之差。在典型的氧弹测量实验中，气相样品体积与液（固）相样品体积相差巨大（氧弹容积约300cm³，而液体或固体样品的体积均小于1cm³），因此$\Delta(pV)$一般仅需考虑气态样品即可，根据理想气体状态方程可以得到

$$\Delta(pV) \approx \Delta_r n_g RT \tag{6}$$

式中，$\Delta_r n_g$是气态产物与气态反应物的物质的量之差。

A1.2.2 标准焓

根据方程（4）、方程（5）和方程（6）测量和计算得到的燃烧焓$\Delta_c H$还不能作为热力学标准数据，我们希望获得一个反应的标准燃烧焓，即反应物和产物都处于标准状态下的燃烧焓，$\Delta_c H^\ominus$。所谓标准状态，是指压力处于100kPa，气体处于假想的"理想气体"状态。为将$\Delta_c H$调整为$\Delta_c H^\ominus$，应考虑如下三个方面的修正项。

（1）将反应温度修正到25℃（298.15K）

$$\Delta H_1 = \int_{\bar{T}}^{298.15} \Delta_r C_p dT = \int_{\bar{T}}^{298.15} \left(\sum_B \gamma_B C_{p,m,B}\right) dT \tag{7}$$

式中，$\Delta_r C_p$是产物与反应物热容之差；$\bar{T}$近似为反应前后体系的平均温度（燃烧反应导致量热计温度变化为2~3℃）；γ_B是B物质的化学计量数（产物取正，反应物取负），加和遍及所有反应物和产物。当反应温度偏离25℃达到几度大小时，ΔH_1不可忽略。

（2）将液态（固态）物质的压力修正到标准态压力$p^\ominus = 100$kPa

根据热力学基本方程$dH = TdS + Vdp$，两边在温度不变时对压力取偏微分

$$\left(\frac{\partial H}{\partial p}\right)_T = T\left(\frac{\partial S}{\partial p}\right)_T + V \tag{8}$$

由Maxwell关系式$(\partial S/\partial p)_T = -(\partial V/\partial T)_p$以及物质的热胀系数$\alpha = (\partial V/\partial T)_p/V$，可以得到

$$\left(\frac{\partial H}{\partial p}\right)_T = -VT\alpha + V = V(1 - \alpha T) \tag{9}$$

则反应中液态（固态）物质的修正项为

$$\Delta H_2 = \int_p^{p^\ominus} \left(\sum_B \gamma_B V_{m,B} - T \sum_B \gamma_B V_{m,B} \alpha_B \right)$$
$$= \left(\sum_B \gamma_B V_{m,B} - T \sum_B \gamma_B V_{m,B} \alpha_B \right)(p^\ominus - p) \quad (10)$$

加和遍及反应方程中所有液（固）相物质，温度 T 取修正项（1）中的 $\overline{T}$。ΔH_2 一般很小，可以忽略。

（3）将气态物质修正到气体的理想状态

气体物质的标准态是指处于 $p^\ominus = 100\text{kPa}$ 下的理想气体，但是对于实际气体而言，只有当压力 $p \to 0$ 时其行为才符合理想气体行为。根据全微分

$$dH = \left(\frac{\partial H}{\partial T} \right)_p dT + \left(\frac{\partial H}{\partial p} \right)_T dp$$

可以得到

$$\left(\frac{\partial H}{\partial p} \right)_T = -\left(\frac{\partial H}{\partial T} \right)_p \left(\frac{\partial T}{\partial p} \right)_H = -C_p \mu_{\text{J-T}} \quad (11)$$

式中，C_p 是恒压热容；$\mu_{\text{J-T}}$ 是实际气体的焦耳-汤姆逊系数。

以萘的燃烧反应为例，设计热力学循环如下

$$C_{10}H_8(s) + 12O_2(g, p=0) \longrightarrow 10CO_2(g, p=0) + 4H_2O(l)$$
$$\downarrow \qquad\qquad\qquad\qquad\qquad\qquad \uparrow$$
$$C_{10}H_8(s) + 12O_2(g, p_{O_2}) \longrightarrow 10CO_2(g, p_{CO_2}) + 4H_2O(l)$$

式中，p_{O_2} 和 p_{CO_2} 分别是反应体系中 O_2 和 CO_2 的分压。则将气态物质修正到气体的理想状态的修正项为

$$\Delta H_3 = \sum_B \int_{p_B}^0 -\gamma_B C_{p,m,B} \mu_{\text{J-T,B}} dp = \sum_B \gamma_B C_{p,m,B} \mu_{\text{J-T,B}} p_B \quad (12)$$

加和遍及所有气态物质。在这个热力学循环中没有考虑标准态压力 $p^\ominus = 100\text{kPa}$，因为对于理想气体而言，焓只是温度的函数，压力为0与压力为100kPa的焓值并没有区别。

综上所述，标准燃烧焓的修正公式为

$$\Delta_c H^\ominus = \Delta_c H + \Delta H_1 + \Delta H_2 + \Delta H_3 \quad (13)$$

A1.2.3 氧弹量热计与非绝热过程的温度校正

图A1-1（a）是氧弹量热计测量装置示意图，基本构造为内、外筒三层结构，氧弹置于内筒，浸没于一定量的水中，内、外筒之间有空气夹层，外筒中也注入适量的水，当样品在氧弹中燃烧后，释放的热量使内筒的水温升高，根据预先标定的体系热容，就可以计算出反应热。图A1-1（b）是氧弹的剖面图，粉末样品压片后放在燃烧盘中，螺旋燃烧丝置于样品表面，氧弹中充入高压氧气，实验时给燃烧丝通电，红热的燃烧丝点燃样品充分燃烧；顶盖进气-排气孔采用弹簧止回阀，充气时进气导管下压弹簧，使进气口打开，充入高压氧气，充气结束后导管移出，弹簧复位，氧弹内的高压气体向上顶推气门芯压紧密封圈，保证高压气体不泄漏；实验结束后可用顶针下压弹簧，打开进气口，排空氧弹内的高压气体。

假定在绝热条件下，氧弹中发生如下反应：

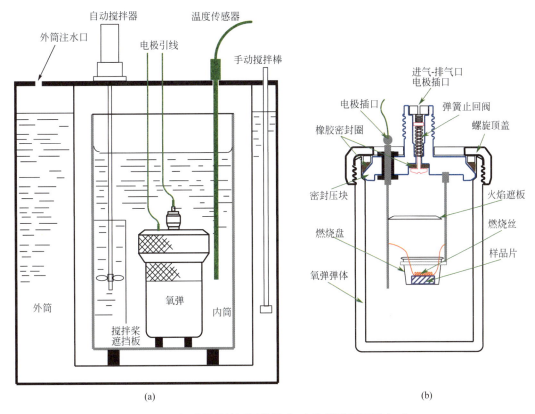

图A1-1 氧弹量热计测量装置（a）和氧弹剖面图（b）

$$A(T_0) + B(T_0) + S(T_0) \longrightarrow C(T_1) + D(T_1) + S(T_1) \tag{14}$$

式中，A、B和C、D分别是反应物和产物；S代表体系的其余部分（包括氧弹壳体、富余的氧气、内筒中的水等），其温度一般与反应物或产物相等，S与反应物或产物共同构成一个热力学研究的体系。

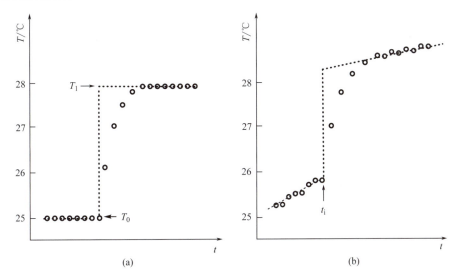

图A1-2 理想绝热条件下（a）和实际（b）氧弹体系的温度T与时间t关系曲线

燃烧热测量的关键在于确定反应前后的温度变化，即

$$\Delta T = T_1 - T_0 \qquad (15)$$

在理想绝热条件下，量热计测得的体系温度随时间变化曲线如图A1-2（a），在这种情况下很容易确定ΔT，因为在燃烧反应前后，体系达成热平衡时$(dT/dt)=0$，温度变化的唯一原因来自于化学反应。但是，完全绝热条件是不可能达到的，首先没有一种绝热材料是完美的，反应过程中体系与环境之间或多或少地会有热量的得失。其次，搅拌器对水所做的功也会导致体系温度的变化，在这种情况下，量热计测得的体系温度随时间的变化曲线如图A1-2（b），为得到理想绝热条件下的ΔT值，必须对实验数据做出更加详细的分析。

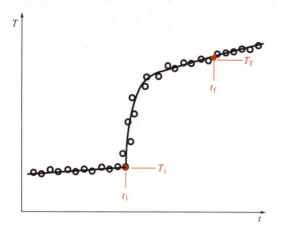

图A1-3　氧弹量热实验曲线

考虑图A1-3所示的氧弹量热实验曲线，该曲线形态符合通过体系边界热传递较小、而搅拌过程传递能量中等的假设。反应开始前，先记录一系列温度T-时间t数据，以建立起始（反应前）温度漂移速率关系$(dT/dt)_i$；将样品点火时间t_i作为起始时间，该点温度T_i作为起始温度；反应结束后继续记录T-t数据直至呈现大致的线性关系，即终态（反应后）温度漂移速率关系$(dT/dt)_f$，在该直线段取任意点时间作为终态时间t_f，该点温度为终态温度T_f，当然，从准确性角度出发，t_f最好取在终态T-t直线的反向延长线恰好偏离实验曲线的那一点（见图A1-4）。

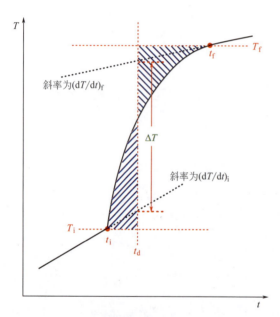

图A1-4　计算理想绝热条件下燃烧反应温度变化ΔT的图示

通过体系边界的热传递速率可以用牛顿定律表示

$$\frac{\delta Q}{\delta t} = -k(T - T_s) \qquad (16)$$

式中，T_s是环境温度；k是热传导速率常数，与边界材料的热导率有关。若单位时间内通过搅拌器传入体系的机械功$P = \delta W/\delta t$是不随时间变化的常量，体系热容为C，则

$$\frac{dU}{dt} = C\frac{dT}{dt} = P - k(T - T_s) \qquad (17)$$

或者

$$\left(\frac{dT}{dt}\right)_{\text{热传导+搅拌}} = \frac{1}{C}[P - k(T - T_s)] \qquad (18)$$

图 A1-3 中表示的温度差 T_f-T_i 可以表示为

$$T_f - T_i = \Delta T + \int_{t_i}^{t_f} \left(\frac{dT}{dt}\right)_{热传导+搅拌} dt \tag{19}$$

式中，$\Delta T = T_1 - T_0$ 是在理想绝热、且没有机械功输入体系的条件下，纯粹燃烧反应导致的体系温度升高，即 ΔT 正是要求出的、用于计算燃烧热的温差。将方程（19）重新整理得到

$$T_1 - T_0 = \Delta T = (T_f - T_i) - \int_{t_i}^{t_f} \frac{1}{C} \{P - k[T(t) - T_s]\} dt \tag{20}$$

因为并不知道搅拌器提供的机械功率 P，所以方程（20）无法直接积分。为此做变量代换，令 $T_c = T_s + (P/k)$，则方程（18）可以表示为

$$\left(\frac{dT}{dt}\right)_{热传导+搅拌} = -\frac{k}{C}(T - T_c)$$

则起始温度漂移速率和终态温度漂移速率分别为

$$\left(\frac{dT}{dt}\right)_i = -\frac{k}{C}(T_i - T_c) \text{ 和 } \left(\frac{dT}{dt}\right)_f = -\frac{k}{C}(T_f - T_c) \tag{21}$$

对方程（20）同样做变量代换后，可以得到

$$T_1 - T_0 = \Delta T = (T_f - T_i) + \frac{k}{C} \int_{t_i}^{t_f} (T - T_c) dt \tag{22}$$

在 t_i 和 t_f 间取时间点 t_d，则积分

$$\int_{t_i}^{t_f} (T - T_c) dt$$

可以变化为

$$\int_{t_i}^{t_f} (T - T_c) dt = \int_{t_i}^{t_d} (T - T_c) dt + \int_{t_d}^{t_f} (T - T_c) dt$$

$$= \int_{t_i}^{t_d} [(T - T_i) + (T_i - T_c)] dt + \int_{t_d}^{t_f} [(T - T_f) + (T_f - T_c)] dt$$

展开后得到

$$\int_{t_i}^{t_f} (T - T_c) dt = \left[\int_{t_i}^{t_d} (T - T_i) dt - \int_{t_d}^{t_f} (T_f - T) dt\right] + (T_i - T_c)(t_d - t_i) + (T_f - T_c)(t_f - t_d) \tag{23}$$

若将 t_d 取作使得方程（23）等号右边的两个积分相等

$$\int_{t_i}^{t_d} (T - T_i) dt = \int_{t_d}^{t_f} (T_f - T) dt$$

即图 A1-4 中实验曲线上、下两部分阴影面积相等，则

$$\int_{t_i}^{t_f} (T - T_c) dt = (T_i - T_c)(t_d - t_i) + (T_f - T_c)(t_f - t_d) \tag{24}$$

将方程（24）代入方程（22），并考虑方程（21），则有

$$\Delta T = (T_f - T_i) - \left(\frac{dT}{dt}\right)_i (t_d - t_i) - \left(\frac{dT}{dt}\right)_f (t_f - t_d) \tag{25}$$

由图 A1-4 可以方便地看出方程（25）的意义：将体系反应前后温度线性变化段延长，交 t_d

垂线于两点，则理想绝热条件下燃烧反应过程导致的体系温度变化ΔT等于这两点之间的温度差。

作为近似，如果不仔细计算积分，有时可以将实验曲线上环境温度T_s对应的时间当作t_d的值，或者将温度为$[(T_f-T_i)\times 60\%+T_i]$的点对应的时间作为$t_d$的值，究竟选择哪一个可以目测一下哪个点更接近于消除方程（23）等号右边的两个积分。

如果体系的绝热状态较差，终态温度漂移速率$(dT/dt)_f$可能小于0，即终态直线段的斜率小于0，这意味着实验曲线将出现一个最高点，这个最高点的温度就是终态温度T_f，对应的时间就是终态时间t_f，除此之外，其余计算ΔT的过程与前面的讨论相同。

由上面的推导可以知道，测量燃烧热时，体系的起始温度应低于环境温度。

A1.2.4　燃烧热的测量和计算

通过实验数据的分析和计算得到理想绝热条件下燃烧反应引起体系的温度变化ΔT后，就可以进一步计算反应条件下样品的燃烧热了。假定体系体积基本恒定，根据热力学第一定律，恒容的绝热体系$\Delta U=0$，则样品燃烧释放的燃烧热全部用于体系的升温过程，这里的体系包括氧弹弹体、水介质以及相关的边界材料等。因此，燃烧热

$$Q_V = -C\Delta T \tag{26}$$

式中，C是体系热容，常常不是能够精确计算的，因此一般采用已知燃烧热的标准样品标定量热计的方法确定C值，前提是每次测量使用相同的实验装置，且加入的水介质数量相同：

$$C = -\frac{Q_{V,标}}{\Delta T_{标}} \tag{27}$$

注意式中的$Q_{V,标}$不等于热力学数据表中列出的标准样品的燃烧焓$\Delta_c H$。

上面计算出的燃烧热Q_V中还包括燃烧丝燃烧释放的热量，在精确计算时必须予以扣除。

A1.3　仪器试剂

SHR-15B燃烧热实验装置（南京桑力电子设备厂），YCY-4充氧器，压片机，氧气钢瓶、减压阀（最高读数5MPa），燃烧丝（Ni丝、Ni-Cr丝或纯Fe丝），1000mL容量瓶，塑料桶，直尺，剪刀，镊子，万用电表，电子天平，温度计（0～50℃）。

苯甲酸(A.R.)，萘(A.R.)，蔗糖(A.R.)，麦圈（或其他固体食物）。

SHR-15B燃烧热实验装置的使用说明可参阅文献1。

A1.4　安全须知和废弃物处理

- 遵守高压气体操作规范，使用合规设备，佩戴护目镜，任何时候均不可将高压气体出口对准人体。
- 确保高压气体管道连接牢固可靠，每次对氧弹充气前，仔细确认氧弹已经完全封闭。
- 实验前确认氧弹密封圈清洁、完整，氧弹头能够顺滑下旋至弹体，没有滑牙。
- 任何时候拿持氧弹，都必须用双手，且一手托底。
- 氧弹中不要放入与实验无关的其他物品，放入的实验样品也不要超出实验内容规定的数量。
- 一次测量完成后，要缓慢放空氧弹内的气体，然后再打开氧弹。

- 苯甲酸和萘对人体皮肤、黏膜、眼睛等有损害，操作时应穿戴实验服，佩戴护目镜和丁腈橡胶手套。
- 如发生皮肤沾染，用肥皂清洗沾染部位后，用水冲洗10min以上。
- 离开实验室前务必洗手。
- 实验室中的蔗糖和麦圈等不能作为食物食用。
- 样品碎屑和残渣应倒入固体废弃物桶中。

A1.5 实验步骤

1. 仪器预热

将SHR-15B燃烧热实验装置及全部附件加以整理并洗净，开启电源开关，进行预热。

注意：此时不要开启搅拌开关。

2. 标定量热计

（1）在天平上粗称1.0g左右苯甲酸，在压片机中压成片状（不能压太紧，太紧点火后不能充分燃烧），取出的苯甲酸压片在称量纸上轻敲几下，除去浮屑，然后在天平上准确称量。

（2）旋开氧弹，把氧弹的弹头放在弹头架上，将金属燃烧盘放置在弹头环形架上，苯甲酸压片放入燃烧盘中。取一根10～15cm燃烧丝，测量其长度并称量，取一笔芯粗细的短棒（铁钉、细钢管或圆珠笔芯等），将燃烧丝中间绕成螺旋状（10圈左右）。将燃烧丝螺旋部分贴紧样品片，然后将燃烧丝两端穿过电极的引线孔，用卡套下压固定，保证接触良好（见图A1-5），检查燃烧丝与燃烧盘壁不能相碰。样品点火是否成功取决于燃烧丝的安装是否正确，在这里花上几分钟仔细安装和检查非常必要。

（3）在弹体中注入约1mL水，将安装完毕的弹头轻轻放入弹体中，用手拧紧，注意整个过程不要剧烈震动，以免燃烧丝错位或松脱。安装完成后用万用表测量两电极间电阻，应为20Ω左右。若接近0，则说明燃烧丝已经移位，触碰金属盘体；若电阻很大，则说明燃烧丝松脱，此时应打开氧弹重新安装燃烧丝。

（4）将氧气钢瓶表头上的金属导管与充氧器接口连接紧密，检查表头减压阀处于关闭状态（逆时针旋松）。逆时针打开钢瓶总阀，检查总压力，然后顺时针旋转减压阀，至减压阀出口压力升至20MPa。安装完毕的氧弹置于充氧器下，进气口对准充氧嘴，压下手柄，将充氧嘴顶入氧弹进气口，待进气的"嘶嘶"声消失后，松开手柄，将氧弹放气顶针压入进气口（顶针放气口指向空处），放出气体。如此反复三次，将氧弹中的空气全部交换掉。再次压下手柄并保持约1min，将氧

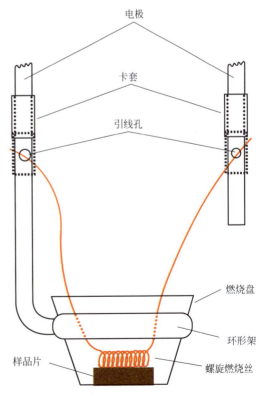

图A1-5 燃烧丝安装示意图

弹充满氧气，记录氧气的压力值。充氧完成后，关闭钢瓶总阀，将减压阀中残余氧气放空后，逆时针旋松减压阀。

（5）从外筒注水口给量热计外筒内注满水，用手动搅拌器稍加搅动。将传感器插入注水口，测量并记录外筒的水温。在大塑料桶中加入约4000mL自来水，用冰块调节水温，使其低于外筒水温1～2℃，用容量瓶量取3000mL经过调温的自来水注入内筒。将电极线分别插在氧弹两电极插孔里，此时点火指示灯亮，再将氧弹放入内筒中（如氧弹有连续气泡逸出，说明氧弹漏气，应取出氧弹寻找原因并排除之），盖上筒盖（**注意：搅拌器不要与弹头相碰**），将传感器插入内筒水中。

（6）开启搅拌开关，搅拌指示灯亮，进行搅拌。点开燃烧热数据采集及处理软件界面，进行参数设定。待内筒水温基本稳定后，按"采零"键后再按"锁定"键，将高精度测量的"温差"信号的零点设定为当前内筒的水温。然后将传感器取出放入外筒水中，待温度稳定后，记录其温度值和温差值。将传感器重新插入内筒水中，待温度稳定后，点击软件界面进行数据采集，持续10～15min，确认获得稳定的起始温度漂移速率曲线。按下"点火"按钮，此时点火指示灯灭，停顿一会点火指示灯又亮，直到燃烧丝烧断，点火指示灯再次熄灭，氧弹内样品一经燃烧，水温很快上升，说明点火成功。继续采集温差-时间数据，直至终态温度漂移速率曲线出现明显的线性段。测量结束，保存实验数据文件。将温度传感器再次插入外筒水中，记录温度和温差值，与前次测量的数据取平均值，作为环境温度T_s。

注意：水温没有上升，说明点火失败，应关闭电源，取出氧弹，放出氧气，仔细检查燃烧丝及连接线，找出原因并排除。

（7）打开内筒盖（注意先移出温度传感器），取出氧弹，放出氧弹内的余气。旋下氧弹盖，测量燃烧后残余燃烧丝的长度并称重，并检查样品燃烧情况。若样品没完全燃烧，实验失败，需重做；反之，说明实验成功。

3．测量萘的燃烧热

称取0.6g左右萘，按照标定量热计的方法进行测量。

4．测量蔗糖的燃烧热

称取1.2g左右蔗糖，按照标定量热计的方法进行测量。

5．测量麦圈的燃烧热

将3g左右麦圈用研钵研碎，称取1.5g左右麦圈碎末，按照标定量热计的方法进行测量。

6．实验结束

实验全部结束后，清洗全部仪器及附件，将外筒的水全部抽出。用直尺测量氧弹弹体的内容积。

A1.6　数据处理与结果分析

1．确定环境温度T_s。

2．计算量热计体系的热容值C。

将苯甲酸燃烧反应实验曲线的纵坐标温差值换算为温度值，以温度T-时间t作图，画出起始、终态温度漂移速率曲线直线段及其延长线。确定燃烧反应起始点和终态点坐标，即(t_i, T_i)和(t_f, T_f)。确定t_d值，做过时间t_d的垂线，交两延长线于两点，求出ΔT值。

根据苯甲酸的燃烧焓数据计算苯甲酸的燃烧热Q_V，加上燃烧丝燃烧掉的部分的燃烧热q，得到标准样品的燃烧热值

$$Q_{V,\text{标}} = Q_V + q$$

然后根据方程（27）计算量热计体系的热容C。

各物质在25℃时的标准燃烧焓$\Delta_c H^\ominus$如下：

苯甲酸$-3226.9 \text{kJ} \cdot \text{mol}^{-1}$，铁丝$-6.694 \text{kJ} \cdot \text{g}^{-1}$，镍丝$-3.243 \text{kJ} \cdot \text{g}^{-1}$，镍铬丝$-1.400 \text{kJ} \cdot \text{g}^{-1}$。

3. 计算样品的燃烧热Q_V和燃烧焓$\Delta_c H$。

按第2步中同样的方法分别确定萘、蔗糖和麦圈的ΔT值，根据方程（26）计算燃烧反应的恒容热$Q_V{'}$以及燃烧丝燃烧掉的部分的燃烧热q，样品的燃烧热

$$Q_V = Q_V{'} - q$$

据此计算萘和蔗糖的摩尔燃烧焓$\Delta_c H$，以及单位质量麦圈可以提供的能量。

4. 计算萘的标准燃烧焓$\Delta_c H^\ominus$。

按方程（7）、方程（10）、方程（12）分别计算燃烧焓修正项ΔH_1、ΔH_2、ΔH_3，所需参数见表A1-1，CO_2的分压请根据实际反应条件自行计算。根据方程（13）计算萘的标准燃烧焓$\Delta_c H^\ominus$。

表A1-1　各物质的参数

物质	$C_{p,m}/\text{J} \cdot \text{K}^{-1} \cdot \text{mol}^{-1}$	$\mu_{J\cdot T}/\text{K} \cdot (100\text{kPa})^{-1}$	α/K^{-1}	$V_m/\text{cm}^3 \cdot \text{mol}^{-1}$
$C_{10}H_8(s)$	165.7	—	12.4×10^{-4}	112
$H_2O(l)$	75.29	—	2.1×10^{-4}	18.4
$O_2(g)$	29.36	0.31	—	—
$CO_2(g)$	37.11	1.10	—	—

5. 计算萘的标准摩尔生成焓。

查阅热力学标准数据，根据方程（3）计算萘的标准摩尔生成焓。与文献数据进行对比，计算误差，讨论误差的来源。

6. 尝试计算蔗糖的标准摩尔生成焓，所需数据自行查阅。

A1.7　讨论与思考

1. 实验前在氧弹弹体中加入少量水的目的是什么？
2. 整个实验过程中，哪些因素可能引起燃烧热测量的误差？

附　热电阻温度传感器

热电阻温度检测器（resistance temperature detector，RTD）是利用金属或半导体的电阻值随温度变化的原理制成的传感器，是温度测量仪表中常用的一种温度测温元件。金属热电阻的电阻值随温度的上升而增大，常用的有铂热电阻（测温范围为$-200 \sim +850℃$）、铜热电阻（$-50 \sim +150℃$）和镍热电阻（$-60 \sim +180℃$）三种。热电阻大多是用直径$0.04 \sim 0.1\text{mm}$的纯金属丝绕在片状或棒状的云母、玻璃、陶瓷或胶木骨架上制成的。在工业应用中，它一般装在金属保护套管内，以防止损坏；也有做成铠装的。热电阻是中低温区最常用的一种温度检测器。它的主要特点是测量精度高，性能稳定。其中铂热电阻的测量精确度是最高的，它不仅广泛应用于工业测温，而且被制成标准的基准温度测量仪。

热电阻是把温度变化转换为电阻值变化的一次元件，通常需要把电阻信号通过引线传递

到计算机控制装置或者其他二次仪表上,因此热电阻的引线对测量结果会有较大的影响。常见的接线方式有以下几种。

(1) 二线制

在热电阻的两端各连接一根导线来引出电阻信号的方式叫二线制。这种引线方法很简单,但由于连接导线必然存在引线电阻 r,r 大小与导线的材质和长度等因素有关,因此这种引线方式只适用于测量精度较低的场合。

(2) 三线制

在热电阻的根部的一端连接一根引线,另一端连接两根引线的方式称为三线制,这种方式通常与电桥配套使用,可以较好地消除引线电阻的影响,是工业过程控制中最常用的。

(3) 四线制

在热电阻的根部两端各连接两根导线的方式称为四线制,其中两根引线为热电阻提供恒定电流 I,把 R 转换成电压信号 U,再通过另两根引线把 U 引至二次仪表。可见这种引线方式可完全消除引线的电阻影响,主要用于高精度的温度检测。

图 A1-6 是三种接线方法的示意图。

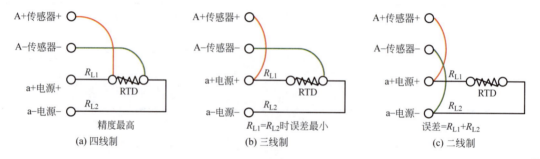

图 A1-6 热电阻的三种接线方式

R_{L1}—从 a+端到 RTD 导线的电阻;R_{L2}—从 a−端到 RTD 导线的电阻

本实验采用的热电阻分度号为 Pt-100,在 0℃时的电阻值为 R_0=(100±0.1) Ω,100℃时的电阻值与 0℃时的电阻值之比为

$$\frac{R_{100}}{R_0} = 1.391 \pm 0.001 \tag{28}$$

铂电阻温度计在 13.81~903.89K 温度范围内可以作为体现国际实用温标的标准温度计。

与温度测量中运用得最广泛的元件热电偶相比,热电阻虽然在工业中应用也比较广泛,但是由于测温范围较窄,使其应用受到了一定的限制。热电阻的测温原理是基于导体或半导体的电阻值随着温度的变化而变化的特性,其优点包括可以远传电信号、灵敏度高、稳定性强、互换性以及准确性都比较好等,但是需要电源激励,不能瞬时测量温度的变化。不过,热电阻不需要补偿导线,这一点比热电偶方便,而且比热电偶便宜。

A2 溶解热的测定

A2.1 实验简介

本实验将利用电加热补偿法测定硝酸钾在水中溶解过程的热效应,对于溶液中的吸热反应,电加热补偿法是一种非常方便实用的实验测量技术,实验中无须确定量热计等体系组成部分的热容,这与绝热法量热技术有很大区别。

本实验4课时,全数字化控制与数据采集。

学生应预先了解涉及溶解过程热效应的四个性质,即积分溶解热、微分溶解热、积分稀释热和微分稀释热,弄清楚为何可以只通过测量积分溶解热就可以推算出其余三个热效应。虽然实验方法是方便实用的,但是实验过程仍然具有挑战性,测量失败会经常发生。

A2.2 理论探讨

A2.2.1 溶解热与稀释热

溶质在纯溶剂或者溶液中的溶解过程伴随有热效应,比如离子晶体盐在水中溶解的过程往往是吸热的,而氢氧化钠、氯化氢或者浓硫酸与水作用是放热的。当讨论这类问题时,我们当然可以笼统地说一定数量的某种溶质溶解在另一种溶剂中吸收(或放出)若干热量,但是这无助于对不同溶质/溶剂体系溶解过程的热效应进行对比和定量分析。对溶解过程热效应的热力学研究和系统化分析,是通过引入积分溶解热和微分溶解热的概念而完成的。

积分溶解热与溶液浓度有关,用符号 ΔH_{IS} 表示(I 表示 intergral,S 表示 solution)。某个特定浓度时的积分溶解热定义为:恒温恒压下,1mol 溶质溶解在足量的纯溶剂中形成该浓度的溶液的过程中发生的反应热。因为压力是恒定的,若只考虑系统做体积功,则反应热即为焓变。由此可知,KNO_3 在水中的 ΔH_{IS} 就等于下面过程的焓变:

$$KNO_3(s) + nH_2O(l) \rightleftharpoons [KNO_3(s), nH_2O(l)]$$

式中,符号 $[KNO_3(s), nH_2O(l)]$ 表示1mol KNO_3 溶于 $n$mol 水所形成的溶液。例如,在 T、p 恒定的条件下,1mol KNO_3 溶于水形成500mL溶液吸收的热就是浓度为 2mol·dm^{-3} 的 KNO_3 水溶液的积分溶解热。

不会总是取出1mol溶质做实验,比如在 T、p 恒定的条件下,n_2 mol 溶质溶于 n_1 mol 溶剂,测得过程的溶解热为 ΔH_S,根据积分溶解热定义,ΔH_{IS} 应为 1mol 溶质溶解在 (n_1/n_2) mol 溶剂

中发生的热效应,则

$$\Delta H_S = n_2 \Delta H_{IS} \tag{1}$$

可见,积分溶解热描述的是溶液浓度由零增加到某个特定浓度值的整个过程中的热效应,它与最终形成的溶液浓度有关,而与体系中物质的实际数量无关。

如果不是从纯溶剂开始测量溶解热,而是已经形成了一个溶液,组成是 n_1 mol 溶剂 + n_2 mol 溶质,往这个溶液中继续加入溶质产生的热效应是多少呢?考虑极限情况,如果向这个溶液体系中加入无限微量的溶质 dn_2,则体系溶解热的增量为 $d(\Delta H_S)$,溶解热随溶质数量的变化率可以表示为

$$\left[\frac{\partial(\Delta H_S)}{\partial n_2}\right]_{T,p,n_1} \tag{2}$$

该偏微分称为微分溶解热,也可以看作在 T、p 恒定的条件下,将 1mol 溶质加入极大量的溶液中引起的焓变,由于溶液的数量巨大,多加入 1mol 溶质不会改变溶液的浓度。可以注意到,微分溶解热并不是积分溶解热的一阶偏导数,而是溶解热的一阶偏导数;从物理意义上讲,虽然积分溶解热和微分溶解热都可以看作 1mol 溶质形成某个浓度溶液的热效应,但是前者针对的是有限数量的溶剂,溶解过程伴随溶液浓度的不断变化,而后者针对的是无限大量的溶液,其浓度保持恒定不变。

现在假定,在 T、p 恒定的条件下,体积为 1dm³ 溶液中已经溶解有 m mol 溶质,溶液摩尔浓度为 $c = m$ mol·dm⁻³,此时向该溶液中再加入极微量的 dm mol 溶质,所引起的焓变为 $d(m\Delta H_{IS})$。根据微分溶解热的定义

$$\left[\frac{\partial(\Delta H_S)}{\partial n_2}\right]_{T,p,n_1} = \left[\frac{\partial(m\Delta H_{IS})}{\partial m}\right]_{T,p,n_1} = \left[\frac{\partial\left(\frac{m}{V}\Delta H_{IS}\right)}{\partial\left(\frac{m}{V}\right)}\right]_{T,p,n_1} = \left[\frac{\partial(c\Delta H_{IS})}{\partial c}\right]_{T,p} \tag{3}$$

式中,V 是溶液的体积。方程(3)可以展开为

$$\left[\frac{\partial(\Delta H_S)}{\partial n_2}\right]_{T,p,n_1} = \Delta H_{IS} + c\left[\frac{\partial(\Delta H_{IS})}{\partial c}\right]_{T,p} \tag{4}$$

该方程等号右边两项均与溶质的浓度有关,因此微分溶解热也是溶液浓度的函数。

如果溶质的数量不变时,向溶液中加入溶剂就产生稀释作用(或冲淡作用),其热效应可以用积分稀释热(或积分冲淡热)和微分稀释热(或微分冲淡热)进行度量。积分稀释热的定义是:恒温恒压下,向含有 1mol 溶质、浓度 c_1 的溶液中加入足够量的溶剂,使得溶液浓度变为 c_2,该过程的热效应称为在浓度 c_1、c_2 之间的积分稀释热,符号为 $\Delta H_{ID, c_1 \to c_2}$(I 表示 intergral,D 表示 dilution)。焓是状态函数,因此

$$\Delta H_{ID, c_1 \to c_2} = \Delta H_{IS}(c_2) - \Delta H_{IS}(c_1) \tag{5}$$

微分稀释热的定义为:

$$\left[\frac{\partial(\Delta H_S)}{\partial n_1}\right]_{T,p,n_2} \tag{6}$$

式中,各项变量的定义与前面方程中相同。

在溶剂与溶质相互作用产生的热效应中,积分溶解热 ΔH_{IS}、微分溶解热 $[\partial(\Delta H_S)/\partial n_2]_{T,p,n_1}$、

积分稀释热 $\Delta H_{\mathrm{ID}, c_1 \to c_2}$ 和微分稀释热 $[\partial(\Delta H_\mathrm{S})/\partial n_1]_{T, p, n_2}$ 都是溶液浓度的函数，与溶剂、溶质的数量无关。但是，溶解热 ΔH_S 显然是溶剂、溶质数量的函数，设 $\Delta H_\mathrm{S} = f(n_1, n_2)$，其全微分为：

$$\mathrm{d}(\Delta H_\mathrm{S}) = \left[\frac{\partial(\Delta H_\mathrm{S})}{\partial n_1}\right]_{T, p, n_2} \mathrm{d}n_1 + \left[\frac{\partial(\Delta H_\mathrm{S})}{\partial n_2}\right]_{T, p, n_1} \mathrm{d}n_2 \tag{7}$$

在组成不变的条件下，$[\partial(\Delta H_\mathrm{S})/\partial n_2]_{T, p, n_1}$ 和 $[\partial(\Delta H_\mathrm{S})/\partial n_1]_{T, p, n_2}$ 均为常数，方程（7）两边积分得到

$$\Delta H_\mathrm{S} = \left[\frac{\partial(\Delta H_\mathrm{S})}{\partial n_1}\right]_{T, p, n_2} n_1 + \left[\frac{\partial(\Delta H_\mathrm{S})}{\partial n_2}\right]_{T, p, n_1} n_2 \tag{8}$$

方程（8）两边同除以 n_2，得到

$$\frac{\Delta H_\mathrm{S}}{n_2} = \left[\frac{\partial(\Delta H_\mathrm{S})}{\partial n_1}\right]_{T, p, n_2} \frac{n_1}{n_2} + \left[\frac{\partial(\Delta H_\mathrm{S})}{\partial n_2}\right]_{T, p, n_1} \tag{9}$$

根据方程（1），上式等号左边就是积分溶解热，若定义 $n_0 = n_1/n_2$，则方程（9）变为

$$\Delta H_{\mathrm{IS}} = \left[\frac{\partial(\Delta H_\mathrm{S})}{\partial n_1}\right]_{T, p, n_2} n_0 + \left[\frac{\partial(\Delta H_\mathrm{S})}{\partial n_2}\right]_{T, p, n_1} \tag{10}$$

由实验测定不同浓度下的积分溶解热 ΔH_{IS}，作出 ΔH_{IS}-n_0 关系曲线（见图A2-1），就可以推算微分溶解热、微分稀释热和积分稀释热。在图A2-1中，AC线是 ΔH_{IS}-n_0 曲线在 A 点的切线，根据方程（10），该切线的斜率就是 $n_{0,2}$ 值对应浓度溶液的微分稀释热

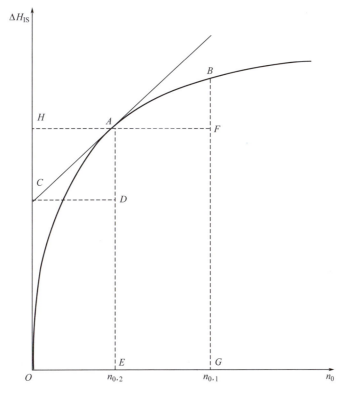

图A2-1 ΔH_{IS}-n_0关系曲线

$$\left[\frac{\partial(\Delta H_S)}{\partial n_1}\right]_{T,p,n_2} = \frac{d(\Delta H_{IS})}{dn_0} = \frac{AD}{CD} \tag{11}$$

因为 $CD = OE = n_{0,2}$，根据方程（10）可知微分溶解热就等于切线 AC 在纵轴上的截距，即

$$\left[\frac{\partial(\Delta H_S)}{\partial n_2}\right]_{T,p,n_1} = OC \tag{12}$$

由 $n_{0,2} \to n_{0,1}$ 稀释过程的积分稀释热为

$$\Delta H_{ID, n_{0,2} \to n_{0,1}} = BG - AE = BF \tag{13}$$

A2.2.2 溶解热的测定

硝酸钾在水中的溶解过程是吸热过程，当系统绝热时（如实验在杜瓦瓶中进行），系统温度的下降可以由电加热方法予以恢复初始温度，而溶解热就等于系统恢复所吸收的电加热能量 $IVt = I^2Rt$。本实验展示了吸热反应在量热学测量方面的独特优势。当反应吸收热量后，系统的冷却效应可以用电加热的方法予以平衡补偿，从而保持系统温度不变。如此，在研究过程中，就不需要知道量热计和溶液的热容值，后者与温度、浓度等各种因素有关，很难计算和测量。所以，电加热补偿法比常规的绝热量热法更加方便。

图 A2-2 是电加热补偿法实验装置示意图，反应容器为常规保温杯（双层抽空镀银玻璃瓶胆），容积 600～700mL，加热器为不锈钢套管式加热棒（最大功率 15W），测温使用 Pt-100 热电阻型温度传感器，搅拌方式为磁力搅拌。

本实验数据的采集和处理均可由计算机自动完成，以硝酸钾溶解热测定为例，典型实验曲线如图 A2-3 所示，将实验开始前纯水的温度作为温差零点，加入第一份 KNO_3 样品后，搅拌溶解吸热导致体系温度下降，同

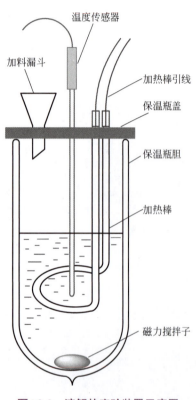

图A2-2 溶解热实验装置示意图

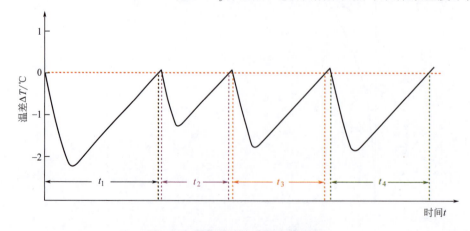

图A2-3 溶解热测定典型实验曲线

时电热棒通电加热使溶液温度上升,直至温度回升至温差$\Delta T>0$,再加入第二份样品……,根据实验曲线,软件自动判读每份样品的温差处于0以下所经历的时间t_1、t_2、t_3、t_4……,此即为每份样品被通电加热以补偿溶解吸收热量的时间,根据设定的电加热功率,就可以测得每份样品的溶解热。

A2.3 仪器试剂

SWC-RJ溶解热(一体化)测定装置(南京桑力电子设备厂,包括杜瓦瓶、电加热器、Pt-100温度传感器、电磁搅拌器、SWC-ⅡD数字温度温差仪、数据采集接口,"溶解热2.50"软件),电子天平(精度0.0001g),台秤(精度0.1g),研钵1只,干燥器1只,小漏斗1只,小毛刷1把。

硝酸钾(A.R.),去离子水。

SWC-RJ溶解热(一体化)测定装置仪器面板如图A2-4所示。

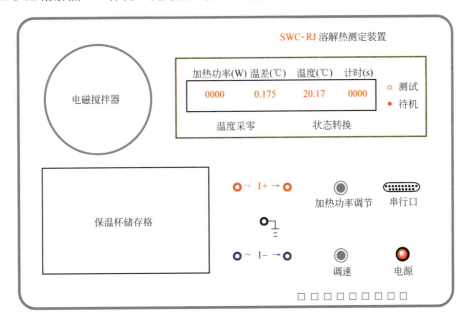

图A2-4　SWC-RJ溶解热(一体化)测定装置仪器面板示意图

A2.4 安全须知和废弃物处理

- 保温杯易碎,请轻拿轻放。
- 在实验室应穿戴实验服、防护目镜或面罩。
- 硝酸盐属于2A类可能导致人类癌症的物质,处理硝酸钾时需使用手套,仔细操作,不要漏撒在外。
- 如发生皮肤沾染,用水冲洗沾染部位10min以上。
- 离开实验室前务必洗手。
- 使用过的硝酸钾溶液应倒入指定的废液回收桶。
- 使用过的称量纸、硝酸钾碎屑及手套应放入固体废弃物桶。

A2.5　实验步骤

（1）将硝酸钾（每次实验约需30g）进行研磨，在110℃烘干，放入干燥器中备用。

（2）分别称量约2.5g、1.5g、2.5g、3.0g、3.5g、4.0g、4.0g、4.5g硝酸钾，放入8个称量瓶中。称量方法：首先用0.1g精度的台秤，在每个称量瓶中加入需要量的硝酸钾；然后在0.0001g精度的电子天平上，分别称量每份样品（硝酸钾+称量瓶）的精确质量；称好后放入干燥器中备用。在将硝酸钾加入到水中时，不必将硝酸钾完全加入，称量瓶中残留的少量硝酸钾通过后面的称量予以去除。也可以用称量纸直接称量，并做好编号标记，注意将较大的硝酸钾颗粒剔除，以免堵塞加料漏斗管口，影响实验结果。

（3）使用0.1g精度的台秤称量216.2g（12.0mol）去离子水放入杜瓦瓶内，放入磁力搅拌磁子，拧紧瓶盖，将杜瓦瓶置于搅拌器固定架上（注意加热器的电热丝部分是否全部位于液面以下）。

（4）用仪器配置的加热功率输出线将加热器引出端与正、负极接线柱连接（红-红、蓝-蓝），串行口与计算机连接，Pt-100温度传感器接入仪器后面板传感器接口中。

（5）将温度传感器擦干置于空气中，将O形圈套入传感器，调节O形圈使传感器顶端与加热器位置等高度，把传感器探头插入杜瓦瓶内（注意：不要与瓶内壁相接触）。

（6）打开电源开关，仪器处于待机状态，待机指示灯亮。

（7）启动"溶解热2.50"软件，选择"数据采集及计算"窗口，如果默认的坐标系不能满足绘图的要求，点击"设置-设置坐标系"重新设置合适的坐标系，以使绘制的图形完整显示在绘图区。在此窗口的坐标系中纵轴为温差，横轴为时间。

（8）根据自己的计算机选择串行口，在"设置-串行口"中选择COM1（串行口1，默认口）或COM2（串行口2）。

（9）调节"调速"旋钮使搅拌磁子为实验所需要的转速。按下"状态转换"键，使仪器处于测试状态（即工作状态，工作指示灯亮）。调节"加热功率调节"旋钮，使功率$P=2.5W$左右。观察水温的测量值，控制加热时间，使得水温最终高于环境温度0.5℃左右（因加热器开始加热时有一滞后性，故当水温超过室温0.4℃后，即可按下"状态转换"键，使仪器处于待机状态，停止加热）。

（10）观察水温的变化，当在1min内水温波动低于0.02℃时，即可开始测量。点击"操作-开始绘图"，仪器自动清零，同时立刻打开杜瓦瓶的加料口，插入小漏斗，按编号加入第一份样品，盖好加料口塞，软件开始绘制曲线，在数据记录表格中填写所需数据，观察温差的变化或软件界面显示的曲线，等温差值回到零时，加入第二份样品，依此类推，加完所有的样品。**注意：加料后温差值会急剧下降1℃左右，若未观察到温度急剧下降，说明搅拌子失速，样品未完全溶解，此时若温差仍在0以下，可以重启搅拌，只要温差始终保持在0以下且稳步回升，则数据有效，若在重启搅拌后温差迅速回升至0以上，则测量失败。**

（11）最后一份样品的温差值回到零后，实验完毕，按"状态转换"键，使仪器处于"待机"状态，点击"操作-停止绘图"命令。保存实验数据和实验曲线。

（12）实验结束，关闭电源开关，拆去实验装置，清理台面和清扫实验室。

A2.6 数据处理与结果分析

1．计算积分溶解热 ΔH_{IS} 和摩尔比值 n_0。

（1）启动"溶解热2.50"软件，在"数据采集及计算"窗口中，打开保存的实验数据，输入每组样品的质量、分子量、水的质量、电流和电压值（或功率值），注意顺序不能搞错，否则结果不正确。

（2）点击"操作-计算-Q、n值"命令，软件自动计算出时间、积分溶解热（软件显示为Q）和摩尔比值（软件显示为n）。

2．计算其他反应热。

（1）在"溶解热Q-N曲线图"窗口中，输入8组点坐标。人工输入点击"操作-输入点坐标"，然后手工输入前面软件处理计算的 Q、n 值；若直接点击"操作-自动输入"，软件自动将"数据采集及计算"窗口处理的最终数据输入到填写坐标区域内。

（2）点击"操作-绘Q-N曲线"命令，计算机根据8个坐标值拟合一条曲线。

（3）若实验误差过大，可通过"操作-校正Q-N曲线"命令进行校正。

（4）点击"操作-计算-反应热"命令，输入相应摩尔值，软件自动计算出微分溶解热、微分稀释热和积分稀释热。

（5）求出 n_0 = 80、100、200、300 和 400 处的微分溶解热和微分稀释热，以及 n_0 在 80→100，100→200，200→300，300→400 的积分稀释热，保存并输出。

3．也可将第1步数据处理结果输入Excel、Origin等软件，按实验原理自行处理计算。

A2.7 讨论与思考

1．离子晶体的晶格能远远大于其溶解热，为什么盐类溶解时仅仅吸收了溶解热这样微小的能量，就能够将离子键破坏？

2．利用本实验装置能否测定溶液的比热容？

3．能否利用本实验装置测量硫酸铜水合反应 $CuSO_4(s) + 5H_2O(l) \longrightarrow CuSO_4 \cdot 5H_2O(s)$ 的反应热？请设计实验方案。

A3 差热分析

A3.1 实验简介

本实验将学习差热分析法的实验技术，差热分析法是现代热分析的入门技术，样品用量微小，设备部件简单，甚至可以利用简单组件自行拼装，但是差热分析技术诠释了现代物理化学实验方法的建构过程，即根据研究目的，将温度测量、微信号放大、数据的数字化采集等部分相互搭配融合，形成一个完整的实验系统。本实验利用商品化差热分析仪测量硝酸钾和五水合硫酸铜样品，涉及晶相转变、固-液相变、脱水反应等物理化学过程，考察实验条件对差热分析图谱的影响，并尝试使用Origin软件处理大量的实验数据。

对于4课时实验，建议在空气氛下以两个升温速率分别测量硝酸钾和五水合硫酸铜的差热分析图谱；对于8课时实验，实验条件的变化包括升温速率、样品用量、样品颗粒度以及实验气氛等。

学生对差热分析原理有初步了解即可，可预先查阅一下仪器说明书，以免误操作。

A3.2 理论探讨

A3.2.1 差热分析原理

差热分析（differential thermal analysis，DTA）是指在相同条件下加热（或冷却）测试样品和热惰性参照物质(参比物)，并记录两者之间的温度差的实验技术，将测得的温度差对时间（或温度）作图，就得到差热图谱。当测试样品发生任何放热的物理化学变化时，其温度会暂时性地上升并超过参比物的温度，在DTA图谱上就出现一个放热峰；反之，吸热过程会导致测试样品的温度滞后于参比物的温度，在DTA图谱上出现一个吸热峰。差热分析是研究物质在加热（或冷却）过程中发生各种物理变化和化学变化的重要手段，熔化、蒸发、升华、解吸、脱水为吸热效应，吸附、氧化、结晶等为放热效应，分解反应的热效应则视化合物性质而定。要弄清每一热效应的本质，还需借助其他测量手段，如热重量法、X射线衍射、红外光谱、化学分析等。

图A3-1（a）是差热分析实验装置原理框图，样品和参比物的测温热电偶负端相连，以参比物热电偶测量电炉温度，并反馈至程序控温仪进行线性升温（或降温），以样品和参比物的测温热电偶的两个正端之间的热电势差作为温差大小的指示。若将样品和参比物置于相同的线性升温加热条件下［见图A3-1（b）］，当样品没有发生变化时，样品和参比物温度差相等（**ab**段，此段也称为基线），二者的温差ΔT为定值（由于样品和参比物热容和受热位置不完全相同，ΔT一般不等于0）；当样品产生放热过程时，样品温度将高于参比物温度，ΔT不等于零，产生放热峰**bcd**；经过热传导后，样品和参比物的温度又趋于一致（**de**段）；当样品产生吸热过程时，样品温度将低于参比物温度，在基线的另一侧产生吸热峰**efg**；最后经过热传导，谱图回归基线**gh**。在测量过程中，ΔT由基线到极值又回到基线，这种温差随时间变化的曲线称为温差曲线。由于温度和时间具有近似线性的关系，也可以将温差曲线表示为温差随温度变化的曲线。

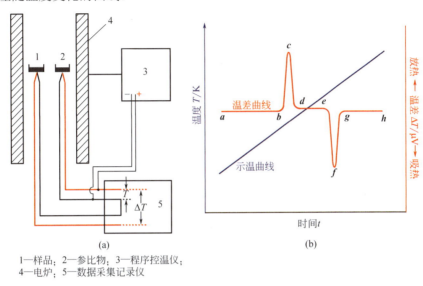

1—样品；2—参比物；3—程序控温仪；
4—电炉；5—数据采集记录仪

图A3-1　差热分析实验装置原理框图（a）和DTA图谱（b）

要获得清晰、稳定的DTA曲线，参比物的选择至关重要。一般来说，参比物必须在整个测量范围内保持良好的热稳定性，自身不会因受热产生任何热效应，常用的参比物有α-Al_2O_3、氧化镁、石英砂或者金属镍等，并在使用前经过高温灼烧。除热稳定性外，参比物的热容和热导率也应该与样品尽量接近，而且最好是热容和热导率与温度的关系也尽量与样品保持接近，这样可以有效避免DTA曲线的基线漂移，比如对于合金样品来说，常用的α-Al_2O_3参比物就与样品的性质相差过大，会导致DTA的基线严重倾斜，此时选用熔点略高于合金样品的金属作为参比就比较合适。

在差热分析图谱上可以直接得到一定温度范围内放热/吸热峰的数量、峰对应的温度以及峰的强度等信息，从而判断样品经历的物理、化学变化过程的性质。DTA的峰面积正比于热效应的大小。同时，DTA曲线的出峰温度、峰的形状等要素对于解析过程的细节有很大帮助，但是这些要素与实验条件有密切关系，比如升温速率、样品数量以及实验气氛等都会影响DTA曲线上峰的形状和分辨率，因此进行DTA实验时，常常需要对多种实验条件进行对比试验，掌握这些因素对DTA图谱的影响趋势，从而能够正确地判断DTA曲线，得到有用的信息。

A3.2.2　起始峰温的确定

准确判定DTA曲线上的出峰温度对于样品热性质的定性研究极其重要。与一般情况下以谱图的峰顶温度作为某个峰的特征指标的规律不同，在热分析中，一般以样品升温过程中的平均外推始点温度作为某个DTA峰的特征指标，因为实践证明这个点的温度值最接近于热力学平衡温度。

以晶体样品熔融过程的DTA曲线来说明外推始点温度的概念，图A3-2（a）是升温过程中发生固相→液相转变（熔融）过程的吸热峰，熔融峰温（T_{pm}）取熔融峰顶温度，外推熔融起始温度（T_{im}）是取低温侧基线向高温侧延长的直线和通过熔融峰低温侧曲线斜率最大点所引切线的交点的温度。同样地，外推熔融终止温度（T_{em}）是取高温侧基线向低温侧延长的直线和通过熔融峰高温侧曲线斜率最大点所引切线的交点的温度。呈现两个以上独立熔融峰的，求出各自的T_{pm}、T_{im}和T_{em}。另外，熔融缓慢发生，熔融峰低温侧基线难以决定时，也可不求出T_{im}。

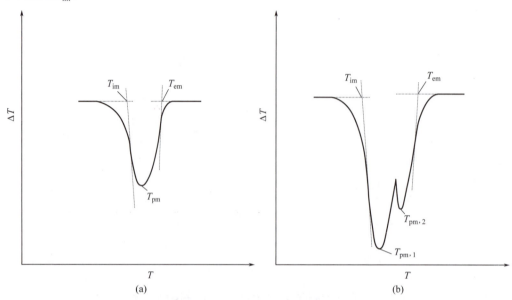

图A3-2　升温过程DTA峰温的确定

对于降温导致的结晶过程，同样可以确定外推结晶起始温度（T_{ic}），即取高温侧基线向低温侧延长的直线和通过结晶峰高温侧曲线斜率最大点所引切线的交点的温度，只是由于液相→固相时，常常发生过冷现象，导致T_{ic}偏离热力学平衡温度较大，同时程序降温控制相对困难一些，因此确定DTA峰温时仍然以升温外推始点温度为准。

本实验利用DTA技术研究硝酸钾和五水合硫酸铜加热过程中的变化，其中硝酸钾在室温至350℃范围内，会先后经历晶相转变和固-液相变的过程，而五水合硫酸铜则会发生三步脱水反应，最终生成无水硫酸铜。本实验将考察不同的实验条件下上述两个样品DTA曲线的变化规律，从而初步掌握差热分析实验方法。

A3.3　仪器试剂

ZCR差热实验装置（南京桑力电子设备厂），氧化铝坩埚（ϕ5mm×4mm）。
$CuSO_4 \cdot 5H_2O$（A.R.），KNO_3（A.R.），$\alpha\text{-}Al_2O_3$。

A3.4　安全须知和废弃物处理

- 实验中注意保护样品支架，勿使炉体与支架发生碰撞。

- 拿取炉体隔热陶瓷盖片需使用镊子或者戴隔热手套，不要徒手拿取，以免烫伤。
- 在实验室中需穿戴实验服、防护目镜或面罩。
- 在处理盐类样品时需使用丁腈橡胶手套，仔细操作，不要洒漏在实验台和仪器上。
- 硫酸铜和硝酸钾可能刺激皮肤，如发生皮肤沾染，用水冲洗沾染部位10min以上。
- 离开实验室前务必洗手。
- 使用过的坩埚、固体废渣和碎屑应放入固体废弃物桶。

A3.5 实验步骤

ZCR差热分析实验装置使用说明可参阅：http://www.sangli.com.cn/end.asp?id=163，图A3-3是差热分析炉体结构示意图。

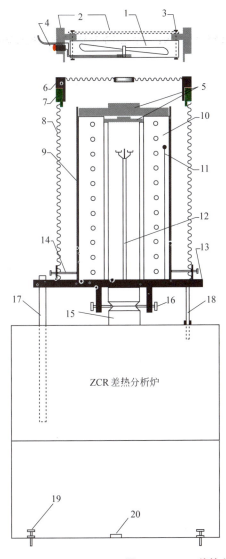

1—微型无电刷直流风扇NMB 3100KL-04W（80mm×25mm）；2—风冷系统外罩及进风口保护网；3—风扇固定螺栓；4—风扇开关及电源线；5—炉管隔热盖板；6—加热炉顶盖网罩；7—定型卡环；8—加热炉保护网罩；9—加热炉反射外壳；10—加热炉体；11—炉温热电偶；12—样品支架（样品、参比热电偶）；13—底座；14—炉体固定螺栓；15—样品支架底座；16—炉体底座固定螺栓；17—炉体升降杆；18—炉体定位杆；19—差热分析炉水平调节螺栓；20—水准仪

图A3-3　ZCR差热分析炉体示意图

1. 差热实验装置的校正与性能测试：KNO₃ 的 DTA 曲线测定

（1）取下加热炉顶盖网罩和炉管隔热盖板，露出炉管，观察坩埚托盘刚玉支架是否处于炉管中心，若有偏移应按说明书要求调整。

（2）旋松两只炉体底座固定螺栓，双手小心轻轻向上托起炉体，在此过程中应注意观察保证炉体不与样品支架接触碰撞，至最高点后（炉体定位杆脱离定位孔）将炉体逆时针方向推移到底（逆时针方向旋转90°）。

（3）取 2 只 ϕ5mm×4mm 氧化铝坩埚，在试样坩埚中称取 10～20mg KNO₃，在参比物坩埚中称取相近质量的 α-Al₂O₃ 粉末，均轻轻压实。以面向差热炉正面为准，左边托盘放置试样坩埚，右边托盘放置参比物坩埚。然后反序操作放下炉体，依次盖上炉管隔热盖板和加热炉顶盖网罩，在此过程中仍应注意观察保证炉体不与坩埚托盘刚玉支架接触碰撞。

（4）本型号 ZCR 差热分析实验装置采用全电脑自动控制技术，全部操作均在实验软件操作界面上完成。打开差热分析仪电源，其他按键无须操作，差热分析仪上"定时"、"升温速率"和"温度显示"三个窗口中有一个会连续闪烁，表示仪器处于待机状态。

（5）点击打开"热分析实验系统"软件界面（见图A3-4）。

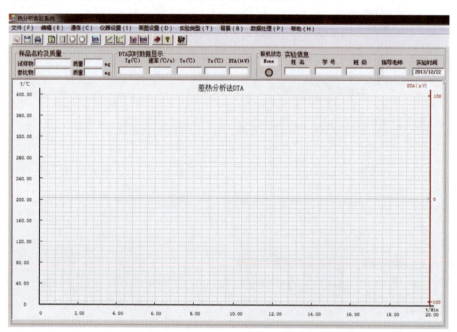

图A3-4　热分析实验软件界面截图

选择通讯串口：点击"通信–通讯口-com X"，X 常为最后一个。

实验参数设置：点击"仪器设置–控温参数设置"，在弹出窗口中填写报警时间（不报警填0）、升温速率和控制温度。参考温度选择"T_0"。

数据记录参数设置：点击"画图设置–设置坐标系"，在弹出窗口中填写横坐标时间值范围和左纵坐标温度值范围。点击"画图设置–DTA量程"，在弹出窗口中填写右纵坐标DTA值范围，若不确定可选择±10μV。实验中测量数据超出预先设置值时，软件会自动调整显示范围。

开始测量：点击"画图设置–清屏"擦除前次实验曲线。点击"仪器设置–开始控温"，仪器进入程序升温阶段，此时差热分析仪上待机状态下连续闪烁的窗口停止闪烁，表示仪器进入控温状态。电脑自动记录和显示温度 T_0 和 DTA 讯号随时间变化的曲线。

测量结束：程序升温段结束后，仪器自动进入恒温阶段，恒温温度即终止温度。点击"仪器设置–停止控温"，关闭电炉加热电源。保存实验数据，如需导出实验数据至其他数据处理软件，可将实验数据另行保存为 Excel 格式。

数据读取：点击"画图设置–显示坐标值"，测量中或测量后均可在软件界面上直接读取任意实验时间的 T_0 和 DTA 值。**注意：若要重新设置实验参数，必须关闭此功能，否则软件直接报错关闭。**

以 10K·min^{-1} 的升温速率，从室温升温至 350℃，记录 KNO$_3$ 相变过程的 DTA 曲线。测定结束后停止差热炉加热，取下加热炉顶盖网罩和炉管隔热盖板（戴耐火手套或使用工具，防止烫伤），将炉体抬起旋转固定［同步骤（2）］，露出坩埚托盘支架。接通冷却风扇电源，将风扇放置在炉体顶部吹风冷却 10～15min，至软件界面上炉温"Ts（℃）"低于 50℃。

2. CuSO$_4$·5H$_2$O 脱水过程的 DTA 曲线测定

参比物坩埚保留不动，在一个新坩埚内装入 CuSO$_4$·5H$_2$O 晶体，按上面相同操作方法测定其脱水分解过程的 DTA 曲线形态与升温速率的关系，升温范围是室温至 300℃。

3. 改变实验条件

重复上述硝酸钾和五水合硫酸铜 DTA 曲线测定，升温速率分别为 5K·min^{-1}、15K·min^{-1} 和 20K·min^{-1}，或者样品数量变更为 30mg、50mg、100mg。

A3.6 数据处理与结果分析

1. KNO$_3$ 相变温度的确定

KNO$_3$ 是被国际标准化组织（ISO）和国际纯粹与应用化学联合会（IUPAC）所认定的供 DTA（或 DSC）用的检定参样之一，热力学平衡相变温度：T_m = 127.7℃，升温热分析曲线的外推始点温度 T_{im} =（128±5）℃，峰温 T_{pm} =（135±6）℃。

将实验数据转换成 Excel 文件，并导入 Origin 数据处理软件。作出 T-ΔT 差热曲线。确定相变的外推始点温度和峰顶温度。

2. CuSO$_4$·5H$_2$O 脱水温度与升温速率的关系

文献报道 CuSO$_4$·5H$_2$O 样品在加热过程中，共有 7 个吸热峰，其外推始点温度及相应产物分别为：48℃，CuSO$_4$·3H$_2$O；99℃，CuSO$_4$·H$_2$O；218℃，CuSO$_4$；685℃，Cu$_2$OSO$_4$；753℃，CuO；1032℃，Cu$_2$O 和 1135℃，液体 Cu$_2$O。本实验温度范围内可观察到前三个脱结晶水吸热峰，同时还可能在前两个峰之间夹杂一个液态水汽化过程的吸热峰。将数据导入 Origin 数据处理软件，进行多重峰拟合处理，对比不同升温速率 DTA 曲线的形态和温度，选择一条 DTA 曲线计算每个脱水峰下的面积，估算 5 个结晶水在三个脱水过程中所占的比例。结合 DSC-TG 实验数据，分析 CuSO$_4$·5H$_2$O 脱水过程的机理。

A3.7 讨论与思考

1. 在什么情况下，升温过程与降温过程得到的差热分析结果是近似的？在什么情况下，只能采用升温或降温方法？

2. DTA 实验中，一旦开始线性升温，谱图的基线就会开始偏离 0 线，并最终达成新的水平基线，这是什么原因造成的？请观察一下自己的实验曲线，判断此漂移过程平均经历的温度范围是多少？

3. 请问巧克力的熔点是多少？请设计一个DTA实验来测定巧克力的热稳定性质。

附 恒温控制原理

物质的许多物理化学性质与温度成函数关系，在研究这些性质时，一般需要使用恒温装置。恒温控制可分为两类：一类是利用物质的相变点温度来获得恒温，但温度的选择受到很大限制，另外一类是利用电子调节系统进行温度控制，此方法控温范围宽，可以任意调节设定温度。

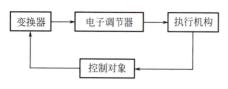

图A3-5 电子调节系统原理框图

从原理上讲，电子调节系统包括三个基本部件：变换器、电子调节器和执行机构（见图A3-5）。变换器的功能是将被控对象的温度信号变换成电信号；电子调节器的功能是对来自变换器的信号进行测量、比较、放大和运算，最后发出某种形式的指令，使执行机构进行加热或制冷。

按照自动调节规律划分，电子调节系统可以分为**位式控制**和**比例–积分–微分控制**两种。

I 断续式二位控制

位式控制是将测量值与设定值相比较，其差值经放大处理后，对控制对象作开或关控制的调节。位式控制只有"通"与"断"两种状态，故又称通断式控制，其输出功率要么是0（断），要么是100%（通）。常见的位式控制有二位式控制和三位式控制，前者是指一个开关量控制负载方式，具有接线简单、可靠性高、成本低廉的优点，应用场合十分广泛；而后者是指两个开关量控制分别控制两个负载，一般情况下一个设置为主控，另一个为副控，是为了克服二位式控制容易产生的调节速度与过冲量之间的矛盾而发展的一种控制方式。

二位控制是位式控制规律中最简单的一种，当控制对象是系统温度时，常用以下两种温度变换器。

（1）电接点温度计

若控温精度要求在1℃左右，实验室变换器多用电接点温度计，这是一支可以导电的特殊温度计，又称为导电表。图A3-6是电接点温度计的结构示意图，它有两个电极，一个电极固定与底部的水银球相连（绿色接线），水银球上连接有毛细管，毛细管内的水银柱随控制对象的温度变化可升至不同位置，温度值可由温度测量标尺读出，此即为温度测量值；另一个可调电极是金属丝（橙色线），金属丝上部连接有螺

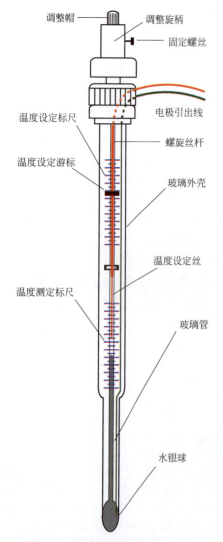

图A3-6 电接电温度计结构示意图

旋丝杆，丝杆顶端有一磁铁，金属丝向下伸入毛细管内，可以旋转螺旋丝杆，用于调节金属丝的高低位置，从而调节设定温度，丝杆上装有温度游标，可根据其在温度设定标尺上的位置读出温度设定值（一般读取游标上沿位置的值）。为防止水银蒸气泄漏，整个系统是密封的，螺旋丝杆的调节是通过旋转温度计顶部外面加装的磁性调整旋柄，由磁传动带动丝杆顶端的磁铁进行的。当控制对象温度升高时，毛细管中水银柱上升，最终与金属丝底端接触，两电极导通，此时控制对象的温度已经达到（或超过）设定温度，电极导通给出停止加热的信号，通过电子调节器和执行机构断开加热器电流回路，加热器停止加热；当温度降低时，水银柱下降并最终与金属丝断开，此时控制对象温度低于设定温度，电极断开给出开始加热的信号，通过电子调节器和执行机构使加热器线路接通，温度又回升；如此不断反复，使控制对象的温度控制在一个微小的温度区间内波动，从而达到恒温的目的。

（2）双金属膨胀温度计

双金属膨胀温度计的感温元件是由膨胀系数不同的两种金属薄片焊接在一起而制成的，其中一端为固定端，另一端为自由端。当温度变化时，由于两种材料的膨胀系数不同，而使双金属片的曲率发生变化，自由端的位移通过传动机构带动指针指示出相应的温度。双金属膨胀温度计是一种固体膨胀温度计，结构简单、牢固，可将温度变化转换成机械量变化，不仅用于测量温度，而且还用于温度控制装置(尤其是开关的"通断"控制)，使用范围相当广泛。

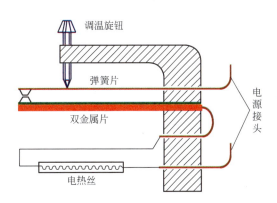

图A3-7　双金属温度开关原理图

图 A3-7 是最简单的双金属温度开关原理图，温度低时电接点接触，电热丝导通加热；温度高时双金属片向下弯曲，电接点断开，加热停止。温度切换值可用调温旋钮调整，调整弹簧片的位置也就改变了切换温度的高低，可使其在不同温度区间内接通或断开，达到控制温度的目的。该类型控制器的缺点是控温精度差，一般温度波动范围有几度。

金属片被动层（线胀系数低的一层，图A3-6中红色表示）常用铁镍合金制成，主动层（线胀系数高的一层，图A3-6中绿色表示）材料有黄铜、康铜、镍铁铜合金等。增加双金属片的长度、减少其厚度、增大主动层与被动层材料的热胀系数差，皆可提高它的灵敏度，因此常将双金属片做成直螺旋形和盘形两种结构。

二位控制系统的电子调节元件常采用继电器，图A3-8是最简单的晶体管继电器的线路图，当电接点温度计断开时，电源+E通过电阻R_b给PNP型三极管的基极b通入正向电流I_b，使三极管导通，有电流通过收集极c和发射极e。继电器的核心就是电磁铁J和衔铁K，电流I_c流过J的线圈，使电磁铁产生磁性，吸下衔铁K，导致加热电路闭合，加热器开始加热。当控制对象温度升高，电接点温度

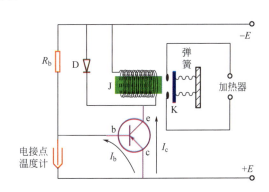

图A3-8　晶体管继电器线路图

计接通时，三极管发射极e与基极b被短路，三极管截止，J中无电流通过，K被弹簧拉回，加热电路断开，加热器停止加热。当J中线圈电流突然减少时会产生反电动势，二极管D的作用是将它短路，以保护三极管，避免被击穿。

除晶体管继电器外，早期还有电子管继电器。由于电接点温度计、双金属膨胀温度计等元件不能用于高温，因而在高温控制中也可采用热电偶作为变换器，比如较老型号的马弗炉上使用的动圈式温度控制器等。随着对实验温度控制要求的不断提高和电子技术的发展，位式控制在科学实验仪器中已经越来越少见了。

II 比例-积分-微分控制系统（PID温度调节控制系统）

位式控制的控制量比较单一，在比较控制对象的实际温度与设定温度之间关系时，只有两个选项：达到或者未达到，实际温度达到设定温度，则加热器输出功率为0，实际温度未达到设定温度，则加热器输出功率为100%，这种控制方式非常容易造成温度的大幅波动，控温精度不高。

现代精密温度控制技术的核心是比例-积分-微分控制技术（简写为PID），PID控制器是一个在工业控制应用中常见的反馈回路部件，由比例单元P（proportion）、积分单元I（integration）和微分单元D（differentiation）组成。PID控制器简单易懂，使用中不需精确的系统模型等先决条件，作为实用化的控制器已有超过半个世纪的历史，现在仍然是应用最广泛的工业控制器。PID控制器把收集到的数据和一个参考值进行比较，然后把这个差别用于计算新的输入值，这个新的输入值的目的是可以让系统的数据达到或者保持在参考值。和其他简单的控制运算不同，PID控制器可以根据历史数据和差别的出现率来调整输入值，这样可以使系统更加准确，更加稳定。

在实验室精密温度控制过程中，PID的核心思想是根据实际温度与设定温度间的误差值，计算出一个对系统的纠正值来作为输入结果，随时调整输出功率，这样系统就可以从它的输出结果中消除误差。图A3-9是典型的精密温度自动控制系统的原理方框图，实验对象的实际温度用某种型号的热电偶测量，并变换为一个毫伏级的温差电动势；根据设定温度，毫伏定值器给出一个该型热电偶应有的温差电动势对应的毫伏值；将热电偶与毫伏定值器的电势信号反向串接以进行比较，就给出了实际温度与设定温度间的误差值，这个偏差信号经微伏放大器放大，再输入到PID调节器中进行比例、积分、微分的模拟运算，从而输出一个纠正电压信号耦合到可控硅触发器，可控硅触发器便输出一串受控触发脉冲去触发后级的可控硅，控制实验对象的加热电流，使其温度变化到设定值，此时偏差信号值就会变为零，实验体系达到设定温度，进入恒温状态。

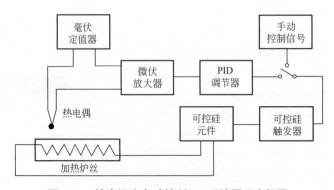

图A3-9　精密温度自动控制PID系统原理方框图

1. 可控硅元件

在PID温度控制系统中，调节加热功率的执行机构是可控硅元件，可控硅元件也称为晶闸管，是一种具有3个PN结的四层结构的大功率半导体器件，具有体积小、结构相对简单、功能强等特点，是比较常用的半导体器件之一，该器件被广泛应用于各种电子设备和电子产品中，多用来作可控整流、逆变、变频、调压、无触点开关等。图A3-10（a）是单向晶闸管的结构示意图，它是由四层半导体材料组成的，有3个PN结J_1、J_2、J_3，对外有三个电极：第一层P型半导体引出的电极叫阳极A，第三层P型半导体引出的电极叫控制极G，

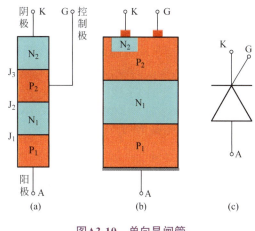

图A3-10　单向晶闸管

第四层N型半导体引出的电极叫阴极K；图A3-10（b）是晶闸管剖面；图A3-10（c）是其电路符号，可以看出它和二极管一样是一种单方向导电的器件，关键是多了一个控制极G，这就使它具有与二极管完全不同的工作特性，要使其导通，必须同时满足两个条件：一是在它的阳极A与阴极K之间外加正向电压，二是在它的控制极G与阴极K之间输入一个正向触发电压，导通后去掉触发电压，晶闸管仍然维持导通状态，由此可见，晶闸管的特点是"一触即发"。如果阳极或控制极外加的是反向电压，晶闸管就不能导通，因此可以断开阳极电源或使阳极电流小于维持导通的最小值（称为维持电流），以关断晶闸管。如果晶闸管阳极和阴极之间外加的是交流电压或脉动直流电压，那么，在电压过零时晶闸管会自行关断。

单向晶闸管最基本的用途就是可控整流，而二极管整流电路属于不可控整流电路，如果把二极管换成晶闸管，就可以构成可控整流电路。以最简单的单相半波可控整流电路为例（见图A3-11），在正弦交流电压U_2的正半周期，如果控制极没有输入触发脉冲U_g，晶闸管仍然不能导通；只有在U_2处于正半周，且控制极外加触发脉冲U_g到来时，晶闸管被触发导通负载上才有电压输出，图A3-11中，正半周期内晶闸管能够输出的工作区段如阴影部分所示。U_g信号到来得早，晶闸管导通的时间就早；U_g信号到来得晚，晶闸管导通的时间就晚。通过改变控制极上触发脉冲信号U_g到来的时间，就可以调节负载上输出电压的平均值。

在电工技术中，常把交流电的半个周期定为180°，称为电角度，因此在U_2的每个正半周，从零值开始到触发脉冲到来瞬间所经历的电角度称为控制角α，在每个正半周内晶闸管导通的电角度叫导通角θ。显然，α和θ分别表示晶闸管在承受正向电压的半个周期的阻断或导通范围，通过改变控制角α或导通角θ，改变负载上脉冲直流电压的平均值，实现了可控整流。对于PID温度的控制而言，将实际温度与设定温度间的误差值转换为不同时间间隔的触发信号，就能够根据误差值调节加热功率的大小，实现精密控温的目的。

在实际应用中，更多地使用的是双向晶闸

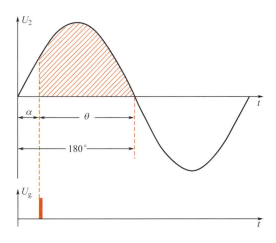

图A3-11　晶闸管单向半波可控整流示意图

管，这种器件在电路中能够实现交流电的无触点控制，以小电流控制大电流，具有无火花、动作快、寿命长、可靠性高以及电路结构简化等优点。从外表上看，双向晶闸管和单向晶闸管很相似，也有三个电极，但是除了其中一个电极G仍叫做控制极外，另外两个电极通常不再叫做阳极和阴极，而统称为主电极T_1和T_2。双向晶闸管是由N-P-N-P-N五层半导体材料制成的，其结构如图A3-12（a）所示，相当于两个单向晶闸管的反向并联，但只有一个控制极［图A3-12（b）］，与单向晶闸管一样也具有触发控制特性，不过它的触发控制特性与单向晶闸管有很大的不同，这就是无论在主电极之间接入何种极性的电压，只要在它的控制极上加上一个触发脉冲，也不管这个脉冲是什么极性的，都可以使双向晶闸管导通。双向晶闸管的符号也和单向晶闸管不同，是把两个可控硅反接在一起画成的［见图A3-12（c）］。双向晶闸管的可控整流性能与单向晶闸管类似，且在正、负半周期都能够进行可控整流。

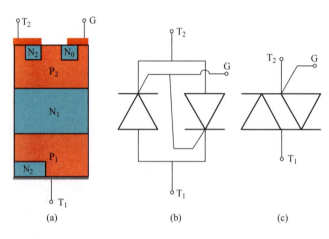

图A3-12　双向晶闸管

2．PID调节器和触发器

PID调节器由运算放大器及若干阻容元件构成，其核心是一个带有负反馈的放大器，兼有比例、积分、微分规律的调节功能，以下分别介绍各个部分。

（1）运算放大器

运算放大器（简称运放）实质上是一种高增益的直流放大器，其特点是：①输入阻抗很高，输入电流可以忽略；②开环增益很高；③输出阻抗很低，输出信号受负载影响很小。运算放大器常用一个三角形的图形符号表示（见图A3-13），输入端U_i在三角形的底边上，输出端U_o在三角形的顶点上。另外，电源端±U和频率补偿或零点校正等其他引线画在三角形的上方和下方，这些引线在线路图上不一定标出来。

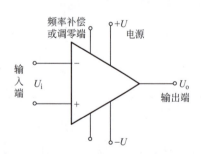

图A3-13　运算放大器的图形符号

运算放大器的多功能运用主要表现为它的闭环模式，也就是通过外接元件，使一部分输出电压反馈给输入端，使得输出值在0～最大值之间，且能反映出输出端信号与输入端信号的某种关系。运算放大器具有以下两个特性：第一，运算放大器两个输入端之间的电压总是零，即"虚地"，或者"虚短路"；第二，运算放大器的两个输入端之间的阻抗非常大，接近无穷大，即输入运算放大器输入端的电流为零，称为"零输入电流"特性。利用这些特性可以很方便地计算运放电路的工作特性。

（2）比例放大电路

图A3-14是简单反相直流放大电路示意图，由于运放的输入端为"虚短路"，因此$U_{in}=0$。电阻R_1右边电位为0，因此R_1两端的电压即为输入电压U_i，故流过R_1的电流为：

$$I_1=\frac{U_i}{R_1} \tag{1}$$

由此可得

$$U_i=I_1R_1 \tag{2}$$

根据运算放大器输入阻抗非常大的特性，输入运放负端的电流$I_i=0$，因此电流I_1全部流过电阻R_f，在R_f两端的电压为I_1R_f。已知$U_{in}=0$，则R_f左端的电位也是0，按照电流流过的方向，R_f右边的电位（即输出端）的电位是

$$U_o=-I_1R_f \tag{3}$$

运算放大器的电压增益（或放大倍数）定义为输出电压与输入电压之比

$$A_V=\frac{U_o}{U_i} \tag{4}$$

则在反相放大线路中，电压增益为

$$A_V=-\frac{R_f}{R_1} \tag{5}$$

而输出电压与输入电压之间的关系是

$$U_o=A_VU_i=-\frac{R_f}{R_1}U_i \tag{6}$$

可见输出电压信号与输入电压信号成简单的比例关系，其比例系数可以通过改变R_1和R_f的值进行调整。

图A3-15是同相放大器的示意图，输入电压加在同相输入端，反馈电路接在反相输入端。根据运算放大器的"虚地"特性，反相输入端与同相输入端的电位可以认为相等，即$U_i=U_a$，运放的增益为

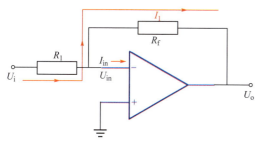
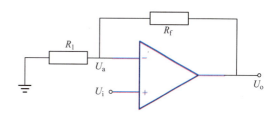

图A3-14 简单反相直流放大线路示意图　　**图A3-15** 同相放大器线路示意图

$$A_V=\frac{U_o}{U_i}=\frac{U_o}{U_a} \tag{7}$$

根据运放的"零输入电流"特性，U_a由R_1和R_f对U_o的分压确定，即

$$U_a=\frac{R_1}{R_1+R_f}U_o \tag{8}$$

因此

$$A_V=\frac{U_o}{U_i}=\frac{U_o}{U_a}=\frac{R_1+R_f}{R_1}=1+\frac{R_f}{R_1} \tag{9}$$

输出电压信号

$$U_o = \left(1 + \frac{R_f}{R_1}\right)U_i \tag{10}$$

仍然与输入电压信号成比例关系。

（3）积分电路

用电容器取代图A3-14中的电阻R_f作为反馈元件，就构成了积分电路，图A3-16是有源积分电路的示意图。

根据运放输入阻抗接近无穷大的特性，反馈电流与输入电流相等，在该电路中，输入电流为

$$i = \frac{U_i}{R} \tag{11}$$

则电容C就以这样的电流进行充电，其两端的电压可以表示为

$$U_o = -\frac{1}{C}\int i\,dt = -\frac{1}{C}\int \frac{U_i}{R}dt = -\frac{1}{RC}\int U_i dt \tag{12}$$

说明输出电压信号是输入电压信号对时间的积分。

当输入电压信号为阶跃电压时（见图A3-17），电容将以恒电流的方式进行充电，而输出电压与时间t近似呈线性关系

$$U_o = -\frac{U_i}{RC}t = -\frac{U_i}{\tau}t \tag{13}$$

式中，$\tau = RC$，称为积分电路的积分常数。方程（13）描述的是理想化积分器的充电过程（见图A3-17中蓝色虚线），实际积分器的充电行为会有所偏离，由波形可见，当阶跃电压降低为0后，输出信号并不立即变为0，而是通过电容放电缓慢地变为0，这与比例放大电路是不同的。

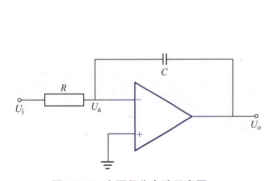

图A3-16　有源积分电路示意图

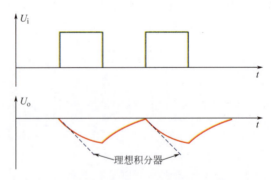

图A3-17　阶跃电压下有源积分电路的响应波形

（4）微分电路

用电容器取代图A3-14中的电阻R_1作为反馈元件，就构成了微分电路，图A3-18是有源微分电路的示意图。

假定初始状态时电容上的电压为零，当输入信号U_i突然接入后，就有电流通过电容，电流值为

$$i = C\frac{dU_i}{dt} \tag{14}$$

由运放特性（"虚地"原理，$U_a = 0$）可知

$$i = \frac{U_a - U_o}{R} = -\frac{U_o}{R} \quad (15)$$

因此

$$U_o = -iR = -RC\frac{dU_i}{dt} \quad (16)$$

可见输出电压信号与输入电压信号的变化率（对时间的一次微分）成正比。

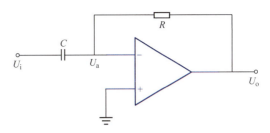

图A3-18　有源微分电路示意图

图A3-19是微分电路的信号波形，当输入信号是一个阶跃信号时，电容上的电压U_c将按指数函数（$1-e^{-t/\tau}$）形式从0增加到U_i，当阶跃信号消失后，电容上的电压U_c将按指数函数$e^{-t/\tau}$形式逐步降低，相应地，输出信号U_o就表现为一对正负尖脉冲信号。这种输出的尖脉冲波反映了输入矩形脉冲微分的结果，故称这种电路为微分电路。微分电路的特点就是能突出反映输入信号的跳变部分，所产生的尖脉冲信号的用途十分广泛，常用作触发器的触发信号，如晶闸管的触发信号等。

（5）比例-积分-微分电路（PID调节器）

从前面的三种电路特点分析，可以看出比例、积分、微分这三种控制电路各自的特点和局限性，归纳如下。

① 比例（P）控制　最简单的控制方式是比例控制，其输出信号与输入误差信号成比例关系。当控制温度时，随着实际温度越来越接近设定温度，输入的误差信号也越来越小，输出信号随之成比例减小，导致输出的加热功率降低。在理想情况下，当实际温度趋近于设定温度时，加热功率将趋近于0，也就是说实际温度永远也不可能达到设定温度的值。在实际控制过程中，当比例调节使系统稳定后，其实际温度值与设定温度值之间有时会有一个偏差，即调节的结果值与设置的目标值之间有一差值，专业上称之为"稳态误差"（steady-state error）或"静差"，一般为几个摄氏度，可正可负。静差的大小和方向取决于全输出时加热功率的高低、环境温度或电网电压的改变和放大器电压增益的大小等多种原因。在一个自动调节系统中，静态精度要求越高，所需要的放大倍数也越大，即偏差一旦产生，放大器应立即作出强烈的调节，以消除偏差。但是，放大倍数越大，越有可能造成系统不稳定，引起系统的振荡。

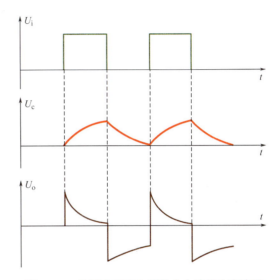

图A3-19　阶跃电压下有源微分电路的响应波形

② 积分（I）控制　积分控制器的输出信号与输入误差信号的积分成正比关系。对一个自动控制系统，如果在进入稳态后存在静差，则在控制器中必须引入"积分项"以消除。静差体现在输入误差信号中，而积分控制器的输出信号是输入信号对时间的积分，随着时间的增加，积分项会增大。这样，即便输入误差很小，输出的积分项也会随着时间的增加而加大，通过控制器反馈使得加热功率增大，使稳态误差进一步减小，直到等于零。因此，比例+积分（PI）控制器可以在系统进入稳态后消除静差。但是，积分电路的输出信号始终滞后于输入误差信号，其变化总是落后于误差的变化，这会造成实际温度向设定温度的回复过程比较缓慢。

③微分（D）控制　微分控制器的输出信号与输入误差信号的一次微分成正比关系，它能即时反映误差随时间的变化率。在控制器中仅仅有"比例"项P往往是不够的，比例项的作用是放大误差的幅度，但是过度放大会使自动控制系统出现振荡甚至失稳；若采用较小的放大比例，加上"积分"项I的累积作用，对抑制系统振荡有积极作用，但是调节效果存在滞后效应。解决这些问题的方法是使消除误差的动作变化"超前"，即在误差刚产生时（输入误差信号突变，变化率最大时）就使控制系统做出强烈反应，而在误差接近于零之前，这种消除误差的作用就提前归零。可以看到，微分电路的特点是对于输入信号的变化极其敏感，在信号发生的初期输出最大，而又能比输出信号提前衰减，也就是说"微分项"D能预测误差变化的趋势。这样，具有比例+微分的控制器就能够对输入误差提前反应，当误差突变时，微分项的高输出能够弥补比例项较小的不足，而当误差稳定或者减小时，微分项可以归零甚至为负值，从而避免了被控量的严重超调。所以，对有较大惯性或滞后的被控对象，比例+微分（PD）控制器能改善系统在调节过程中的动态特性。

图 A3-20 是一个 PID 放大器的电路，以及输入恒定的误差信号后获得的比例（P）、积分（I）、微分（D）和三者合成的 PID 信号的波形。将比例、积分、微分这三部分的控制常数调节到合适的数值，就能对系统实现最迅速、最稳定的控制。当不完全了解一个系统和被控对象，或不能通过有效的测量手段来获得系统控制参数时，最适合用 PID 控制技术。在进行 PID 参数整定时，如果能够用理论方法确定 PID 参数当然是最理想的，但是实际上更多的是通过凑试法，主要的规律是：增大比例系数 P 能够加强系统的响应幅度，有利于减小静差，但是比例系数过大会使系统产生比较大的超调，导致振荡，使稳定性变差；增大积分时间 I 的同时降低比例系数，有利于减小超调和振荡，增加系统的稳定性，但是会加长系统消除静差的时间；增大微分时间 D 有利于加快系统的响应速度，缩短系统消除静差的时间，减小超调效应，但系统的抗扰动能力减弱。在凑试时，可参考以上参数对系统控制过程的影响趋势，按照先比例、后积分、再微分的整定步骤进行。

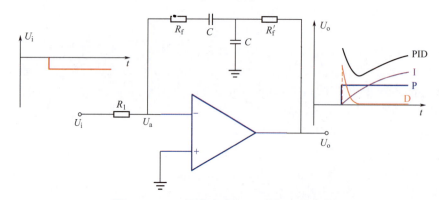

图 A3-20　PID 调节电路和 PID 输入—输出关系

PID 调节系统不仅可用于温度的恒定控制（比如恒温槽），也能够进行动态控温，比如差热分析实验中的线性程序升温过程的控制也是使用了 PID 技术。各种精密温度控制器的参数标识可能与 P、I、D 有所区别，比如 AI 808P 型智能温控仪的比例、积分、微分参数分别为 P、M5 和 t。PID 参数的设定需要依靠经验及对工艺过程的熟悉程度，尤其是进行线性控温时，必须反复调节 P、I、D 的大小，并不断比对测量曲线的形态，逐步调整直至符合要求，可以参考这样的经验口诀：

参数整定找最佳，从小到大顺序查；先是比例后积分，最后再把微分加；曲线振荡很频繁，比例度盘要放大；曲线漂浮绕大弯，比例度盘往小扳；曲线偏离回复慢，积分时间往下降；曲线波动周期长，积分时间再加长；曲线振荡频率快，先把微分降下来；动差大来波动慢。微分时间应加长；理想曲线两个波，前高后低4比1；一看二调多分析，调节质量不会低。

虽然很多过程控制的专家挺讨厌这个歌谣，不过基本套路还是不错的。

A4 纯液体饱和蒸气压的测定

A4.1 实验简介

本实验将验证一些常识和观念，比如气温高时衣服干得快、高原上饭煮不熟等，这些问题涉及纯液体饱和蒸气压的概念以及气液两相的平衡，实验将试图建立纯液体饱和蒸气压与温度的关系（即克劳修斯-克拉珀龙方程），这个关系还广泛应用在有机化学实验中估算减压蒸馏的实验条件上。此外，本实验还将得到纯液体的蒸发潜热与沸点，对于水这样常见的液体来说，蒸发潜热是与蒸汽机密切相关的，而水的沸点究竟是不是100℃呢？

对于4课时实验，建议按照5℃等间隔安排5个实验温度点；对于8课时实验，建议按照5℃等间隔安排8个以上实验温度点，相应扩大测量的温度范围。

整个实验中需要调节的部件较多，学生应通过预习了解掌握真空实验操作技术、压力测量方法，尤其是整套实验装置各个阀门、罐体、容器、表头的功能和调节方式，以免实验时手忙脚乱，耽误时间。

A4.2 理论探讨

饱和蒸气压是指一定温度下与纯液体相平衡时的蒸气压力，它是物质的特性参数。纯液体的蒸气压是随温度变化而改变的，温度升高，蒸气压增大；温度降低时，则蒸气压减小。当蒸气压与外界压力相等时，液体便沸腾。外压不同时，液体的沸点也不同，通常把外压为101325Pa时沸腾温度定义为液体的正常沸点。

纯物质两相平衡时，液体饱和蒸气压与温度的关系可用克劳修斯-克拉珀龙方程式表示：

$$\frac{dp}{dT}=\frac{\Delta_{相}H}{T\Delta_{相}V} \tag{1}$$

式中，$\Delta_{相}H$ 为相变焓；$\Delta_{相}V$ 为相变过程的体积变化；T 是相变温度。对于气-液平衡，方程（1）可以表示为

$$\frac{dp}{dT}=\frac{\Delta_l^g H_m}{T\Delta_l^g V_m}=\frac{\Delta_{vap} H_m}{T(V_m^g-V_m^l)} \tag{2}$$

式中，$\Delta_{vap}H_m$ 为纯液体的摩尔蒸发焓变；V_m^g 和 V_m^l 分别是气体摩尔体积和液体摩尔体积。

若假定两相平衡时，气相物质为理想气体，且摩尔蒸发焓变 $\Delta_{vap}H_m$ 与温度无关，由于气体的摩尔体积远远大于液体的摩尔体积，即 $V_m^g \gg V_m^l$，则方程（2）积分可以得到

$$\ln p = -\frac{\Delta_{vap}H_m}{RT} + C \tag{3}$$

式中，C是积分常数。由方程（3）可知，在一定外压时，测定不同温度下的饱和蒸气压，以$\ln p$-$1/T$作图，可得一直线，由直线的斜率可求得实验温度范围内液体的平均摩尔汽化热$\Delta_{vap}H_m$。当外压为101325Pa，液体的蒸气压与外压相等时，可求得液体的正常沸点。

如果气相物质为非理想气体，则其状态方程可以表示为

$$Z = \frac{pV_m^g}{RT} \tag{4}$$

式中，Z为压缩因子。将方程（4）代入方程（2）中可以得到

$$\frac{\mathrm{d}\ln p}{\mathrm{d}(1/T)} = -\frac{\Delta_{vap}H_m}{ZR(1-V_m^l/V_m^g)} \tag{5}$$

仍然考虑近似条件$V_m^g \gg V_m^l$，则方程（5）变为

$$\frac{\mathrm{d}\ln p}{\mathrm{d}(1/T)} \approx -\frac{\Delta_{vap}H_m}{ZR} \tag{6}$$

若已知气体的p-V-T数据表，则可以直接计算不同状态下气体的压缩因子Z。若没有气体的p-V-T数据表，则可以根据Berthelot方程估算压缩因子

$$Z = 1 + \frac{9}{128} \times \frac{p}{p_c} \times \frac{T_c}{T}\left(1 - 6 \times \frac{T_c^2}{T^2}\right) \tag{7}$$

根据方程（5）或方程（6），以$\ln p$-$1/T$作图，在该曲线上取点，作出该点的切线，切线的斜率即为$\mathrm{d}\ln p/\mathrm{d}(1/T)$，再由该点的状态性质求出压缩因子$Z$，则可得到相应的摩尔蒸发焓变$\Delta_{vap}H_m$。

饱和蒸气压的测定方法有动态法、静态法和饱和气流法等。本实验采用静态法，将被测物质放置在一个密闭的体系中，通过测定在不同外压下液体的沸点，得到其蒸气压与温度间的关系。实验装置为压力平衡管（见图A4-1），它由三个相连的玻璃管a、b和c组成，a管中储存被测液体，b和c管中也有被测液体且通过底部U形管相通。当a和c管上部纯粹是待测液体的蒸气，而b和c管的液体在同一水平面时，则加在b管液面上的压力与加在c管液面上的蒸气压相等，b管液面上方的压力可由数字式真空压力计进行测定，此时液体温度即系统的气液平衡温度。

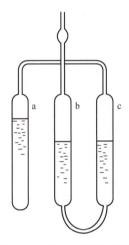

图A4-1　压力平衡管示意图

A4.3　仪器试剂

DP-AF 饱和蒸气压实验装置（南京桑力电子设备厂，包括真空泵、缓冲储气罐、数字真空计、平衡管和冷凝器等），恒温水槽1套，电吹风机，温度计（0～100℃，分度值0.1℃），放大镜。

纯水，乙醇，苯，或环己烷，氯化钠。

A4.4　安全须知和废弃物处理

- 正确操作真空系统：真空泵开启后，再缓慢关闭放空阀。未开启放空阀前，不得关

闭真空泵，否则可能导致真空泵油倒灌，使整个系统报废。
- 如发生有机溶剂沾染皮肤，用水冲洗沾染部位10min以上。
- 离开实验室前务必洗手。
- 使用过的有机溶剂应倒入指定的废液回收桶。
- 不要长时间接触冰/盐冷剂，防止冻伤；冰/盐冷剂不要漏洒在仪器金属面板上，引起腐蚀。

A4.5 实验步骤

1．系统检查

DP-AF 饱和蒸气压实验装置如图A4-2所示，包括恒温水槽、压力平衡管、压力调节系统（缓冲罐）、数字压力（真空）计以及抽真空系统。将平衡管洗净，烘干。上端磨口涂抹真空脂后，用真空橡胶管连接到缓冲罐接口上，缓冲罐另一接口连接压力（真空）计。在保温杯中放置冷却剂（冰盐混合物），放入冷阱。打开数字压力表，放空活塞及阀门1、2、3全部打开（三阀均为顺时针旋转关闭，逆时针旋转开启），按数字压力表"采零"键，使读数显示为"0.00kPa"。将阀1关闭，启动真空泵，缓慢关闭放空活塞，抽真空至压力为 –100kPa左右，关闭阀门3。缓慢开启放空活塞后，关闭真空泵。观察数字压力计，若显示数值无上升（小于0.01kPa/s），说明整体气密性良好。否则需查找并清除漏气原因，直至合格。关闭阀门2，用阀门1调整"微调部分"的压力，使之升高约50%，关闭阀门1，观察数字压力计，其显示值无变化，说明气密性良好。若显示值有上升，说明阀1泄漏；若下降，说明阀2泄漏。

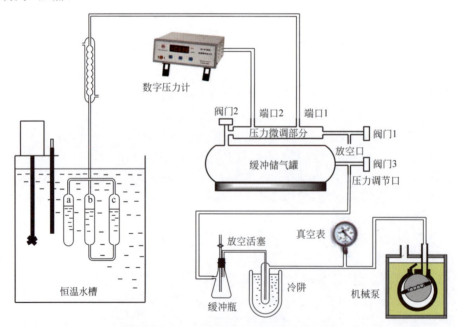

图A4-2 DP-AF 饱和蒸气压实验装置示意图

2．向平衡管中装入待测液体

使液体灌至a管高度的2/3和U形等位计的大部分为宜，然后接在装置上。接通冷却水，调节玻璃恒温水浴温度为25℃，将平衡管放入恒温槽，注意a、c管上部横管要全部浸没。所有阀门、活塞全开，平衡管恒温10min后，数字压力计采零，在实验室的标准压力计上读取大气压数值。关闭阀门1、2、3。按操作规程开启真空泵，打开阀门3使缓冲罐中的空气被抽出。缓慢开启阀门2，随着系统的压力降低，a、c管间封闭的气体被连续鼓泡通过b管抽出，注意控制阀门2的开启程度，以保持1～2s一个气泡的鼓泡速率，直至a管中的液体沸腾3～5min（一般观察不到液体内部的沸腾状态，以连续鼓泡为准）。关闭阀门2，马上进行步骤3。同时真空泵继续运行3min后，关闭阀门3，按操作规程关闭真空泵。

3. 观察b、c管的液面

一般是b管的液面高于c管的液面，此时缓缓打开阀门1，漏入空气，当U形等位计中b、c管两臂的液面平齐时，关闭阀门1；若等位计液柱又发生变化，可缓慢打开阀1或阀门2重新调节，使液面平齐。当阀门1、2均处于关闭状态且液柱不再变化时，记下恒温槽温度和压力计上的压力值。若液柱始终变化，说明空气未被抽干净，应重复上述操作步骤，直至液柱不再变化为止。

4. 将恒温水浴温度升高5℃

升温过程中样品会重新沸腾，为控制过度沸腾导致的样品流失和污染真空系统，可根据实际情况微微开启阀门1压制，使不产生气泡。达到设定温度后，关闭阀门1，恒温5min，按步骤3的方法调节，测定新温度下的样品蒸气压。按上述方法，每隔5℃依次测定样品的蒸气压，共测定5～8个温度点。**注意：测定过程中如不慎使空气倒灌入试液球a，则需重新抽真空后方能继续测定。**

5. 实验结束

依次慢慢打开阀门1和阀门2，使压力计恢复零位。关闭冷却水、恒温水浴和数字压力计，拔去所有的电源插头。清除冷阱和冷剂，将平衡管中样品全部倒出回收，平衡管清洗烘干备用。

A4.6　数据处理与结果分析

1. 自行设计实验数据记录表，正确记录全套原始数据并填入演算结果。
2. 以蒸气压 p 对温度 T 作图。
3. 由 p-T 曲线均匀读取10个点，列出相应的数据表，以 $\ln p$ 对 $1/T$ 作图，根据方程（3）进行线性拟合，由直线斜率计算出被测液体在实验温度区间的平均摩尔蒸发焓变 $\Delta_{vap}\overline{H}_m$，计算样品的正常沸点，并与文献值比较。
4. 查阅样品的气态 p-V-T 数据表，或者根据 Berthelot 方程［方程（7）］计算 Z 值，其中 V_m^g 用理想气体状态方程计算。根据方程（5）和方程（6）分别计算三个点的摩尔蒸发焓变 $\Delta_{vap}H_m$，并与平均摩尔蒸发焓变 $\Delta_{vap}\overline{H}_m$ 进行比较。

A4.7　讨论与思考

1. 压力和温度的测量都有随机误差，试导出 $\Delta_{vap}H_m$ 的误差传递表达式。
2. 当压力 p 用不同单位表示时，所计算出的 $\Delta_{vap}H_m$ 数值是否相同？
3. 查阅文献，说明温度和压力测量误差的详细校正步骤。
4. 方程（3）中的积分常数 C 有什么物理意义？
5. 在方程（6）中，$\Delta_{vap}H_m$ 与 Z 都是温度的函数，为什么 $\ln p$ 对 $1/T$ 仍然能够基本维持线性关系？

A5 凝固点降低法测定溶质的摩尔质量

A5.1 实验简介

本实验将观察液体纯物质以及稀溶液的冷却过程,当达到各自的凝固点温度时,这两种液体表现出不同的结晶行为,利用这一点可以计算出溶质的摩尔质量。实验原理很明确,就是稀溶液的依数性之一:凝固点降低。但是,实验数据与文献值的差别总是存在的,且很难消除,本实验将探讨其中的原因。

4课时实验,建议测定一个已知溶质样品的摩尔质量;8课时实验,可以先测定一个已知溶质样品的摩尔质量,再测定一个未知样品的摩尔质量。

学生应有两相平衡的基本概念,即两相平衡时两个相处于相同的温度、压力之下,其平衡温度和平衡压力的关系可以用克劳修斯-克拉珀龙方程描述。

A5.2 理论探讨

A5.2.1 稀溶液的凝固点降低原理

凝固点降低原理讨论的是体系液-固相间的平衡问题,对这一问题最直观的解读可以通过相图。图A5-1是典型的单组分体系T-p相图,红、绿、蓝色三条实线分别是纯溶剂的气-液、气-固、液-固两相平衡T-p线,O点是纯溶剂的三相点,对应温度和压力分别为T_0和p_0。由相图可以看到,纯溶剂液-固平衡时温度近乎与压力无关(蓝线),因此将纯溶剂的三相点温度T_0当作纯溶剂的凝固点温度T^*时误差极小,即$T_0 \approx T^*$。

考虑气-固平衡线上的一点(T, p_s),它与三相点(T_0, p_0)之间适用克劳修斯-克拉珀龙方程

$$\ln \frac{p_s}{p_0} = \frac{\Delta_{\text{sub}} H_m}{R}\left(\frac{1}{T_0} - \frac{1}{T}\right) \quad (1)$$

式中,$\Delta_{\text{sub}} H_m$是纯溶剂的摩尔升华焓(升

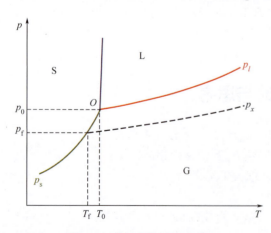

图A5-1 单组分体系T-p相图

华：sublimation）。方程（1）中隐含的假设是气体为理想气体、固相体积可以忽略以及$\Delta_{sub}H_m$与温度无关。

对于气-液平衡线上的一点(T, p_l)同样应用克劳修斯-克拉珀龙方程

$$\ln\frac{p_l}{p_0} = \frac{\Delta_{vap}H_m}{R}\left(\frac{1}{T_0} - \frac{1}{T}\right) \tag{2}$$

式中，$\Delta_{vap}H_m$是纯溶剂的摩尔蒸发焓变。方程（2）中隐含的假设是气体为理想气体、液相体积可以忽略以及$\Delta_{vap}H_m$与温度无关。

现在考虑一个稀溶液，并假定与溶液成平衡的气相或固相中均只有纯溶剂一个组分，溶剂的行为符合拉乌尔定律

$$\frac{p_x}{p_l} = x_0 = 1 - x \tag{3}$$

式中，p_x是溶液上方溶剂的蒸气压；x_0是溶液中溶剂的摩尔分数；x是溶质的摩尔分数。由于$x_0 < 1$，因此溶液的气-液平衡T-p线（图A5-1中的黑色虚线）会低于纯溶剂的气-液平衡T-p线（图A5-1中的红线）。

根据方程（2）、方程（3）可以得到

$$\ln\frac{p_x}{p_0} = \ln\frac{p_x}{p_l} + \ln\frac{p_l}{p_0} = \ln(1-x) + \frac{\Delta_{vap}H_m}{R}\left(\frac{1}{T_0} - \frac{1}{T}\right) \tag{4}$$

考虑图A5-1中黑色虚线与绿线的交点，此时$p_x = p_s$，$T = T_f$（T_f为溶液中溶剂的凝固点温度），则方程（4）变为

$$\ln\frac{p_s}{p_0} = \ln(1-x) + \frac{\Delta_{vap}H_m}{R}\left(\frac{1}{T_0} - \frac{1}{T_f}\right) \tag{5}$$

而根据方程（1）

$$\ln\frac{p_s}{p_0} = \frac{\Delta_{sub}H_m}{R}\left(\frac{1}{T_0} - \frac{1}{T_f}\right) \tag{6}$$

由此得到

$$\ln(1-x) = \frac{\Delta_{sub}H_m - \Delta_{vap}H_m}{R}\left(\frac{1}{T_0} - \frac{1}{T_f}\right)$$

式中，$\Delta_{sub}H_m - \Delta_{vap}H_m = \Delta_{fus}H_m$，$\Delta_{fus}H_m$为纯溶剂的摩尔熔化焓变，因此上式可以变为

$$\ln(1-x) = -\frac{\Delta_{fus}H_m}{RT_0T_f}\Delta T_f \tag{7}$$

式中，$\Delta T_f = T_0 - T_f$，为凝固点降低值。由方程（7）可以看出，与纯溶剂相比，形成溶液后溶剂的凝固点会下降，凝固点下降的大小与溶质的浓度有关。

在热力学研究中，溶液组成常以质量摩尔浓度b表示，因为b的数值不随温度发生变化。质量摩尔浓度b的定义为：每千克溶剂中含有的溶质的物质的量，由此可以得出b与摩尔分数x的关系为

$$b = \frac{1000}{M_0} \times \frac{x}{1-x} \tag{8}$$

式中，M_0是纯溶剂的摩尔质量（单位：g·mol^{-1}）。注意到稀溶液成立的条件是：$x \ll 1$，且凝

固点降低值很小，则

$$\begin{cases} \ln(1-x) \approx -x \\ 1-x \approx 1 \\ T_0 T_f \approx T_0^2 \end{cases} \tag{9}$$

因此方程（7）可以近似为

$$x = \frac{\Delta_{fus}H_m}{RT_0^2}\Delta T_f \tag{10}$$

根据方程（9）对方程（8）取近似，然后代入方程（10），整理得到

$$b = \frac{1000\Delta_{fus}H_m}{M_0 RT_0^2}\Delta T_f = \frac{\Delta T_f}{K_f} \tag{11}$$

式中，$K_f = (M_0 RT_0^2)/(1000\Delta_{fus}H_m)$，称为凝固点降低常数，单位：$K \cdot molal^{-1}$（molal等价于$mol \cdot kg^{-1}$），是溶剂特有属性之一。

若一个溶液中溶质和溶剂的质量分别为 w 和 W（单位：g），根据定义

$$b = \frac{w/M}{W/1000} \tag{12}$$

式中，M 为溶质的摩尔质量（单位：$g \cdot mol^{-1}$）。将方程（12）代入方程（11），整理得到利用凝固点降低法测定溶质摩尔质量的公式为

$$M = 1000 \times \frac{w}{W} \times \frac{K_f}{\Delta T_f} \tag{13}$$

实验中只要测出纯溶剂和溶液的凝固点，以及溶质与溶剂的质量，就可以计算出溶质的摩尔质量。

方程（13）作为计算公式可以满足一般要求，但是利用高阶近似进一步优化计算仍然是值得考虑的。回到原始计算方程（7），令

$$y = -\frac{\Delta_{fus}H_m}{RT_0 T_f}\Delta T_f$$

则方程（7）可以变化为

$$1-x = e^y \tag{14}$$

由此得到

$$\frac{x}{1-x} = \frac{1-e^y}{e^y} = \frac{1}{e^y} - 1 \tag{15}$$

考虑到 $\Delta_{fus}H_m$ 是几个千焦的数量级，而 T_0 和 T_f 是几百开的数量级，因此 $|y| \ll 1$，将 e 指数用泰勒级数展开，得到

$$e^y = 1 + y + \frac{y^2}{2!} + \cdots$$

或者

$$e^{-y} = 1 - y + \frac{y^2}{2!} - \cdots \tag{16}$$

方程（15）保留前两项，其余高次项舍去，得到

$$\frac{x}{1-x} \approx -y\left(1 - \frac{y}{2}\right) \tag{17}$$

同样地，方程（9）中最后一个表达式应修正为

$$T_0 T_f = T_0^2 \frac{T_f}{T_0} = T_0^2 \left(1 - \frac{\Delta T_f}{T_0}\right) \approx \frac{T_0^2}{1 + \Delta T_f / T_0} \tag{18}$$

方程（18）中利用了 Maclaurin 级数：$(1-a)^{-1} = 1 + a + a^2 + a^3 + \cdots$，并取一阶近似。将 y 的定义和方程（18）代入方程（17），得到

$$\frac{x}{1-x} = \frac{\Delta_{fus}H_m}{RT_0^2} \Delta T_f \left(1 + \frac{\Delta T_f}{T_0}\right) \left[1 + \frac{\Delta_{fus}H_m}{2RT_0^2} \Delta T_f \left(1 + \frac{\Delta T_f}{T_0}\right)\right] \tag{19}$$

同样考虑摩尔熔化焓变 $\Delta_{fus}H_m$ 与温度的关系，假设在温度区间 $T_0 \to T_f$ 范围内固态、液态纯溶剂的热容不随温度变化，则可将 $\Delta_{fus}H_m$ 取作该温度区间熔化焓变的平均值

$$\Delta_{fus}H_m = \Delta_{fus}H_m^\ominus - \frac{\Delta C_{p,m}}{2} \Delta T_f \tag{20}$$

式中，$\Delta_{fus}H_m^\ominus$ 为纯溶剂熔点温度时的摩尔熔化焓变；$\Delta C_{p,m} = C_{p,m}(l) - C_{p,m}(s)$，是熔化过程的摩尔热容变化。将方程（20）代入方程（19），展开多项式并舍弃 ΔT_f 二次项以上部分，得到

$$\frac{x}{1-x} = \frac{\Delta_{fus}H_m^\ominus}{RT_0^2} \Delta T_f (1 + \beta \Delta T_f) \tag{21}$$

式中，$\beta = \frac{1}{T_0} + \frac{\Delta_{fus}H_m^\ominus}{2RT_0^2} - \frac{\Delta C_{p,m}}{2\Delta_{fus}H_m^\ominus}$，为修正系数。将方程（21）代入方程（8），并考虑方程（11）和方程（13），得到

$$b = \frac{\Delta T_f}{K_f}(1 + \beta \Delta T_f) \tag{22}$$

$$M = 1000 \times \frac{w}{W} \times \frac{K_f}{\Delta T_f} \times \frac{1}{1 + \beta \Delta T_f} \approx 1000 \times \frac{w}{W} \times \frac{K_f}{\Delta T_f} \times (1 - \beta \Delta T_f) \tag{23}$$

表 A5-1 中列出了两种常用溶剂（环己烷和水）的计算数据，若实验测定的凝固点下降值 ΔT_f 约为 2K，则 b 和 M 的修正率均为 1% 左右。

如果溶剂行为不符合拉乌尔定律，而溶质也没有发生解离或缔合现象，则溶液上方的蒸气压仍然可能被表达为溶质摩尔分数 x 的多项式，根据前面的推导，这将对修正系数 b 产生一个微小的影响。作为数据修正，可以在不同的溶质浓度下测量一系列的凝固点降低值 ΔT_f，并用方程（13）或方程（23）计算出相应的摩尔质量 M，以 M 对 ΔT_f 作图可近似拟合为直线，外推至 $\Delta T_f = 0$ 可以获得较为准确的 M 值。

表 A5-1 环己烷和水的数据

性质	符号	环己烷	水
摩尔质量/g·mol^{-1}	M_0	84.16	18.02
凝固点摄氏温度/℃	t_0	6.68	0.00
凝固点热力学温度/K	T_0	279.83	273.15
T_0 时的摩尔熔化焓变/J·mol^{-1}	$\Delta_{fus}H_m^\ominus$	2678	6008
熔化过程的摩尔热容变化/J·K^{-1}·mol^{-1}	$\Delta C_{p,m}$	15.1	38.1
凝固点降低常数/K·molal^{-1}	K_f	20.4	1.885
修正系数/K^{-1}	β	0.003	0.005

A5.2.2 凝固点的测量

本实验测定凝固点的实验装置如图A5-2所示。样品测量部分由同轴的内、外两层玻璃管构成，外层为玻璃恒温夹套管，双层夹套中通入循环冷冻剂，使管内空气温度下降；内层是玻璃样品管，与外层夹套管通过磨口连接，内、外层玻璃管之间的空气夹层能够保持样品的冷却速率不致过快。样品管内放置螺旋形不锈钢搅拌器，由仪器电机驱动，搅拌器上下运动的行程可调，能够有效地整体翻动溶液样品，保证结晶不在样品管壁上大量析出。样品温度测量使用Pt-100热电阻温度传感器，温度测量精度为0.01℃，小范围温差测量精度为0.001℃。

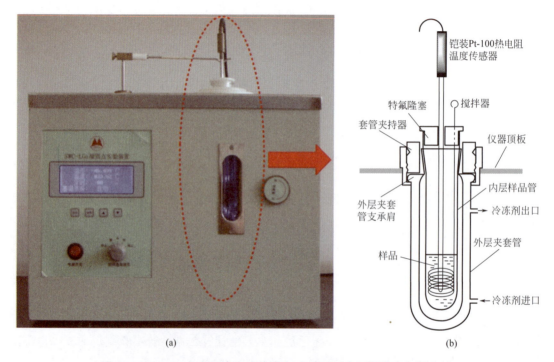

图A5-2　SWC-LG$_D$凝固点实验装置（a）及凝固点测量管示意图（b）

在实验条件下，内管中样品的温度T会高于外管中冷冻剂温度T'，两者之间的热对流速率正比于温度差，即

$$-\frac{dH}{dt}=D(T-T') \tag{24}$$

式中，H为内管样品系统的焓值；D是常数，与样品管形状、热导率等因素有关。除非T非常接近T'，在一般实验条件下，$(T-T')$均足够大，以致可以认为$(-dH/dT)$为常数。

在没有相变的情况下，样品系统的温度变化为

$$-\frac{dT}{dt}=\frac{1}{C}\left(-\frac{dH}{dt}\right) \tag{25}$$

式中，C是内管样品体系的热容。方程（25）表明当液体样品冷却时，其温度-时间曲线近似为一直线。当纯溶剂开始结晶后，只要两相共存，体系温度保持不变，即$dT/dt=0$。对于溶液来说，若固体溶剂从溶液中析出，则体系温度并不会保持不变，而是持续下降，因为此时溶液的浓度会不断增大，导致溶液的凝固点T_f不断降低，当析出纯溶剂固体数量较少时，可

以认为内管样品体系的热容基本不变，样品体系的温度变化为

$$-\frac{dT}{dt} = \frac{1}{(n\Delta_{fus}H_m/\Delta T_f)+C}\left(-\frac{dH}{dt}\right) \quad (26)$$

式中，n是析出固体纯溶剂的物质的量。因此，当溶液中开始析出纯溶剂固体后，温度曲线的斜率将由方程（25）不连续地变化为更小一点的方程（26），即冷却曲线上出现一个转折。

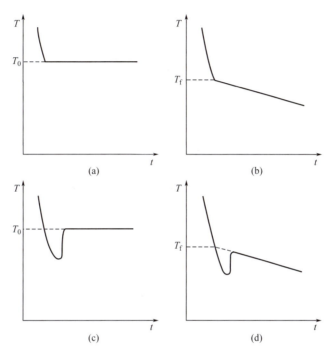

图A5-3　几种典型的冷却曲线及凝固点确定方法

图 A5-3 中给出了冷却曲线的几种形态，曲线（a）为纯溶剂的理想冷却曲线，液体无限缓慢地冷却，温度达到 T_0 时开始析出纯溶剂的固体；在析出固相过程中温度不再变化，曲线上出现一段平台，在纯溶剂的冷却曲线上，这个不随时间而变的平台相对应的温度 T_0 即为该纯溶剂的凝固点；曲线（b）是溶液的理想冷却曲线，与曲线（a）不同，当温度达到 T_f 时溶液中才开始析出纯溶剂的固体，此时 $T_f<T_0$，随着纯溶剂固体的析出，溶液浓度不断增大，溶液的凝固点也不断下降，形成一段斜率变缓的斜线，溶液的凝固点即为两段不同斜率直线交点对应的温度 T_f，此时刚有纯溶剂固体析出；曲线（c）是实验条件下纯溶剂的冷却曲线。因为实验做不到无限慢地冷却，而是较快速强制冷却，在温度降到 T_0 时不凝固，出现过冷现象，一旦固相出现，温度又回升而出现平台；曲线（d）是实验条件下的溶液冷却曲线，可以看出，适当的过冷使溶液凝固点的观察变得容易，在这种情况下，应通过外推法求得凝固点温度，即将液-固相冷却曲线向上外推至与液相冷却曲线相交，以该交点温度作为凝固点 T_f。

A5.3　仪器试剂

SWC-LG$_D$ 凝固点实验装置（一体化）（南京桑力电子设备厂），Pt-100 温度传感器，低温

恒温槽，电子天平，恒温夹套，凝固点管，移液管（25mL），称量瓶，大烧杯（1000mL），硅橡胶管，1mL玻璃注射器及针头。

环己烷（A.R.），萘（A.R.），乙二醇（冷却循环液之一）。

A5.4　安全须知和废弃物处理

- 在实验室中需穿戴实验服、防护目镜或面罩。
- 在处理固体样品和溶液时需使用丁腈橡胶手套。
- 如发生皮肤沾染，请用水冲洗沾染部位10min以上；不得用嘴吸移液管。
- 离开实验室前务必洗手。
- 使用过的溶液请倒入指定的废液回收桶。
- 使用过的固体废渣、碎屑要放入固体废弃物桶。

A5.5　实验步骤

SWC-LG$_D$凝固点实验装置使用说明可参阅文献［2］。

警告：本实验未经教师允许，不得将搅拌速率调节旋钮拨至"快"挡，以免损坏横向连杆和击碎样品管。

（1）检查电源、温度传感器接口和数据传输线串行口是否正确连接。开启低温恒温槽电源，调节温度为2.5℃左右，启动冷却剂循环泵，使冷却剂循环进入外层夹套管中。

（2）用移液管准确吸取25mL环己烷加入样品管，注意不要使环己烷溅在管壁上，记录室温。将样品管盖和搅拌棒在样品管上装配好，小心地放入恒温空气夹套中（不要用力塞，以免挤碎玻璃磨口）。

（3）按图A5-4方式连接搅拌器导杆和搅拌棒：先将搅拌器横向连杆的挂钩勾住搅拌棒上端的圆环，略微提起搅拌棒，再将横向连杆的尾端圆孔套入搅拌器导杆至导杆的凹槽处（上、下凹槽皆可），适当拧紧紧固螺丝，使横向连杆能水平转动而不滑落。开启仪器电源，搅拌速度设置为"慢"挡，适当转动样品管盖到合适位置，使搅拌棒上下运行的阻力最小。

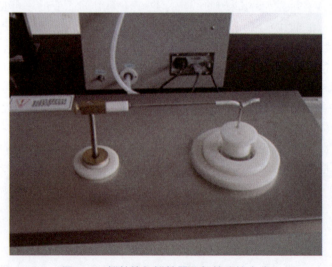

图A5-4　搅拌棒与搅拌器导杆的连接方式

（4）将温度传感器放入样品管中，通过观察窗观察温度传感器在样品中的浸没深度，调节橡胶密封圈的高低，使温度传感器顶部位于液体中部靠下位置，且处于与样品管中心和搅拌棒的底部圆环内。**放入温度传感器的动作要缓慢，同时观察其顶部位置，防止顶破样品管。**

（5）开启凝固点实验装置电源，将搅拌速率调节旋钮先旋转至"慢"，观察搅拌动作是否顺畅，搅拌棒有无歪斜及剧烈摩擦等不良情况。如无不良情况，停止搅拌，拧紧横向连杆的紧固螺丝。

（6）在计算机上点开"凝固点实验数据采集处理系统"软件界面，点击"设置-通讯口-COM1"设定数据通讯通道，点击"设置-设置坐标系"设定合适的温度-时间坐标值（纵坐标 T 的范围为 $0 \sim 10℃$，横坐标时间 40min）。

（7）调节搅拌速率至"慢"，样品温度逐步降低到 9.5℃ 以下后，确认仪器面板上"温度"和"温差"显示读数一致（精度不同），按"锁定"键，使基温选择由"自动"变为"锁定"，基温固定为 0℃。**注意：自此开始的以下各实验步骤直至整个实验结束，基温选择均必须保持"锁定"状态，不得采零和重置基温。**

（8）点击"数据通讯-清屏-开始通讯"，计算机开始实时采集温差-时间变化曲线（通讯指示灯闪烁）。观察冷却曲线，温差值可先下降至过冷温度后再升高，然后温差显示值应稳定不变，此即为纯溶剂环己烷的凝固点温度。在此期间要注意观察搅拌连杆的运动状况，防止大块结晶导致连杆脱落卡死，如有这些情况发生，应立即停止搅拌，松开连杆，手动上下拉动搅拌棒将大块结晶弄碎，然后继续进行实验。测量结束，将"搅拌速率调节"旋钮拨至"停"，点击"数据通讯-停止通讯"，保存实验数据。

（9）松开横向连杆紧固螺丝，取出样品管，用手捂热，使样品自然升温熔化，**注意不要将温度传感器从样品管中拔出**。将样品管放入恒温空气夹套中并连接好搅拌系统，调节搅拌速率至"慢"，再重复测量两次。

（10）松开横向连杆紧固螺丝，取出样品管，用手捂热，使管内固体完全熔化。准确称取 0.2g 左右的固体萘，投入样品管中，待其完全溶解后（**注意管壁、搅拌棒和温度传感器上黏附的粉末**），将样品管放入恒温空气夹套中并连接好搅拌系统，调节搅拌速率至"慢"。当实际温度显示为小于 8℃ 以后，搅拌速度调节至"中"，记录温差-温度曲线，直至过冷结束后 10min。由冷却曲线依次获得该溶液的凝固点温度。重复测量三次。

（11）松开横向连杆紧固螺丝，取出样品管，用手捂热，使管内固体完全熔化，溶液倒入废液缸中回收。将样品管、搅拌棒和温度传感器清洗干净。

以下内容选做：

（12）领取未知样品一份，配制质量分数不大于 1% 的环己烷溶液，液体样品用注射器抽取，然后注入样品管中。未知样品加入量根据加入样品前后注射器与样品的质量，用差量法计算。按步骤（10）重新测定和计算该样品的摩尔质量。

（13）称取不同质量的萘，配制成不同浓度的环己烷溶液，测定其凝固点，建议在 25mL 环己烷中加入萘的质量为：0.05g、0.1g、0.2g、0.3g。

A5.6　数据处理与结果分析

1. 计算环己烷质量，环己烷密度公式为
$$\rho / \text{g·cm}^{-3} = 0.779 - 9.4 \times 10^{-4} (t/℃ - 20)$$

2．画出冷却曲线图，确定纯溶剂和溶液的凝固点温度，并取平均值。若过冷现象发生，请按照图 A5-3 所示方法外推。

3．分别用方程（13）和方程（23）计算萘的摩尔质量，所需数据见表 A5-1。

4．计算未知样品的摩尔质量，注明样品编号。

5．计算不同浓度溶液测得的萘的摩尔质量，以摩尔质量 M 对溶液凝固点降低值 ΔT_f 作图，外推至 $\Delta T_\mathrm{f} = 0$，求取萘的摩尔质量。

A5.7　讨论与思考

1．以方程（13）为基础，推导摩尔质量的绝对误差和标准偏差的传递公式，并按照本实验各参数的测量误差计算实验结果的绝对误差和标准偏差。

2．某液体的冷却曲线上没有出现温度平台，是否说明该液体不是纯溶剂？

3．若要测定乙酸的摩尔质量，试估计在本实验条件下应加入乙酸的合理体积，并提出一个能够精确控制和计量乙酸数量的方法及所需实验仪器。

4．能不能以水为溶剂测定乙酸的摩尔质量？请讨论要完成这样的实验需要解决的问题。

A6

二元溶液的气液平衡

A6.1 实验简介

本实验将拓展实验A4的内容，转而研究溶液的气液平衡问题，实验对象是完全互溶的挥发性二组分溶液体系。将通过测定和绘制相图的方法来描述该体系的气液平衡行为，测量仪器主要是阿贝折光仪。同时，也将尝试利用热力学数据对相图进行计算模拟。

对于4课时实验，建议标准曲线直接采用文献数据，实验仅对6～8个不同组成的溶液进行气液平衡性质的测定；对于8课时实验，建议自行配制标准溶液和测定标准曲线，并对10个不同组成的溶液及至少一个纯组分进行溶液气液平衡性质的测量。

学生无须详尽掌握相平衡理论及相图等知识，知道概念即可，但是应对如何准确配制标准溶液做仔细思考和准备。

A6.2 理论探讨

A6.2.1 二组分溶液的气-液平衡 T-x 相图及其测定

考虑一个二组分的溶液体系，两个组分分别用A和B表示，A、B都具有挥发性，且在常温常压下是完全互溶的。溶液与其上方的蒸气达成平衡的条件是：每个组分在两相中的化学势相等。对于组分A，化学势可以表达为

$$\mu_A(l) = \mu_A^*(l) + RT\ln\alpha_A = \mu_A^*(l) + RT\ln\gamma_A x_A \tag{1}$$

式中，$\mu_A^*(l)$是液体纯A在温度T、压力p时的化学势；α_A、γ_A和x_A分别是溶液中A的活度、活度系数和摩尔分数。对于组分B，同样有

$$\mu_B(l) = \mu_B^*(l) + RT\ln\alpha_B = \mu_B^*(l) + RT\ln\gamma_B x_B \tag{2}$$

当$\gamma_A = \gamma_B = 1$时，A、B的液态混合物就是理想溶液。

与溶液成平衡的A、B蒸气中，组分A和B都符合理想气体行为，则组分A的化学势为

$$\mu_A(g) = \mu_A^\ominus(g) + RT\ln\frac{p_A}{p^\ominus} \tag{3}$$

式中，$\mu_A^\ominus(g)$是温度T时纯A蒸气处于标准态时的化学势；p_A是气相中A的分压，$p^\ominus = 100\text{kPa}$是标准态压力。

相平衡要求 $\mu_A(l) = \mu_A(g)$、$\mu_B(l) = \mu_B(g)$，对于组分 A 有

$$\mu_A^*(l) + RT\ln\gamma_A x_A = \mu_A^{\ominus}(g) + RT\ln\frac{p_A}{p^{\ominus}} \tag{4}$$

对于极限情况 $x_A \to 1$，相当于纯液体 A 与纯 A 蒸气达成平衡，此时活度 $a_A = 1$，方程（4）变为

$$\mu_A^*(l) = \mu_A^{\ominus}(g) + RT\ln\frac{p_A^*}{p^{\ominus}} \tag{5}$$

式中，p_A^* 是纯 A 液体在温度 T 时的饱和蒸气压，注意到方程（5）中的 $\mu_A^*(l)$ 对应的压力为 p_A^*，而方程（4）中的 $\mu_A^*(l)$ 对应的压力为 p（蒸气总压力），两者略有差异，但是可以忽略。将方程（4）、方程（5）相减，得到

$$RT\ln\gamma_A x_A = RT\ln\frac{p_A}{p_A^*} \tag{6}$$

由此得到

$$p_A = \gamma_A x_A p_A^* \qquad p_B = \gamma_B x_B p_B^* \tag{7}$$

对于理想溶液，$\gamma_A = \gamma_B = 1$，方程（7）变形为拉乌尔定律

$$p_A = x_A p_A^* \qquad p_B = x_B p_B^* \tag{8}$$

此时溶液上方蒸气的总压为

$$p = p_A + p_B = (p_A^* - p_B^*)x_A + p_B^* \tag{9}$$

式中应用了关系 $x_A + x_B = 1$。对于非理想溶液，若实验测定的蒸气总压超过拉乌尔定律预测的数值［方程（9）］，则为正偏差，反之为负偏差。

测定二组分溶液气-液平衡相图有很多种方法，比如可以在恒定温度下测定全溶液组成范围内的压力-组成关系，得到 p-x 相图，并将实验结果在理想溶液模型［方程（8）］与非理想溶液模型［方程（7）］之间进行比较。但是，从实验角度看，更加方便的是在恒定压力下测定溶液的沸点与组成的关系，将沸点分别对液相组成和气相组成作图，可以得到 T-x 相图，本实验也将采用这个方法。图 A6-1 是二组分理想溶液的三维气-液平衡相图，液相组成用 x_B 表示，与之成平衡的气相组成用 y_B 表示。在某恒定温度（T_1 或 T_2）下，p-x_B 线（l 线）和 p-y_B 线（g 线）将某温度剖面划分为三个部分，其中 l 线以上是纯液相区，g 线以下是纯气相区，而夹在 l 线与 g 线之间的为气-液两相平衡区，这个温度剖面图就是在某个温度下体系的 p-x 相图（图 A6-1 中红线或橙线所在平面）。若体系压力恒定，如常压 $p = 1$ atm，则该压力剖面图就是常压下的体系 T-x 相图（图 A6-1 中绿线所在平面）。从图 A6-1 中可以看出，在组成轴的两端分别是纯 A 和纯 B，图中的棕色线和蓝色线分别是纯 A 和纯 B 的饱和蒸气压-温度曲线，即由克劳修斯-克拉珀龙方程描述的气-液平衡关系曲线。

图 A6-1 中的 T-x 相图表明，即使是理想溶液，其沸点与溶液组成之间也没有线性关系，对于非理想溶液体系，沸点与组成之间的关系就更加复杂，甚至在相图上会出现最高点或者最低点。

图 A6-2 是丙酮-氯仿体系的气-液平衡 T-x 相图，温度最高点 64.7℃ 出现在氯仿质量分数为 80.0% 的组成上，该组成称为共沸点组成（azeotrope composition）。当共沸点组成的溶液被蒸馏时，气相组成和液相组成完全相等，任何一个组分都不可能通过蒸馏的方法得到富集或浓缩。图 A6-2 中的共沸点称为最高共沸点，若体系的共沸点温度在相图中处于最低位置，则为最低共沸点，本实验测定的乙醇-环己烷体系就具有最低共沸点。

测量溶液沸点的实验装置是沸点仪（见图 A6-3），螺旋电热丝直接浸没在溶液中，可减

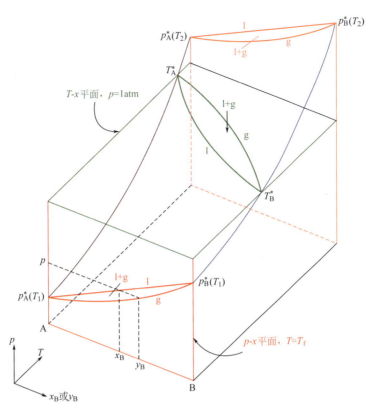

图A6-1　二组分理想溶液的三维气-液平衡相图

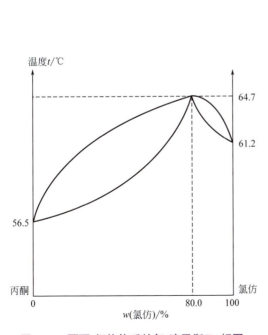

图A6-2　丙酮-氯仿体系的气-液平衡T-x相图

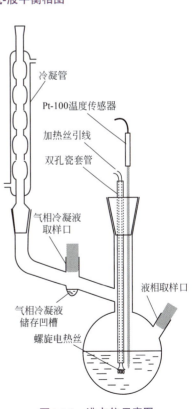

图A6-3　沸点仪示意图

少溶液沸腾时局部过热现象和防止暴沸，沸点测量使用插入溶液中的Pt-100热电阻温度传感器，溶液经电热丝加热后达到沸腾，蒸气进入冷凝管冷凝后回流，通过一段时间的蒸发-冷凝-回流过程，整个沸点仪最终达成气-液平衡状态，此时温度传感器测得的温度就是该溶液的实测沸点；在沸点仪连接冷凝管的支管中段有一个小凹槽，在整个回流过程中会有一小部分冷凝液储存在凹槽中，这部分液体的组成相当于气相样品的组成，与之成平衡的液相样品就是沸点仪底部烧瓶中的液体。本实验中，气、液相样品的组成用折射率法测定，并需同时测定组成-折射率标准曲线。

A6.2.2　活度系数及二组分溶液气-液平衡 T-x、p-x 相图的计算

对于达成气液平衡的二组分体系，一般将气相部分近似看作理想气体，若蒸气总压力为 p，则方程（7）可以写作

$$py_A = \gamma_A x_A p_A^* \qquad py_B = \gamma_B x_B p_B^* \tag{10}$$

式中，y 表示气相组分的摩尔分数（$y_A + y_B = 1$），p 即为实验体系所处的压力。由此可见，由实验测得某样品的沸点 T、压力 p、液相组成 x_A 和 x_B、以及气相组成 y_A 和 y_B，就可以根据方程（10）计算出在温度 T、压力 p、液相组成 x_A 溶液的活度系数：

$$\gamma_A = \frac{y_A p}{x_A p_A^*} \qquad \gamma_B = \frac{y_B p}{x_B p_B^*} \tag{11}$$

式中，饱和蒸气压 p^* 是温度的函数，不同沸点温度时纯组分的饱和蒸气压可由安托茵（Antoine）方程计算

$$\lg p^* = A - \left(\frac{B}{t+C}\right) \tag{12}$$

式中，A、B、C 为物性常数，可以查阅手册得到；温度 t 和压力 p^* 的单位根据手册规定[3]。

方程（11）计算的是特定温度 T 时某个组成溶液的活度系数，活度系数与样品组成有关，如果要计算另一个组成的样品的活度系数，并不能简单地将另一组实验数据沸点 T'、压力 p'、液相组成 x_A' 和 x_B' 以及气相组成 y_A' 和 y_B' 直接代入方程（11），因为在实验中，不同组成溶液达成气-液平衡的温度（即沸点）是不一样的（$T' \neq T$），而需要计算的 p-x 相图的数据必须在相同的温度下得到。

为了计算相同温度下不同组成溶液的活度系数，可以利用范拉尔（van Laar）方程

$$\ln \gamma_A = \frac{A_{12}}{\left(1 + \frac{A_{12}}{A_{21}} \times \frac{x_A}{x_B}\right)^2} \qquad \ln \gamma_B = \frac{A_{21}}{\left(1 + \frac{A_{21}}{A_{12}} \times \frac{x_B}{x_A}\right)^2} \tag{13}$$

式中，A_{12} 和 A_{21} 是可调参数。若已经根据实验结果，按照方程（11）计算出在特定温度 T 时的一对 (x_A, γ_A) 和 (x_B, γ_B) 数据，则温度 T 时范拉尔方程的参数为

$$A_{12} = \ln \gamma_A \left(1 + \frac{x_B \ln \gamma_B}{x_A \ln \gamma_A}\right)^2 \qquad A_{21} = \ln \gamma_B \left(1 + \frac{x_A \ln \gamma_A}{x_B \ln \gamma_B}\right)^2 \tag{14}$$

由此，温度 T 时不同组成溶液的活度系数就可以根据方程（13）一一计算出来。

由方程（14）得到范拉尔方程参数后，就能计算出一系列特定温度 T 时的 $(x_A, \gamma_A, \gamma_B)$ 值，根据方程（7），溶液体系总压

$$p = p_A + p_B = \gamma_A x_A p_A^* + \gamma_B x_B p_B^* = \gamma_B p_B^* + x_A(\gamma_B p_B^* - \gamma_A p_A^*) \tag{15}$$

由方程（15）可以得到一系列的(x_A, p)数据点，连接起来就是$p\text{-}x$相图上的液相线。由这些(x_A, p)数据，根据方程（7）可以得到

$$y_A = \frac{\gamma_A x_A p_A^*}{p} \tag{16}$$

由此计算出一系列的(y_A, p)数据点，连接起来就是$p\text{-}x$相图上的气相线。注意方程（15）、方程（16）中的p_A^*和p_B^*均为特定温度T时的饱和蒸气压，由安托茵方程计算。

在所有实验数据中，共沸点的值最有价值，因为此时$x_A=y_A$，$x_B=y_B$，利用方程（11）和方程（14）计算相关参数时最简洁。

作为一种近似，如果假定溶液的活度系数与温度无关，则可以计算$T\text{-}x$相图数据。将方程（15）中的饱和蒸气压用安托茵方程表示，常压下有

$$p_{amb} = \gamma_A x_A \times 10^{\left[A_A - \left(\frac{B_A}{t+C_A}\right)\right]} + \gamma_B x_B \times 10^{\left[A_B - \left(\frac{B_B}{t+C_B}\right)\right]} \tag{17}$$

取$p_{amb}=1\text{atm}$，对于某个组成(x_A, x_B)的溶液而言，(γ_A, γ_B)是已经用上述方法计算出来的，方程（17）中仅有一个未知量：温度t，由非线性拟合或者数据迭代的方法，很容易得到一系列的(x_A, t)数据；得到t值后，根据方程（12）和方程（16）就可以计算出一系列的(y_A, t)数据点；据此可以绘制常压下的二组分溶液体系气-液平衡的$T\text{-}x$相图，并与实验测定的相图进行对比。

A6.3 仪器试剂

FDY双液系沸点测定仪（南京桑力电子设备厂），WYA阿贝折光仪，超级恒温槽，电子天平，长滴管，烧杯（50mL 2只，250mL），色谱进样瓶（1mL 10只，螺旋盖带硅胶垫进针口），刻度移液管（5mL，10mL），玻璃注射器（1mL 2支）。

环己烷（A.R.），乙醇（A.R.），丙酮（A.R.）。

A6.4 安全须知和废弃物处理

- 在实验室中需穿戴实验服、防护目镜或面罩。
- 保证电热丝完全浸没在溶液中，没有暴露在空气中的部分；温度传感器顶端也要插入溶液中，注意不要与加热器接触。
- 打开取样口取样分析前，沸点仪必须停止加热且样品已经冷却到室温，取样滴管必须完全干燥。
- 实验过程中所有容器均不要用水洗涤，否则需在烘箱中完全干燥。
- 如发生皮肤沾染，需用水冲洗沾染部位10min以上。
- 离开实验室前务必洗手。
- 使用过的溶液需倒入指定的废液回收桶，固体废弃物倒入指定回收箱。

A6.5 实验步骤

1. 环己烷-乙醇溶液的组成-折射率标准曲线的测定

调节连接阿贝折光仪的超级恒温槽温度为 20℃（或其他合适的温度），启动恒温水循环，使各台阿贝折光仪的样品台保持恒温。

将两支注射器标记，分别吸取乙醇和环己烷。取一只清洁、干燥的色谱进样瓶，旋紧顶盖，在电子天平（精度 0.1mg）上称量；用注射器吸取一定量的乙醇注入进样瓶中，再次称量，计算瓶中乙醇的质量；用另外一支注射器吸取一定量的环己烷注入进样瓶中，再次称量，计算瓶中环己烷的质量；根据乙醇和环己烷的摩尔质量，计算所配制溶液中乙醇和环己烷的摩尔分数。按照同样方法，依次配制 8 个不同浓度的乙醇-环己烷标准溶液，另外 2 个进样瓶中放置乙醇和环己烷。

在阿贝折光仪上分别测定上述 10 个标准溶液的折射率，作出折射率-组成工作曲线图。（注意：阿贝折光仪使用前需对零点进行校正，每次测量前需用丙酮洗涤棱镜并干燥，防止上次测定的样品残留对下一次测量的影响。每个样品重复测定 3 次）。

测定结束后，将剩余溶液倒入回收瓶，进样瓶除去顶盖回收使用。

2. 乙醇-环己烷二组分溶液的气-液平衡数据测定

（1）乙醇侧溶液气液平衡数据测定。将电源和温度传感器与仪器连接，按图 A6-3 装配沸点仪实验装置，传感器勿与加热丝相碰。接通冷却水，量取 35mL 乙醇从侧管加入蒸馏瓶内，使传感器和加热丝浸入溶液内。打开电源开关，调节"加热电源调节"旋钮，将液体缓慢加热至沸腾，保持沸腾约 10min。期间，因最初在冷凝管下端小槽内的液体不能代表平衡时气相的组成，为加速达到平衡，故需连同支架一起倾斜蒸馏瓶，使小凹槽中气相冷凝液倾回蒸馏瓶内，重复三次。待温度稳定后，记下乙醇的沸点和室内大气压，停止加热，待溶液冷却至室温。

用移液管量取 5mL 环己烷由侧管加入蒸馏瓶内，按上述方法再次回流溶液，待温度稳定后，记下溶液的沸点和室内大气压，然后停止加热，待溶液冷却至室温后，用干燥的滴管依次从液相取样口和气相取样口取样，在阿贝折光仪上测定所取溶液的折射率。

重复上述过程，直至加入的环己烷累计数量达到 35mL，在乙醇一侧至少测定 5 个不同组成的乙醇-环己烷溶液样品。

在坐标纸或计算机上即时标示测定的数据，判断数据是否合理，以决定是否需要加测。将使用过的溶液倒入回收瓶。

（2）环己烷侧溶液气液平衡数据测定。重新取一套干燥的沸点仪和冷凝管，与 2（1）中方法类似，通过向环己烷中逐次加入乙醇的方式，依次测定环己烷和 5 个不同组成的环己烷-乙醇溶液样品的沸点、大气压以及气相和液相溶液的折射率。在环己烷侧的乙醇初始加入量以 0.5～1.0mL 为宜，注意即时作图判断逐次应加入的乙醇体积。

（3）实验结束后，关闭仪器和冷凝水，清理实验台面。

A6.6 数据处理与结果分析

1. 列表记录标准溶液的折射率-组成数据，作出折射率-组成工作曲线。

2. 由折射率-组成工作曲线查得所测样品的气液两相的组成，以环己烷的摩尔分数表示，列表记录各样品的沸点、大气压、液相组成和气相组成。

3. 绘制实验室大气压下乙醇-环己烷二组分溶液的 T-x 相图，确定该体系的最低共沸点组成 $x_{az, cyclohexane}$ 和温度 T_{az}。

4. 计算最低共沸点温度时，所测定各溶液的活度系数 (γ_A, γ_B)，列表表示。

5. 计算、列表并绘制在最低共沸点温度时乙醇-环己烷二组分溶液的 p-x 相图，讨论该体系偏离理想溶液行为的方向。

6. 计算、列表并绘制在 1atm 下乙醇-环己烷二组分溶液的 T-x 相图，并与实测相图进行比较。

（注：第 5、6 部分内容仅对 8 课时实验要求完成，建议使用专业数据处理软件，如 Origin、Matlab 或 Mathematica 等，Excel/SDAS 也能够完成这些处理任务）

A6.7　讨论与思考

1. 非理想溶液行为偏离理想溶液行为时，存在正偏差和负偏差两种倾向，如何从分子相互作用的角度解释正偏差和负偏差产生的原因？本实验测量的乙醇-环己烷溶液出现的是哪种偏差？如何从活度系数来判断体系究竟是出现正偏差还是负偏差？

2. 用折射率法测定溶液浓度尤其适用于何种对象？试设计其他可能用于测定本实验溶液体系组成的方法。

附　折射率和阿贝折光仪

1. 阿贝折光仪的原理

光线从一种介质（如空气）射到另一种介质（如水）时，除了一部分光线反射回第一种介质外，另一部分进入第二种介质中并改变它的传播方向，这种现象叫光的折射，如图 A6-4。光的折射遵守以下定律：无论入射角怎样改变，入射角 α 正弦与折射角 β 正弦之比，恒等于光在两种介质中的传播速度之比，即

$$\frac{\sin\alpha}{\sin\beta}=\frac{v_1}{v_2} \tag{18}$$

式中，v_1 和 v_2 分别是光疏物质和光密物质中的光速；真空光速 c 和介质中光速 v 之比，叫做介质的绝对折射率（简称折射率，或折光率），以 n 表示，即 $n=c/v$。因此

$$n_1=\frac{c}{v_1} \quad n_2=\frac{c}{v_2} \quad \frac{\sin\alpha}{\sin\beta}=\frac{n_2}{n_1} \tag{19}$$

光密物质的折射率大于光疏物质的折射率，即 $n_2>n_1$，由此可知，当光线由光疏物质进入光密物质时，折射角将小于入射角，反之亦然。考虑图 A6-5 所示，当光线由光密物质进入光疏物质时，随着入射角的增大，折射角始终大于入射角，当入射角增大到某一角度，如图 A6-5 中 3 的位置时，其折射线 3' 恰好与交界面重合，此时折射线不再进入光疏物质，而是沿两介质的交界面平行射出，这种现象称为全反射，发生全反射的入射角称为临界角，即图 A6-5 中的 α_c 角。

将图 A6-5 光路逆转过来，可以发现，当光线由光疏物质进入光密物质时，若入射角小于 90°，则折射角均将小于临界角，折射的结果是 OC 面左面明亮，右面完全黑暗，形成明显的黑白分界。测出临界角 α_c，可以得到

$$n_1=n_2\sin\alpha_c \tag{20}$$

若 n_2 为棱镜的折射率且已知，则测定临界角后就可以得到样品的折射率 n_1。

阿贝折光仪是测量物质折射率的专用仪器，它能快速而准确地测出透明、半透明液体或固体材料的折射率（测量范围一般为 1.4～1.7），它还可以与恒温、测温装置连用，测定折

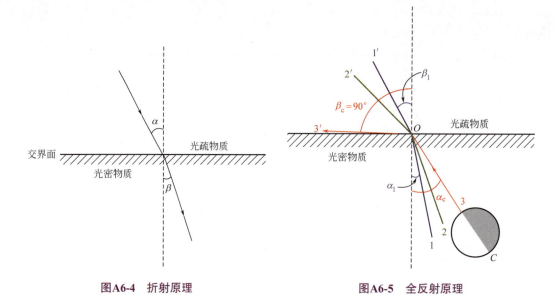

图A6-4 折射原理 　　图A6-5 全反射原理

射率与温度的变化关系。

若待测物为透明液体,一般用透射光(即掠入射)方法来测量其折射率n_x。阿贝折光仪中的阿贝棱镜组由两个直角棱镜(折射率为n)组成,一个是进光棱镜,它的弦面是磨砂的,其作用是形成均匀的扩展面光源,另一个是折射棱镜。待测液体($n_x < n$)夹在两棱镜的

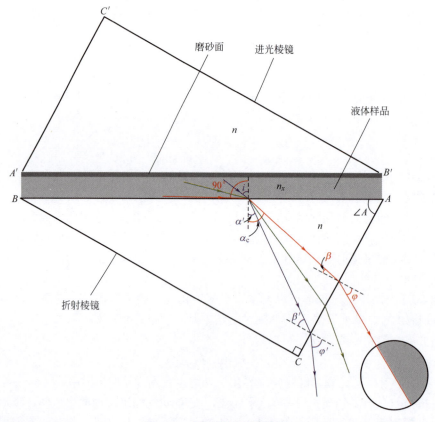

图A6-6 阿贝折射测量原理

弦面之间，形成薄膜，如图A6-6所示。光先射入进光棱镜$A'B'C'$，由其磨砂弦面$A'B'$产生漫射光穿过液层，因此到达液体和折射棱镜ABC的交界面AB上任意一点的各条光线（如蓝、绿、红等线）具有各种不同的入射角，最大的入射角是$90°$（此即为掠入射）。

假定某条光线以入射角i射向AB面，经棱镜两次折射后，从AC面以φ'角出射，若$n_x < n$，则由折射定律得

$$n_x \sin i = n \sin \alpha' \qquad n \sin \beta' = n \sin \varphi' \tag{21}$$

式中，α'为AB面上的折射角；b'为AC面上的入射角。由几何关系可以看出，折射棱镜顶角A与α'角及β'角的关系为

$$A = \alpha' + \beta' \Rightarrow \alpha' = A - \beta' \tag{22}$$

将方程（22）代入方程（21），得

$$n_x \sin i = n \sin(A - \beta') = n(\sin A \cos \beta' - \cos A \sin \beta') \tag{23}$$

$$\sin \beta' = \frac{\sin \varphi'}{n} \qquad \cos \beta' = \frac{\sqrt{n^2 - \sin^2 \varphi'}}{n} \tag{24}$$

将方程（24）代入方程（23），得到

$$n_x \sin i = \sin A \sqrt{n^2 - \sin^2 \varphi'} - \cos A \sin \varphi' \tag{25}$$

图A6-6中的红线对应$i \to 90°$，$\sin i \to 1$，$\sin \varphi' \to \sin \varphi$，此时方程（25）变为

$$n_x = \sin A \sqrt{n^2 - \sin^2 \varphi} - \cos A \sin \varphi \tag{26}$$

因此，若折射棱镜的折射率n、折射棱镜顶角A已知，只要测出出射角φ即可求出待测液体的折射率n_x。由图A6-6可知，除红线外，其他光线在AB面上的入射角皆小于$90°$。因此当扩展光源的光线从各个方向射向AB面时，凡入射角小于$90°$的光线，经棱镜折射后的在AC面上的出射角必大于角φ而偏折于红线的左侧形成亮视场，而红线的另一侧因无光线而形成暗场，显然，明暗视场的分界线就是掠入射光束（红线）的出射方向。阿贝折光仪标出了与φ角对应的折射率值，测量时只要使明暗分界线与望远镜叉丝交点对准，就可从视场中折射率刻度尺读出n_x值。

阿贝折光仪也可以测量固体的折射率，具体原理和方法请参阅相关资料。

任何物质的折射率都与测量时使用的光波的波长有关，阿贝折光仪因此装有光补偿装置（阿米西棱镜组），进行折射率测量时可用白光光源，测量结果相当于对钠黄光（$\lambda = 589.3 nm$）的折射率（即n_D）。另外，液体的折射率还与温度有关，阿贝折光仪一般配有恒温液接口，可测定温度为$0 \sim 50℃$内的折射率。

2. 阿贝折光仪的调节

不同型号的阿贝折光仪的外形和功能键配置略有差别，但是基本操作都是类似的。图A6-7为WYA型阿贝折光仪。

首先，折光仪应置于靠窗的位置或白炽灯前，但勿使仪器置于直照的日光中，以避免液体试样迅速蒸发。用橡皮管将进光棱镜和折射棱镜上保温夹套的进水口与超级恒温槽串联起来，恒温温度以折光仪上的温度计读数为准。

开启进光棱镜进光孔盖板，调节目镜焦距使视场清晰，能够清楚地看见视场中的×字准丝和刻度标尺。松开锁钮，开启样品台，用滴定管加少量丙酮清洗两侧棱镜镜面，促使难挥发的沾污物逸走，用滴定管时注意勿使管尖碰撞镜面，必要时可用擦镜纸轻轻吸干镜面，但切勿用滤纸。待镜面干燥后，滴加数滴试样于处于水平位置的棱镜镜面上，闭合样品台，旋

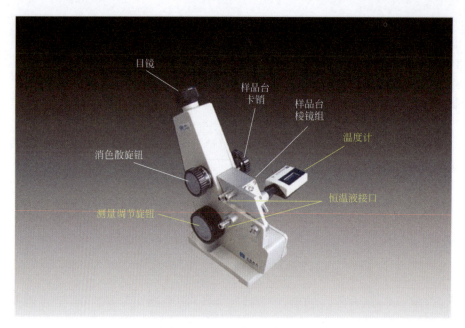

图A6-7　WYA型阿贝折光仪

紧锁钮。若试样易挥发，则可在两棱镜接近闭合时从加液小槽中加入，然后闭合两棱镜，锁紧锁钮。

阿贝折光仪一般配有两个调节旋钮，一个是测量调节旋钮，另一个是消色散旋钮，前者功能是移动整个视场直至找到明暗交界处，后者不能移动视场，其功能是消除棱镜系统折射产生的色散现象，使得明暗交界处保持清晰的黑白边界线。通过调节旋钮和观察目镜视场，能够很方便地分辨这两个旋钮。

阿贝折光仪的调节测量方法见图A6-8。转动测量旋钮，直至观察到视场中出现彩色光带或黑白边界线为止；转动消色散旋钮，使视场内呈现一个清晰的明暗临界线；再次转动测量旋钮，使边界线正好处在×准丝交点上，若此时又呈微色散，必须重调消色散旋钮，使边界线明暗清晰。

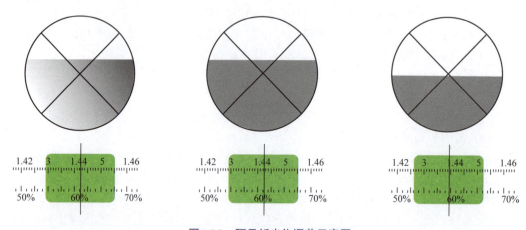

图A6-8　阿贝折光仪调节示意图

调节完成后，从刻度盘读数视窗中读出标尺上相应的示值，读数视窗中上边为液体折射率刻度，下边为蔗糖溶液的质量分数（锤度Brix，0～95%，刻度）。由于眼睛在判断临界线是否处于准丝点交点上时，容易疲劳，为减少偶然误差，应转动手柄，重复测定三次，三个读数相差不能大于0.0002，然后取其平均值。试样的成分对折射率的影响是极其灵敏的，由于沾污或试样中易挥发组分的蒸发，致使试样组分发生微小的改变，导致读数不准，因此测一个试样需重复取三次样，测定这三个样品的数据，再取其平均值。

3. 仪器校正

折光仪上的刻度是在标准温度20℃下刻制的，所以最好在20℃下测定折射率。否则，应对测定结果进行温度校正。纯水的折射率在15～30℃之间的温度系数为−0.0001/℃，即在10～30℃范围内，水溶液的折射率温度校正公式为

$$n^{20} = n^t + 0.0001 \times (t/℃ - 20) \tag{27}$$

有机溶液的折射率温度校正公式为

$$n^{20} = n^t + 0.00038 \times (t/℃ - 20) \tag{28}$$

由此可见，只有严格控制测定温度，才能准确地测定物质的折射率。一般来说，如果要求折射率的准确度为0.002，则温度波动应小于±3℃；如果要求折射率的准确度为0.0001，则温度波动应小于±0.2℃；如果要求折射率的准确度为0.00001，则温度波动应小于±0.02℃。当温度低于10℃或高于30℃时，不能用上述校正公式进行换算，而需通入恒温水，使样品达到规定温度后，再测定折射率。

折光仪的刻度盘上标尺的零点有时会发生移动，须加以校正。校正的方法是用一种已知折射率的标准液体，一般是用纯水，按上述方法进行测定，将平均值与标准值比较，其差值即为校正值。在精密的测定工作中，须在所测范围内用几种不同折射率的标准液体进行校正，并画成校正曲线，以供测试时对照校核。也可以直接校正仪器，校正时若读数有偏差，可先使读数指示于蒸馏水或标准样品的折射率值，再调节分界线调节旋钮，直至明暗分界线恰好通过十字交叉点。在以后的测定过程中，不许再动分界线调节旋钮。纯水在10～30℃的折射率如下：

温度 t/℃	折射率	温度 t/℃	折射率
10	1.33371	21	1.33290
11	1.33363	22	1.33281
12	1.33359	23	1.33272
13	1.33353	24	1.33263
14	1.33346	25	1.33253
15	1.33339	26	1.33242
16	1.33332	27	1.33231
17	1.33324	28	1.33220
18	1.33316	29	1.33208
19	1.33307	30	1.33196
20	1.33299		

A7

二组分合金体系液固平衡相图的绘制

A7.1 实验简介

本实验将利用步冷曲线法测定二元合金的固-液平衡相图。步冷曲线比较直观地表现了多组分体系相变过程的温度-时间变化规律，是大多数物理化学课程和教材中用来描述构建相图的实验方法，这大概也是大多数物理化学实验中依然保留本实验的主要理由。

步冷曲线法的测定耗时较长，而绘制完整相图所需要测定的样品数又较多，因此本实验原则上需要8课时；对于4课时实验，建议各实验小组分工合作完成整幅相图的测定。

学生应了解温度-时间曲线上的转折、平台等特征形状对应的相变过程的含义，以便在实验过程中进行比对分析，该实验还涉及较高温度的测量与控制，应预先熟悉相关内容。

A7.2 理论探讨

金属材料的研究和应用在很大程度上依赖于相图知识，它可以描述金属之间的物理化学作用。相图的研究始于19世纪对钢铁体系相图的测量和绘制，并一直持续至今。虽然现代合金材料的研究已经进入三组分以上合金体系的时代，但是二组分合金相图仍然是所有研究工作的基础性资料。在学生实验中涉及的二组分合金体系一般属于低熔点合金，如Pb-Sn、Pb-Bi、Sn-Bi等，该类合金的主要特征是形成共晶体，且二组分存在固态部分互溶的现象，它们是电子焊接材料的主要来源。多组分低熔点合金在实践中有广泛应用，比如著名的武德合金（Alloy Wood's Metal）是一类含铋38%～50%、铅25%～31%、锡12.5%～15%、镉12.5～16%的四元合金，熔点低至60～70℃，常用于消防自动喷淋系统的塞栓以及金属管道与玻璃管道间的连接密封剂。

图A7-1（a）是铅-锡合金体系的液固平衡相图，纯铅和纯锡的熔点温度分别是327.502℃和231.9681℃，铅-锡体系形成的共晶体组成为$w(Sn)=61.9\%$，相当于Sn%（原子分数）=73.9%，共晶体（eutectic）结晶温度为183℃（即低共熔点E）。图A7-1（a）中，AEF折线之上为熔融液相区，AE、FE线为液线（liquidus，在液线温度以下体系开始析出固体），AB、EG线为固线（solidus，在固线温度以下液相完全消失），BEG水平线也可以理解为特殊的固线，在此线段上存在三相平衡；在折线ABC左侧是Sn溶解于Pb形成的端部固溶体α单相区，AB、BC线无法用步冷曲线法测得，根据在各种温度下测量电阻的方法以及测量转变潜热的方法测出Sn在Pb中的溶解度如下：

项目	测量电阻的方法				测量转变潜热的方法			
温度/℃	173	145.5	124	97.5	70~80	75	50	25	0
Sn的溶解度/%（原子分数）	25.6	17.7	12.8	8.4	5.1	7.7	3.3	2.2	1.4

用外推法将上述数据外推至共晶体的结晶温度，得到Sn在Pb中的最大溶解度为Sn%（原子分数）=29.0%，相当于Sn%（质量分数）=18.3%；同样地，折线FGH右侧是Pb溶解于Sn中形成的端部固溶体β单相区，Pb在Sn中的最大溶解度为Pb%（原子分数）=1.45%，相当于Pb%（质量分数）=2.2%；此外，AB、BE、EA线围成的区域为液相和α固溶体二相平衡共存区，EF、FG、GE线围成的区域为液相和β固溶体二相平衡共存区，折线CBEGH围成的区域则为α、β固溶体二相平衡共存区，因铅在锡中的溶解度很低，历史上长期将β相当作纯锡。

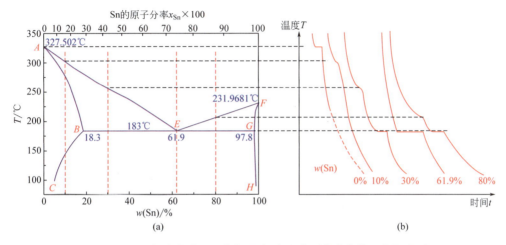

图A7-1　铅-锡合金液固平衡相图（a）和典型步冷曲线示意图（b）

本实验的目的是通过热分析法获得的数据来构建一个相图，用于表示不同温度、组成下的固相、液相平衡。不同组成的合金溶液在冷却过程中析出固相的温度可以通过观察温度-时间曲线的斜率变化进行检测。当固相析出时，冷却速率会变得比较慢，这可归因于固化过程释放的热量部分抵消了系统向低温环境辐射和传导的热量。在图A7-1（b）中画出了部分样品的典型步冷曲线示意图，其中Sn%（质量分数）=0.0%样品（即纯铅）的步冷曲线上有一段平台，对应温度就是纯物质铅的凝固点，同样的步冷曲线也会在纯锡样品上观察到；锡含量处于B、E点之间的合金样品称为亚共晶（hypoeutectic）合金，当熔融的亚共晶合金，例如图A7-1（b）中的Sn%（质量分数）=30%样品，冷却到液线温度时，会在步冷曲线上出现一个斜率变化导致的转折，体系开始析出α固溶体，继续降温会不断析出α固溶体，并使液相组成逐步接近共晶体的组成，直至体系温度降低到共晶体析出温度（183℃），此时液相组成与析出的固相组成一致，类似纯物质凝固，体系温度不变，在步冷曲线上出现一段温度平台；锡含量处于E、G点之间的合金样品称为超共晶（hypereutectic）合金，其步冷曲线形态与亚共晶合金类似［见图A7-1（b）中Sn%（质量分数）= 80%样品］；对于熔融的共晶体合金，其步冷曲线上仅在共晶点温度有一个平台，根据杠杆定律可以推论，在样品数量接近一致的条

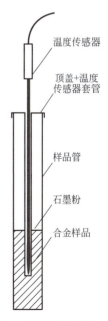

图A7-2　样品管和温度传感器

件下，合金样品的组成越接近共晶体组成，步冷曲线上的平台段相对长度就越长；对于铅-锡合金，Sn%（质量分数）小于18.3%时形成端部固溶体α（terminal solid solution α），步冷曲线上除在液线温度处出现转折外，没有其他明显特征，若降温较快，靠近 B 点左侧的样品会在略低于183℃的位置出现不明显的转折甚至小平台，这是由非平衡相变导致的。

图A7-2中绘出了样品管以及温度测量装置，样品管由薄壁不锈钢管制作，底端封闭，样品管顶盖与温度传感器套管整体成型制作，套管底端处于合金样品的中部，合金样品上覆盖一薄层石墨粉，以隔绝空气，防止金属过度氧化。实验时先将样品加热熔融成一个均匀的液相，然后让系统缓慢冷却，在此过程中测量系统温度与时间的关系，作图得到一条曲线，即为步冷曲线或冷却曲线。步冷曲线的转折和平台表征了某一温度下发生相变的信息，由样品组成和相变点温度可以确定相图上的一个点，多个实验点的合理连接就形成了相图上的相线，并构成若干相区。

A7.3 仪器试剂

SWKY-1型数字控温仪，KWL-09可控升降温电炉，Pt-100热电阻温度传感器，配套软件，样品管（南京桑力电子设备厂）。

锡（C.P.），铅（C.P.），铋（C.P.），苯甲酸（A.R.）。

合金样品应在样品管中预先制备，充分熔融混合均匀，加盖密封后冷却备用。每份样品的总质量约100g，至少准备10个不同组成的样品，具体组成根据实验体系而定，以铅-锡合金体系为例，10个样品的组成为：Sn%（质量分数）=0、10%、15%、20%、35%、50%、62%、80%、95%、100%。

A7.4 安全须知和废弃物处理

- 实验室中需穿戴实验服、防护目镜或面罩。
- 保持实验室处于良好通风状态，开启通风设备。
- 实验中电炉外表面和样品管可能处于高温状态，不得用身体各部位直接接触，以免人体烫伤和损坏衣物。
- 移动样品管务必使用坩埚钳等工具，加热升温的样品管不得置于实验炉管之外的任何场所。
- 不得移动控温用温度传感器，以免炉温失控。
- 保证样品管顶盖封闭，不得随意打开样品管，以免重金属洒漏。
- 严格按照实验规程操作，不要将样品管长时间加热或在过高温度下加热。
- 发生高温烫伤时，应先用流动冷水和冰块冷却受伤部位，然后就医。
- 离开实验室前务必洗手。
- 废弃的样品管及样品应放入重金属固体废弃物桶。

A7.5 实验步骤

SWKY-1型数字控温仪说明书参见文献［4］，KWL-09可控升降温电炉说明书参见文献［5］。

（1）打开SWKY-1型数字控温仪的电源开关，仪表显示初始状态如图A7-3所示。

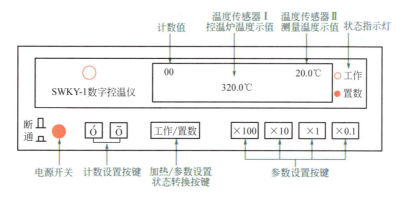

图A7-3　SWKY-1型数字控温仪前面板初始状态示意图

（2）设置控制温度：在置数灯亮时，依次按动"×100""×10""×1""×0.1"等参数设置按键，设置温度传感器Ⅰ显示的百、十、个位和小数点位的数字，每按动一次，显示数码按0～9依次递增。对于铅-锡合金，将温度传感器Ⅰ控温炉温度设定为380℃，其他体系根据实际情况另行确定，原则是高于样品最高熔点温度约50℃。设置完成，将温度传感器Ⅰ插入KWL-09可控升降温电炉熔融炉管旁的温度计插孔中（**注意：实验中温度传感器Ⅰ必须始终与熔融炉管接触，不得拔出，否则将导致炉温失控，后果严重！**）。

（3）选取一根制备好的样品管插入KWL-09可控升降温电炉的实验样品熔融炉管（左边）中，按一下"工作/置数"按键，控温仪转换到工作状态，工作指示灯亮，温度传感器Ⅰ控温炉温度示值显示的是测定的熔融炉实时温度。

（4）打开KWL-09可控升降温电炉电源，将温度传感器Ⅱ插入的降温炉管（右边）的花瓣形空隙中，调节降温风扇功率为0，用降温炉管加热补偿功率控制旋钮调节输出电压至合适的值，使得降温炉管的温度稳定在比熔融炉设定温度低约50℃。

（5）启动数据采集计算机系统"金属相图数据处理系统V3.00"，点击"设置-通讯口"设置通讯端口，点击"设置-设置坐标系"设置采样时间长短（约60min）和采样温度区间（约50～350℃）。

（6）待熔融炉温度达到设定值后，再恒温放置10min，使合金样品完全熔融。将温度传感器Ⅱ从降温炉管中拔出，插入样品管的温度计套管中。待温度传感器Ⅱ测量温度示值回升稳定后，用样品管钳将样品管（连同温度传感器Ⅱ）移入降温炉管中。

（7）将降温炉管加热补偿功率控制旋钮调节至0输出，调节降温风扇功率控制旋钮至3V（注意观察电炉后面板上的风扇是否转动），点击"金属相图数据处理系统V3.00"软件界面上的"数据通讯-清屏-开始通讯"，系统开始采集样品步冷曲线。

（8）测量完成后，点击"数据通讯-停止通讯"，将文件以"*.BLX"和"*.TXT"形式保存。测量完成的样品管取出后放置在样品架上，将降温风扇功率控制旋钮调节至0。

（9）换一个样品，重复实验步骤（3）～（8），直至测完全部样品。

（10）如有必要，可对温度传感器进行校正：用两支空白样品管各装100g铋和50g苯甲酸，分别测定它们的步冷曲线，从步冷曲线上得到两者的熔点。将所测得的铅、铋、苯甲酸的熔点与标准值对照，以校正温度传感器。

（11）实验完成后，关闭所有仪器电源，清理实验台面及清扫实验室。

A7.6　数据处理与结果分析

用"金属相图数据处理系统 V3.00"软件处理实验数据并绘制 Sn-Pb 二元合金相图，具体方法如下。

1. 点击"窗口-数据处理"，切换到数据处理窗口。
2. 打开已绘制好的步冷曲线，用鼠标在该曲线上找到平台温度（或拐点温度，或最低共熔点），然后把该数据输入到"步冷曲线属性"表格对应的位置。
3. 执行"数据处理-数据映射"命令，软件自动把曲线拐点/平台、最低共熔点和百分比自动填到二组分合金相图数据表格中。
4. 执行"数据处理-绘制相图"命令，弹出"绘制相图方式"窗口，按窗口的标示设置绘制相图的相关参数，点击"确定"按钮。
5. 执行"设置-衬托线"命令，软件绘制衬托线。
6. 执行"设置-显示标注"命令，软件标出步冷曲线的属性值。
7. 执行"设置-保存"对相图进行保存。

也可以将实验数据（*.TXT 形式）用 Excel 或 Origin 数据软件进行处理和作图，获得步冷曲线和相图。步冷曲线法无法测量的相线可查阅文献 [6] 数据补齐。

相图以温度为纵坐标，采用质量分数与原子分数双横坐标形式，主横坐标自行决定。从所得的合金相图确定最低共熔点的温度和组成。

A7.7　讨论与思考

1. 各样品的步冷曲线上是否都观察到过冷现象？根据自己的实验数据分析一下过冷现象产生的规律。
2. 是否可以用差热分析法测定合金体系固-液平衡相图？请考虑一下实验方案和注意事项。
3. 以前的印刷工业中所用铅字在铸造时常要加入一定量的锡，这主要起什么作用？试从相图分析在铅字铸造过程中添加锡的合适浓度范围。

A8 正戊醇-乙酸-水三元体系等温等压相图的绘制

A8.1 实验简介

本实验用溶解度法测定三元溶液体系正戊醇-乙酸-水的等温等压相图,并用酸碱滴定法测量该体系中液-液二相平衡的连接线,正戊醇与水之间存在有限的溶解度,而乙酸与其他两个组分完全混溶,三者间的关系由三角形坐标法表示的三元相图进行分析。该实验展示了即使几乎不借助任何仪器(实际上本实验中最重要的仪器就是实验者的目视观察),仍然可以做出富有意义的研究工作。

本实验需要8课时。

学生应了解三元体系等温等压相图的基本标示方法,即Gibbs-Roozeboom等边三角形图示法,另外还应熟悉基本的酸碱滴定和标定操作。

A8.2 理论探讨

了解一个二相系统中液体的饱和溶解度有时是非常必要的,比如当水相和有机相接触时,需要知道有多少水溶解在有机物中,也需要知道有多少有机物溶解在水中。当进行萃取操作时,就是面临着这样的情况,即通过加入萃取剂形成二相体系,从而将某个化合物富集到萃取剂相中,由于萃取的目的是分离,也就是说萃取操作的对象至少有两个组分,加上萃取剂本身,萃取体系至少有三个组分,因此三元相图的知识对于确定萃取条件有重要的指导作用。

根据相律$F=C-P+2$,三组分系统的组分数为$C=3$,因此体系的自由度$F=5-P$。若体系仅有一个相,$P=1$,则$F=5-1=4$,即需要有4个变量来描述体系的状态,比如常用T、p、x_1、x_2这四个参数。当然不可能在三维坐标系中将上述体系完整地用图形表示出来,因为在这样的坐标系中只能有两个自变量,结果是通常在恒温恒压条件下画出相图,此时系统的自由度$F=3-P$,最多只需要2个变量就可以描述系统的状态了。

体系的温度和压力固定后,剩下的变量就是组分变量x_1、x_2、x_3,且存在关系$x_1+x_2+x_3=1$,因此只需要知道任意两个组分浓度,就可以确定第三个组分浓度。当然,用直角坐标系绘制这样的相图仍然会造成相当的视觉困惑,因此Gibbs和Roozeboom采用等边三角形图示法来绘制恒温恒压下的三元体系相图,如图A8-1所示,等边三角形的三个顶点各代表一纯组分(纯A、纯B、纯C),三角形的三条边AB、BC、CA上的点分别代表组分A和B、组分 B 和 C、组分 C 和 A 所组成的二组分系统的某个组成状态，而三角形中的任意一个点就表示三组分系统的某个组成状态。

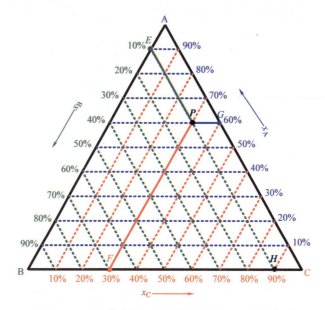

图 A8-1　恒温恒压下三元相图的等边三角形表示法

在等边三角形 ABC 中，平行于任一底边的直线的位置决定了该底边对应顶点纯物质的含量，比如在平行 BC 的任意一条平行线（见图 A8-1 中蓝色虚线）上所有体系点的 x_A 相等，平行线越接近 A 点，其对应的 x_A 越大；同样地，平行于 AC 的绿色虚线上的 x_B 相等，而平行 AB 的红色虚线上的 x_C 相等。三角形 ABC 的三条边可以作为各组分含量的标尺，如图 A8-1 所示，各组分含量由小到大按逆时针方向轮转排列标注，AB、BC、CA 线分别为 B 组分、C 组分和 A 组分的含量标尺；反之，若各组分含量由小到大按顺时针方向轮转排列标注，BA、AC、CB 线分别为 A 组分、C 组分和 B 组分的含量标尺。以 P 点为例，该点的系统组成可以这样确定，过 P 点分别作平行于等边三角形三条边的平行线，交 AB、BC、CA 于 E、F、G 点，则 $x_A=CG=60\%$，$x_B=AE=10\%$，$x_C=BF=30\%$。有时，仅在三角形底边（BC）上标注含量，其他两条边（AB、AC）上没有含量标尺，此时 P 点的体系组成可以这样确定，过 P 点分别作 AB、AC 的平行线交 BC 于 F、H 点，由几何关系可以看出，$x_A=FH=60\%$，$x_B=HC=10\%$，$x_C=BF=30\%$。

等边三角形相图中的某些特殊线段对了解萃取过程和测量相图实验非常重要。若体系开始时处于 P_0 点［见图 A8-2（b）］，即为 B 和 C 的二组分体系，此时向体系中加入第三组分 A，体系点将沿着直线 AP_0 向 A 点移动，加入 A 的数量越多，体系点越靠近 A，反之亦然，在图 A8-2（b）中，$x_A(P_2)>x_A(P_1)>x_A(P_0)=0$。这就说明三元相图中通过某个顶点的直线表示的是加入（或除去）该顶点代表组分的过程中，体系点的移动路径，根据几何关系可以确定，直线 AP_0 上各体系点的组分 B、C 含量的比例不变，即 $x_B:x_C=$ 常数。另外，若有两部分溶液，其体系点分别为 P 和 Q［见图 A8-2（a）］，则该两部分溶液合并形成新体系的体系点 x 一定处于 PQ 连线上，当 P、Q 点代表两个平衡相时，x 点就代表体系的原始组成（或总组成），此时连线 PxQ 被称为连接线（tie line），必须注意到，三元相图中两相平衡的连接线不一定平行于三角形的任一条边。

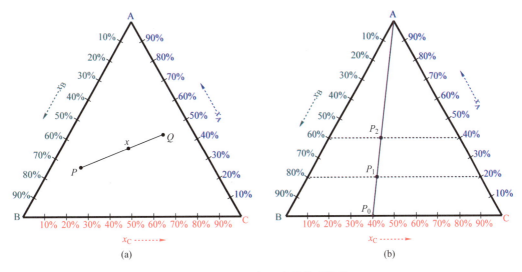

图A8-2 三元相图中的特殊线段

（a）连接线；（b）二元体系加入第三组分后的体系移动路径

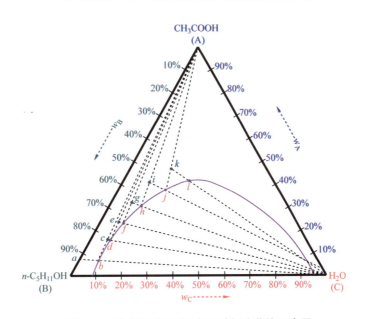

图A8-3 浊点法测定三元相图溶解度曲线示意图

本实验中，水和正戊醇是部分互溶的，而乙酸和正戊醇及乙酸和水则完全互溶，在正戊醇-水二元体系中加入乙酸可以促进正戊醇与水的互溶，由此构成了生成一对共轭溶液的三组分体系。

图A8-3中紫色曲线是正戊醇-乙酸-水三元体系中的溶解度曲线，在曲线以下是二液相共存区，其余部分是单一液相区。本实验采用溶解度观察法（浊点法）测定溶解度曲线，假定起始溶液是正戊醇-乙酸溶液 a，为澄清的单一液相；向该溶液中慢慢加入水直到溶液变得浑浊，体系点将沿着 a-H_2O 直线移动到达 b 点；向该浑浊液中加入乙酸使之重新澄清，此时系统点沿 b-CH_3COOH 直线移动到 c 点；再次向该 c 溶液中慢慢加入水，直到溶液变得浑浊，体系点将沿着 c-H_2O 直线移动到达 d 点；然后向该 d 浑浊液中加入乙酸，使之重新澄清，此时体系点沿d-CH_3COOH直线移动到e点；向该溶液中慢慢加入水直到溶液变得浑浊，体系点将沿着e-H_2O直线移动到达f点……；图A8-3中的b、d、f、h、j、l点均在溶解度曲线的左半支。同样地，由乙酸-水溶液开始，通过向体系中滴加正戊醇产生浊点的方法，可以测出溶解度曲线的右半支。将b、d、f……点连接起来，就得到了溶解度曲线。

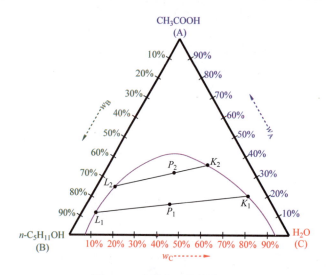

图A8-4　连接线测量示意图

在两相区，由于乙酸在正戊醇层和水层中不是等量分配，因此代表两相浓度的连接线并不一定与底边平行，如图A8-4所示，若设三组分系统的组成为P_1，则平衡两相称为共轭溶液，其组成由通过P_1点的直线与溶解度曲线的交点K_1、L_1表示。同样地，$K_2P_2L_2$表示另一对共轭溶液的连接线。连接线的测量可以采用如下方法：当两相达成平衡时，将两相分离，分别测定两相中某一组分的含量，表示该组分含量的平行线与溶解度曲线的交点即为该相的体系点。本实验通过酸碱滴定法测定共轭溶液中的乙酸含量，进行连接线的测定，应注意代表乙酸组成的水平线一定会与溶解度曲线有两个交点，若测定的是水层数据，则应取靠近H_2O组分（右侧）的交点，而正戊醇层数据则相反。若测得的连接线正好通过体系原始组成点，说明实验得到了很准确的结果。

A8.3　仪器试剂

电子天平，具塞锥形瓶（25mL）4只、锥形瓶（50mL、250mL）各4只，酸式、碱式滴定管（50mL）各1支，酸式滴定管（50mL，具特氟隆活塞）2支，移液管（1mL、2mL）各2支，分液漏斗（150mL）2只，封口膜（4in×125ft）。

正戊醇（A.R.），冰醋酸（A.R.），二水合草酸或邻苯二甲酸氢钾（A.R.，基准物质），NaOH标准溶液（0.5mol·dm^{-3}），酚酞指示剂。

A8.4　安全须知和废弃物处理

- 实验室中需穿戴实验服、防护目镜或面罩，佩戴口罩。
- 在处理溶液时需使用丁腈橡胶手套，尤其是正戊醇和乙酸。

- 使用封口膜局部封闭烧瓶、滴定管开口处，减少挥发性污染和人体吸入，保持室内良好通风。
- 乙酸和正戊醇刺激皮肤，尤其是乙酸，如发生皮肤沾染，用水冲洗沾染部位10min以上，产生严重伤害的应立即就医。
- 乙酸和正戊醇严禁吞咽或接触眼睛等人体敏感部位，发生此类接触应立即就医。
- 离开实验室前务必洗手。
- 使用过的溶液需倒入指定的废液回收桶。
- 使用过的手套、封口膜等固体物质需放入固体废弃物桶。

A8.5 实验步骤

实验注意点：

滴定管必须干燥而洁净，锥形瓶也必须干净，振荡后内壁不能悬挂液珠。

用水滴定如超过终点，则可滴加乙酸至刚由浑浊变清作为终点，并记录下实际滴加的各溶液的体积。

当正戊醇含量较少时，终点是逐渐变化的，刚出现的浑浊会慢慢消失，因此必须滴加水直至出现明显浑浊才停止，但是不能使溶液明显分层。

用移液管移取两相平衡的下层溶液时，可边鼓泡吹气边插入移液管，避免上层溶液沾污。也可以使用分液漏斗分出下层溶液。

1. 正戊醇-水二元体系溶解度的测定

分别在两支干燥、洁净的具特氟隆活塞的酸式滴定管中装入正戊醇和冰醋酸，将滴定管上端口用封口膜封闭，并戳一小透气孔。在普通酸式滴定管中装入水。

通过滴定管向50mL干燥锥形瓶中加入20mL水，准确记录加入水的体积和室温，用封口膜封闭锥形瓶。将装有正戊醇的滴定管滴嘴插入锥形瓶封口膜中，逐滴加入正戊醇并不断振荡溶液，直至溶液出现雾状浑浊，并保持5min以上，记录加入正戊醇的体积和室温。

通过滴定管向50mL干燥锥形瓶中加入20mL正戊醇，准确记录加入正戊醇的体积和室温，用封口膜封闭锥形瓶。将装有水的滴定管滴嘴插入锥形瓶封口膜中，逐滴加入水并不断振荡溶液，直至溶液出现雾状浑浊，并保持5min以上，记录加入水的体积和室温。

2. 溶解度曲线（左半支）测定

取干燥的250mL有塞锥形瓶1只，向瓶中滴入20mL正戊醇和1mL冰醋酸，用封口膜封闭锥形瓶，记录加入的正戊醇、乙酸的体积和室温。

将装有水的滴定管滴嘴插入封口膜中，慢慢滴入水，同时不断振荡，滴至溶液出现浑浊终点并保持5min，记录加入水的体积和室温。

将装有乙酸的滴定管滴嘴插入封口膜中，加入2mL醋酸，振荡后溶液又变为澄清，记录加入的乙酸体积和室温。按上面同样方法用水滴定至浑浊终点，记录加入水的体积和室温。

以同样方法再依次加入4mL、4mL、4mL、4mL、2mL、2mL醋酸，用水滴定，记录各次测定的组分用量。

最后，向所得的溶液中加入10mL正戊醇，溶液分层，记录加入正戊醇的体积和室温。加塞后放置静置30min，并时加振荡，该溶液将用作测定连接线。

3. 溶解度曲线（右半支）测定

按上述左半支测量类似方法，自行设计实验方案测量溶解度曲线右半支，此时正戊醇与水的角色互换。溶解度曲线的右半支比较靠近三角形的腰边，每次滴定产生及消除浊点所需的正戊醇和乙酸的数量均很小，要注意观察，仔细操作，起始的乙酸-水溶液中乙酸的质量分数不要超过5%。最后所得溶液也将用作测定另一条连接线。

4. 连接线测量

在碱式滴定管中装入新配制的NaOH溶液（$0.05 \sim 0.1 \text{mol·dm}^{-3}$），用基准物质标定NaOH溶液的浓度。

将4个25mL有塞锥形瓶预先称量。上面所得的两个测定连接线的溶液静置后分层，用干净的移液管分别吸取上层溶液2mL、下层溶液1mL，放入4个25mL具塞锥形瓶中，再称其质量，由此得到这4份溶液的质量。

将这4个锥形瓶中的溶液分别用水洗入容量瓶中定容（稀释程度根据滴定用NaOH溶液浓度自行决定），用已标定的NaOH溶液滴定每个溶液中醋酸的含量，用酚酞作指示剂。

A8.6 数据处理与结果分析

1. 溶解度曲线的绘制

根据正戊醇、乙酸和水所用的实际体积以及实验温度下各物质的密度（见表A8-1和表A8-2），实验温度取多个实测温度的平均值，计算各浑浊点时每个组分的质量分数，列表表示。将实验数据在三角形坐标系中作图，即获得溶解度曲线。

2. 画连接线

计算两个测量连接线溶液中正戊醇、乙酸、水的质量分数，并在三角形相图上标出相应的P_1、P_2点。将所取上述溶液各相中的乙酸含量计算出来，并标示到溶解度曲线上，由此可以作出两条连接线K_1L_1和K_2L_2，它们应分别通过P_1、P_2点。

表A8-1 不同温度下水和乙酸的密度（$\rho/\text{g·cm}^{-3}$）

$t/℃$	水	乙酸
15	0.9991016	1.0546
16	0.9989450	1.0534
17	0.9987769	1.0523
18	0.9985976	1.0512
19	0.9984073	1.0500
20	0.9982063	1.0489
21	0.9979948	1.0478
22	0.9977730	1.0467
23	0.9975412	1.0455
24	0.9972994	1.0444
25	0.9970480	1.0433
26	0.9967870	1.0422
27	0.9965166	1.0410
28	0.9962371	1.0399
29	0.9959486	1.0388
30	0.9956511	1.0377

表 A8-2　不同温度下正戊醇的密度（$\rho/\text{g·cm}^{-3}$）

$t/℃$	文献 [7]	文献 [8]	CRC手册数据
20	0.8147	0.8152	0.8144
25	—	0.8120	
30	0.8073	0.8081	
40	0.7998	0.8006	
50	0.7925	0.7930	
60	0.7844	0.7853	
70	0.7765	0.7776	
80	0.7681	0.7692	
90	0.7594	—	
100	0.7507	—	
110	0.7415	—	
120	0.7317	—	
130	0.7217	—	

A8.7　讨论与思考

1．除容量分析方法测定连接线外，还能提出什么方法进行这项工作？

2．如果测定的连接线 K_1L_1、K_2L_2 不能通过 P_1、P_2，原因是什么？

3．查阅文献数据，用三棱柱图表示溶解度曲线随温度变化的趋势，三棱柱的棱长方向取作温度坐标轴。

A9 电解质溶液电导率的测定

A9.1 实验简介

本实验将测定电解质溶液的导电能力，今天实验仪器的便捷程度使得我们无须重复当年奥斯特瓦尔德、克尔劳许等人的艰辛工作，但是所观察到的现象仍然一样具有吸引力。强电解质、弱电解质的概念在这个实验中可以充分展现，通过电导率这样宏观性质的测量，得以窥探离子的微观运动规律。

本实验为4课时；对于8课时实验，建议本实验与A15实验一起完成，本实验校准的电导电极电导池常数正好用于化学动力学实验的测量。

学生无须任何预备知识，通过实验发现规律比先入为主的概念更加重要。

A9.2 理论探讨

导电物体的电阻 R 与该物体的长度 l 乘正比、与其横截面积 A 成反比

$$R = \rho \times \frac{l}{A} \tag{1}$$

式中，ρ 称为电阻率（单位：$\Omega \cdot m$），其倒数 κ 称为电导率（单位：$\Omega^{-1} \cdot m^{-1}$ 或 $S \cdot m^{-1}$），而电阻的倒数称为电导 G（单位：Ω^{-1} 或 S）。一般对金属导体使用电阻率的概念，而对电解质使用电导率的概念。上述物理量之间的关系可以重新表达为：

$$R = \rho \times \frac{l}{A} = \frac{1}{\kappa A} l = \frac{1}{G} \qquad \kappa = \frac{1}{R} \times \frac{l}{A} = \frac{l}{A} \times G \tag{2}$$

如果需要测定一个溶液的电导率，必须首先测定电导池的几何尺寸，即 l 和 A。这可以采用已知电导率溶液标定的方法，常用的标定溶液是KCl溶液。由此得到的标定数据称为电导池常数 $K_{池}$。

$$K_{池} = \frac{l}{A} = \kappa_{已知} R_{已知} \tag{3}$$

当电导池常数确定后，就可以计算出待测电解质溶液的电导率

$$\kappa = \frac{K_{池}}{R} \tag{4}$$

图A9-1是常用的DJS型电导电极，电极前端环形玻璃架的两侧嵌有金属电极片（一般

为金属铂片），测量时将电极前端浸没在电解质溶液中，所测量的就是两电极片之间的电解质溶液的电导率，其大小与电极片面积和电极片间距等几何因素有关，电导电极的电导池常数在出厂前已经过标定，但是在电极使用过程中仍然会发生变化，因此必须经常进行核查，一般采用交流电桥法，也可以在电导率仪上进行电导池常数的复核工作。实验仪器和标定方法参见附录。

图A9-1　DJS-0.1C、DJS-1C和DJS-10C型电导电极

在电导池常数已经确定的情况下，使用电导率仪就可以很方便地测定电解质溶液的电导率，水的电导率应从电解质溶液电导率的测定值中扣除。图A9-2为氯化钾和乙酸水溶液的电导率与溶液浓度的关系，可以看出不同电解质的导电能力和导电行为有很大的差异。

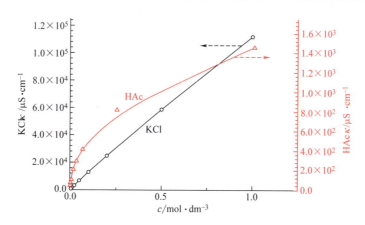

图A9-2　不同浓度下KCl和HAc水溶液的电导率

电解质溶液的电导率κ与离子浓度、离子的电迁移速率的相关性很强，考虑电解质$A_{\nu_+}B_{\nu_-}$，其电离方程为

$$A_{\nu_+}B_{\nu_-} \longrightarrow \nu_+ A^{z+} + \nu_- B^{z-} \tag{5}$$

若在浓度c（单位：mol·dm^{-3}）的溶液中电解质的电离度为α，则每升溶液中正、负离子所携电荷的物质的量分别为$\nu_+ z_+ \alpha c$、$\nu_- z_- \alpha c$，且$\nu_+ z_+ = \nu_- z_- = \nu$。电解质溶液的电导率可以表示为

$$\kappa = 1000\alpha c F(\nu_+ z_+ U_+ + \nu_- z_- U_-) = 1000\alpha c \nu F(U_+ + U_-) \tag{6}$$

式中，F为法拉第常数，相当于1mol电子所携电量，$1F = 96485.31$C·mol^{-1}；$1000\alpha c$是A$^+$（也是B$^-$）的浓度，单位是mol·m^{-3}；U_+和U_-分别是正、负离子的电迁移率，定义为在单位电势降（1V·m^{-1}）条件下离子的运动速率，单位是m^2·s^{-1}·V^{-1}。由此可以定义当量电导率Λ为：

$$\Lambda = \frac{\kappa}{1000vc} = \alpha F(U_+ + U_-) \tag{7}$$

当量电导率 Λ 的单位是：$S \cdot m^2 \cdot equiv^{-1}$（equiv表示当量），而电解质的摩尔电导率 Λ_m 定义为

$$\Lambda_m = \frac{\kappa}{1000c} \tag{8}$$

摩尔电导率 Λ_m 的单位是：$S \cdot m^2 \cdot mol^{-1}$。对于简单的1-1价电解质 A^+B^-，当量电导率等于摩尔电导率。比较不同电解质的导电性应用当量电导率，图A9-3中给出了不同电解质的摩尔电导率与浓度的关系曲线，注意 $CuSO_4$ 是以其摩尔电导率的1/2绘出的。

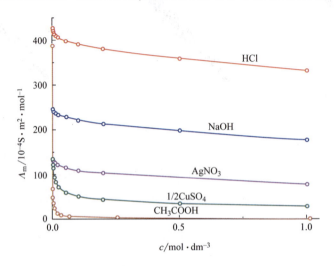

图A9-3 不同电解质溶液的摩尔电导率与浓度的关系

摩尔电导率（或当量电导率）随着溶液的稀释而增加，并在浓度趋近于0时趋向一个极限值 Λ_∞，称为极限摩尔电导率。对于强电解质溶液，电离度 α 始终等于1，因此 Λ 的微小变化可以归因于电迁移率随浓度的变化，离子间的相互吸引会降低电迁移率，当浓度降低后，这种相互作用强度也相应降低，直至溶液无限稀释时完全消失。

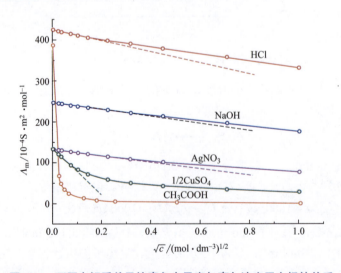

图A9-4 不同电解质单元的摩尔电导率与摩尔浓度平方根的关系

对于强电解质的稀溶液，Kohlrausch发现摩尔电导率与浓度的依赖关系可以表示为如下的经验公式：

$$\Lambda_m = \Lambda_\infty - k\sqrt{c} \tag{9}$$

根据Kohlrausch定律，Λ_m-$c^{1/2}$作图应得到一条直线，该直线与纵坐标的交点即为极限摩尔电导率Λ_∞（见图A9-4）。在无限稀释的电解质溶液中，离子表现为完全的独立运动，极限摩尔电导率Λ_∞可以表达为离子极限摩尔电导率的简单加和

$$\Lambda_\infty = \nu_+ \lambda_+^\infty + \nu_- \lambda_-^\infty \tag{10}$$

式中，λ_+^∞、λ_-^∞分别是正、负离子的极限摩尔电导率，方程（10）即为离子独立移动定律。

弱电解质的Λ随浓度的变化非常显著，这是由于弱电解质的电离度α与浓度强烈相关。然而，当弱电解质溶液浓度趋向于0时，其极限摩尔电导率Λ_∞仍然是一个有限的定值，且适用离子独立移动定律［方程（10）］。对于弱电解质，使用外推法求出Λ_∞往往是不现实的，因为要达到完全电离，溶液的浓度将非常低，以致无法有效地测出电导率的值。但是，弱电解质的极限摩尔电导率可以通过强电解质的Λ_∞，利用方程（10）进行计算，以乙酸为例，可以有

$$\Lambda_\infty(HAc) = \Lambda_\infty(HX) + \Lambda_\infty(MAc) - \Lambda_\infty(MX) \tag{11}$$

式中，M可以是常见的一价离子如Na^+或K^+，而X可以是一价负离子如Cl^-或Br^-，方程（11）成立的唯一要求就是HX、MAc和MX都是强电解质。

在足够稀释的弱电解质溶液中，离子浓度非常低，离子间相互吸引对电迁移率的影响也变得非常小，可以近似地认为电迁移率为常数，此时弱电解质的电离度α可以表达为

$$\alpha \approx \frac{\Lambda_m}{\Lambda_\infty} \tag{12}$$

如果在浓度c时测得溶液的摩尔电导率Λ_m，并根据方程（10）、方程（11）的方法计算出极限摩尔电导率Λ_∞，则根据方程（12）就可以计算出浓度c时弱电解质的电离度α。

根据Ostwald稀释定律，对于乙酸的电离过程，其经验平衡常数可以表示为

$$K_c = \frac{c_{H^+} c_{Ac^-}}{c_{HAc}} = c \times \frac{\alpha^2}{1-\alpha} = \frac{\Lambda_m^2 c}{(\Lambda_\infty - \Lambda_m)\Lambda_\infty} \tag{13}$$

若假定K_c为常数，则方程（13）可以变形为

$$\frac{1}{\Lambda_m} = \frac{1}{\Lambda_\infty} + \frac{\Lambda_m c}{K_c \Lambda_\infty^2} \tag{14}$$

实验中可以测出不同浓度c溶液的摩尔电导率Λ_m，以$1/\Lambda_m$-$\Lambda_m c$作图可以得到一直线，由直线的截距可以求出弱电解质的极限摩尔电导率Λ_∞，再根据方程（12）求出弱电解质在各个浓度c时的电离度α和电离过程经验平衡常数K_c。注意按照方程（14）进行数据计算时存在的逻辑矛盾，即方程（14）隐含的假设是K_c为常数，而当由方程（14）得到Λ_∞后，根据方程（12）和方程（13）计算出的K_c并不能保证不随浓度c变化。当然Λ_∞的值也可以用方程（11）的方法计算出来，这样在计算K_c时就不必抱着这种矛盾的思想了。

由方程（13）计算出的乙酸电离过程经验平衡常数K_c具有与浓度c相同的单位，它与热力学平衡常数$K_\alpha^\ominus$是有区别的。对于极稀的弱电解质溶液，存在关系

$$K_\alpha^\ominus = K_c \gamma_\pm^2 \tag{15}$$

因为不影响下面的计算结果，方程（15）中省略了单位摩尔浓度项$c^\ominus = 1 mol \cdot dm^{-3}$，式中$\gamma_\pm$为乙酸的平均离子活度系数。由方程（15）得到

$$\lg K_c = \lg K_a^\ominus - 2\lg \gamma_\pm \tag{16}$$

根据德拜-休克尔理论，平均离子活度系数可以表达为

$$\lg \gamma_\pm = -|z_+ z_-| \frac{A\sqrt{I}}{1+B\sqrt{I}} \tag{17}$$

式中，I 为离子强度，定义为

$$I = \frac{1}{2}\sum_j b_j z_j^2 \tag{18}$$

式中，b_j 为离子 j 的质量摩尔浓度（单位：$mol \cdot kg^{-1}$）；z_j 为离子 j 所带电荷数，加和遍及溶液中的所有离子。在25℃时，在极稀的水溶液中，$A = 0.509 kg^{1/2} \cdot mol^{-1/2}$，$B$ 近似为1，且质量摩尔浓度与摩尔浓度在数值上近似相等（即 $b_j \approx c_j$），对于乙酸，方程（16）可以近似为

$$\lg K_c = \lg K_a^\ominus + 2 \times (0.509)\sqrt{\alpha c} \tag{19}$$

这样，如果对不同浓度 c 的乙酸溶液测量和计算得到了电离度 α 和经验平衡常数 K_c，以 $\lg K_c$-$(\alpha c)^{1/2}$ 作图可得一直线，将直线外推至浓度为零，即得到热力学平衡常数 $K_a^\ominus$。

A9.3 仪器试剂

DDS-11D型电导率仪，DJS-1C型电导电极，DJS-0.1C型电导电极，电子天平（精度0.0001g），恒温水槽，250mL容量瓶2只，100mL容量瓶2只，25mL定容移液管4支，100mL锥形瓶2只，100mL烧杯2只。

KCl（G.R.），乙酸（A.R.），盐酸（A.R.），乙酸钾（A.R.）。

A9.4 安全须知和废弃物处理

- 在实验室中需穿戴实验服、防护目镜或面罩。
- $1mol \cdot dm^{-3}$ 盐酸和乙酸溶液对皮肤有轻微腐蚀性，如发生皮肤沾染，用水冲洗沾染部位。
- 离开实验室前务必洗手。
- 溶液应倒入指定的废液回收桶。

A9.5 实验步骤

本实验数据和结果的质量取决于正确的溶液稀释操作，以及有效地防止溶液被沾污，请严格按照稀释步骤操作。注意恒温槽温度始终保持恒定，实验中应多次记录恒温槽的温度并取平均值作为实验测定温度。实验中应随时粗略估算实验数据的合理性，以保证下一步测量的准确性，粗判依据为：强电解质溶液的电导率 κ 大致正比于稀释比例 M（如1/4、1/10等），即 M/κ 基本不变，而弱电解质的 M/κ 将随着溶液浓度的降低而减小。

1. 配制标准贮备液（由实验室预先准备）

配制溶液所用的水应为去离子水，电导率不大于 $2\mu S \cdot cm^{-1}$（25℃）。

（1）$1mol \cdot dm^{-3}$ HCl溶液：用量筒量取浓盐酸83mL，加水稀释到1L，贮存在密封聚乙

烯塑料瓶中，用NaOH标准溶液标定。

（2）1mol·dm^{-3} HAc溶液：用量筒量取冰乙酸59mL，加水稀释到1L，贮存在密封聚乙烯塑料瓶中，用NaOH标准溶液标定。

（3）1mol·dm^{-3} KCl溶液：将KCl（G.R.）在220～240℃下烘干2h，然后放入干燥器中冷却至室温。称取74.5513g KCl，加水溶解后定容稀释到1L，稀释和操作应在（20±0.5）℃的恒温槽中进行，溶液贮存在密封聚乙烯塑料瓶中。

（4）1mol·dm^{-3} KAc溶液：将KAc（A.R.）在水-乙醇（1:1）体系中结晶三次，在真空烘箱中恒重。称取98.1423g KAc，加水溶解后定容稀释到1L，溶液贮存在密封聚乙烯塑料瓶中。

2．去离子水电导率的测定

100mL锥形瓶用去离子水冲洗三次，然后装上适量的去离子水，置于（25±0.5）℃的恒温槽中，将DJS-0.1C型电导电极也用去离子水冲洗三次，放入锥形瓶中，使电极片完全浸没在溶液中，调节电导率仪，测定去离子水的电导率，重复三次，记录去离子水的电导率测量值。

3．DJS-1C型电导电极电导池常数的测定及KCl溶液电导率的测定

溶液配制采用逐级稀释法（见图A9-5），注意节约使用标准贮备液。

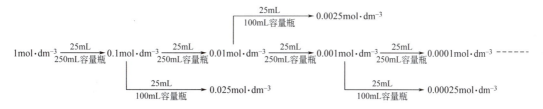

图A9-5 溶液逐级稀释配制流程

将100mL容量瓶和2只250mL容量瓶各用去离子水清洗三次，将100mL烧杯和25mL移液管用少量1mol·dm^{-3} KCl溶液清洗三次。在烧杯中倒入适量1mol·dm^{-3} KCl溶液，用移液管定量移取25mL溶液至250mL容量瓶中，用去离子水稀释至刻度，加塞摇匀，得到0.1mol·dm^{-3} KCl溶液。

将100mL烧杯和25mL移液管用少量0.1mol·dm^{-3} KCl溶液清洗三次。在烧杯中倒入适量0.1mol·dm^{-3} KCl溶液，用移液管定量移取25mL溶液至100mL容量瓶中，用去离子水稀释至刻度，加塞摇匀，得到0.025mol·dm^{-3} KCl溶液。用移液管定量移取25mL溶液至250mL容量瓶中，用去离子水稀释至刻度，加塞摇匀，得到0.01mol·dm^{-3} KCl溶液。

按附录中标定电导电极电导池常数的方法，在（20±0.5）℃（或25℃±0.5℃）恒温槽中分别用0.01mol·dm^{-3}和0.001mol·dm^{-3} KCl溶液标定DJS-1C型电导电极的电导池常数，比较两种溶液标定数据的差异，确定电导电极的电导池常数值$K_{池}$。

用标定好的电导电极依次测定0.1mol·dm^{-3}、0.025mol·dm^{-3}和0.01mol·dm^{-3} KCl溶液的电导率，重复三次。若0.1mol·dm^{-3} KCl溶液电导率超量程，可适当稀释。

保留0.01mol·dm^{-3} KCl溶液，其他容器清洗干净，按上述同样方法配制下一级0.0025mol·dm^{-3}和0.001mol·dm^{-3} KCl溶液，测定其电导率，重复三次。

按上述同样方法配制下一级溶液，测定其电导率，直至接近100μS·cm^{-1}。

4．HCl、HAc和KAc溶液电导率的测定

除不需要标定电导电极外，其他步骤与KCl溶液电导率测定方法相同。

A9.6　数据处理与结果分析

注意：所有计算结果和图表请标注实验测量温度。

1．列表计算各浓度 KCl、HCl、HAc 和 KAc 溶液的电导率 κ 和摩尔电导率 Λ_m。

2．根据实验数据绘制 κ-c 曲线图和 Λ_m-c 曲线图。

3．将各电解质的 Λ_m-$c^{1/2}$ 曲线绘制在一张图上，用外推法计算出 KCl、HCl 和 KAc 溶液的极限摩尔电导率 Λ_∞。利用实验测出的 Λ_∞ 值，根据方程（11）计算 HAc 的极限摩尔电导率。查阅文献数据，与 KCl、HCl、KAc 和 HAc 极限摩尔电导率的实验测量结果进行比较。

4．以 HAc 的 $1/\Lambda_m$-$\Lambda_m c$ 作图，进行线性拟合，根据方程（14），由拟合直线方程的截距求出 HAc 的极限摩尔电导率，并与文献值和第 3 步计算的结果进行比较。

5．分别根据第 3、4 步计算过程及文献数据计算所得到的 HAc 极限摩尔电导率，按照方程（12）、方程（13）列表计算各浓度 HAc 溶液的电离度 α 和电离过程经验平衡常数 K_c。

6．以 $\lg K_c$-$(\alpha c)^{1/2}$ 作图，观察该系列数据是否构成斜率为正的线性关系，若关系成立，则将该数据系列进行线性拟合并外推至浓度为零，得到电离过程的热力学平衡常数 $K_a^\ominus$，查阅文献数据进行比较。若上述关系不成立，则将第 5 步计算中 K_c 取平均值或最佳值列入实验报告。

A9.7　讨论与思考

1．弱电解质溶液在浓度很稀时，几乎完全电离，为什么仍然不能用 Kohlrausch 定律外推求出极限摩尔电导率？

2．在什么情况下，实验测定的电导率数据必须扣除水的电导率值？

3．对于电解质稀溶液，渗透压的 van't Hoff 方程为：$\pi = icRT$，式中 i 为 van't Hoff 因子。假定 1 mol 电解质可以解离出 β mol 离子（包括正离子和负离子），请推导出电离度 α 与 i 因子的关系，并设计一个实验方案来验证这个关系。

4．尝试根据 HAc 电离过程热力学平衡常数 $K_a^\ominus$ 的文献数据，计算各浓度 HAc 的电离度 α，绘制 HAc 溶液 $\lg K_c$-$(\alpha c)^{1/2}$ 理论预测曲线，并与实验结果进行对比。

5．奥斯特瓦尔德和范特霍夫于 1889 年在莱比锡编辑出版了物理化学学科的第一本学术期刊：*Zeitschrift für Physikalische Chemie*，其中包含大量关于电解质溶液性质的论文。将该期刊查找出来，并列出奥斯特瓦尔德、范特霍夫、阿仑尼乌斯、吉布斯、贝克曼等人发表在该期刊上的论文索引。

附　电导率仪和电导池常数的标定

1．DDS-11D 型电导率仪的原理

图 A9-6 为 DDS-11D 型电导率仪测量原理图，A 为运算放大器，运算放大器具有以下两个特性：运算放大器两个输入端之间的电压总是零，即"虚地"，或者"虚短路"；运算放大器的两输入端之间的阻抗非常大，接近于无穷大，即输入运算放大器输入端的电流为零，称为"零输入电流"特性。利用这些特性可以很方便地计算运放电路的工作特性。

将幅度恒定的电压 E 加载电导池的两个电极上，流过电解质溶液的电流 I_x 与溶液电阻 R_x

的关系符合欧姆定律

$$R_x = \frac{E}{I_x} = \rho \times \frac{l}{A} \quad (20)$$

式中，ρ 为电解质溶液的电阻率；l 为两电极之间的距离（单位：cm）；A 是两电极之间液柱的截面积（单位：cm^2）。对于同一个电极，l/A 是一个常数，称为电导池常数 $K_{池}$（单位：cm^{-1}）。由此得到

$$\frac{E}{I_x} = \rho K_{池} \quad (21)$$

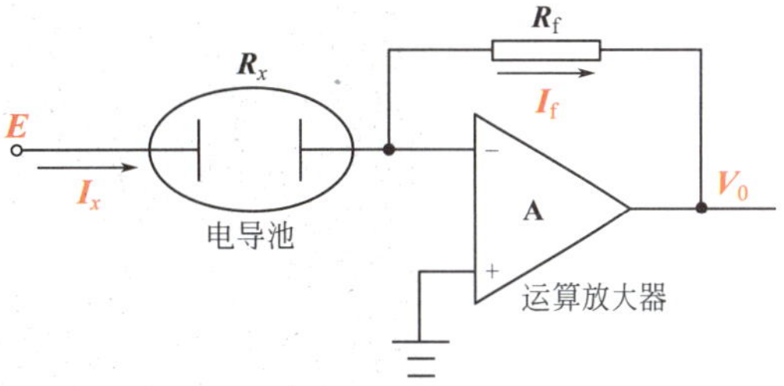

电解质溶液的电导率

$$\kappa = \frac{1}{\rho} = \frac{I_x}{E} K_{池} = \frac{I_f}{E} K_{池} = \frac{K_{池}}{ER_f} \times V_0 \quad (22)$$

图A9-6　DDS-11D型电导率仪测量原理图

在输入电压 E、反馈电阻 R_f 和电导池常数 $K_{池}$ 为定值时，被测物质的电导率与运算放大器的输出电压 V_0 成正比，因此只需测定 V_0 的大小就能够显示出电解质溶液电导率的高低。

图A9-7是电导率仪的电路框图，为降低极化作用及消除电导池电容性的影响，由振荡器产生幅值稳定的交流测量讯号，此讯号加于电导池后变换为电流讯号输入运放A的反相端，经过比例运算后将 R_x 的大小转换成电压输出讯号 V_0。V_0 经过检波后变为直流电压讯号，由电表指示出溶液的电导率。

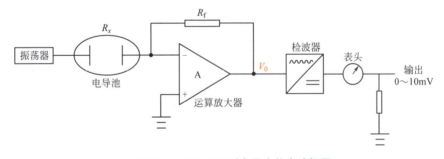

图A9-7　DDS-11D型电导率仪电路框图

2．DDS-11D型电导率仪的使用方法

图A9-8为DDS-11D型电导率仪前面板示意图。

按被测介质电阻率（电导率）的高低，选用不同常数的电极，并且测试方法也不同。一般当介质电阻率大于10MΩ·m（小于0.1μS·cm^{-1}）时，选用0.01cm^{-1}常数的电极且应将电极装在管道内流动测量；当电阻率大于1MΩ·m（小于1μS·cm^{-1}）小于10MΩ·m（大于0.1μS·cm^{-1}）时，选用0.1cm^{-1}常数的DJS-0.1C型电极，任意状态下测量，该型电导电极可测定范围0～200μS·cm^{-1}；当电导率在1～100μS·cm^{-1}时，选用常数为1cm^{-1}的DJS-1C型光亮电极，该型电导电极可测定范围0～300μS·cm^{-1}；当电导率为100～10000μS·cm^{-1}时，选用DJS-1C型铂黑电极，任意状态下测量，该型电导电极可测定范围0～20000μS·cm^{-1}；当电导率大于10000μS·cm^{-1}时，选用DJS-10C型电导电极，该型电导电极可测定范围0～200000μS·cm^{-1}。

"温度补偿调节旋钮"的功能是将实验温度下测得的电导率换算成25℃下的电导率。用温度计测出被测介质温度后，把该旋钮置于相应介质温度的刻度上，即可进行温度补偿；若

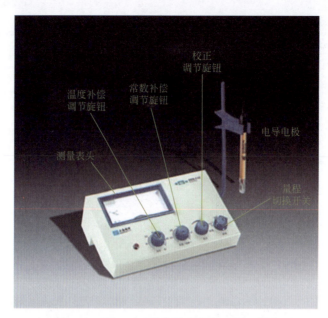

图A9-8　DDS-11D型电导率仪前面板示意图

把旋钮置于25℃线上，仪器就不能进行温度补偿（无温度补偿方式）。若实测某确定温度下电解质溶液的电导率时，不可进行温度补偿。

"常数补偿调节旋钮"用于设定电导电极的电导池常数，即把旋钮置于与使用电极的常数相一致的位置上。不同型号的电导电极的常数设置方法如下：

对DJS-10C型电极，若常数为9.5，则调在0.95位置上；

对DJS-1C型电极，若常数为0.95，则调在0.95位置上；

对DJS-0.1C型电极，若常数为0.095，则调在0.95位置上；

对DJS-0.01C型电极，若常数为0.0095，则调在0.95位置上。

测量电导率时，先把"量程切换开关"扳在"检查"位置，调节"校正调节旋钮"使表头指示满刻度，然后把"量程切换开关"扳在所需的测量量程进行测量，如预先不知被测介质电导率的大小，应先把其扳在最大电导率挡，然后逐挡下降，以防表针打坏。表头上有红、黑两排标尺，当"量程切换开关"扳在黑点挡时读表头上一行刻度（黑字，0～1），扳在红点挡时读表头下一行刻度（红字，0～3）。

3．电导池常数的测定法

（1）电桥法

清洗电极，配制标准溶液。把电导池接入电桥，控制溶液温度，把电极浸入标准溶液中，测出电导池电极间的电阻值 R。按下式计算电极常数

$$K_{池} = R\kappa_{标}$$

式中，$\kappa_{标}$ 为已知溶液的电导率（查表）。电极常数不必经常测定，但当重新镀铂黑时，必须重新确定。

（2）电导率仪法

清洗电极，配制标准溶液。把电导电极接入电导率仪，温度补偿功能关闭，电导池常数设定为"1.00"并调节满刻度。控制溶液温度定值，把电极浸入标准溶液中，测出电导率

$\kappa_{测}$。按下式计算电极常数

$$K_{池}=\frac{\kappa_{标}+\kappa_{H_2O}}{\kappa_{测}}$$

式中，$\kappa_{标}$为已知溶液的电导率；κ_{H_2O}为配制KCl标准溶液所用高纯水的电导率。用测得的$K_{池}$重新设定电导率仪的电导池常数并调节满刻度，再次测定上述标准溶液的电导率，并与文献数据对比。

（3）KCl标准溶液

为减小误差，应选用电导率与待测样品接近的KCl标准溶液进行标定。中国的电导率基准是用相对法建立起来的，它建立于国际公认值的基础上，以标准物质为实物依据。1989年国家技术监督局发布了4种氯化钾溶液在5个温度下的电导率值，见表A9-1和表A9-2。

电导率标准溶液的配制应注意以下几点：①KCl应采用优级纯（G.R.），且需要在220～240℃下烘干2h，然后放入干燥器中冷却至室温；②配制溶液的蒸馏水或离子水的电导率应不大于$0.2\mu S\cdot cm^{-1}$（25℃）；③应在（20±0.5）℃的恒温槽中进行稀释和操作；④标准溶液应储存在密封玻璃瓶中或聚乙烯塑料瓶中室温保存，有效期半年至一年。

表A9-1 氯化钾浓度和电导率值

近似浓度 /mol·dm^{-3}	电导率/S·cm^{-1}				
	15℃	18℃	20℃	25℃	35℃
1	0.09212	0.09780	0.10170	0.11132	0.13110
0.1	0.010455	0.011163	0.011644	0.012852	0.015353
0.01	0.0011414	0.0012200	0.0012737	0.0014083	0.0016876
0.001	0.0001185	0.0001267	0.0001322	0.0001466	0.0001765

表A9-2 KCl标准溶液的组成

近似浓度 /mol·dm^{-3}	容量浓度KCl（20℃空气中）/g·dm^{-3}（溶液）
1	74.2650
0.1	7.4365
0.01	0.7440
0.001	将100mL 0.01mol·dm^{-3}溶液稀释10倍

A 10 希托夫法测定离子的迁移数

A10.1 实验简介

本实验将通过测定电场作用下的电解质溶液及电极的变化,来了解正、负离子在电场中的运动规律。实验采用希托夫法,测定$CuSO_4$溶液中Cu^{2+}和SO_4^{2-}的迁移数,希托夫法的基本假定是溶剂分子(水分子)在电场中保持不移动,而不同离子的电迁移速率不同,导致阳极和阴极附近的电解质溶液浓度发生改变。通过测定电解前后阳极区或阴极区溶液的浓度,可以推算出离子的电迁移性质,分析过程的高精度是本实验完成的关键。

本实验安排为8课时;若需在4课时内完成实验,可预先完成电极电镀,相应缩短电解时间,安排各实验小组合作完成Cu^{2+}吸光度标准曲线的测定,并只选择测量阳极区或阴极区的数据。

学生应熟悉电解质电离理论和离子电迁移规律,并掌握电解实验基本技术和溶液浓度测量的基本方法。

A10.2 原理探讨

A10.2.1 离子的电迁移和迁移数

当电流通过电解质溶液时,正、负离子载运电荷分别向阴、阳两极迁移,在阳极上发生氧化反应,同时在阴极上发生还原反应。如果用铜电极电解硫酸铜溶液,根据法拉第定律,在阳极上生成的铜离子的物质的量应该等于在阴极上生成的金属铜的物质的量。然而,在围绕两个电极附近区域中铜离子的浓度不仅取决于电解时间长短和所加电流大小,还与铜离子和硫酸根离子的迁移速率有关。1853年,希托夫(Johann Wilhelm Hittorf)提出各种离子能以不同的速率移动,因而到达一个电极的离子比到达另一个电极的离子多,这就导致了迁移数这一概念的产生,这是一个有价值的概念。根据阿仑尼乌斯提出的电离理论,由于溶液中的正、负离子的移动速度不同,所带电荷不等,因此它们在迁移电量时所分担的份额百分比也不同,这个份额百分比就是离子迁移数,它能有效地衡量电解质溶液中离子的特征,以及它们对溶液导电能力贡献的大小。

图A10-1表示一个电解槽的剖面,在两个惰性电极之间设想两个假想截面AA、BB,将电解池分成阳极区、中间区和阴极区。假定电解质溶液中仅含有一价正、负离子M^+和A^-,

且负离子的运动速度是正离子运动速度的3倍,即 $v_- = 3v_+$。作为思想实验,考虑电解之前3个区中分别有5对正、负离子,通电时,有一个 M^+ 向阴极迁移进入阴极区,就会有3个 A^- 向阳极迁移进入阳极区,这造成了阳极区和阴极区溶液中正、负离子的不平衡,多余电荷借由在阴、阳两极上发生的还原反应和氧化反应放电消除,放电后的结果是

阴极区:只剩下2个离子对,这是由于从阴极区移出3个负离子所致

阳极区:只剩下4个离子对,这是由于从阳极区移出1个正离子所致

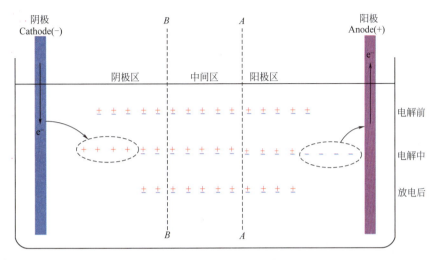

图A10-1 离子电迁移示意图

通过溶液的总电量 Q 为正、负离子迁移电量的总和,即4个电子电量,因此可以得到如下关系:

$$\frac{v_+}{v_-} = \frac{\text{阳极区减少的电解质}}{\text{阴极区减少的电解质}} = \frac{\text{正离子迁移的电荷量}(Q_+)}{\text{负离子迁移的电荷量}(Q_-)} \tag{1}$$

定义正离子迁移数为

$$t_+ = \frac{Q_+}{Q} \tag{2}$$

负离子迁移数为

$$t_- = \frac{Q_-}{Q} \tag{3}$$

由此得到

$$t_+ + t_- = \frac{Q_+}{Q} + \frac{Q_-}{Q} = 1 \tag{4}$$

A10.2.2 迁移数测定方法:希托夫法

图A10-2是用于本实验的电解池组成示意图。以铜电极电解硫酸铜溶液为例,当1F电荷流过时,铜阳极上有0.5mol铜被电解成铜离子进入溶液,同时有少于0.5mol的铜离子通过电迁移从阳极管中被移出,因此电解过程中阳极周围溶液的 Cu^{2+} 浓度会逐步增加,溶液密度增大并沉于底部,因此把阳极放在电解管的下部,而阳极管与中间管的连接臂放在上部;另一方面,铜离子沉积到铜阴极上的速率快于铜离子迁入阴极管的速率,阴极区溶液密度将低于初始溶液密度,因此把阴极放在电解管的中上部,阴极管与中间管的连接臂放在下

部；当实验装置这样构建时，可以保证在足够长的时间内阳极区变浓的溶液和阴极区变稀的溶液不会进入中间管，从而使中间管溶液浓度与初始溶液浓度相等。电解池外电路中串联有库仑电量计（本实验中采用铜电量计），可测定通过电流的总电量Q。对于阳极区的Cu^{2+}，通电前后物质的量的平衡关系为

$$n_{电解后} = n_{电解前} + n_{反应} - n_{迁移} \tag{5}$$

因此电解过程中迁出阳极区的Cu^{2+}的量为

$$n_{迁移} = n_{电解前} + n_{反应} - n_{电解后} \tag{6}$$

式中，$n_{迁移}$表示迁移出阳极区的Cu^{2+}的物质的量；$n_{电解前}$表示通电前阳极区所含Cu^{2+}的物质的量；$n_{电解后}$表示通电后阳极区所含Cu^{2+}的物质的量；$n_{反应}$表示通电时阳极上Cu溶解（转变为Cu^{2+}）的物质的量；$n_{反应}$也等于铜电量计阴极上析出铜的物质的量。

对于阴极区的Cu^{2+}，通电前后物质的量的平衡关系为

$$n_{电解后} = n_{电解前} - n_{反应} + n_{迁移} \tag{7}$$

因此电解过程中迁入阴极区的Cu^{2+}的物质的量为

$$n_{迁移} = n_{反应} + n_{电解后} - n_{电解前} \tag{8}$$

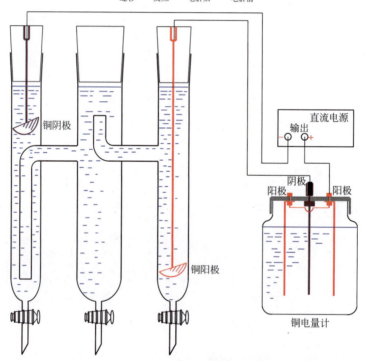

图A10-2 希托夫法实验装置示意图

可以看出，希托夫法测定离子的迁移数至少包括两个假定：①电的输送者只是电解质的离子，溶剂水不导电，这一点与实际情况接近；②不考虑离子水化现象。实际上，正、负离子所带水量不一定相同，因此电极区电解质浓度的改变，部分是由于水迁移所引起的。这种不考虑离子水化现象所测得的迁移数称为希托夫迁移数。

A10.3 仪器试剂

LQY离子迁移数测定装置（南京桑力电子设备厂），紫外-可见分光光度计，25mL、

100mL锥形瓶各4只，5mL、10mL刻度移液管和25mL定容移液管各2支，1000mL容量瓶1只，100mL容量瓶3只。

$CuSO_4 \cdot 5H_2O$（A.R.），镀铜液（每升含$CuSO_4 \cdot 5H_2O$ 150g，硫酸50mL，乙醇50mL），无水乙醇（A.R.），乙二胺四乙酸二钠（EDTA，A.R.），$CuCl_2$（A.R.），硝酸（$1mol \cdot dm^{-3}$）。

A10.4 安全须知和废弃物处理

- 在实验室中需穿戴实验服、防护目镜或面罩。
- 金属盐溶液可能刺激皮肤，如发生皮肤沾染，用水冲洗沾染部位10min以上。
- 离开实验室前务必洗手。
- 镀铜液和硝酸溶液可回收使用，其他金属溶液倒入指定的废液回收桶。
- 使用过的砂纸和固体废渣、碎屑应放入固体废弃物桶。

A10.5 实验步骤

1. 配制溶液

硫酸铜电解溶液：在1000mL容量瓶中配制$CuSO_4$溶液，Cu^{2+}浓度范围为$0.02 \sim 0.05 mol \cdot dm^{-3}$，该溶液以下简称"原溶液"。

Cu^{2+}标准溶液（公用）：准确称取99.99%的二水合氯化铜（$CuCl_2 \cdot 2H_2O$）0.8525g，用少量水溶解后定量移入100mL容量瓶中，稀释至刻度，配制成铜离子摩尔浓度为$0.05 mol \cdot dm^{-3}$的铜离子标准溶液。

EDTA溶液（公用）：称取乙二胺四乙酸二钠盐74.5g，用水溶解后再稀释至1000mL，浓度为$0.2 mol \cdot dm^{-3}$。

吸光度标准曲线测定用Cu^{2+}溶液：用移液管移取适量$0.05 mol \cdot dm^{-3}$的铜离子标准溶液于50mL容量瓶中，加入25mL $0.2 mol \cdot dm^{-3}$ EDTA溶液，用水稀释至刻度，加塞摇匀。铜离子浓度范围为$0.003 \sim 0.008 mol \cdot dm^{-3}$，至少配制5个$Cu^{2+}$浓度不同的溶液。在紫外-可见光谱仪上测量各溶液的吸光度，测定波长730nm，水为参比。

2. 电极预处理及电解准备

将铜电量计的阴、阳极铜片用金相砂纸蘸水打磨，再用$1mol \cdot dm^{-3}$ HNO_3溶液稍微浸洗一下，以除去表面的氧化层，然后用蒸馏水冲洗。在铜电量计中加入镀铜液，安装好电极，连接电源后，在5mA电流下电镀1h。取出铜阴极，用蒸馏水冲洗，乙醇润湿后用热风吹干（温度不可太高，电吹风离开电极一段距离），冷却后称量，得到铜阴极电解前的质量W_1。

将电解用铜电极用金相砂纸蘸水打磨，再用$1mol \cdot dm^{-3}$ HNO_3溶液稍微浸洗一下，以除去表面的氧化层，蒸馏水冲洗后用软纸吸干。

用蒸馏水清洗迁移管，注意活塞是否漏水，沥干水分。用少量硫酸铜电解溶液荡洗迁移管两次，将迁移管的中间管颈部夹持在铁架台上，用硫酸铜电解溶液充满迁移管，注意连接臂中不能有气泡。

3. 电解过程

按图A10-2连接实验装置，依次塞紧阴、阳极电极塞，最后塞紧中间管塞，尽量保持三管中溶液液面高度一致。接通电源，仔细调节使电流约在20mA，通电90min，电解过程中要避免振动、摇晃等能引起各管中溶液混合的行为。电解结束后切断电源，迅速将阳极管上的电极塞取下，打开阳极管底部活塞，将阳极区溶液放入已知质量、干燥的100mL锥形瓶中称量，得到阳极区溶液的总质量m_1，注意不要使中间管中的溶液一起流出。关闭阳极管底部活塞，将阳极管的电极塞重新塞紧，取出阴极管上的电极塞，打开阴极管底部活塞，将阴极区溶液放入已知质量、干燥的100mL锥形瓶中称量，得到阴极区溶液的总质量m_2。

4．称量

取出电量计中的阴极铜片，用蒸馏水冲洗，乙醇润湿后用热风吹干，冷却后称量，得到铜阴极电解后的质量W_2。

5．测定溶液密度

向4个已知质量、干燥的25mL锥形瓶中分别准确移入25mL阳极区溶液、阴极区溶液、中间区溶液和原溶液，在电子天平上准确称量，据此可以计算阳极区、阴极区、中间区和原溶液的密度$\rho_{阳}$、$\rho_{阴}$、$\rho_{中}$和$\rho_{原}$。

6．按照吸光度标准曲线测定用Cu^{2+}溶液的配制方法

将步骤5中4个准确称量的溶液分别稀释至铜离子浓度范围为0.003～0.008 mol·dm^{-3}，在紫外-可见光谱仪上测量吸光度值，并计算出阳极区、阴极区、中间区和原溶液的浓度$c_{阳}$、$c_{阴}$、$c_{中}$和$c_{原}$。若原溶液与中间区溶液的测定浓度偏差大于3%，说明中间区溶液已经与阳极区溶液发生返混，应重新进行测定。

A10.6　数据处理与结果分析

1. 根据铜电量计阴极铜片在通电前后的质量差，计算迁移管阳极上铜溶解成Cu^{2+}的物质的量

$$n_{反应}/\text{mol} = \frac{W_2 - W_1}{M_{Cu}} \tag{9}$$

式中，$M_{Cu}=63.546\,\text{g·mol}^{-1}$，是铜的摩尔质量。

2. 根据分光光度法测定的阳极区溶液的Cu^{2+}浓度$c_{阳}$（单位：mol·dm^{-3}，以下各浓度c的单位均与此相同），计算25mL阳极区溶液中$CuSO_4$的物质的量

$$n_{25mL,阳}/\text{mol} = 0.025 c_{阳} \tag{10}$$

再根据通电后整个阳极区溶液的质量m（单位：g）和密度$\rho_{阳}$（单位：g·cm^{-3}），换算出通电后阳极区溶液中$CuSO_4$的物质的量$n_{电解后}$

$$n_{电解后}/\text{mol} = \frac{m_1}{25\rho_{阳}} \times n_{25mL,阳} \tag{11}$$

并计算出整个阳极区中溶剂水的质量$W_{水,阳}$

$$W_{水,阳}/\text{g} = m_1 - n_{电解后} M_{CuSO_4} \tag{12}$$

式中，$M_{CuSO_4}=159.6086\,\text{g·mol}^{-1}$，是硫酸铜的摩尔质量。

3. 取$c_{中}$和$c_{原}$两者的平均值作为电解前溶液中$CuSO_4$的浓度

$$\overline{c}_{中}/\text{mol·dm}^{-3} = \frac{1}{2}(c_{中} + c_{原})$$

取$\rho_{中}$和$\rho_{原}$两者的平均值作为电解前溶液的密度

$$\overline{\rho}_{原}/\text{g·cm}^{-3} = \frac{1}{2}(\rho_{中} + \rho_{原})$$

据此计算出电解前阳极区每克溶剂水中$CuSO_4$的物质的量

$$\frac{0.025\bar{c}_{原}}{25\bar{\rho}_{原}-0.025\bar{c}_{原}M_{CuSO_4}} \tag{13}$$

并换算出电解前整个阳极区溶液中$CuSO_4$的物质的量$n_{电解前}$

$$n_{电解前}/\text{mol}=\frac{0.025\bar{c}_{原}}{25\bar{\rho}_{原}-0.025\bar{c}_{原}M_{CuSO_4}}W_{水,阳} \tag{14}$$

4．根据方程（6）计算Cu^{2+}的电迁移量$n_{迁移}$。

5．计算正、负离子的迁移数。

$$t_{Cu^{2+}}=\frac{n_{迁移}}{n_{反应}} \qquad t_{SO_4^{2-}}=1-t_{Cu^{2+}} \tag{15}$$

6. 按1～5的过程，用阴极区的测量数据再次计算所用方程如下。

$$n_{反应}/\text{mol}=\frac{W_2-W_1}{M_{Cu}}$$

$$n_{25\text{mL},阴}/\text{mol}=0.025c_{阳}$$

$$n_{电解后}/\text{mol}=\frac{m_2}{25\rho_{阴}}n_{25\text{mL},阴}$$

$$W_{水,阴}/\text{g}=m_2-n_{电解后}M_{CuSO_4}$$

$$\bar{c}_{中}/\text{mol}\cdot\text{dm}^{-3}=\frac{1}{2}(c_{中}+c_{原})$$

$$\bar{\rho}_{原}/\text{g}\cdot\text{cm}^{-3}=\frac{1}{2}(\rho_{中}+\rho_{原})$$

$$n_{电解前}/\text{mol}=\frac{0.025\bar{c}_{原}}{25\bar{\rho}_{原}-0.025\bar{c}_{原}M_{CuSO_4}}W_{水,阴}$$

根据方程（8）计算Cu^{2+}的电迁移量$n_{迁移}$，再按方程（15）计算正、负离子的迁移数。

根据方程（6）

$$t_{Cu^{2+}}=1-\frac{n_{电解后}-n_{电解前}}{n_{反应}}$$

由于迁移数小于1，即$0<t_{Cu^{2+}}<1$，因此$n_{电解后}>n_{电解前}$，即电解后的阳极区$CuSO_4$浓度比电解前增大。

文献数据

水溶液中$(1/2)Cu^{2+}$的极限摩尔电导率λ_+^∞/$S\cdot cm^2\cdot mol^{-1}$：0℃，28；18℃，45.3；25℃，53.6。

水溶液中$(1/2)SO_4^{2-}$的极限摩尔电导率λ_-^∞/$S\cdot cm^2\cdot mol^{-1}$：0℃，41；18℃，68.4；25℃，80。

18℃无限稀释水溶液中的离子淌度$U\times 10^8/\text{m}^2\cdot\text{V}^{-1}\cdot\text{s}^{-1}$：$Cu^{2+}$ 4.6，SO_4^{2-} 7.1。

A10.7　讨论与思考

1. 当用希托夫法测定H^+的迁移数时，电极表面会产生气体，气泡上升过程会扰动溶液，导致中间区溶液浓度发生变化。试设计一个实验方案或装置克服这个干扰因素。

2. 除金属电镀型电量计外，还可以设计出怎样的电量计？

3. 参阅文献：Pikal M J, Miller D G. Hittorf Transference Numbers in Aqueous Copper Sulfate at 25℃. J. Chem. Eng. Data，1971，16：226-229. 讨论希托夫法测定$CuSO_4$溶液中离子迁移数的实验方法存在什么干扰因素，这些因素是否在本次实验过程中出现，如何克服这些干扰因素？

4. 阅读下列文献，简述用电动势法测定迁移数的实验原理和技术。

Pearce J N, Mortimer F S. The Electromotive Force and Free Energy of Dilution of Lithium Chloride in Aqueous and Alcoholic Solutions. J. Am. Chem. Soc，1918，40：509-523.

Mason C M, Mellon E F. An Experiment for the Determination of Transference Numbers by Electromotive Force Methods. J. Chem. Educ，1939，16：512-513.

附 铜离子标准溶液的配制和铜离子浓度的分光光度法测定

试剂以及溶液配制

乙二胺四乙酸二钠盐溶液（EDTA）：称取乙二胺四乙酸二钠盐74.5g，用水溶解后再稀释至1L，浓度为$0.2 mol·dm^{-3}$。

醋酸-醋酸钠缓冲溶液：称取结晶醋酸钠132.3g，溶于水后加入冰醋酸2.36mL，用水稀释至1L，溶液pH＝6。缓冲溶液也可以用市售标准缓冲液的样品配制。

铜标准溶液：准确称取99.99%的二水合氯化铜（$CuCl_2·2H_2O$）0.8525g，溶解后移入100mL容量瓶中，稀释至刻度，配制成铜离子浓度为$0.05 mol·dm^{-3}$的铜标准溶液。

实验方法

Cu^{2+}-EDTA络合物的吸光系数远远大于Cu^{2+}的吸光系数，因此可用足量的EDTA与Cu^{2+}充分络合后，再测定溶液的吸光度，这样比较准确。实验方法如下：

吸取铜标准溶液5mL于50mL容量瓶中，加入15mL醋酸-醋酸钠缓冲溶液（起屏蔽杂离子作用，本实验可不用）和25mL乙二胺四乙酸二钠盐溶液，用水稀释，定容，摇匀。在紫外-可见光谱仪上，用试剂空白（只含EDTA和缓冲溶液）或蒸馏水测定空白曲线，然后测定所配制的铜离子溶液的吸光度，波长为730nm。

吸取不同数量的铜标准溶液，重复上述过程，在铜离子浓度为$0.003 \sim 0.008 mol·dm^{-3}$范围内，共测定至少5个数据，作出铜离子浓度-吸光度工作曲线。

按上述方法，将待测定样品加入EDTA后配制成铜离子浓度处于工作曲线范围之内的溶液，然后测定其吸光度。

A11 原电池电动势的测定

A11.1 实验简介

本实验将探究并发现化学电池的性质，研究原电池电动势与电极材料、电解质溶液浓度之间的关系，并尝试应用电池电动势的测量方法进行简单化学反应平衡常数的测定。

对于4课时实验，建议选择原电池电动势的测量为主要实验内容，并完成一个化学反应平衡常数的测定；对于8课时实验，建议完成全部实验内容。

学生无须掌握有关化学电池的完备理论知识，建议将实验准备阶段的重点放在如何进行实验操作方面，希望能够从实验结果中归纳出相关理论知识点。

A11.2 理论探讨

A11.2.1 半电池

化学电池的原理是基于氧化-还原反应，它由两个半电池构成：即阳极半电池和阴极半电池。氧化反应发生在阳极半电池，阳极就是电池的负极；还原反应发生在阴极半电池，阴极就是电池的正极。由于两个半电池的电极电势存在差异，就使得化学电池产生了电流。

本实验中的半电池由一片金属M及与之相接触的含有该金属离子M^{z+}的水溶液构成（见图A11-1），金属片称为电极，水溶液即为电解质溶液。若电解质溶液的活度为1，则半电池处于标准态。

A11.2.2 化学电池

如果在两个半电池的金属电极之间用导线连接一个负载，并在两个电解质溶液之间放置一个盐桥，就会有直流电通过整个回路（见图A11-2）。产生电流的原因是还原性较强的金属（见图A11-2中的Zn）将转变为离子进入溶液，反应所产生的电子通过电极进入外电路并被输运到另外一个电极上（见图A11-2中的Cu），然后与溶液中的离子复合生成金属沉积到电极上。通过测量电流方向或者电池产生电动势的大小，不同金属的还原性强弱顺序可以被确定下来。

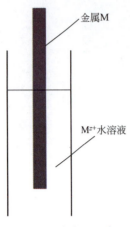

图A11-1　半电池示意图

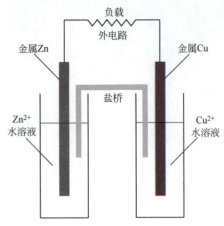

图A11-2　化学电池示例：铜-锌原电池

A11.2.3　盐桥

盐桥的作用是在两个半电池之间构成电荷输送回路。盐桥中的物质一般是强电解质，而且不与两半电池中的电解质发生反应，用作盐桥的溶液需要满足以下条件：阴、阳离子的迁移速度相近，盐桥溶液的浓度要大，盐桥溶液不与溶液发生反应或不干扰测定。当组成或活度不同的两种电解质接触时，在溶液接界处由于正、负离子扩散通过界面的离子迁移速度不同造成正、负电荷分离而形成双电层，这样产生的电位差称为液体接界扩散电位，简称液接电位。盐桥作用的基本原理是：由于盐桥中电解质的浓度很高，电解质与盐桥接触的两个新界面上的扩散作用主要来自盐桥，因此两个新界面上产生的液接电位稳定；同时，盐桥中正、负离子的迁移速度差不多相等，因此两个新界面上产生的液接电位方向相反、数值几乎相等，从而使液接电位减至最小，以至接近消除。当使用参比电极时，盐桥还可以防止溶液中的有害离子扩散到参比电极的内盐桥溶液中影响其电极电位。常用的盐桥溶液有：KCl、NH_4NO_3 和 KNO_3 的饱和溶液或浓溶液。

（1）琼脂-饱和KCl盐桥

琼脂-饱和KCl盐桥不能用于含 Ag^+、Hg^{2+} 等与 Cl^- 反应的离子或含有 ClO_4^- 等与 K^+ 反应的物质的溶液。

（2）3%琼脂-$1mol \cdot dm^{-3}$ K_2SO_4 盐桥

适用于与 Cl^- 作用的溶液，在该溶液中可使用 $Hg-Hg_2SO_4$-饱和 K_2SO_4 电极。

（3）3%琼脂-$1mol \cdot dm^{-3}$ NaCl或LiCl盐桥

适用于含高浓度的 ClO_4^- 溶液，在该溶液中可使用汞-甘汞-饱和NaCl或LiCl电极。

（4）NH_4NO_3 盐桥和 KNO_3 盐桥

在许多溶液中都能使用，但它与通常的各种电极无共同离子，因而在使用时会改变参比电极的浓度和引入外来离子，从而可能改变参比电极的电势。另外，在含有高浓度的酸、氨的溶液中不能使用琼脂盐桥。

A11.2.4　电动势测量

电动势的测量可以使用简单的仪器（如伏特计或电压表），但是原电池电动势不能直接用伏特计来测量，因为电池与伏特计接通后有电流通过，半电池中将发生化学反应，在电池两极上会发生极化现象，使电极偏离平衡状态，溶液浓度也会改变，导致半电池电势不能保持稳定。另外电池本身有内阻,伏特计所量得的仅是不可逆电池的端电压。

准确测定电池的电动势只能在无电流(或极小电流)通过电池的情况下进行,采用的实验方法是对消法,即在待测电池上并联一个大小相等、方向相反的外加电势差,这样待测电池中没有电流通过,此时电池中的化学反应可以被看作是在接近热力学可逆条件下进行,外加电势差的大小即等于待测电池的平衡电动势。

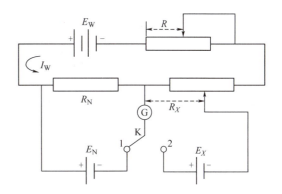

图A11-3 对消法原理线路示意图

图A11-3是对消法原理线路示意图,其中E_W是工作电源(可用直流稳压电源或者大容量电池);R是调节工作电流I_W的变阻器;E_N是标准电池;E_X是待测电池;G为灵敏检流计(用作电流示零仪表);K为换向开关;R_N和R_X分别为标准电池和待测电池的补偿电阻。测量时,首先将换向开关拨至位置1,调节电阻R使得检流计G的读数为零,此时通过E_W、R_N、R_X和R的工作电流$I_W = I$,因此$E_N = IR_N$;然后将换向开关拨至位置2,调节电阻R_X使得检流计G的读数为零,则$E_X = IR_X$,由此得到

$$E_X = \frac{R_X}{R_N} E_N \tag{1}$$

常用电位差计及其配套仪器进行对消法实验测量。有关电位差计原理和操作方法参见本实验附录。

A11.2.5 可逆电池热力学

电池除可用来作为电源外,还可用它来研究构成此电池的化学反应的热力学性质。从化学热力学知道,在恒温、恒压、可逆条件下,电池反应有以下关系:

$$\Delta_r G_m = -zFE \tag{2}$$

式中,$\Delta_r G_m$是电池反应的摩尔吉布斯自由能增量;z为电极反应中得失电子的数目;F为法拉第常数(其数值为96500C·mol^{-1});E为电池的电动势。所以测出该电池的电动势E后,便可求得$\Delta_r G_m$,进而又可求出其他热力学函数。

以铜-锌电池为例,电池表示式为:

$$\text{Zn}|\text{ZnSO}_4(m_1)\|\text{CuSO}_4(m_2)|\text{Cu}$$

其中,单竖线表示两相界面;双竖线表示盐桥;m_1和m_2分别为ZnSO$_4$和CuSO$_4$的质量摩尔浓度。当电池放电时

负极反应　　　$\text{Zn} \longrightarrow \text{Zn}^{2+}(a_{\text{Zn}^{2+}}) + 2\text{e}^-$

正极反应　　　$\text{Cu}^{2+}(a_{\text{Cu}^{2+}}) + 2\text{e}^- \longrightarrow \text{Cu}$

电池反应　　　$\text{Zn} + \text{Cu}^{2+}(a_{\text{Cu}^{2+}}) \longrightarrow \text{Zn}^{2+}(a_{\text{Zn}^{2+}}) + \text{Cu}$

电池反应的摩尔吉布斯自由能变化为

$$\Delta_r G_m = \Delta_r G_m^{\ominus} + RT \ln \frac{a_{\text{Zn}^{2+}} a_{\text{Cu}}}{a_{\text{Cu}^{2+}} a_{\text{Zn}}} \tag{3}$$

式中,$\Delta_r G_m^{\ominus}$为标准摩尔吉布斯自由能变化;a为各物质的活度。若参与电池反应的各物质均

处于标准态，则

$$\Delta_r G_m^{\ominus} = -zFE^{\ominus} \tag{4}$$

式中，$E^{\ominus}$ 为电池的标准电动势。由方程（2）～方程（4）可得铜-锌电池的能斯特方程为

$$E = E^{\ominus} - \frac{RT}{zF} \ln \frac{a_{Zn^{2+}} a_{Cu}}{a_{Cu^{2+}} a_{Zn}} \tag{5}$$

对于任一电池，其电动势等于两个电极电势之差值

$$E = \varphi_+ - \varphi_- \tag{6}$$

对铜-锌电池而言

$$\varphi_+ = \varphi_{Cu/Cu^{2+}}^{\ominus} - \frac{RT}{2F} \ln \frac{1}{a_{Cu^{2+}}} \tag{7}$$

$$\varphi_- = \varphi_{Zn/Zn^{2+}}^{\ominus} - \frac{RT}{2F} \ln \frac{1}{a_{Zn^{2+}}} \tag{8}$$

式中，$\varphi_{Cu/Cu^{2+}}^{\ominus}$ 和 $\varphi_{Zn/Zn^{2+}}^{\ominus}$ 分别是铜电极和锌电极的标准电极电势。

由化学反应等温式 $\Delta_r G_m^{\ominus} = -RT \ln K^{\ominus}$，根据电池的标准电动势 $E^{\ominus}$ 可以计算电池反应的平衡常数

$$\ln K^{\ominus} = \frac{zF}{RT} E^{\ominus} \quad \text{或者} \quad K^{\ominus} = \exp\left(\frac{zF}{RT} E^{\ominus}\right) \tag{9}$$

以测定 $Cu(OH)_2$ 的溶度积常数为例，可以组成电池

$$Cu|KOH(c_{KOH})\|CuSO_4(c_{CuSO_4})|Cu$$

正极反应 $\quad Cu^{2+}(c_{CuSO_4}) + 2e^- \longrightarrow Cu(s)$

负极反应 $\quad Cu + 2OH^-(c_{KOH}) \longrightarrow Cu(OH)_2(s) + 2e^-$

电池反应 $\quad Cu^{2+}(c_{CuSO_4}) + 2OH^-(c_{KOH}) \longrightarrow Cu(OH)_2(s)$

能斯特方程为

$$E = E^{\ominus} - \frac{RT}{2F} \ln \frac{1}{a_{Cu^{2+}} a_{OH^-}^2}$$

若近似将摩尔浓度代替活度，则

$$E = E^{\ominus} - \frac{RT}{2F} \ln \frac{1}{c_{CuSO_4} c_{KOH}^2}$$

根据实验测定的电池电动势 E 可以计算出标准电动势 $E^{\ominus}$，进而推算出溶度积常数 K_{sp}。

A11.3　仪器试剂

SDC-Ⅱ数字电位差综合测试仪（南京桑力电子设备厂），直流电源（电镀用），电极管，U形玻璃管（盐桥管），饱和甘汞电极。

铜棒，锌棒，铁片，镍片，铅片，$CuSO_4 \cdot 5H_2O$（A.R.），$ZnSO_4$（A.R.），$FeSO_4$（A.R.），$Ni(NO_3)_2$（A.R.），$Pb(NO_3)_2$（A.R.），KNO_3（A.R.），KCl（A.R.），KOH（A.R.），氨水（A.R.），硝酸（A.R.），硫酸（A.R.），琼脂，镀铜液（每升含 $CuSO_4 \cdot 5H_2O$ 150g，硫酸 50mL，乙醇 50mL），饱和硝酸亚汞溶液（控制使用）。

$CuSO_4$、$ZnSO_4$、$FeSO_4$、$Ni(NO_3)_2$、$Pb(NO_3)_2$、KOH、氨水均配制为 $1mol·dm^{-3}$ 水溶液；硝酸、硫酸配制为 $3\sim 6mol·dm^{-3}$ 水溶液。

A11.4　安全须知和废弃物处理

- 在实验室需穿戴实验服、防护目镜或面罩。
- 在处理金属样品和溶液时请使用丁腈橡胶手套，尤其是铅和铅盐。
- 金属盐溶液可能刺激皮肤，如发生皮肤沾染，需用水冲洗沾染部位10min以上。
- 离开实验室前务必洗手。
- 镀铜液可回收使用，其他金属溶液倒入指定的废液回收桶。
- 使用过的砂纸和固体废渣、碎屑需放入固体废弃物桶。

A11.5　实验步骤

1. 电极和盐桥制备

（1）锌电极汞齐化

用砂纸（用水蘸湿）打磨锌棒横端面（注意不要破坏外侧的环氧树脂保护层），用稀硫酸洗净锌电极表面的氧化物，再用蒸馏水淋洗，然后浸入饱和硝酸亚汞溶液中 $3\sim 5s$，取出后用滤纸擦拭电极，使锌电极表面形成一层均匀的锌汞齐，再用蒸馏水冲洗干净（用过的滤纸不要随便乱丢，应投入指定的有盖广口瓶内，浸没于水中，以便统一处理），把处理好的锌电极插入放有 $0.1000mol·dm^{-3}$ $ZnSO_4$ 溶液的电极管中。

汞齐化的目的是消除金属表面机械应力不同以及锌中杂质的影响，以获得重复性较好的电极电势。若实验安全条件不具备，也可以不进行汞齐化操作，只进行简单的打磨、酸洗和清洗，对学生实验结果影响不大。

（2）铜电极

用砂纸打磨多根铜棒（3根以上），用稀硫酸洗净铜电极表面的氧化物，再用蒸馏水淋洗。在烧杯中放入适量镀铜液，取一根铜棒做阳极，其他铜棒做阴极，连接直流电源进行电镀，电流密度为 $20mA·cm^{-2}$ 左右，电镀时间约30min，使阴极铜棒表面有一紧密的镀层。取出铜电极，用蒸馏水冲洗干净，马上放入装有 $0.1000mol·dm^{-3}$ $CuSO_4$ 的电极管中，注意镀层应在液面上方保留约1cm。由于新鲜铜表面极易氧化，故须在测量前进行电镀，且尽量使铜电极在空气中暴露的时间少一些。

（3）铁、镍、铅电极

用砂纸打磨后，用稀硫酸洗净电极表面氧化物和杂质，用蒸馏水清洗，然后放入 $0.1000mol·dm^{-3}$ 浓度对应离子溶液的电极管中。

（4）饱和 KNO_3-琼脂盐桥

烧杯中加入3g琼脂和97mL蒸馏水，使用水浴加热法将琼脂加热至完全溶解（琼脂溶化温度约97℃），然后加入 $30\sim 35g$ KNO_3 充分搅拌，完全溶解后趁热用滴管或虹吸将此溶液加入已事先弯好的U形玻璃管中，静置待琼脂凝结后便可使用。多余的琼脂-饱和 KNO_3 密封保存，使用时重新加热溶化。若无琼脂，也可以用脱脂棉花或捻紧的滤纸将内装有氯化钾饱和溶液的U形管两端塞住来代替盐桥。

2. 不同半电池组合及电池电动势的测定

按照图A11-2方法连接不同的半电池，组合方式列在表A11-1中（注意电池的正、负极）。将组装好的电池接入SDC-Ⅱ数字电位差综合测试仪，测定不同电池的电动势。由于氯离子会吸附在绝大多数金属表面并导致腐蚀，因此本实验中采用饱和KNO_3-琼脂盐桥。

表A11-1 不同半电池组合

	Cu/Cu^{2+}	Zn/Zn^{2+}	Ni/Ni^{2+}	Fe/Fe^{2+}	Pb/Pb^{2+}	饱和甘汞电极
Cu/Cu^{2+}						
Zn/Zn^{2+}						
Ni/Ni^{2+}						
Fe/Fe^{2+}						
Pb/Pb^{2+}						
饱和甘汞电极（SCE）						

3. 电解质浓度对电池电动势的影响

依次测量$CuSO_4$溶液浓度c=1.0000 mol·dm^{-3}、0.1000 mol·dm^{-3}、0.0100 mol·dm^{-3}、0.0010 mol·dm^{-3}和0.0001 mol·dm^{-3}时，以下两类电池的电动势：

$$Zn|ZnSO_4(0.1000\ mol·dm^{-3})||CuSO_4(c)|Cu$$

$$SCE|KCl(饱和)||CuSO_4(c)|Cu$$

4. $Cu(OH)_2$溶度积常数的测定

将2根铜电极浸泡在稀硫酸中备用。在两个电极管中分别注入1.0000 mol·dm^{-3}的$CuSO_4$溶液和KOH溶液，将铜电极取出用蒸馏水清洗后，立即放入电极管中，两电极管间用盐桥连接，然后接入电位差计测量电池的电动势。

将$CuSO_4$溶液浓度变为0.1000 mol·dm^{-3}，KOH溶液浓度不变，再测一次。

5. 设计实验：铜氨络离子稳定常数的测定

查阅文献，设计实验方案，用电动势法测定铜氨络离子的稳定常数。

A11.6 数据处理与结果分析

1. 写出所测定的各组合电池的表达式和电动势；以饱和甘汞电极为基准，计算各金属电极的电极电势；排列金属Cu、Zn、Ni、Fe和Pb的还原性顺序；查阅平均离子活度系数，计算各金属电极的标准电极电势，并与文献值对照。

2. 将电池

$$Zn|ZnSO_4(0.1000\ mol·dm^{-3})||CuSO_4(c)|Cu$$

和 $SCE|KCl(饱和)||CuSO_4(c)|Cu$

的电动势E对铜离子浓度的自然对数$\ln c$作图，探讨能斯特方程的合理性。

3. 计算电池

$$Cu|KOH(c_{KOH})||CuSO_4(c_{CuSO_4})|Cu$$

的标准电动势$E^{\ominus}$，以及$Cu(OH)_2$溶度积常数K_{sp}。

4. 根据实验方案和测定结果，计算$[Cu(NH_3)_4]^{2+}$络合离子的稳定常数。

5. 文献数据

室温T附近饱和甘汞电极的电极电势

$$\varphi_{SCE}/V = 0.2415 - 7.61 \times 10^{-4}(T/K - 298)$$

或者

$$\varphi_{SCE}/V = 0.2412 - 6.61 \times 10^{-4}(t/℃ - 25)$$
$$- 1.75 \times 10^{-6}(t/℃ - 25)^2 - 9 \times 10^{-10}(t/℃ - 25)^3$$

韦斯顿镉-汞标准电池电动势的温度校正公式

$$E_t/V = E_{20}/V - [39.94(t/℃ - 20) + 0.929(t/℃ - 20)^2$$
$$- 0.0090(t/℃ - 20)^3 + 0.00006(t/℃ - 20)^4] \times 10^{-6}$$
$$E_{20} = 1.01862V$$

式中，E_t为温度为t时标准电池的电动势；t为测量时室内温度；E_{20}为20℃时标准电池的电动势。

$Cu(OH)_2$溶度积常数$K_{sp} = 10^{-14} \sim 10^{-20}$，以$10^{-20}$较为可靠。

A11.7 讨论与思考

1. 在用电位差计测量电动势过程中，若始终无法调节"检零指示"为"0000"，可能是什么原因？

2. 实验中能用金属导线代替盐桥吗？

3. 盐桥中的离子会不会进入原电池的电解质溶液中？反之，电解质溶液中的阴、阳离子会不会进入盐桥？盐桥能够长期使用不会损坏吗？

4. 铅的标准电极电势

$$Pb^{2+} + 2e^- \longrightarrow Pb \qquad\qquad E_1^{\ominus}$$

与汞齐化铅的标准电极电势

$$Pb^{2+} + Hg + 2e^- \longrightarrow Pb(Hg) \qquad\qquad E_2^{\ominus}$$

几乎相等，即$E_1^{\ominus} = E_2^{\ominus}$。但是电极反应

$$PbSO_4(s) + Hg + 2e^- \longrightarrow Pb(Hg) + SO_4^{2-} \qquad E_3^{\ominus}$$

的标准电极电势与$E_1^{\ominus}$显著不同。若$E_1^{\ominus} = -0.1263V$，$PbSO_4(s)$的$K_{sp} = 1.58 \times 10^{-8}$，试计算$E_3^{\ominus}$，并与文献值进行比较。

附 SDC-Ⅱ数字电位差综合测试仪

1. 面板说明

仪器前面板见图A11-4，其中补偿旋钮对应图A11-3中的调节电阻R，其余5个旋钮组成一套可调电位器，对应图A11-3中的调节旋钮R_X。外标插孔连接标准电池，测量方式选择"外标"；若测量方式选择"内标"，则无需连接标准电池，此时由仪器内部通过电子技术产生一个基准工作电流。

2. 使用方法

（1）开机

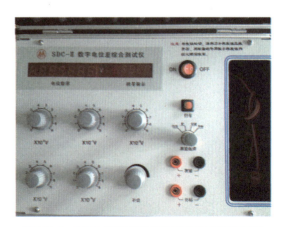

图A11-4 SDC-Ⅱ数字电位差综合测试仪前面板

用电源线将仪表后面板的电源插座与～220V电源连接，打开电源开关（ON），预热15min再进入下一步操作。

（2）以内标为基准进行测量

校验

① 将"测量选择"旋钮置于"内标"。

② 将测试线分别插入测量插孔内，将"10^0"位旋钮置于"1"，"补偿"旋钮逆时针旋到底，其他旋钮均置于"0"，此时，"电位指标"显示"1.00000"V，将两测试线短接。

③ 待"检零指示"显示数值稳定后，按一下"采零"键，此时，"检零指示"显示为"0000"。

测量

① 将"测量选择"置于"测量"。

② 用测试线将被测电动势按"＋"、"－"极性与"测量插孔"连接。

③ 调节"$10^0 \sim 10^{-4}$"五个旋钮，使"检零指示"显示数值为负且绝对值最小。

④ 调节"补偿旋钮"，使"检零指示"显示为"0000"，此时"电位显示"数值即为被测电动势的值。

注意：

① 测量过程中，若"检零指示"显示溢出符号"OU.L"，说明"电位指示"显示的数值与被测电动势值相差过大。

② 电阻箱10^{-4}挡值若稍有误差，可调节"补偿"电位器达到对应值。

（3）以外标为基准进行测量

校验

① 将"测量选择"旋钮置于"外标"。

② 将已知电动势的标准电池按"＋"、"－"极性与"外标插孔"连接。

③ 调节"$10^0 \sim 10^{-4}$"五个旋钮和"补偿"旋钮，使"电位指示"显示的数值与外标电池数值相同。

④ 待"检零指示"数值稳定后，按一下"采零"键，此时，"检零指示"显示为"0000"。

测量

① 拔出"外标插孔"的测试线，再用测试线将被测电动势按"＋"、"－"极性接入"测量插孔"。

② 将"测量选择"置于"测量"。

③ 调节"$10^0 \sim 10^4$"五个旋钮，使"检零指示"显示数值为负且绝对值最小。

④ 调节"补偿旋钮"，使"检零指示"为"0000"，此时"电位显示"数值即为被测电动势的值。

（4）关机

实验结束后关闭电源。

A 12 建筑钢筋在混凝土模拟液中的腐蚀行为

A12.1 实验简介

本实验将用恒电位法测定圆形钢筋在碱性溶液中的腐蚀过程，这实际上就是测定极化曲线，但是在这里要做的不是重复几遍相同的实验过程，而是学习如何将一个实际工程问题简化为一个实验室课题，为其建立研究模型，设置实验参数，并进行测量与分析，得出结论。

本实验设计为8课时，也可以通过小组合作的方式，在4课时内完成。

学生应熟悉电极极化的概念，了解恒电位阳极极化曲线及其极化电位的测定方法。

A12.2 理论探讨

实际的电化学过程并不是在热力学可逆条件下进行的。在电流通过电极时，电极电位会偏离其平衡值，这种现象称为极化。在外电流的作用下，阴极电位会偏离其平衡位置向负的方向移动，称为阴极极化；而阳极电位会偏离其平衡位置向正的方向移动，称为阳极极化。在电化学研究中，常常测定极化曲线以了解电极电位与电流密度的关系。

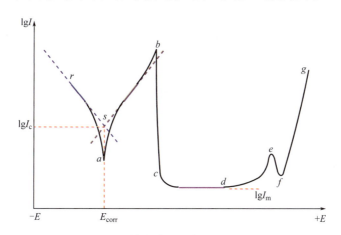

图A12-1 铁在硫酸溶液中的极化曲线

铁在硫酸溶液中典型的极化曲线如图 A12-1 所示，该曲线分为以下几个区域。

（1）*rab* 区域，其中 *ra* 为阴极极化曲线，当对电极进行阴极极化时，铁电极处于负电势，

电化学过程以 H_2 析出为主；ab 为阳极极化曲线，当对电极进行阳极极化时，电化学过程以金属铁的溶解为主。在较高的超电势下，且阳极极化和阴极极化的控制步骤都是电极反应过程时，电极超电势与电流之间的关系均符合塔菲尔方程，两条塔菲尔直线交于 s 点，该点对应的纵坐标为自腐蚀电流对数 $\lg I_c$，横坐标为自腐蚀电位 E_{corr}。从点 a 到点 b 的电位范围称金属活化区，此区域内的 ab 曲线显示的是金属铁的正常阳极溶解过程，铁以二价形式进入溶液，即 $Fe(s) \longrightarrow Fe^{2+}(aq) + 2e^-$。

（2）bcd 区域：当阳极电位继续增大时，阳极极化进一步加强，铁电极上的极化电流缓慢增大至 b 点对应的电流 I_b，相应的电极电位是 E_b。只要极化电位稍稍超过 E_b，电流就会直线下降至一个非常小的值 I_m，此后电位继续增加时电流几乎不变。从 b 点到 c 点称为钝化过渡区，bc 线是由活化态到钝化态的转变过程，b 点所对应的电位 E_b 称为致钝电位，其对应的电流 I_b 称为致钝电流，此时 Fe^{2+} 与溶液中的硫酸根离子形成 $FeSO_4$ 沉淀层，阻碍了阳极反应的进行，导致电流密度开始下降，由于 H^+ 不容易到达 $FeSO_4$ 沉淀层的内部，因此铁表面的 pH 值逐步增大。从 c 点到 d 点的电位范围称为钝化区。由于金属表面状态发生变化，阳极溶解过程的过电位升高，金属的溶解速率急剧下降，电流很小且基本上不随电位的变化而改变，该电流 I_m 称为维持钝化电流，此时 Fe_2O_3 在铁表面生成，形成致密的氧化膜，极大地阻碍了铁的溶解，出现钝化现象。

（3）defg 区域：d 到 g 的范围称为过钝化区，在此区阳极电流又重新随电位增大而增大，金属的溶解速度又开始增大，这种在一定电位下使钝化了的金属又重新溶解的现象叫做过钝化，电流密度增大的原因可能是产生了高价离子（如 def 段，二价铁变为三价铁转入溶液），或者达到了氧的析出电位，析出氧气（如 fg 段）。

极化曲线的测量分稳态法和暂态法。稳态极化曲线是指电极过程达稳态时电流密度与电极电位（或过电位）之间的关系曲线，电极过程达到稳态是指组成电极过程的各个基本过程（如双电层充电、电化学反应及传质等）都达到稳定状态，即宏观物理化学性质不随时间发生变化。暂态过程是从电极开始极化到电极过程达到稳态的过程，与稳态不同，暂态考虑了时间因素。一般稳态下极化曲线的测量更加常用。

测定稳态极化曲线可以用恒电流和恒电位两种方法。恒电流法是控制通过电极的电流（或电流密度），测定各电流密度时的电极电位，从而得到极化曲线。恒电位法是将研究电极的电位恒定地维持在所需的数值，然后测定相应的电流密度，从而得到极化曲线。由于在同一电流密度下可能对应多个不同的电极电位，因此用恒电流法不能完整地描述出电流密度与电位间的全部复杂关系。

测量研究电极的稳态极化曲线，需要同时测定通过研究电极的电流密度和电极电位，测量中应该采用三电极系统，包括研究电极（WE）、参比电极（RE）和辅助电极（CE），其中研究电极（也称为工作电极）是要研究测量的对象，该电极的材料组成应该确定，表面状态均一，有较好的重现性，经打磨、除油及除锈等表面处理步骤使电极表面具有较低的粗糙度，有确定的易于计算的表面积，非工作表面要封闭绝缘（不与电解质溶液导通）；辅助电极也称为对电极，其作用是与研究电极构成回路，电流在研究电极和辅助电极间通过，实现研究电极的极化，辅助电极的表面积一般应大于研究电极，比如采用镀铂黑的铂电极；参比电极是用来测量研究电极的电极电位的，在测量过程中参比电极不能发生极化（即研究电极与参比电极之间没有电流通过），也不能被电解液污染。三电极体系中可以使用盐桥，还经常用到鲁金毛细管，这是盐桥靠近研究电极的尖嘴部分，在极化曲线的测量中，因为有电流通过电解质溶液，溶液中各处都存在不同的电位降，盐桥和研究电极表面之间溶液的电位降将附加在测量的电极电位中,造成不能忽略的误差,鲁金毛细管可以尽量靠近研究电极表面,以减小欧姆电位降带来的测量误差,一般尖嘴距研究电极应小于1mm,但是太近会屏蔽研究电极表面的电力线。由此可见,极化曲线的测量由极化回路和测量回路组成,其中极化回路中有极化电流通过,其作用是控制和测量极化电流的大小;测量回路则测量和控制研究电极与参比电极间的电极电位,该回路几乎无电流通过(电流$<10^{-7}$A)。三电极体系的详细讨论可参见实验B11。

按自变量的给定方式,恒电位法测定稳态极化曲线分为阶跃法和慢扫描法。阶跃法分逐点手动调节和利用阶梯波讯号两种方式。早期基本上都采用逐点手动调节方式,例如在测定恒电位稳态极化时,每给定一电位值,达稳态时记下相应的电流值,然后将电位增加到新的给定值,测定相应的稳态电流值,最后将测得的一系列数据画成极化曲线,这种经典的方法工作量大,且不同测量者对稳态的标准掌握不一样,因此测量结果的重现性差;阶梯波讯号方式是将手动方法用阶梯波代替,即用阶梯波发生器控制恒电位仪,自动测绘恒电位稳态极化曲线。慢扫描法是利用慢速扫描讯号电压控制恒电位仪,使极化测量的自变量电极电位连续线性变化,同时记录极化曲线。慢扫描法测量也可在电化学工作站进行,采用恒电位线性扫描法(也叫动电位扫描法),它实际上是研究暂态过程的一种方法,若要用该方法测量稳态极化曲线,必须使扫描速度足够慢,所谓"足够慢"的判断标准是:测量时依次减小扫描速度测定相应的极化曲线,一直到继续减小扫描速度时测得的极化曲线与上一个扫描速度测得的极化曲线重合,则这一数值即为测定该体系恒电位稳态极化曲线的扫描速度。由于线性扫描法可自动测绘极化曲线,迅速省时,测量结果的重现性好,特别宜于做对比实验。

本实验采用控制电极电位的恒电位法测定碳钢在碱性溶液中的阳极极化曲线,测量方式可采用恒电位手动阶跃法(恒电位仪)或者恒电位线性扫描法(电化学工作站)。碳钢常用作建筑钢筋,是大量使用的建筑材料。普通硅酸盐水泥熟料主要由硅酸三钙($3CaO \cdot SiO_2$)、硅酸二钙($\beta\text{-}2CaO \cdot SiO_2$)、铝酸三钙($3CaO \cdot Al_2O_3$)和铁铝酸四钙($4CaO \cdot Al_2O_3 \cdot Fe_2O_3$)四种矿物组成,它们的相对含量大致为:硅酸三钙37%～60%,硅酸二钙15%～37%,铝酸三钙7%～15%,铁铝酸四钙10%～18%。这四种矿物遇水后均能起水化反应

$$3(CaO \cdot SiO_2) + 6H_2O \longrightarrow 3CaO \cdot 2SiO_2 \cdot 3H_2O \text{(胶体)} + 3Ca(OH)_2 \text{(晶体)}$$

$$2(2CaO \cdot SiO_2) + 4H_2O \longrightarrow 3CaO \cdot 2SiO_2 \cdot 3H_2O + Ca(OH)_2 \text{(晶体)}$$

$$3CaO \cdot Al_2O_3 + 6H_2O \longrightarrow 3CaO \cdot Al_2O_3 \cdot 6H_2O \text{(晶体)}$$

$$4CaO \cdot Al_2O_3 \cdot Fe_2O_3 + 7H_2O \longrightarrow 3CaO \cdot Al_2O_3 \cdot 6H_2O + CaO \cdot Fe_2O_3 \cdot H_2O \text{(胶体)}$$

硅酸三钙或硅酸二钙水化生成水化硅酸钙和氢氧化钙,前者不溶于水,并立即以胶体微粒析出,逐渐凝聚成为凝胶,氢氧化钙在溶液中的浓度很快达到过饱和,呈六方板状晶体析出。水化铝酸钙为立方晶体,在氢氧化钙饱和溶液中,其一部分还能与氢氧化钙进一步反应,生成六方晶体的水化铝酸四钙。因水泥中渗有少量石膏,故生成的水化铝酸钙会与石膏反应,生成高硫型水化硫铝酸钙($3CaO \cdot Al_2O_3 \cdot 3CaSO_4 \cdot 32H_2O$)针状晶体,其矿物名称为钙矾石。当石膏完全消耗后,一部分将转变为单硫型水化硫铝酸钙晶体。因此,如果忽略一些次要的和少量的成分,硅酸盐水泥与水作用后,生成的主要水化产物为:水化硅酸钙和水化铁酸钙凝胶,氢氧化钙、水化铝酸钙和水化硫铝酸钙晶体。在完全水化的水泥石中,水化硅酸钙约占70%,氢氧化钙约占20%,钙矾石和单硫型水化硫铝酸钙约占7%。

混凝土凝结过程中析出的氢氧化钙等碱性物质,会形成孔隙液,在钢筋表面形成保护膜,阻止钢筋的腐蚀。同时,渗入混凝土内部的雨水等外来物质会带入CO_2、Cl^-等,混凝土中的黄沙、石料也可能带入其他杂离子,如F^-等,改变钢筋表面的pH值和腐蚀电位。本

实验模拟钢筋在混凝土中所处的碱性环境，通过恒电位法测定其极化曲线，了解影响钢筋腐蚀的各种因素。在碱性溶液中，由于钢筋表面已经预先形成钝化的保护膜，因此酸性溶液中常见金属活化区和钝化过渡区可能不会出现。

A12.3　仪器试剂

HDY-I型恒电位仪（南京桑力电子设备厂），三电极池及支架，碳钢电极，铂电极，饱和甘汞电极，通气乳胶管，螺旋夹，通气玻璃管，pH计（公用，或精密pH试纸），玻璃电极，烧杯（100mL）2只，量筒（50mL或100mL）1只，容量瓶（100mL）2只。

$Ca(OH)_2$饱和溶液（用氢氧化钠溶液调节pH值为12.5），2%（体积分数）硫酸溶液，NaCl(A.R.)，二氧化碳气体钢瓶，丙酮，金相砂纸。

HDY-I型恒电位仪使用说明参见文献［9］。

A12.4　安全须知和废弃物处理

- 实验室需穿戴实验服、防护目镜或面罩。
- 溶液可能刺激皮肤，如发生皮肤沾染，需用水冲洗沾染部位10min以上。
- 离开实验室前务必洗手。
- 使用过的溶液倒入指定的废液回收桶。
- 使用过的砂纸和固体废渣、碎屑需放入固体废弃物桶。

A12.5　实验步骤

实验步骤以恒电位仪为例，若使用电化学工作站请参阅实验A11。

图A12-2为HDY-I型恒电位仪前面板示意图，仪器的提示和保护功能如下。

（1）实验过程中，若电压或电流值超量程溢出，相应的数码管各位全零"00000"闪烁显示，以示警示，提醒转换电流量程按键开关或减小内给定值。

（2）仪器工作状况指示为"通"，即仪器负载接通时，工作方式的改变将强制性地使仪器工作状态处于"断"的状态，即仪器负载断开，以保护仪器的工作安全。

（3）在 通/断 按键处于"断"的状态下选择 工作方式、负载选择。

（4）电极WE和CE不能短路。

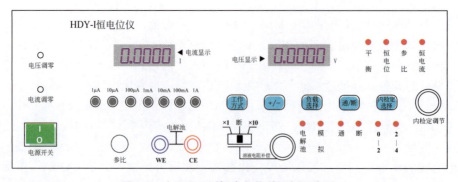

图A12-2　HDY-I型恒电位仪前面板示意图

1. 仪器调零

将标准电阻接入，电阻一端接"WE"，另一端接"CE"和"参比"。打开恒电位仪电源，内给定左旋到底，工作方式选"恒电位"，负载选择为"电解池"，按 通/断 键使显示为"通"。观察电压值是否为0.0000，若不是则用起子调节"电压调零"旋钮至电压显示为0.0000。然后观察电流值是否为0.0000，若不是也用起子调节"电流调零"旋钮至电压显示为0.0000。旋内给定电位器旋钮，使电压表显示"1.0000"，而电流表的显示值应为"−1.0000"左右；按一下 +/− 按键，电压表显示值反极性，调节内给定旋钮使电压表显示"−1.0000"，电流表显示值应为"1.0000"左右。若仪器工作如上所述，说明仪器工作正常。按 通/断 键使显示为"断"。

2. 钢筋在模拟混凝土孔隙液饱和$Ca(OH)_2$溶液中的极化曲线测定

（1）通电实验前必须按照实验指导书正确连接好电化学实验装置，并根据具体所做实验选择合适的电流量程（如用恒电位法测定极化曲线，可将电流量程先置于"100mA"挡），内给定旋钮左旋到底。

（2）电极处理：将钢筋浸入熔化的蜡中数次，封闭钢筋下部接触电解质溶液的部分。在近底部靠近鲁金毛细管口位置用刀片刮出一小块矩形钢筋面（将蜡刮干净），用游标卡尺测量该小块钢筋面的尺寸，计算面积，该面积应小于辅助电极面积（注意：辅助电极有正、反两个面）。将电极浸入2%的H_2SO_4溶液中，电磁搅拌5～10min，取出用蒸馏水洗净备用。

（3）在$Ca(OH)_2$饱和溶液中配入KNO_3作为支持电解质，支持电解质浓度约为$0.05mol·dm^{-3}$。将配制好的电解液由研究电极池一侧倒入电解池。研究电极（碳钢电极，电极平面靠近毛细管口约5mm）、辅助电极（铂电极）、参比电极（甘汞电极）分别安装在对应的电极管中，并用连接电缆与恒电位仪连接。

（4）电流量程选择为"100mA"。通过 工作/方式 按键选择"参比"工作方式；负载选择为电解池，通/断 置"通"，等待约15min直至电压值基本稳定不变，此时仪器电压显示的值为自然电位（约0.6V）。

（5）按 通/断 置"断"，工作方式选择为"恒电位"，负载选择为模拟，再按 通/断 置"通"接通负载，调节内给定使电压显示为接近自然电位。

（6）按 通/断 置"断"，将负载选择为电解池。再按 通/断 置"通"接通负载，待电流显示基本稳定后记录相应的恒电位和电流值。然后间隔20mV往减小的方向调节内给定，等电流稳定后，依次记录相应的恒电位和电流值，并观察工作电极和辅助电极表面的变化情况。

（7）当调到零电位附近时，微调内给定，使得有少许电压值显示，按 +/− 键使显示为"−"值，再以20mV为间隔调节内给定直到约−1.2V为止，记录相应的电流值。

（8）按 通/断 置"断"，将全部电极取出用水洗净，电解池、辅助电极和参比电极用稀硫酸清洗后用水洗净。再次用稀硫酸处理工作电极后备用。

3. 氯离子对钢筋极化曲线的影响

在容量瓶中分别配制支持电解质KNO_3浓度约为$0.05mol·dm^{-3}$，NaCl浓度为$0.01mol·dm^{-3}$、$0.02mol·dm^{-3}$、$0.04mol·dm^{-3}$、$0.06mol·dm^{-3}$、$0.08mol·dm^{-3}$的饱和$Ca(OH)_2$溶液，重复上述极化曲线测定步骤。

4. 氟离子对钢筋极化曲线的影响

在容量瓶中分别配制支持电解质KNO_3浓度约为$0.05mol·dm^{-3}$，F^-浓度为$0.01mol·dm^{-3}$、$0.02mol·dm^{-3}$、$0.04mol·dm^{-3}$、$0.06mol·dm^{-3}$、$0.08mol·dm^{-3}$的饱和$Ca(OH)_2$溶液，重复上述极化曲线测定步骤。

5．pH值对钢筋极化曲线的影响

将二氧化碳气体鼓泡通入$Ca(OH)_2$饱和溶液，至溶液的pH=12、11、10、9。配入KNO_3作为支持电解质，重复上述极化曲线测定步骤。

6．pH=11～12范围内氯离子对钢筋极化曲线的影响

在容量瓶中分别配制支持电解质KNO_3浓度约为$0.05 mol \cdot dm^{-3}$，NaCl浓度为$0.01 mol \cdot dm^{-3}$、$0.02 mol \cdot dm^{-3}$、$0.04 mol \cdot dm^{-3}$、$0.06 mol \cdot dm^{-3}$、$0.08 mol \cdot dm^{-3}$的饱和$Ca(OH)_2$溶液，将二氧化碳气体鼓泡通入溶液至pH=11～12，重复上述极化曲线测定步骤。

7．pH=10～11范围内氯离子对钢筋极化曲线的影响

在容量瓶中分别配制支持电解质KNO_3浓度约为$0.05 mol \cdot dm^{-3}$，NaCl浓度为$0.01 mol \cdot dm^{-3}$、$0.02 mol \cdot dm^{-3}$、$0.04 mol \cdot dm^{-3}$、$0.06 mol \cdot dm^{-3}$、$0.08 mol \cdot dm^{-3}$的饱和$Ca(OH)_2$溶液，将二氧化碳气体鼓泡通入溶液至pH=10～11，重复上述极化曲线测定步骤。

8．pH=9～10范围内氯离子对钢筋极化曲线的影响

在容量瓶中分别配制支持电解质KNO_3浓度约为$0.05 mol \cdot dm^{-3}$，NaCl浓度为$0.01 mol \cdot dm^{-3}$、$0.02 mol \cdot dm^{-3}$、$0.04 mol \cdot dm^{-3}$、$0.06 mol \cdot dm^{-3}$、$0.08 mol \cdot dm^{-3}$的饱和$Ca(OH)_2$溶液，将二氧化碳气体鼓泡通入溶液至pH=9～10，重复上述极化曲线测定步骤。

9．将实验步骤6、7、8中的氯离子换成氟离子，可以测定不同pH值模拟孔隙液中氟离子浓度对极化曲线的影响

实验结束，清洗全部电极和电解池。将恒电位仪的内给定左旋到底，关闭电源。清理实验台面。

A12.6 数据处理与结果分析

1．以极化电流密度为纵坐标，给定电压为横坐标，绘出钢筋在溶液中的极化-钝化曲线。

2．比较不同pH值、氯离子浓度（或氟离子浓度）对钢筋极化电位，分析这些因素对钢筋在混凝土孔隙液中发生腐蚀过程的影响。

A12.7 讨论与思考

1．据新闻报道，深圳鹿丹村，一个建成仅20余年的社区，如今许多楼房已是墙面斑驳，楼板开裂，钢筋外露，有的用手轻轻一折就断。深圳市住建局在2013年3月15日的新闻发布会上承认，鹿丹村在当年建筑施工时使用了海砂，其释放的氯离子含量超标，腐蚀钢筋，导致墙面和主体结构出现问题。试查阅相关资料，估算其建筑材料孔隙液的氯、氟离子含量，并根据本次实验结果（可参考其他实验小组数据），对这一严重的建筑质量事故的成因作出简要说明。

2．试为钢筋在混凝土中的腐蚀设计一个合理的微小原电池表达式，并利用热力学函数计算该电池的电极电势和电动势，并与实验结果进行对照。

3．设计实验方案，考察本地区雨水渗透对建筑墙体中钢筋的影响并预测钢筋寿命，可使用新的实验技术和方法。

A 13 旋光度法测定蔗糖酸催化转化反应的速率常数

A13.1 实验简介

本实验将使用旋光度测定法研究蔗糖在盐酸催化下转化为葡萄糖和果糖的反应动力学问题。蔗糖酸催化转化反应是化学反应动力学定量研究的第一个实例,1850年左右由德国的 L. Wilhelmy 首先进行过研究,30年后又由范特霍夫和阿仑尼乌斯再次进行了研究,阿仑尼乌斯还据此研究结果提出了著名的阿仑尼乌斯方程。本实验的测量方法几乎与这些大师的工作完全相同,因此这是一个有历史意义的实验项目。

对于4课时实验,建议在固定温度和盐酸浓度条件下,测定一条动力学曲线;对于8课时实验,建议完成全部实验内容。

学生应掌握简单的微积分知识,并熟悉关于旋光仪和旋光度测量的原理和方法(参见本实验附)。

A13.2 理论探讨

蔗糖转化反应也就是蔗糖的水解反应,反应方程式为

$$C_{12}H_{22}O_{11} + H_2O \xrightarrow{H^+} C_6H_{12}O_6 + C_6H_{12}O_6 \tag{1}$$
（蔗糖）　　　　　　　（葡萄糖）　（果糖）

蔗糖、葡萄糖和果糖的分子结构中都含有手性原子,因此均具有对映体结构。早在1885年药物学家坦瑞特(Tanret)就分离出物理性质不同的两种D-葡萄糖,一种是从乙醇中结晶出来的,称为 α-D-吡喃型葡萄糖(α-D-glucopyranose),熔点为146℃,比旋光度 $[\alpha]_D^{20}$=+112°;另一种是从吡啶中结晶出来的,称为 β-D-吡喃型葡萄糖(β-D-glucopyranose),熔点是150℃,比旋光度 $[\alpha]_D^{20}$=+19°。两者之中任何一种当溶解在水里时溶液的比旋光值都逐渐发生变化,直到+52.7°达到平衡,旋光度值不再改变。两种葡萄糖的溶液分别改变旋光,达到一个恒定值的现象叫做变旋现象(mutarotation),如图A13-1所示。

葡萄糖的变旋光可以在酸、碱的催化作用下完成,其反应机理如图A13-2所示。

果糖有两种不同的环状结构,一种是六元含氧杂环,称为吡喃果糖;另一种是五元含氧杂环,它和杂环化合物呋喃的环型相似,称为呋喃果糖。每种环状结构都有 α 和 β 两种构型,加上开链结构,果糖总共有五种构型。自然界中以游离状态存在的果糖是 β-D-吡喃果

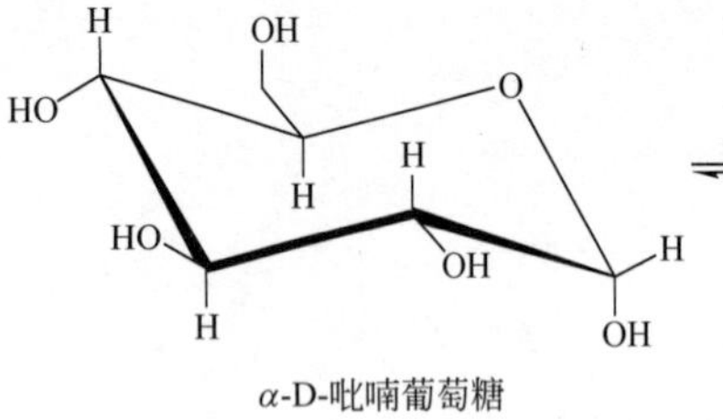

图A13-1 葡萄糖的变旋现象

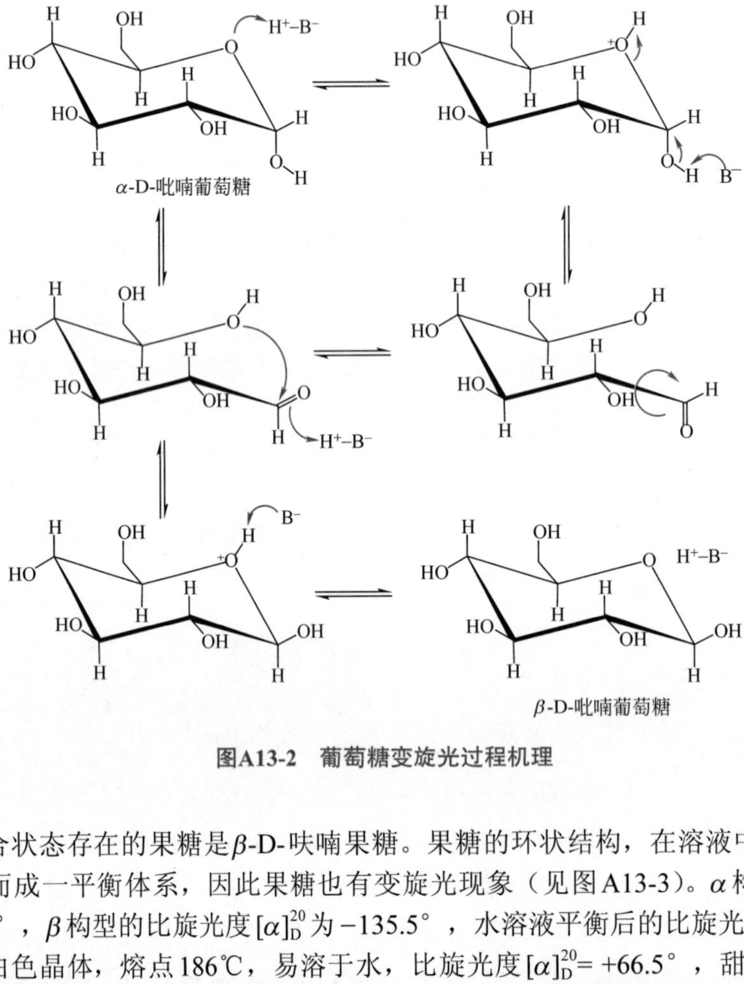

图A13-2 葡萄糖变旋光过程机理

糖,而以结合状态存在的果糖是 β-D-呋喃果糖。果糖的环状结构,在溶液中都可以通过开链结构互变而成一平衡体系,因此果糖也有变旋光现象(见图A13-3)。α 构型的比旋光度 $[\alpha]_D^{20}$ 为 $-63.6°$,β 构型的比旋光度 $[\alpha]_D^{20}$ 为 $-135.5°$,水溶液平衡后的比旋光度为 $-92.3°$。

蔗糖是白色晶体,熔点186℃,易溶于水,比旋光度 $[\alpha]_D^{20} = +66.5°$,甜度仅次于果糖。蔗糖既是 α-D-葡萄糖苷,也是 β-D-果糖苷,它是由 α-D-葡萄糖中的 C_1 上的 α-苷羟基和 β-D-果糖中的 C_2 上的 β-苷羟基脱水而成的二糖,蔗糖分子中无苷羟基,在水溶液中不能互变为开链结构,无还原性,是一种非还原性二糖,无变旋光现象。其结构如图A13-4所示。

蔗糖酸催化转化反应是一个复杂反应,反应速率方程可以表示为

$$-\frac{dc}{dt} = k[C_{12}H_{22}O_{11}]^\alpha [H_2O]^\beta [H^+]^\gamma \tag{2}$$

式中,c 表示蔗糖的浓度。许多实验教材指出速率方程(2)中的各浓度项指数为 $\alpha=1$、$\beta=6$、$\gamma=1$,但是对蔗糖水解反应的详细研究表明[10],反应初始阶段旋光度测定实验数据并

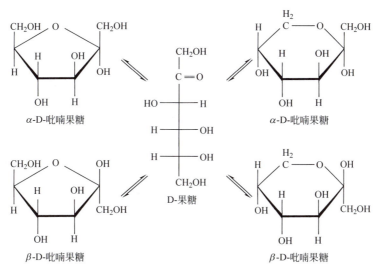

图A13-3 果糖的变旋现象

不完全符合反应速率（$-\mathrm{d}c/\mathrm{d}t$）与蔗糖浓度一次方 $[C_{12}H_{22}O_{11}]$ 成正比的关系，而 $\gamma=1$ 的结论也仅适用于低浓度盐酸催化剂（低于 $0.1\,\mathrm{mol\cdot dm^{-3}}$），反应速率与 H^+ 活度相关，而不是与 H^+ 浓度相关，并且蔗糖对不同种类酸的 H^+ 活度的影响没有一致的规律。

因此，本实验将不研究 H^+ 对反应速率的影响，而只把 H^+ 当做催化剂看待，其浓度在反应过程中将保持不变。同时在实验条件下 H_2O 大大过量，比如100g 20%浓度的

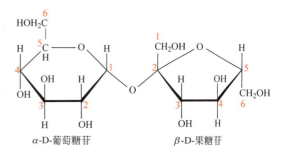

图A13-4 蔗糖的结构式

蔗糖溶液中蔗糖的物质的量约为0.058mol，而水的物质的量约为4.444mol，即使蔗糖全部反应完全，所消耗的水量仅略多于总水量的1%，可以认为在整个反应过程中水的浓度是不变的。这样，方程（2）中的 $[H_2O]^\beta[H^+]^\gamma$ 项为常量，可以与速率常数 k 合并，若蔗糖浓度指数项 $\alpha=1$，方程（2）变为

$$-\frac{\mathrm{d}c}{\mathrm{d}t}=k_{\mathrm{obs}}[C_{12}H_{22}O_{11}]=k_{\mathrm{obs}}c \tag{3}$$

式中，k_{obs} 称为表观速率常数，即通过实验测定的蔗糖转化反应的速率常数。因此，蔗糖转化反应可看作假一级反应，或称准一级反应。方程（3）积分可得

$$\ln c=\ln c_0-k_{\mathrm{obs}}t \tag{4}$$

式中，c_0 为反应开始时反应物浓度。当 $c=c_0/2$ 时，时间 t 可以用 $t_{1/2}$ 表示，即为反应的半衰期

$$t_{1/2}=\frac{\ln 2}{k_{\mathrm{obs}}} \tag{5}$$

一级反应的半衰期只决定于反应速率常数 k_{obs}，而与起始浓度无关，这是一级反应的特点。同时，从方程（4）可以看出，在不同时间内测定反应物的相应浓度，并以 $\ln c$ 对 t 作图，可得一直线，由直线斜率即可求得反应速率常数 k_{obs}。

本实验研究的特点是能够在不干扰反应体系的情况下跟踪反应进程，即用旋光仪测量通

过溶液的偏振光的旋光角。蔗糖溶液具有右旋光特性，但是其产物混合溶液却具有轻微的左旋光特性，因为左旋光的果糖具有比右旋光的葡萄糖更大的比旋光度。

测量物质旋光度所用的仪器为旋光仪，溶液的旋光度与溶液中所含旋光物质的旋光能力、溶剂性质、溶液浓度、液层厚度及温度等因素均有关，且具有简单的加和性（参见附一）。当固定其他条件时，旋光度 α 与溶液浓度 c 呈线性关系，即

$$\alpha = \sigma c \tag{6}$$

式中，比例常数 σ 与物质的旋光能力、溶剂性质、液层厚度及温度等因素有关。蔗糖转化反应开始时，$t=0$，蔗糖尚未开始转化，设溶液的初始旋光度为

$$\alpha_0 = \sigma_{反应物} c_0 \tag{7}$$

当蔗糖已完全转化时，溶液的旋光度为

$$\alpha_\infty = \sigma_{生成物} c_0 \tag{8}$$

在反应过程中的任意时刻 t，蔗糖浓度为 c，溶液旋光度为

$$\alpha_t = \sigma_{反应物} c + \sigma_{生成物}(c_0 - c) \tag{9}$$

由此可得

$$c_0 = \frac{\alpha_0 - \alpha_\infty}{\sigma_{反应物} - \sigma_{生成物}} \qquad c = \frac{\alpha_t - \alpha_\infty}{\sigma_{反应物} - \sigma_{生成物}} \tag{10}$$

将方程（10）代入方程（4）可得

$$\ln(\alpha_t - \alpha_\infty) = -k_{obs} t + \ln(\alpha_0 - \alpha_\infty) \tag{11}$$

显然，可通过旋光仪测定 α_0、α_∞ 以及不同反应时间 t 时的 α_t 值，以 $\ln(\alpha_t - \alpha_\infty)$ 对 t 作图可得一条直线，根据直线斜率可求得反应速率常数 k_{obs}。

反应溶液的初始旋光度 α_0 可以通过测定相应浓度蔗糖水溶液旋光度的方法得到。室温下，在 $2\,mol \cdot dm^{-3}$ 盐酸溶液中蔗糖完全反应需要 2 天以上，为快速测定 α_∞，可将反应溶液在 $50 \sim 60\,℃$ 加热 30min 以上，冷却至室温后进行测量。也可以通过测定相应浓度的葡萄糖、果糖混合溶液的旋光度获得 α_∞ 值，该混合溶液需预先配制并放置过夜，以保证变旋为过程达成平衡。

葡萄糖和果糖的变旋光现象对实验测定会产生一定的影响，蔗糖转化反应在酸性条件下进行的，水解生成的 α-D-葡萄糖和 β-D-果糖都会逐步发生变旋过程，考虑此种效应，溶液旋光度与反应时间的关系应修正为（参见附二）

$$\ln(\alpha_t - \alpha_\infty) = -k_{obs} t + \ln(p - q e^{-at}) \tag{12}$$

式中，p、q、a 为待定参数，且均大于零。当反应时间 t 足够长时，$e^{-at} \to 0$，方程（12）等号右边第二项变为与时间无关的常数，此时方程（12）与方程（11）的形式相同。由此可见，反应开始阶段的旋光度 α_t 与反应时间 t 之间的关系会明显偏离方程（11），当用方程（11）进行数据拟合计算时，应剔除反应初始阶段的实验数据（一般取反应开始 5min 以后的数据）。

由于 α_0、α_∞ 的测定具有一定的不确定性，Guggenheim 提出了一种无须测量初始值就可以进行一级反应速率常数计算的方法。根据准一级反应速率方程（4），蔗糖浓度

$$c = c_0 e^{-k_{obs} t} \tag{13}$$

则在两个不同的时间 t_1 和 t_2，分别有

$$c_1 = c_0 e^{-k_{obs} t_1} \qquad c_2 = c_0 e^{-k_{obs} t_2}$$

令 $t_1 = t$，和 $t_2 = t + \Delta t$，则

$$c_1 - c_2 = c_0 e^{-k_{obs}t}(1 - e^{-k_{obs}\Delta t}) \tag{14}$$

等号两边取对数得到

$$\ln(c_1 - c_2) = -k_{obs}t + \ln[c_0(1 - e^{-k_{obs}\Delta t})] \tag{15}$$

根据方程（10），溶液的旋光度 α 与蔗糖浓度 c 成正比，即 $\alpha = Ac + B$，因此方程（15）可变为

$$\ln(\alpha_1 - \alpha_2) = -k_{obs}t + \ln[Ac_0(1 - e^{-k_{obs}\Delta t})] \tag{16}$$

取固定的时间间隔 Δt（一般取反应时间的 1/3 或 1/2），则方程（16）右边第二项为常数。在 α-t 拟合曲线上读取一系列 α_1、α_2-t 数据，作 $\ln(\alpha_1-\alpha_2)$-t 直线图，由斜率可以得到反应速率常数 k_{obs}。

A13.3 仪器试剂

WXG-4型旋光仪，旋光管，超级恒温槽，恒温水槽（公用，测定 α_∞），秒表，移液管（25mL）2支，具塞锥形瓶（100mL）3个，烧杯（200mL），试剂瓶（250mL）。

蔗糖（A.R.），盐酸（4mol·dm^{-3}），硫酸（4mol·dm^{-3}），磷酸（4mol·dm^{-3}）。

A13.4 安全须知和废弃物处理

- 实验室中需穿戴实验服、防护目镜或面罩。
- 在处理酸性溶液时需使用丁腈橡胶手套。
- 较高浓度酸溶液刺激皮肤，如发生皮肤沾染，用水冲洗沾染部位10min以上。
- 注意保护光学部件，所有镜片，包括测试管两头的护片玻璃都不能用手直接揩拭，应用柔软的绒布或镜头纸揩拭；保持试样管及其两端玻片洁净，以免影响透光；试样管已注入溶液，切勿打开试样管，以免溶液泄漏；试样管的两端经精密磨制，以保证其长度为确定值并透光良好，使用时要十分小心，以防损坏。
- 酸溶液会腐蚀旋光仪和旋光管密封件，旋光管放入旋光仪前应将外壁擦拭干净，实验结束后应将旋光管各部件冲洗干净。
- 离开实验室前务必洗手。
- 反应溶液倒入指定的废液回收桶。

A13.5 实验步骤

旋光仪原理、调节、校零和测量方法参见附一。部分实验步骤可以穿插进行。全部测量只能在同一方向转动刻度盘调节手柄时读取始、末示值，决定旋光角，而不能在来回转动手柄时读取示值，以免产生回程误差。

1. 配制20%蔗糖溶液

在电子天平（精度0.1g）上称取约40g蔗糖，加水至总质量为200g，搅拌溶解，若有沉淀需过滤，澄清溶液倒入试剂瓶中保存。

2. 旋光仪零点的校正

调整恒温槽至25℃恒温，然后将旋光管外套接上恒温水。蒸馏水为非旋光物质，可以用来校正旋光仪的零点（即$\alpha=0$时仪器对应的刻度）。校正时，先洗净旋光管各部分零件，将一端的盖子旋紧，并由另一端向管内灌满蒸馏水，在上面形成一凸面，然后取玻璃片沿管口轻轻推入盖好，再旋紧套盖，玻璃片紧贴于旋光度，勿使其漏水或有气泡。必须注意旋紧套盖时，一手握住管上的金属鼓轮，另一只手套盖，不能用力太猛，以免压碎玻璃片。然后用滤纸或干布擦净旋光管两端玻璃片，并放入旋光仪中。打开旋光仪电源开关，调节目镜聚焦，使视野清晰，再旋转检偏镜至能观察到三分视野暗度相等为止。记下检偏镜的旋光度α，重复测量数次，取其平均值。此平均值即为零点，用来校正仪器的系统误差。

3. α_0 的测定

在干燥的100mL锥形瓶中移入25.00mL蔗糖溶液和25.00mL蒸馏水，摇匀后，先用少量溶液荡洗旋光管两次，然后将溶液注满旋光管，放置数分钟，待温度恒定后，测定其旋光度，重复调节读数3次，取平均值，即为反应溶液的初始旋光度α_0。

4. 盐酸催化蔗糖水解过程中 α_t 的测定

在两只干燥的100mL锥形瓶中分别移入25.00mL蔗糖溶液（20%）和25.00mL盐酸溶液（4mol·dm^{-3}），加塞后置于恒温槽中恒温10～15min。

待恒温后，取出锥形瓶，擦干外壁，将盐酸溶液倒入蔗糖溶液并摇匀，在盐酸溶液加入一半时，开动秒表开始计时。将反应混合液在两个锥形瓶中相互倾倒摇匀数次，迅速用少量混合溶液荡洗旋光管两次，然后将混合液装满旋光管，盖好玻璃片，旋紧套盖（检查是否漏液和气泡！）。锥形瓶中剩余混合液不要倒掉，加塞保存。

擦净旋光管两端玻璃片，擦去旋光管外残留的溶液，立刻置于旋光仪中，调节旋光仪，测量时间t时溶液的旋光度α_t。测定时要迅速准确。在反应开始15min内，每次测量间隔约1min，以后的测量时间间隔可随反应速率的放慢而逐渐加宽，一直测量到旋光度为负值为止。

同时，将已使用过的另外两只锥形瓶洗净烘干备用。

5. α_∞ 的测定

将旋光管中的反应液与锥形瓶中的剩余混合液合并，加塞后置于50～60℃水浴或烘箱中温热30min以上，加速水解反应的进行，使其中蔗糖完全反应。然后冷却至室温。将该溶液注入旋光管中，恒温后测定其旋光度，在15min内读取5～7个数据，如在测量误差范围内，取其平均值，即认为是α_∞。

6. 硫酸和磷酸催化蔗糖水解反应

重复步骤4和5，分别测定在硫酸和磷酸催化下蔗糖水解反应的动力学数据。

7. 结束实验

实验结束时，应立即将旋光管洗净擦干，防止酸对旋光管的腐蚀。记录室温、大气压等常规实验数据。将旋光仪管槽内外用柔纸擦拭干净，防止酸液腐蚀仪器。清理实验仪器和实验台面。

A13.6 数据处理与结果分析

1. 列表记录在不同酸催化条件下反应过程中所测得的α_t与对应时间t数据，并作出相应的α_t-t图。

2. 根据方程（11），以 $\ln(\alpha_t-\alpha_\infty)$-$t$ 作图，剔除反应开始后 5min 以内数据，然后进行线性拟合，由直线斜率计算出反应速率常数 k_{obs}，并计算半衰期 $t_{1/2}$。观察拟合直线方程的截距是否符合理论值 $\ln(\alpha_0-\alpha_\infty)$。比较不同酸催化反应的速率常数和半衰期大小，并讨论可能导致差别的原因。

3. 按照 Guggenheim 方法［方程（13）～方程（16）］计算各酸催化转化反应的速率常数和半衰期。

A13.7　讨论与思考

1. 除了蔗糖浓度、酸浓度和温度外，还有什么因素可能影响蔗糖转化反应的速率？
2. 如何判断某一旋光物质是左旋还是右旋？
3. 混合蔗糖溶液和盐酸溶液时，将盐酸加到蔗糖溶液里去，可否将蔗糖溶液加到盐酸里？为什么？
4. 既然在整个反应过程中始终存在变旋过程，为什么 $\ln(\alpha_t-\alpha_\infty)$-$t$ 数据在初始反应阶段之后基本呈线性关系？

附一　旋光度和旋光仪

1. 偏振光及其分类

光是一种电磁波，电磁辐射包含交变的电场和磁场，其振动矢量方向均垂直于电磁波的传播方向，两者本身也互相垂直。由于电场强度远远大于磁场强度，因此在电磁波中主要是电场分量与物质发生相互作用，电矢量又称为光矢量，电场的振动称为光振动，电场振动方向与光波传播方向之间组成的平面叫振动面。如果光振动被限制在一个单一平面内［见图 A13-5（a）］，这种光称为平面偏振光，也叫做线偏振光，简称偏振光。普通光源发射的光是由大量原子或分子独立辐射而产生的，由于热运动和辐射的随机性，大量原子或分子所发射偏振光的光矢量出现在各个方向的概率是相同的，没有哪个方向的光振动占优势，这种光源发射的光不显现偏振的性质，称为自然光［见图 A13-5（b）］，一束自然光可以分解成两束振动方向互相垂直的、等幅的、不相干的线偏振光。还有一种光线，光矢量在某个特定方向上出现的概率比较大，也就是光振动在某一方向上较强，这样的光称为部分偏振光［见图 A13-5（c）］。此外，如果平面偏振光的强度和方向均随时间发生改变，则形成椭圆偏振光，当椭圆偏振光的强度不随时间变化时，就形成了圆偏振光。

2. 偏振光的产生和检测

将自然光变成偏振光的过程称为起偏，起偏的装置称为起偏器。常用的起偏过程有以下几种类型。

（1）反射、折射方法

反射和折射过程都能够将自然光变成部分偏振光，其中反射光中垂直于入射面的光振动多于平行于入射面的光振动，而透射光则正好相反［见图 A13-6（a）］。在改变入射角的时候，出现了一个特殊的现象，即入射角为一特定值时，反射光成为完全线偏振光，折射光为部分偏振光，而且此时的反射光线和折射光线垂直，即 $i_0+\alpha_0=90°$［见图 A13-6（b）］，根据折射定律 $n_1\sin i_0=n_2\sin\alpha_0=n_2\cos i_0$，因此 $\tan i_0=n_2/n_1$，该现象最早在 1815 年为布儒斯特所发现，称之为布儒斯特定律，入射角 i_0 即为布儒斯特角。若自然光由空气入射至玻璃，则

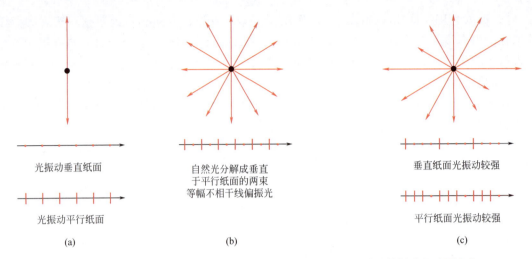

图A13-5　线偏振光（a）、自然光（b）和部分偏振光（c）的光传播方向（黑色）与光振动方向分布（红色）

$n_1=1.00$（空气），$n_2=1.50$（玻璃），布儒斯特角 $i_0=\arctan(1.50/1.00)=56°18'$，折射角 $\alpha_0=33°42'$。该方法是获得线偏振光的方法之一，不过反射光由于强度较小，通常不被利用，透射光的光强较大，但又不是完全线偏振光，实际采用玻璃堆的方法成功地解决了该问题［见图A13-6（c）］，通过多次的透射基本上可以滤掉垂直入射面的光振动分量，最后折射光几乎只剩下平行于入射面的光振动分量。

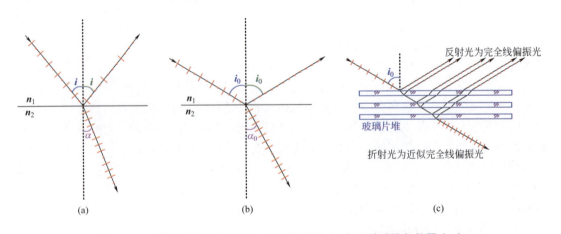

图A13-6　反射、折射光路（a）、布儒斯特角（b）和玻璃堆起偏器（c）

（2）散射方法

在入射光作用下，分子中的电子进行受迫振动，形成振动的电偶极子，振动方向与入射光的电场振动方向一致，它可以向周围辐射电磁波（次波）。偶极子的轴向上不辐射电磁波，而只能在其他方向上辐射电磁波，而自然光可以看做由相互垂直的非相干的两个偏振光所组成，因此在沿自然光入射方向（z轴方程）看去时仍是自然光，但观察方向垂直于入射方向（x、y轴方向）时则是线偏振光，在其他方向（PB方向）上则是部分偏振光（见图A13-7）。散射方法可以在特定的条件下观察到线偏振光，该现象发生的条件是散射的质点尺度小于入射光波长。

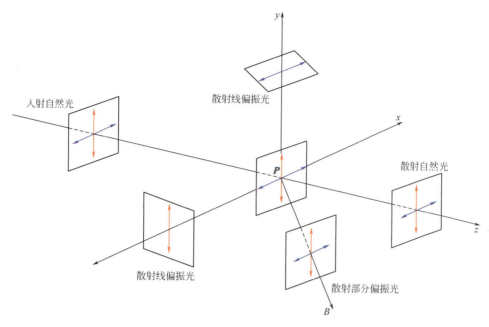

图A13-7　散射过程产生偏振光

（3）双折射和二向色性

一束单色光在晶体表面折射时，一般可以产生两束折射光，这种现象叫做双折射。两束折射光中，有一束总是遵守折射定律，称为寻常光，用符号 o 表示，另一束一般不遵守折射定律，称为非常光，用符号 e 表示。o 光和 e 光都是线偏振光。

当光沿着晶体中的某个特殊方向传播时，不发生双折射现象，并且 o 光和 e 光的传播速度相等，这个方向就是晶体的光轴。只有一个光轴方向的晶体，称为单轴晶体（如方解石、石英、红宝石等），有两个光轴方向的晶体，称为双轴晶体（如云母、霰石、蓝宝石等）。o 光传播方向和光轴组成的面称 o 主平面，e 光传播方向和光轴组成的面称 e 主平面。o 光的电矢量振动方向垂直于 o 主平面，e 光的电矢量振动方向则在 e 主平面内。由光轴和晶体表面法线组成的面称为主截面，可以证明，当光线以主截面为入射面时，o 光和 e 光都在主截面内，这时主截面也是 o 光和 e 光的共同主平面。晶体产生双折射的原因，在于晶体在光学上的各向异性，由电磁理论可以证明，对于晶体内光轴以外的任意方向，允许两束电矢量互相垂直的线偏振光以不同的速度传播。利用晶体的双折射现象，可以制成各种偏振棱镜，使得可以直接从自然光获得偏振光。

图A13-8是尼柯尔偏振棱镜示意图，它是用方解石晶体（$CaCO_3$）制作的。方解石是一种双折射晶体，形状为平行六面体，各晶面均为菱形或平行四边形，一个晶面上两对对角分别约为钝角102°和锐角78°，在方解石晶体中，只有一对顶点是由三个钝角面会合而成的，光轴就通过这两个顶点中的一个，并位于与三个钝角界面成等角的直线方向上，若沿解离面截取等棱长的方解石菱体，则光轴就位于由三个钝角面会合而成的两个顶点的连线方向。制作尼柯尔棱镜时，取一块长度约为宽度3倍的方解石晶体 $ABCDKLMN$，在两端切去一部分，使得主截面 $ACNL$ 上的锐角为68°，将方解石晶体垂直于主截面和两端面 $ABCD$、$KLMN$ 并过对角顶点 AN 切开，然后用加拿大树胶黏合起来，在主截面内，光轴与 AC 成48°，前半个棱镜中的 o 光射到树胶层中产生全反射，最后被吸收涂层吸收，e 光不产生全反射，能够透过树胶层，所以自尼柯尔棱镜出来的偏振光的振动面在棱镜的主截面内。

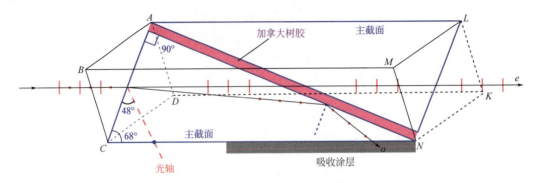

图A13-8　尼柯尔偏振棱镜示意图，主截面ACNL在纸面上

尼柯尔棱镜能使一束线偏振光全反射，另一束线偏振光出射，与之功能类似的还有格兰-汤姆逊棱镜和格兰-傅科棱镜，它们都属于偏振起偏棱镜。另一类棱镜可以改变两束线偏光的传播方向，得到两束分开的线偏光，如渥拉斯顿棱镜和洛匈棱镜等，它们都属于偏振分束镜。

大部分晶体在自然光入射的情况下产生的o光和e光的强度相等。但是，也有一些晶体对两支折射光的吸收相差很大，这种性质叫做二向色性，如电气石（六角形片状）对o光的吸收能力特别强，1mm厚度的晶片就能100%吸收o光，结果只有e光可以穿出晶体，利用晶体的二向色性可以制作偏振片。此外，人造偏振片（如透明的聚乙烯醇膜片）具有梳状长链形结构分子，这些分子平行排列在同一方向上，此时胶膜只允许垂直于排列方向的光振动通过，因而产生线偏振光。

通过人工制造的偏振片、晶体起偏器和利用反射或多次透射（光的入射角为布儒斯特角）可以获得偏振光，自然光通过偏振片后，所形成偏振光的光振动方向与偏振片的偏振化方向（或称透光轴）一致。在偏振片上用符号"↕"表示其偏振化方向，如图A13-9所示。

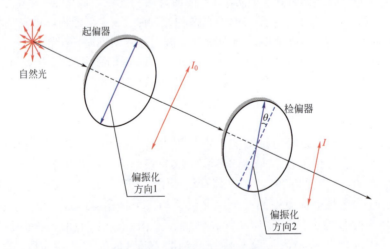

图A13-9　偏振光的产生和检测

鉴别光的偏振状态的过程称为检偏，检偏的装置称为检偏器。实际上起偏器也就是检偏器，两者是通用的。自然光通过作为起偏器的偏振片后，变成光通量为I_0的偏振光，这个偏

振光的光矢量与偏振化方向1同方位。起偏器偏振化方向1与检偏器偏振化方向2之间的夹角为θ，根据马吕斯定律，I_0通过检偏器后，透射光通量$I=I_0\cos^2\theta$，透射光仍为偏振光，其光矢量与检偏器偏振化方向同方位。显然，当以光线传播方向为轴转动检偏器时，偏振光的透射光通量I将发生周期性变化：当$\theta=0°$时，透射光通量最大；当$\theta=90°$时，透射光通量为极小值（消光状态），接近全暗；当$0°<\theta<90°$时，透射光通量介于最大值和最小值之间。但是，当自然光直接投射到检偏器时，同样对自然光转动检偏器时，就不会发生上述现象，透射光通量不变。对部分偏振光转动检偏器时，透射光通量有变化但没有消光状态。因此根据透射光通量的变化，就可以区分偏振光、自然光和部分偏振光。

3. 旋光现象

阿喇果（Arago）在1811年发现，当偏振光通过某些透明物质后，偏振光的偏振面将旋转一定的角度，这种现象称为旋光现象。能产生旋光现象的物质称为旋光物质，例如石英、酒石酸溶液、蔗糖溶液等，当观察者迎着光线观看时，振动面顺时针方向旋转的物质称为右旋（或正旋）物质，振动面反时针方向旋转的物质称为左旋（或负旋）物质。

若一个分子的结构不能与其镜像结构重合，则该分子为手性分子。当偏振光穿过手性分子溶液或固体时，光振动矢量方向会发生转动，产生旋光现象。在大多数情况下，分子结构中含有手性碳原子是导致物质具有旋光性的主要原因，但并不是唯一的，比如无机阴离子$[Rh\{(HN)_2SO_2\}_2(H_2O)_2]^-$已经被分离出两种对映体。

对固体旋光物质，振动面的旋转角度α与光透过该物质的厚度d成正比，即

$$\alpha = [\alpha]d \tag{17}$$

式中，$[\alpha]$称为固体（或晶体）的旋光率，它在数值上等于偏振光通过厚度为1mm的固体片（或晶体片）后振动面的旋转角度。

对于溶液，旋转角度α与偏振光通过的溶液长度l和溶液中旋光物质浓度c'成正比，其比例系数$[\alpha]_D^{20}$称为比旋光度。实验表明，比旋光度还与入射光的波长和溶液温度有关，同一旋光物质对不同波长的光具有不同的旋光率。在一定温度下，它的旋光率与入射光波长的平方成反比，即随波长的减小而迅速增大，这个现象称为旋光色散。因此比旋光度规定为在20℃及钠光D线（589.3nm）的波长下的旋光能力，其定义为一个10cm长、每立方厘米溶液中含有1g旋光物质所产生的旋光角，可用方程表示为

$$[\alpha]_D^{20} = \frac{10\alpha}{lc'} \tag{18}$$

式中，l的单位是厘米（cm）；c'的单位是每立方厘米中旋光物质的克数（$g\cdot cm^{-3}$）。若将l的单位取作分米（dm），c'的单位取作每100立方厘米中旋光物质的克数［$g\cdot(100cm^{-3})$］，则比旋光度

$$[\alpha]_D^{20} = \frac{100\alpha}{lc'} \tag{19}$$

比旋光度的单位是：$deg\cdot(10cm)^{-1}\cdot(g\cdot cm^{-3})^{-1}$或$deg\cdot dm^{-1}\cdot(g\cdot cm^{-3})^{-1}$或$10^{-2}deg\cdot m^2\cdot kg^{-1}$。

若已知旋光性溶液的浓度c'和液柱的长度l，则测出旋光角度就可以算出其旋光率。若l不变，且溶液温度和环境温度保持不变，依次改变浓度c'，测出相应的旋光角度α，作α-c'曲线，即旋光曲线，则得到一条直线，其斜率为$[\alpha]_D^{20}l$，由此可计算出比旋光度$[\alpha]_D^{20}$。反之，通过测量α，可以测定溶液中所含旋光物质的浓度c'，即根据测出的旋转角度α，从该物质的旋光曲线上查出对应的浓度c'。

4. 旋光仪

旋光仪的主要元件是两块尼柯尔棱镜。当一束单色光照射到尼柯尔棱镜时，分解为两束光振动矢量相互垂直的平面偏振光，一束折射率为1.658的寻常光，一束折射率为1.486的非寻常光，这两束光线到达加拿大树脂黏合面时，折射率大的寻常光（加拿大树脂的折射率为1.550）被全反射到底面上的墨色涂层被吸收，而折射率小的非寻常光则通过棱镜，这样就获得了一束单一的平面偏振光。用于产生平面偏振光的棱镜称为起偏镜，如让起偏镜产生的偏振光照射到另一个透射面与起偏镜透射面平行的尼柯尔棱镜，则这束平面偏振光也能通过第二个棱镜，如果第二个棱镜的透射面与起偏镜的透射面垂直，则由起偏镜出来的偏振光完全不能通过第二个棱镜。如果第二个棱镜的透射面与起偏镜的透射面之间的夹角θ在0°～90°之间，则光线部分通过第二个棱镜，此第二个棱镜称为检偏镜。通过调节检偏镜，能使透过的光线强度在最强和零之间变化。如果在起偏镜与检偏镜之间放有旋光性物质，则由于物质的旋光作用，使来自起偏镜的光的偏振面改变了某一角度，只有检偏镜也旋转同样的角度，才能补偿旋光线改变的角度，使透过的光的强度与原来相同。旋光仪就是根据这种原理设计的。

图A13-10是常见的Landolt-Lippich三分视界旋光仪原理图。由钠光灯S发出的自然光经过主尼柯尔棱镜P起偏，成为偏振光。在尼柯尔棱镜P的后面放置了两块辅助尼柯尔棱镜P′和P″，辅助尼柯尔棱镜P′和P″与主尼柯尔棱镜P的偏振化方向之间相差一个小角度θ，θ角的大小可根据光源强度和仪器部件的透光性调整至最佳状态。检偏器，即分析尼柯尔棱镜A，放置在旋光管之后，其转动角度作为仪器测量数据的标度。当检偏器A的偏振化方向与起偏器的偏振化方向成90°时，由放大目镜观察的圆形视界的中央条块是暗的，而圆形视界的两侧是亮的，如图A13-10的Ⅰ所示；当检偏器A再转过一个小角度θ，此时A的偏振化方向与辅助尼柯尔棱镜P′和P″的偏振化方向成90°，视界中两侧变暗，中央条块变亮，如图A13-10的Ⅱ所示；把检偏器A回调至θ角一半的位置，则圆形视界中央条块与两侧的光强度相等，呈现为一个均匀的弱光强度视界，如图A13-10的Ⅲ所示。旋光仪的标尺刻度正是以图A13-10中的第Ⅲ种调节状态作为定标依据的，测量时通过旋光仪调节手柄（与刻度标尺同步）转动检偏器A，直至三分视界中的明暗条块恰好消失，此时标尺读数正是样品的旋光度。要注意的是，图A13-10中的状态Ⅲ是状态Ⅰ、Ⅱ相互切换的中间过渡状态，其主要特征是光强度较弱，且将手柄稍加左右调节，即可显现状态Ⅰ或Ⅱ。

图A13-10　Landolt-Lippich三分视界旋光仪原理图

由于尼柯尔棱镜的制作工艺复杂，成本较高，因此商品化旋光仪中有时会将辅助尼柯尔棱镜P′和P″用一块矩形石英片代替，矩形石英片位于圆形视界中央，大约遮挡1/3的视界，也就是形成一个中央条块。石英本身有旋光性和偏振化功能，且对偏振光的偏转角度可以通过改变石英片厚度非常方便地调节［方程（17）］，因此在主尼柯尔棱镜P和旋光管之间放入石英片后，同样可以起到图A13-10中辅助尼柯尔棱镜的效果。

WXG-4型旋光仪可用来测量旋光性溶液的旋光角，其实物如图A13-11所示。为了准确地测定旋光角α，仪器的读数装置采用双游标读数，以消除度盘的偏心差。度盘等分360格，

分度值 $α=1°$，角游标的分度数 $n=20$，因此，角游标的分度值 $α/n=0.05°$，与20分游标卡尺的读数方法相似。度盘和检偏镜连接成一体，利用度盘转动手轮作粗（小轮）、细（大轮）调节。游标窗前装有供读游标用的放大镜。

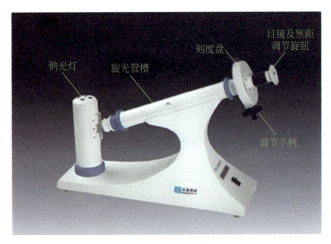

图A13-11　WXG-4型旋光仪

实验时，首先开启钠光灯电源，预热10min以上，使光源强度稳定。将旋光性溶液注入已知长度 L 的旋光管中，把旋光管放入旋光仪的槽筒内，盖上槽盖，首先调节目镜焦距，使视界清晰，然后用调节手柄进行三分视界的调整，直至达到读数测量状态（见图A13-10中Ⅲ）。

附二　变旋过程对旋光度法测量蔗糖转化反应速率的影响分析

一分子蔗糖在酸或酶作用下，水解生成一分子D-葡萄糖和一分子D-果糖。蔗糖的催化转化反应是在酸性条件下进行的，水解生成的 $α$-D-葡萄糖和 $β$-D-果糖都会逐步发生变旋光过程。在通常的实验中，当用旋光仪测定反应溶液的旋光度进行蔗糖水解反应动力学研究时，相关实验原理和计算公式推导时均把产物葡萄糖和果糖当作结构不变、旋光度固定的物质，这个假设与实际情况并不相符。为简单起见，仅考虑葡萄糖的两种变旋光构型的转化，分别标记为 $G_α$ 和 $G_β$。酸催化反应机理如下

$$S \xrightarrow{k_1} F+G_α \qquad G_α \xrightleftharpoons[k_{-2}]{k_2} G_β$$

$t=0$	c_0	0	0	0	0
$t=t$	c_0-c	c	$c_α$	$c_α$	$c_β$
$t=∞$	0	c_0	$c_α^∞$	$c_α^∞$	$c_β^∞$

下面推导一下在存在变旋光过程的蔗糖转化反应中，溶液旋光度与反应产物浓度的关系，以S代表蔗糖（sucrose），以F代表果糖（fructose），以G代表葡萄糖（glucose），当仪器常数固定时，溶液的旋光度与物质浓度成正比，且具有加和性。因此，反应开始时溶液的初始旋光度为：

$$α_0=σ_s c_0 \tag{20}$$

反应结束时溶液的旋光度为：

$$\alpha_\infty = \sigma_F c_0 + \sigma_\alpha c_\alpha^\infty + \sigma_\beta c_\beta^\infty \tag{21}$$

在反应过程中的任意时刻 t，溶液的旋光度可以表示为：

$$\alpha_t = \sigma_s(c_0 - c) + \sigma_F c + \sigma_\alpha c_\alpha + \sigma_\beta c_\beta \tag{22}$$

已知

$$c_0 = c_\alpha^\infty + c_\beta^\infty, \quad c = c_\alpha + c_\beta$$

因此由式（21）、式（22）可得

$$\alpha_\infty = (\sigma_F + \sigma_\beta)c_0 + (\sigma_\alpha - \sigma_\beta)c_\alpha^\infty \tag{23}$$

$$\alpha_t = \sigma_s(c_0 - c) + (\sigma_F + \sigma_\beta)c + (\sigma_\alpha - \sigma_\beta)c_\alpha \tag{24}$$

由反应机理可以得到

$$\frac{dc_\alpha}{dt} = k_1(c_0 - c) - k_2 c_\alpha + k_{-2} c_\beta = k_1 c_0 + (k_{-2} - k_1)c - (k_2 + k_{-2})c_\alpha \tag{25}$$

由一级反应动力学方程可以得到

$$c = c_0(1 - e^{-k_1 t}) \tag{26}$$

将式（26）代入式（25）得到

$$\begin{aligned}\frac{dc_\alpha}{dt} &= k_1(c_0 - c) - k_2 c_\alpha + k_{-2} c_\beta \\ &= k_1 c_0 + (k_{-2} - k_1)c_0(1 - e^{-k_1 t}) - (k_2 + k_{-2})c_\alpha\end{aligned} \tag{27}$$

整理为

$$\frac{dc_\alpha}{dt} + (k_2 + k_{-2})c_\alpha = c_0[k_{-2} - (k_{-2} - k_1)e^{-k_1 t}] \tag{28}$$

对形如 $(dy/dx) + py = Q$ 的微分方程，其积分式为

$$y e^{\int P dx} = \int Q e^{\int P dx} dx$$

故式（28）的积分式为

$$c_\alpha e^{\int_0^t (k_2 + k_{-2})dt} = \int_0^t c_0[k_{-2} - (k_{-2} - k_1)e^{-k_1 t}] e^{\int_0^t (k_2 + k_{-2})dt} dt \tag{29}$$

方程（29）展开得到

$$\begin{aligned}c_\alpha e^{(k_2 + k_{-2})t} &= \int_0^t c_0[k_{-2} e^{(k_2 + k_{-2})t} - (k_{-2} - k_1)e^{(k_2 + k_{-2} - k_1)t}]dt \\ &= c_0 \frac{k_{-2}}{k_2 + k_{-2}} e^{(k_2 + k_{-2})t} \Big|_0^t - c_0 \frac{k_{-2} - k_1}{k_2 + k_{-2} - k_1} e^{(k_2 + k_{-2} - k_1)t} \Big|_0^t \\ &= c_0 \left[\frac{k_{-2}}{k_2 + k_{-2}} e^{(k_2 + k_{-2})t} - \frac{k_{-2} - k_1}{k_2 + k_{-2} - k_1} e^{(k_2 + k_{-2} - k_1)t} - \frac{k_{-2}}{k_2 + k_{-2}} + \frac{k_{-2} - k_1}{k_2 + k_{-2} - k_1} \right] \\ &= c_0 \left[\frac{k_{-2}}{k_2 + k_{-2}} e^{(k_2 + k_{-2})t} - \frac{k_{-2} - k_1}{k_2 + k_{-2} - k_1} e^{(k_2 + k_{-2} - k_1)t} - \frac{k_1 k_2}{(k_2 + k_{-2})(k_2 + k_{-2} - k_1)} \right]\end{aligned}$$

由此得到

$$c_\alpha = c_0\left[\frac{k_{-2}}{k_2+k_{-2}} - \frac{k_{-2}-k_1}{k_2+k_{-2}-k_1}e^{-k_1 t} - \frac{k_1 k_2}{(k_2+k_{-2})(k_2+k_{-2}-k_1)}e^{-(k_2+k_{-2})t}\right] \quad (30)$$
$$= c_0[A_0 - A_1 e^{-k_1 t} - A_2 e^{-(k_2+k_{-2})t}]$$

且

$$c_\alpha^\infty = c_0 A_0 \quad (31)$$

将式（26）、式（30）、式（31）代入式（23）、式（24），得到

$$\alpha_\infty = (\sigma_F + \sigma_\beta + A_0 \sigma_\alpha - A_0 \sigma_\beta)c_0 = \sigma_\infty c_0 \quad (32)$$

$$\begin{aligned}\alpha_t &= \sigma_s c_0 e^{-k_1 t} + (\sigma_F + \sigma_\beta)c_0(1 - e^{-k_1 t}) \\ &\quad + (\sigma_\alpha - \sigma_\beta)c_0[A_0 - A_1 e^{-k_1 t} - A_2 e^{-(k_2+k_{-2})t}] \\ &= (\sigma_F + \sigma_\beta + A_0\sigma_\alpha - A_0\sigma_\beta)c_0 + [\sigma_s - (\sigma_F + \sigma_\beta) \\ &\quad - A_1(\sigma_\alpha - \sigma_\beta)]c_0 e^{-k_1 t} - A_2(\sigma_\alpha - \sigma_\beta)c_0 e^{-(k_2+k_{-2})t} \\ &= \alpha_\infty + m(c_0 - c) - n(c_0 - c)e^{-(k_2+k_{-2}-k_1)t}\end{aligned} \quad (33)$$

式中，$m = \sigma_s - (\sigma_F + \sigma_\beta) - A_1(\sigma_\alpha - \sigma_\beta)$，$n = A_2(\sigma_\alpha - \sigma_\beta)$。

由此得到

$$\alpha_t - \alpha_\infty = c_s(m - ne^{-at}) \quad (34)$$

式中 $c_s = c_0 - c$ 为蔗糖浓度，$a = k_2 + k_{-2} - k_1$。根据实验测定结果，$k_2 + k_{-2} \gg k_1$（大一个数量级以上）。

根据 $c_s = c_0 e^{-k_1 t}$，可以得到溶液旋光度与反应时间的关系为

$$\ln(a_t - \alpha_\infty) = -k_1 t + \ln[c_0(m - ne^{-at})] \quad (35)$$

即非线性拟合公式形式为

$$\ln(a_t - \alpha_\infty) = -k_1 t + \ln(p - qe^{-at}) \quad (36)$$

拟合参数为 k_1、p、q、a。该方程对推算反应初始速率有重大影响。

当同时考虑果糖的变旋光现象时，推导过程更加复杂，但是最终得到的方程（36）的形式依然成立。

A 14 电导法测定乙酸乙酯皂化反应速率常数

A14.1 实验简介

本实验再次使用电导电极来跟踪乙酸乙酯的皂化反应进程，测定化学反应的速率，并计算反应特征的动力学参数。宏观反应动力学实验教学中的主要问题是对反应体系和条件的理想化和简单化，这导致对实验结果的教条式分析。本实验的设计有意偏离理想化和简单化实验条件的选择，对实验数据处理和结果分析提出了较高的要求。

对于4课时实验，建议选择乙酸乙酯过量，测定两个不同反应温度下的化学反应动力学数据；对于8课时实验，建议完成全部实验内容。

学生应具备基本的微积分知识，了解化学反应动力学方程的基本形式，并掌握电导率测试方法。

A14.2 理论探讨

乙酸乙酯皂化反应化学方程式为

$$CH_3COOC_2H_5 + OH^- \xrightarrow{k} CH_3COO^- + C_2H_5OH \tag{1}$$

该反应是一个包含多个基元反应步骤的复杂反应，因此总反应方程式（1）并不能给出任何反应速率方程的信息。不过，研究表明反应（1）恰好符合二级反应速率方程的形式

$$r = \frac{d[CH_3COO^-]}{dt} = k[CH_3COOH][OH^-] \tag{2}$$

式中，k为二级反应速率常数，量纲为：浓度$^{-1}$·时间$^{-1}$。

若假定$CH_3COOC_2H_5$和OH^-的初始浓度分别为a、b，且反应时间t时CH_3COO^-的浓度为x，则$[CH_3COOC_2H_5]=a-x$，$[OH^-]=b-x$，因此方程（2）可以变为

$$r = \frac{dx}{dt} = k(a-x)(b-x) \tag{3}$$

许多文献和实验教材将实验条件设定为两个反应物的初始浓度相等，即$a=b$，此时方程（3）变成较为简单的形式

$$r = \frac{dx}{dt} = k(a-x)^2 \tag{4}$$

方程（4）积分得到

$$\frac{x}{a-x} = akt \tag{5}$$

但是这样的反应条件实际上很难达到，一则是因为空气中的CO_2会不断与NaOH溶液反应，使得反应物OH^-的浓度不断发生变化，二则是乙酸乙酯本身的挥发性和自水解反应使得其浓度也不会始终保持稳定，因此所谓两个反应物初始浓度相等只不过是一种理想化的说法罢了，即使非常仔细地配制出相等浓度的乙酸乙酯和氢氧化钠溶液，随着时间的推移两者浓度也会发生差异。

因此，更普遍的实验状态是两个反应物的初始浓度不相等，即$a \neq b$，此时对方程（3）积分得到

$$\ln \frac{b(a-x)}{a(b-x)} = k(a-b)t \tag{6}$$

从方程（6）或方程（5）中可以看出，只要测定反应过程中产物生成浓度x（也就是反应物消耗浓度）与反应时间t之间的关系，就可以计算出反应速率常数k。对于乙酸乙酯皂化反应体系，有多个物理性质可以用于跟踪反应进度随时间变化的关系，比如溶液的pH以及吸光度（紫外区）等，此外，随着反应的进行，溶液中导电能力强的OH^-被导电力弱的CH_3COO^-所取代，溶液导电能力逐渐减少，因此也可以用跟踪溶液电导变化的方式对该反应动力学行为进行研究。

本实验使用电导率仪测量乙酸乙酯皂化反应过程中电导率随时间的变化，从而达到跟踪反应物浓度随时间变化的目的。假定在反应时刻t溶液的电导为G_t，则

$$G_t = \frac{\kappa}{K_{池}} = \frac{1}{K_{池}} \sum_j c_j \lambda_j \tag{7}$$

式中，κ为溶液的电导率；$K_{池}$为电导池常数；λ_j为离子j的摩尔电导率；c_j为离子j的摩尔浓度，加和遍及溶液中所有离子。方程（7）说明溶液的电导具有加和性。对于乙酸乙酯皂化反应体系，方程（7）表示为

$$G_t = \frac{\kappa}{K_{池}} = \frac{1}{K_{池}} \sum_j c_j \lambda_j = \frac{1}{K_{池}}[(b-x)\lambda_{OH^-} + x\lambda_{Ac^-} + b\lambda_{Na^+}] \tag{8}$$

反应初始时刻溶液的电导为

$$G_0 = \frac{1}{K_{池}}[b(\lambda_{OH^-} + \lambda_{Na^+})] \tag{9}$$

完全反应时刻溶液的电导为

$$G_\infty = \frac{1}{K_{池}}[b(\lambda_{Ac^-} + \lambda_{Na^+})] \quad (a > b) \tag{10a}$$

或者

$$G_\infty = \frac{1}{K_{池}}[(b-a)\lambda_{OH^-} + a\lambda_{Ac^-} + b\lambda_{Na^+}] \quad (a < b) \tag{10b}$$

离子的摩尔电导率λ_{OH^-}、λ_{Ac^-}和λ_{Na^+}与浓度有关，但是可以证明，详见附。在实验浓度范围内，CH_3COO^-浓度x与溶液电导率近似成正比，即

$$x \approx \alpha - \beta \kappa_t$$

$$m \approx \alpha - \beta \kappa_\infty$$

$$0 \approx \alpha - \beta \kappa_0$$

式中，m为a、b中较小者。因此，

$$\frac{x}{m}=\frac{\kappa_0-\kappa_t}{\kappa_0-\kappa_\infty} \tag{11a}$$

若所有的测量均是在同一支电导电极上完成的，则方程（11a）可以变为

$$\frac{x}{m}=\frac{G_0-G_t}{G_0-G_\infty} \tag{11b}$$

将方程（11a）代入方程（6），整理得到工作方程为

$$\ln\left(\frac{b-a}{a}\times\frac{\kappa_0-\kappa_\infty}{\kappa_t-\kappa_\infty}+1\right)=k(b-a)t+\ln\frac{b}{a} \quad (a<b) \tag{12a}$$

或者

$$\ln\left(\frac{a-b}{b}\times\frac{\kappa_0-\kappa_\infty}{\kappa_t-\kappa_\infty}+1\right)=k(a-b)t+\ln\frac{a}{b} \quad (a>b) \tag{12b}$$

方程（12）可以用通式表示为

$$\ln\left(\frac{|a-b|}{m}\times\frac{\kappa_0-\kappa_\infty}{\kappa_t-\kappa_\infty}+1\right)=k|a-b|t+\left|\ln\frac{a}{b}\right| \tag{13}$$

式中，m为a、b中较小者。当所有的测量均是在同一支电导电极上完成时，方程（12）、方程（13）中的电导率κ可以用电导G代替。

方程（12）、方程（13）具有线性函数的形式，实验测得不同时间t时的溶液电导率κ_t（或电导G），以$\ln[|a-b|(\kappa_0-\kappa_\infty)/m(\kappa_t-\kappa_\infty)+1]$-$t$作图，若为一直线，则说明乙酸乙酯皂化反应对两个反应物均呈现为一级反应，总反应级数为2，由直线斜率可以计算出反应速率常数k。若在不同温度下测定k值，则根据阿仑尼乌斯方程可以计算反应的活化能E_a。

$$E_a=\frac{RT_1T_2}{T_2-T_1}\ln\frac{k_2}{k_1} \tag{14}$$

将方程（11a）代入方程（5），则有

$$\kappa_t=\frac{1}{ak}\times\frac{\kappa_0-\kappa_t}{t}+\kappa_\infty \tag{15}$$

即κ_t与$(\kappa_0-\kappa_t)/t$呈线性关系，由直线方程斜率可以求出k值，可见当初始反应物浓度相等时，工作方程较为简单。

A14.3 仪器试剂

DDS-11D型电导率仪（附DJS-1C铂黑电极），电子天平（精度0.0001g），秒表，恒温水浴，具塞锥形瓶（100mL）4只，锥形瓶（250mL）3只，移液管（5mL、25mL）各2支，容量瓶（100mL、250mL）各2只，试剂瓶（500mL）1只，碱式滴定管（50mL）1根，烧杯（100mL）2只。

NaOH（A.R.），乙酸乙酯（A.R.），乙酸钠（A.R.），二水合草酸或邻苯二甲酸氢钾（基准物质），酚酞。

A14.4 安全须知和废弃物处理

- 在实验室需穿戴实验服、防护目镜或面罩。
- 固体NaOH对人体有较强的腐蚀性，NaOH溶液和乙酸乙酯对皮肤、眼睛和软组织有

轻微刺激，如发生皮肤沾染，用水冲洗沾染部位。
- 离开实验室前务必洗手。
- 溶液倒入指定的废液回收桶。

A14.5 实验步骤

1. 配制溶液

在500mL试剂瓶中配制浓度约为0.02mol·dm^{-3}的NaOH溶液，用基准物质标定其浓度，酚酞为指示剂。

精确称取约1.8g乙酸乙酯，用蒸馏水溶解稀释定容在100mL容量瓶中，浓度约0.2mol·dm^{-3}。准确移取25mL 0.2mol·dm^{-3}乙酸乙酯溶液于250mL容量瓶中，定容至刻度摇匀，乙酸乙酯浓度约0.02mol·dm^{-3}。

2. 调节温度

调节恒温槽温度约为（25.00±0.10）℃，记录实验温度。

3. $a>b$条件下乙酸乙酯皂化反应动力学数据测量

在2个100mL具塞锥形瓶中分别移入（25mL+5mL）0.02mol·dm^{-3}乙酸乙酯、25mL 0.02mol·dm^{-3} NaOH，加塞后置于恒温槽中恒温，该两份溶液为反应液，乙酸乙酯稍过量。

另取一100mL具塞锥形瓶，移入25mL 0.02mol·dm^{-3} NaOH和30mL蒸馏水，摇匀后加塞置于恒温槽中恒温，此溶液用于测定κ_0值。在100mL容量瓶中准确配制乙酸钠溶液，溶液浓度与测定κ_0值的NaOH浓度相等，此溶液用于测定κ_∞值，将该溶液加塞后置于恒温槽中恒温。

检验校正电导率仪（参见A9附录），然后分别测定κ_0值和κ_∞值，测定前用待测溶液淋洗电导电极三次。

将两份反应液快速互相倾倒混匀几次，反应计时自混合时刻开始。用混合液淋洗电导电极3次，将混合液置于恒温槽中，放入电导电极，记录反应时间t与电导率κ_t关系数据，持续记录约1h。

实验结束，清洗锥形瓶，烘干备用。

4. $b>a$条件下乙酸乙酯皂化反应动力学数据测量

在2个100mL具塞锥形瓶中分别移入（25mL+5mL）0.02mol·dm^{-3} NaOH、25mL 0.02mol·dm^{-3}乙酸乙酯，加塞后置于恒温槽中恒温，该两份溶液为反应液，NaOH稍过量。

另取一100mL具塞锥形瓶，移入（25mL+5mL）0.02mol·dm^{-3} NaOH和25mL蒸馏水，摇匀后加塞置于恒温槽中恒温，此溶液用于测定κ_0值。在100mL容量瓶中准确配制用于测定κ_∞值的溶液，此溶液中乙酸钠浓度与两反应液混合后乙酸乙酯的初始浓度相等，同时还要配入一定量的NaOH，其浓度应为两反应液混合后NaOH与乙酸乙酯初始浓度的差值，将该溶液加塞后置于恒温槽中恒温。

检验校正电导率仪（参见实验A9附），然后分别测定κ_0值和κ_∞值，测定前用待测溶液淋洗电导电极三次。

将两份反应液快速互相倾倒混匀几次，反应计时自混合时刻开始。用混合液淋洗电导电极三次，将混合液置于恒温槽中，放入电导电极，记录反应时间t与电导率κ_t关系数据，持续记录约1h。

5. 重复实验

调节恒温槽温度约为（35.00±0.10）℃，记录实验温度。重复实验步骤3、4。

6. 结束实验

关闭电源，取出电导电极，用蒸馏水洗净，放入盛有蒸馏水的锥形瓶中，洗净玻璃仪器，放入烘箱中干燥。

A14.6　数据处理与结果分析

1. 列表和计算各次测量的实验温度、初始反应物浓度 a 和 b、电导率 κ_0 和 κ_∞ 值、κ_t-t 关系以及各反应时间对应的 $\ln[|a-b|(\kappa_0-\kappa_\infty)/m(\kappa_t-\kappa_\infty)+1]$ 值。

2. 以 $\ln[|a-b|(\kappa_0-\kappa_\infty)/m(\kappa_t-\kappa_\infty)+1]$-$t$ 作图，进行线性拟合，得到斜率和截距，由斜率计算乙酸乙酯皂化反应速率常数 k。在实验报告中列出拟合统计参数和误差分布，根据 a、b 值计算理论截距值，并与拟合结果对比。比较相同温度下 NaOH 过量与乙酸乙酯过量时测得的速率常数 k 的差别大小，并与文献值对比。

3. 根据不同实验温度下测得的速率常数 k，计算乙酸乙酯皂化反应的活化能 E_a。

4. 若反应级数不明确，乙酸乙酯皂化反应速率方程可以表示为

$$r=\frac{dx}{dt}=k(a-x)^\alpha(b-x)^\beta$$

为求出动力学参数，将方程（3）两边同时取对数，得到

$$\ln\left(\frac{dx}{dt}\right)=\ln k+\alpha\ln(a-x)+\beta\ln(b-x)$$

该方程为三参数非线性方程。实验中测得不同时间 t 时的溶液电导率 κ_t（或电导 G_t），根据方程（11）计算出不同时间 t 对应的 x 值，做出 x-t 曲线，在该曲线上求出若干点的切线斜率，得到一系列 $(x, dx/dt)$ 数据，以 $\ln(dx/dt)$-x 作图，按照该方程的形式进行非线性拟合，得到所需的动力学参数。请选择一组实验数据，按此方法计算反应动力学参数 k、α、β，并讨论这种方法是否能够得到有意义的结果。

A14.7　讨论与思考

1. 实验结果是否充分证明乙酸乙酯皂化反应的总反应级数为 2 级？

2. 挑选某个温度下的 2 组实验数据，用方程（15）处理计算一下，看看得到的 k 值是什么结果，从中可以得到什么结论？

3. 以下两篇文献都提出了电导法测定乙酸乙酯皂化反应动力学参数数据处理的不同方法，请阐述这两种数据处理方法的思路，并比较其优劣。

文献 1：冯安春，冯喆. 简化电导法测量乙酸乙酯皂化反应速率常数. 化学通报 1986,（3），55-58.

文献 2：Daniels F，Williams J W，Bender P，Alberty R A，Cornwell C D. *Experimental Physical Chemistry*，6th Ed. McGraw-Hill Book Co.，Inc.，NY 1962: pp135-139.

附　溶液电导率与浓度的关系

电解质溶液的摩尔电导率与电解质浓度有关，图 A14-1 是 NaOH 和 NaAc 水溶液的摩尔电导率与浓度的关系曲线，相关数据列于表 A14-1 中。

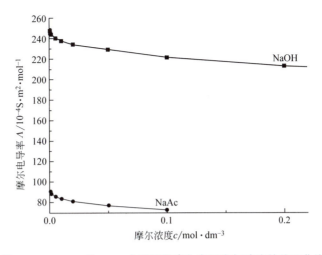

图A14-1　NaOH和NaAc水溶液的摩尔电导率与浓度的关系曲线

表A14-1　不同浓度NaOH和NaAc水溶液的摩尔电导率

c /mol·dm^{-3}	Λ_{NaOH} / 10^{-4}S·m^2·mol^{-1}	Λ_{NaAc} / 10^{-4}S·m^2·mol^{-1}
0.00	247.7	91.00
0.0005	245.5	89.20
0.001	244.6	88.50
0.005	240.7	85.68
0.01	237.9	83.72
0.02	234.0	81.20
0.05	229.0	76.88
0.1	221.5	72.76
0.2	213.0	—

对于强电解质，根据克尔劳许定律，在电解质浓度很低时，溶液的摩尔电导率与摩尔浓度的二分之一次方成线性关系，即$\Lambda \propto c^{1/2}$，图A14-2是0.02mol·dm^{-3}以下的NaOH和NaAc水溶液的摩尔电导率与$c^{1/2}$的关系曲线，两者均呈现极好的线性关系，拟合直线方程分别为

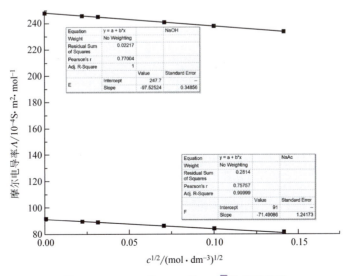

图A14-2　NaOH和NaAc的$\Lambda \propto \sqrt{c}$的关系曲线

$$\Lambda_{NaOH}/(10^{-4}\text{S·m}^2\text{·mol}^{-1}) = 247.7 - 97.52524\sqrt{(c/\text{mol·dm}^{-3})} \tag{16}$$

$$\Lambda_{NaAc}/(10^{-4}\text{S·m}^2\text{·mol}^{-1}) = 91.0 - 71.49086\sqrt{(c/\text{mol·dm}^{-3})} \tag{17}$$

两直线拟合方程的调整后确定系数（Adj. R^2）均大于0.99999。

根据定义，电解质溶液的电导率κ与摩尔电导率Λ之间的关系为

$$\Lambda = \frac{\kappa}{c} \tag{18}$$

若假定$CH_3COOC_2H_5$和NaOH的初始浓度分别为a、b，且反应时间t时NaAc的浓度为x，则$c_{NaOH}=b-x$，此时反应溶液的电导率为

$$\kappa_t = \Lambda_{NaOH}c_{NaOH} + \Lambda_{NaAc}c_{NaAc} = \Lambda_{NaOH}(b-x) + \Lambda_{NaAc}x \tag{19}$$

将方程（16）、方程（17）代入方程（19），得到

$$\kappa_t/10^3\mu\text{S·cm}^{-1} = 247.7b - 156.7x - 97.52524(b-x)^{3/2} - 71.49.086x^{3/2} \tag{20}$$

式中，浓度b和x的单位均为mol·dm^{-3}。

图A14-3为$b=0.01\text{mol·dm}^{-3}$时根据方程（20）绘制的κ_t-x的关系曲线，该曲线近似保持线性（图A14-3中的红色直线），近似线性拟合方程为

$$\kappa_t/10^3\mu\text{S·cm}^{-1} = 2.39651 - 154.12364x \tag{21}$$

直线拟合方程的调整后确定系数（Adj. R^2）为0.99973。

由此可知，虽然乙酸乙酯皂化反应溶液的电导率κ_t与产物NaAc浓度x之间不呈线性关系，但是可以近似当作线性关系处理，误差不大，即

$$\kappa_t/10^3\mu\text{S·cm}^{-1} = \alpha - \beta x \tag{22}$$

式中，α和β与NaOH初始浓度b有关。由方程（22）以及边界条件：

$$\kappa_0/10^3\mu\text{S·cm}^{-1} = \alpha \text{和} \kappa_\infty/10^3\mu\text{S·cm}^{-1} = \alpha - \beta m$$

可以得到方程（11a）

$$\frac{x}{m} = \frac{\kappa_0 - \kappa_t}{\kappa_0 - \kappa_\infty}$$

式中，m为a、b中较小者。

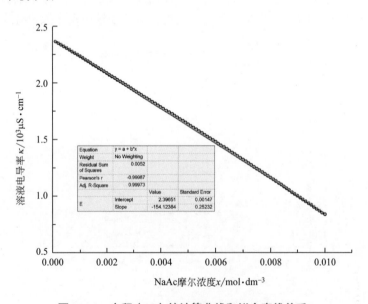

图A14-3　方程（20）的计算曲线和拟合直线关系

A 15

一级可逆-连续反应动力学：谷胱甘肽还原Cr（Ⅵ）

A15.1 实验简介

本实验将用紫外-可见光谱仪跟踪具有双指数时间依赖关系的化学反应进程，并对复杂反应机理涉及的化学反应动力学参数进行分析计算。将采用两种数据分析方法，即线性回归拟合方法和非线性回归拟合方法，并研究非线性回归拟合结果的合理性问题。同时，还要学会如何操作生物制剂。

对于4课时实验，建议完成一个波长下的实验数据测量；对于8课时实验，建议完成全部实验内容。

学生应具有解析常规的微分方程的能力，熟悉化学反应动力学的相关理论和数据处理方法，学习和掌握Origin等科学数据处理软件的使用功能。

A15.2 理论探讨

A15.2.1 反应机理

许多化学反应并不能简单地用一级反应或者二级反应进行描述，这些反应被划入复杂反应的范畴，比如可逆的多步骤连续反应。这些反应的动力学行为是迷人的，而且可以通过比较直观的数据采集和分析方法对实验数据进行严格的解析。

考虑如下反应机理

$$R \xrightarrow{k_1} I$$

$$I \xrightarrow{k_{-1}} R$$

$$I \xrightarrow{k_2} P$$

反应物R可逆地生成中间产物I，然后I不可逆地转化为产物P。上述机理可以更加直观地表示为

$$R \underset{k_{-1}}{\overset{k_1}{\rightleftharpoons}} I \xrightarrow{k_2} P \tag{1}$$

该机理中每一步基元反应都是一级反应，与三个物种R、I和P相关的联合反应速率方程组为

$$-\frac{d[R]}{dt} = k_1[R] - k_{-1}[I] \tag{2}$$

$$\frac{d[I]}{dt} = k_1[R] - k_{-1}[I] - k_2[I] \tag{3}$$

$$\frac{d[P]}{dt} = k_2[I] \tag{4}$$

假定反应开始时仅有反应物R，即$[R]_{t=0}=[R]_0$，$[I]_{t=0}=0$，$[P]_{t=0}=0$，该反应随时间演化的动力学行为取决于三个反应速率常数k_1、k_{-1}和k_2的相对大小。求解方程（2）~方程（4）得到反应物R、中间物I和产物P的浓度与时间的关系参见本实验附。

$$[R] = [R]_0 \frac{\lambda_2 - k_1}{\lambda_2 - \lambda_1}(e^{-\lambda_1 t} + \alpha e^{-\lambda_2 t}) \tag{5}$$

$$[I] = \frac{k_1[R]_0}{\lambda_2 - \lambda_1}(e^{-\lambda_1 t} - e^{-\lambda_2 t}) \tag{6}$$

$$[P] = [R]_0 - [R] - [I] = [R]_0 \left(1 + \frac{\lambda_1 e^{-\lambda_2 t} - \lambda_2 e^{-\lambda_1 t}}{\lambda_2 - \lambda_1}\right) \tag{7}$$

式中，$\lambda_1 = (\beta - \Delta)/2$，$\lambda_2 = (\beta + \Delta)/2$，$\alpha = (k_1 - \lambda_1)/(\lambda_2 - k_1)$，其中$\beta = k_1 + k_{-1} + k_2$，$\Delta = [(k_1 + k_{-1} + k_2)^2 - 4k_1 k_2]^{1/2} = (\beta^2 - 4k_1 k_2)^{1/2}$。由于$\beta$和$\Delta$均大于0，因此$\lambda_1 < \lambda_2$恒成立。

由方程（6）和方程（8）可以看出，反应物R浓度随时间呈双指数下降变化，而中间物I则在起始阶段浓度上升[方程（6）第二项负的e指数所致]，然后呈现指数下降。机理（1）存在两种特殊情况：

（1）情况1：$(k_1 + k_{-1}) \gg k_2$

此时R和I迅速达成化学平衡，对机理适用预平衡态近似（preequilibrium approximation），可以算得各物质浓度与反应时间的关系为

$$[P]_{pe} = [R]_0 (1 - e^{-k_{obs}^{pe} t}) \tag{8a}$$

$$[I]_{pe} = \frac{k_1}{k_1 + k_{-1}}[R]_0 e^{-k_{obs}^{pe} t} \tag{8b}$$

$$[R]_{pe} = \frac{k_{-1}}{k_1 + k_{-1}}[R]_0 e^{-k_{obs}^{pe} t} \tag{8c}$$

式中，$k_{obs}^{pe} = k_1 k_2 / (k_1 + k_{-1})$，为预平衡态近似下的表观速率常数。

（2）情况2：$(k_{-1} + k_2) \gg k_1$

此时中间产物的消耗速率远远大于其生成速率，对机理适用稳态近似（steady-state approximation），可以算得各物质浓度与反应时间的关系为

$$[P]_{ss} = [R]_0 (1 - e^{-k_{obs}^{ss} t}) \tag{9a}$$

$$[I]_{ss} = \frac{k_1}{k_1 + k_{-1} + k_2}[R]_0 e^{-k_{obs}^{ss} t} \tag{9b}$$

$$[R]_{ss} = \frac{k_{-1} + k_2}{k_1 + k_{-1} + k_2}[R]_0 e^{-k_{obs}^{ss} t} \tag{9c}$$

式中，$k_{obs}^{ss}=k_1k_2/(k_1+k_{-1}+k_2)$，为稳态近似条件下的表观速率常数。

由此可见，无论是预平衡态近似或者稳态近似条件下，反应物R的浓度随时间都呈单指数下降的关系。

对于方程（5）中的参数λ_1、λ_2和α，可以将实验数据通过所谓的"指数剥离法"（exponential stripping method）进行计算，也可以采用非线性回归拟合的方法得到。三个动力学速率常数k_1、k_{-1}和k_2可由参数λ_1、λ_2和α通过下面方程得到

$$k_1=\frac{\alpha\lambda_2+\lambda_1}{\alpha+1}, \quad k_2=\frac{\lambda_1\lambda_2}{k_1}, \quad k_{-1}=\lambda_1+\lambda_2-k_1-k_2 \tag{10}$$

由方程（5）、方程（10）可知，速率常数k_1、k_{-1}和k_2能否成功确定取决于参数λ_1、λ_2的相对差别和参数α的大小。如果λ_1、λ_2之间的差别很小，以及α非常大（或者非常小），都可能使得方程（5）变成单指数下降函数［方程（8c）或方程（9c）］，此时由于信息不足，将无法给出k_1、k_{-1}和k_2的具体数值。因此，本实验中必须选择合适的反应条件，使得反应物浓度-时间关系满足双指数下降的规律。

A15.2.2　指数剥离法

将方程（5）改写为

$$[R]=B(e^{-\lambda_1 t}+\alpha e^{-\lambda_2 t}) \tag{11}$$

式中，$B=[R]_0(\lambda_2-k_1)/(\lambda_2-\lambda_1)$。

因为$\lambda_1<\lambda_2$，方程（11）右边括号中的第二项（$e^{-\lambda_2 t}$项）会更快地衰减，当反应时间足够长以后，[R]的变化将趋向于一个单指数慢速衰减函数（$e^{-\lambda_1 t}$项），即在某个时刻t'后，方程（11）将变成如下形式

$$[R]_{t>t'}\approx[R]_{慢}=Be^{-\lambda_1 t} \tag{12}$$

方程（12）两边取对数后得到

$$\ln[R]_{慢}=\ln B-\lambda_1 t=g_1-\lambda_1 t \tag{13}$$

式中$g_1=\ln B$。由此可见，可以通过对$\ln[R]$-t曲线的直线部分进行线性拟合，测算出参数g_1、λ_1和B等。

现在，如果将方程（12）描述的"慢速衰减"函数从实验测定的[R]-t关系中扣除，则剩下的就是"快速衰减"函数，即

$$[R]_{快}=[R]-[R]_{慢}=B\alpha e^{-\lambda_2 t} \tag{14}$$

方程（14）两边取对数后得到

$$\ln[R]_{快}=\ln\{[R]-[R]_{慢}\}=\ln(B\alpha)-\lambda_2 t=g_2-\lambda_2 t \tag{15}$$

式中$g_2=\ln(B\alpha)$。通过对$\ln\{[R]-[R]_{慢}\}$-t关系进行线性拟合，可以测算出参数g_2、λ_2和$B\alpha$等，而参数α可以通过下面关系计算

$$\alpha=e^{g_2-g_1} \tag{16}$$

一旦由实验数据测算出参数λ_1、λ_2和α，就可以通过方程（10）计算出速率常数k_1、k_{-1}和k_2。指数剥离法的处理过程表示在图A15-1中。

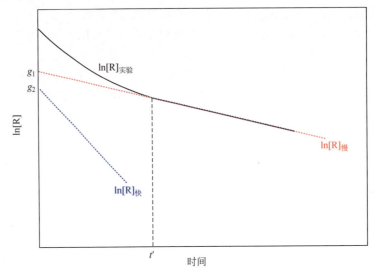

图A15-1　指数剥离法示意图

黑色实线是实验测定曲线；对黑色实线$t>t'$部分进行线性拟合并外推到$t=0$，得到慢速衰减线（红色虚线）；注意快速衰减线（蓝色虚线）不是黑色线与红色虚线直接相减得到的：

$$\ln[R]_\text{快}=\ln\{[R]_\text{实验}-[R]_\text{慢}\}\neq\ln[R]_\text{实验}-\ln[R]_\text{慢}$$

A15.2.3　非线性回归分析

对实验数据进行非线性回归分析，是获得速率常数k_1、k_{-1}和k_2的更为严格的方法。方程（11）含有4个参数B、λ_1、λ_2和α，用该方程对实验测量的$[R]$-t曲线进行拟合，可以得到"最优化"的参数λ_1、λ_2和α。对于多参数非线性方程，拟合计算必须借助适当的科学计算软件完成，并且应对需要拟合的参数赋予初始值。理想化的非线性回归分析过程是在由拟合参数决定的误差复平面上寻找全局极小值（global minimum），无论参数初值如何选择，都能回归到同一套最优化参数。但是，实际操作中非线性回归分析有可能陷入误差复平面上的局域极小值（local minimum），所获得的参数与最优化结果相去甚远。图A15-2表示一个单参数误差曲线上全局极小值与局域极小值的分布，若有N个参数，则误差复平面将是$(N+1)$维。

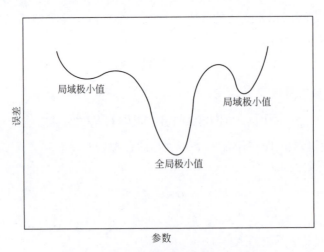

图A15-2　单一参数的拟合误差函数曲线

克服非线性回归分析陷入局域极小值困境的方法之一是指定拟合参数的初值，且使得拟合参数初值尽可能合理地接近最优化结果。在本实验中，可以选择指数剥离法获得的结果作为拟合参数初值。

A15.2.4 动力学实验及测量技术

本实验中，将研究在pH近中性条件下谷胱甘肽与Cr（Ⅵ）之间氧化还原反应的动力学行为。

谷胱甘肽（glutathione）是由谷氨酸、半胱氨酸和甘氨酸结合，含有γ-酰胺键和巯基的三肽（tripeptide），IUPAC命名为(2S)-2-amino-5-[[(2R)-1-(carboxymethylamino)-1-oxo-3-sulfanylpropan-2-yl]amino]-5-oxopentanoic acid，别名γ-L-Glutamyl-L-cysteinylglycine，由于半胱氨酸基团上的巯基为活性基团，故谷胱甘肽常简写为GSH。谷胱甘肽存在于身体的几乎每一个细胞，能帮助保持正常的免疫系统的功能，易与某些药物（如扑热息痛）、毒素（如自由基，碘乙酸，芥子气，铅、汞、砷等重金属）等结合，具有抗氧化作用和整合解毒作用。

谷胱甘肽有还原型（L-glutathione reduced）和氧化型（L-glutathione oxidized）两种形式，在生理条件下以还原型谷胱甘肽占绝大多数（> 95%）。氧化型谷胱甘肽是由两分子GSH氧化脱氢后以二硫键（-S-S-）相连形成的，具有二硫醚结构，IUPAC命名为(2S)-2-amino-5-[[(2R)-3-[[(2R)-2-[[(4S)-4-amino-4-carboxybutanoyl]amino]-3-(carboxymethylamino)-3-oxopropyl]disulfanyl]-1-(carboxymethylamino)-1-oxopropan-2-yl]amino]-5-oxopentanoic acid，别名glutathione disulfide，简写为GSSG。GSH和GSSG的结构见图A15-3，谷胱甘肽还原酶可以催化两者间的互变。

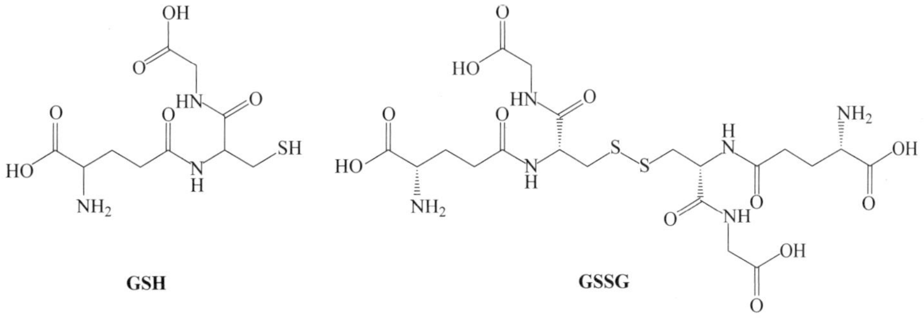

图A15-3　还原型和氧化型谷胱甘肽的结构式

两个GSH分子在六价铬Cr（Ⅵ）作用下会通过巯基连接起来，并被氧化成GSSG，同时Cr（Ⅵ）被转化为Cr（Ⅲ），反应方程式为

$$2CrO_4^{2-} + 6GSH + 10H^+ \longrightarrow 2Cr^{3+} + 3GSSG + 8H_2O \tag{17}$$

由于Cr（Ⅵ）能够通过反应（17）改变生物体内GSH/GSSG的比例，从而干扰GSH参与的抗氧化作用和整合解毒作用，被认为是六价铬引起生物毒性和致癌性的原因之一，因此对该反应的动力学和反应机理进行过广泛深入的研究。

反应（17）的机理比较复杂，在不同的实验条件下可能存在多种反应的中间体和预平衡步骤，比如CrO_4^{2-}与$Cr_2O_7^{2-}$之间的转化平衡、CrO_4^{2-}与$HCrO_4^-$之间的水解平衡以及CrO_4^{2-}与缓冲溶液的相互作用等，但是反应机理的关键在于两个步骤：首先是CrO_4^{2-}与一个GSH分子可逆地生成铬（Ⅵ）硫酯中间体［chromium（Ⅵ）thioester intermediate］，接着该中间体再与另一个GSH分子发生氧化还原反应（期间还会经历多个非控速、快速反应步骤），最终生成产物Cr（Ⅲ）和GSSG。机理表示如下：

$$CrO_4^{2-} + GSH \rightleftharpoons CrO_4^{2-}-GSH(thioester) \tag{18a}$$

$$thioester + GSH \rightarrow \cdots \rightarrow GSSG + Cr^{3+} \tag{18b}$$

当GSH和H^+过量时，机理（18）所示的三个动力学重要步骤都是准一级反应，因此可以利用前面讨论的一级可逆连续反应机理来描述这个反应，在这里，R、I和P分别是六价铬Cr（Ⅵ）、铬硫酯Cr（Ⅵ）-GSH和三价铬Cr（Ⅲ）。

谷胱甘肽还原六价铬的反应可以非常方便地用光谱法进行研究，因为Cr（Ⅵ）（反应物R）和铬硫酯（中间体I）的吸收光谱有很大的差别。根据朗伯-比耳定律，物质的摩尔浓度c与吸光度A之间存在线性关系，在给定波长λ，可以写出

$$A_\lambda = \varepsilon_\lambda c l \tag{19}$$

式中，ε_λ是吸光系数；l是吸收池的光程长度。本实验中，Cr（Ⅵ）浓度与时间的关系可以在370 nm测量吸光度进行跟踪，而铬硫酯中间体浓度的起伏则可以在430nm进行跟踪测量。当然，如果要定量测定中间体的浓度，则必须对430nm处的吸光度进行校正，因为Cr（Ⅵ）在这个波长同样存在一个很小的吸光度。

在计算实验结果时，并不需要将吸光度换算成浓度。如果采用指数剥离法，利用方程（13）、方程（15）、方程（16）计算参数λ_1、λ_2和α时，用吸光度A_{370}直接代替相应方程中的[R]，对实验结果没有任何影响。如果采用非线性拟合，利用方程（11）获得参数λ_1、λ_2和α，用A_{370}代替[R]仅仅影响到参数B的拟合值，也不会对实验结果产生任何影响。注意参数λ_1、λ_2的量纲都是"时间$^{-1}$"，具体单位与实验时间的单位相同，而参数α为无量纲量。

A15.3 仪器试剂

TU-1810DPC紫外-可见光谱仪（北京普析通用仪器有限责任公司），PTC-2帕尔帖恒温控制器，pH计，石英比色皿（带盖，光程10mm）2只，0.5mL、5mL刻度移液管各2支。以下部分共同使用：25mL、100mL、250mL容量瓶各1只、5mL定容移液管2支、250mL烧杯一只，滴管若干。

重铬酸钾（A.R.），盐酸（A.R.），氢氧化钠（A.R.），磷酸氢二钾（A.R.），谷胱甘肽，pH缓冲剂（pH 4.01、pH 6.86、pH 9.18）。

A15.4 安全须知和废弃物处理

- 在实验室中需穿戴实验服、防护目镜或面罩。
- 不要用嘴吸移液管。
- 重铬酸钾为高毒性氧化剂，在处理含铬样品时必须使用丁腈橡胶手套。
- 含铬溶液和酸、碱溶液刺激皮肤，如发生皮肤沾染，用水冲洗沾染部位10min以上。
- 离开实验室前务必洗手。
- 含铬溶液必须倒入指定的重金属废液回收桶。

A15.5　实验步骤

1. 溶液配制

Cr（Ⅵ）溶液：将分析纯重铬酸钾放在110℃烘箱内烘2h，取出后放在干燥器内冷却至室温。准确称取0.5884g重铬酸钾（分子量294.19），用少量水溶解后定量移入250mL容量瓶中，加水稀释至刻度摇匀备用，$K_2Cr_2O_7$浓度为$8.0×10^{-3}$ mol·dm^{-3}。实验时，准确移取5mL该溶液于25mL容量瓶中，加水稀释至刻度摇匀，配制成浓度为$1.6×10^{-3}$ mol·dm^{-3}的$K_2Cr_2O_7$溶液。

GSH溶液：谷胱甘肽溶液在空气中会缓慢氧化分解，因此必须在实验当天现场配制使用。准确称取谷胱甘肽0.2458g（分子量307.32），用少量水溶解后定量移入100mL容量瓶中，加水稀释至刻度摇匀，GSH浓度为$8.0×10^{-3}$ mol·dm^{-3}。配制好的GSH溶液放入冷藏箱中保存。

按常规方法配制1mol·dm^{-3} HCl溶液、1mol·dm^{-3} NaOH溶液和0.4mol·dm^{-3} K_2HPO_4溶液。

2. 调节GSH反应液的pH

用标准pH缓冲液标定pH计。在250mL烧杯中放入100mL GSH溶液、20mL K_2HPO_4溶液和30mL HCl溶液，混合均匀。在溶液中放入pH电极，测量溶液的pH，逐滴加入1mol·dm^{-3} HCl（或NaOH）溶液，直至溶液的pH达到6.0。

以上1、2步骤配制的溶液均为各实验小组共同使用。

3. 吸光度校零

光谱仪通电预热30min，打开帕尔帖恒温器，设定循环恒温液温度为20～25℃。取2只光程为10mm的带盖石英比色皿，分别放入样品支架和参比支架，进行空池校正。校正完成后，样品池与参比池不可混淆。

在样品池和参比池中分别注入3mL经过pH调节的GSH反应液，然后放入对应的支架上恒温10min。设定光谱仪测定波长为370nm，并在此波长处将光谱仪校零。

4. Cr（Ⅵ）吸光度-时间关系（A_{370}-t）测定

将样品池取出，迅速向样品池中注入0.2mL（200μL）Cr（Ⅵ）溶液，同时开始数据采集。盖上池盖，反复颠倒样品池几次，使溶液混匀，马上将样品池放入样品支架中，继续数据采集，直至60min。

5. 改变条件，重复实验

改变Cr（Ⅵ）浓度，注入Cr（Ⅵ）溶液为0.1mL（100μL），其他操作不变，重复步骤4。

6. 铬硫酯浓度-时间关系（A_{430}-t）测定

重复步骤3、4（参比池及其溶液可不换），光谱仪测定波长设定为430nm。

注意：三次测量吸光度-时间曲线时，加入Cr（Ⅵ）溶液的操作时间应尽量一致。所有的时间扫描测量均采用相同的采样时间间隔，以便数据校正。

A15.6　数据处理与结果分析

1. 采用实验步骤4的数据，注意将数据采集开始至样品池重新插入样品支架这段时间内的吸光度值删除。以$\ln A_{370}$-t作图，在衰减曲线上找到线性部分开始的时间点t'（参见图A15-1）。根据方程（13），对$\ln A_{370}$-t曲线上$t>t'$部分进行线性拟合，得到参数g_1和λ_1。

2. 对于 $t<t'$ 部分,取时间 $0\sim t'$ 之间前75%的数据,以 $\ln[A_{370}-(\mathrm{e}^{g_1}\mathrm{e}^{-\lambda_1 t})]$-$t$ 作图。根据方程(15),对所得曲线进行线性拟合,得到参数 g_2 和 λ_2。

3. 根据方程(16),计算参数 α。

4. 以 A_{370}-t 作图,根据方程(11),对所得曲线进行非线性回归拟合,得到参数 B、λ_1、λ_2 和 α。参数 B 的拟合初值可取为 e^{g_1},其他参数初值参考上述指数剥离法结果。

5. 分别以指数剥离法和非线性回归拟合法得到的参数,根据方程(10)计算三个反应速率常数 k_1、k_{-1} 和 k_2,根据拟合处理给出的偏差,用误差传递理论计算这三个速率常数的偏差。

6. 将实验步骤5的数据按照上述 $1\sim 5$ 的方法同样处理,讨论所得结果的可靠性。

7. 中间体铬硫酯浓度与时间关系的处理

首先校正波长430nm处测定的吸光度 A_{430},以扣除Cr(Ⅵ)在该波长处的影响。以实验步骤4中加入Cr(Ⅵ)溶液后测得的第一个吸光度值作为370nm处的初始吸光度 A_{370}^0;同样地,以实验步骤6中加入Cr(Ⅵ)溶液后测得的第一个吸光度值作为430nm处的初始吸光度 A_{430}^0。中间体铬硫酯在430nm处的吸光度校正值可以表示为

$$A_{430}^{校正}=A_{430}-A_{370}\times\frac{A_{430}^0}{A_{370}^0} \tag{20}$$

以 $A_{430}^{校正}$-t 作图,可以观察到铬硫酯浓度随时间变化先上升、然后下降的规律。根据方程(6),中间体浓度与时间的关系可以表示为

$$[\mathrm{I}]=B'(\mathrm{e}^{-\lambda_1 t}-\mathrm{e}^{-\lambda_2 t}) \tag{21}$$

式中,$B'=k_1[\mathrm{R}]_0/(\lambda_2-\lambda_1)$。根据方程(21)对 $A_{430}^{校正}$-t 曲线进行非线性回归拟合,参数 λ_1、λ_2 的拟合初值可取前面的拟合计算结果;参数 B' 的拟合初值可以由第4步拟合计算的参数 B,按照方程(11)、方程(21)关于 B、B' 的定义,以及方程(10)中关于 k_1 的表达式,计算得到

$$B'=\kappa B\frac{\alpha\lambda_2+\lambda_1}{\lambda_2-\lambda_1} \tag{22}$$

式中,κ 是中间体铬硫酯在430nm处吸光系数与反应物Cr(Ⅵ)在370nm处吸光系数之比,作为计算拟合初值之用,不要求非常精确时,可以将 κ 当作1。据此,由非线性回归拟合可以得到拟合参数 λ_1、λ_2,并与370nm测量拟合的结果进行比较。

A15.7 讨论与思考

1. 在预平衡态近似和稳态近似条件下,直接将方程(5)~方程(7)化简,推导出方程(8)和方程(9)。

2. 尝试在非线性回归拟合中,有意偏离被优化的拟合初值,观察是否会使拟合结果跌入"局域极小值"的陷阱。

附 一级可逆-连续反应动力学方程推导

若一级可逆-连续反应机理为

$$\mathrm{R}\underset{k_{-1}}{\overset{k_1}{\rightleftharpoons}}\mathrm{I}\xrightarrow{k_2}\mathrm{P} \tag{23}$$

每一步基元反应都是一级反应，与三个物种R、I和P相关的联合反应速率方程组为

$$-\frac{d[R]}{dt}=k_1[R]-k_{-1}[I] \tag{24}$$

$$\frac{d[I]}{dt}=k_1[R]-k_{-1}[I]-k_2[I] \tag{25}$$

$$\frac{d[P]}{dt}=k_2[I] \tag{26}$$

假定反应开始时仅有反应物R，即

$$[R]_{t=0}=[R]_0, \quad [I]_{t=0}=0, \quad [P]_{t=0}=0 \tag{27}$$

该反应随时间演化的动力学行为取决于三个反应速率常数k_1、k_{-1}和k_2的相对大小。由方程（25）可以解得

$$[R]=\frac{1}{k_1}\frac{d[I]}{dt}+\frac{k_{-1}+k_2}{k_1}[I] \tag{28}$$

将方程（28）代入方程（24）整理得到

$$\frac{d^2[I]}{dt^2}+(k_1+k_{-1}+k_2)\frac{d[I]}{dt}+k_1k_2[I]=0 \tag{29}$$

方程（29）为常系数齐次线性二阶微分方程，其特征方程为

$$x_2+(k_1+k_{-1}+k_2)x+k_1k_2=0 \tag{30}$$

令

$$\beta=k_1+k_{-1}+k_2 \tag{31a}$$

由于二次方程（30）解的判别式

$$\Delta=\sqrt{(k_1+k_{-1}+k_2)^2-4k_1k_2}=\sqrt{\beta^2-4k_1k_2}>0 \tag{31b}$$

恒成立，因此微分方程（29）有两个实特征根，分别为

$$x_1=\frac{-(k_1+k_{-1}+k_2)+\sqrt{(k_1+k_{-1}+k_2)^2-4k_1k_2}}{2}$$

$$x_2=\frac{-(k_1+k_{-1}+k_2)-\sqrt{(k_1+k_{-1}+k_2)^2-4k_1k_2}}{2}$$

[I]的通解为其两个特征解e^{x_1t}和e^{x_2t}的线性组合，为表示浓度与时间之间的指数下降关系，设

$$\lambda_1=-x_1=\frac{\beta-\Delta}{2}, \quad \lambda_2=-x_2=\frac{\beta+\Delta}{2} \tag{32}$$

则

$$[I]=c_1e^{-\lambda_1t}+c_2e^{-\lambda_2t}$$

根据初始条件（27），可以得到$c_1=-c_2=c$，则

$$[I]=c(e^{-\lambda_1t}-e^{-\lambda_2t}) \tag{33}$$

将方程（33）代入方程（28）中，得到[R]的表达式为

$$k_1[R]=c[(k_{-1}+k_2-\lambda_1)e^{-\lambda_1t}-(k_{-1}+k_2-\lambda_2)e^{-\lambda_2t}] \tag{34}$$

根据初始条件（27），得到

$$c=\frac{k_1[R]_0}{\lambda_2-\lambda_1} \tag{35}$$

将表达式（35）分别代入方程（33）和方程（34）中，并利用λ_1、λ_2的定义方程（31）、方程（32）进行整理和计算，得到反应物R、中间物I和产物P的浓度与时间的关系分别为

$$[R]=[R]_0\frac{\lambda_2-k_1}{\lambda_2-\lambda_1}(e^{-\lambda_1 t}+\alpha e^{-\lambda_2 t}) \tag{36}$$

$$[I]=\frac{k_1[R]_0}{\lambda_2-\lambda_1}(e^{-\lambda_1 t}-e^{-\lambda_2 t}) \tag{37}$$

$$[P]=[R]_0-[R]-[I]=[R]_0\left(1+\frac{\lambda_1 e^{-\lambda_2 t}-\lambda_2 e^{-\lambda_1 t}}{\lambda_2-\lambda_1}\right) \tag{38}$$

方程（36）中的参数α的表达式为

$$\alpha=\frac{k_1-\lambda_1}{\lambda_2-k_1} \tag{39}$$

[P]的表达式也可以通过将方程（37）代入微分方程（36）后积分得到，结果与方程（38）相同。

因此，一级可逆-连续反应过程中反应物R浓度随时间的变化关系呈现为双指数衰减函数。上述反应机理存在两种特殊的情况，可能导致双指数衰减函数规律不成立，讨论如下。

情况1：$(k_1+k_{-1})\gg k_2$

此时R和I迅速达成化学平衡，对机理适用预平衡态近似（preequilibrium approximation），即

$$k_1[R]_{pe}=k_{-1}[I]_{pe}$$

下标"pe"表示预平衡。考虑物质平衡关系

$$[R]_0=[R]_{pe}+[I]_{pe}+[P]_{pe}$$

可以得到

$$[I]_{pe}=\frac{k_1([R]_0-[P]_{pe})}{k_1+k_{-1}}$$

将这个关系代入方程（36）可求得[P]的表达式为

$$[P]_{pe}=[R]_0(1-e^{-k_{obs}^{pe}t}) \tag{40a}$$

式中，$k_{obs}^{pe}=k_1k_2/(k_1+k_{-1})$，为预平衡态近似下的表观速率常数。由此可以得到I和R的浓度随时间的变化关系为

$$[I]_{pe}=\frac{k_1}{k_1+k_{-1}}[R]_0 e^{-k_{obs}^{pe}t} \tag{40b}$$

$$[R]_{pe}=\frac{k_{-1}}{k_1+k_{-1}}[R]_0 e^{-k_{obs}^{pe}t} \tag{40c}$$

可以注意到，在预平衡态的近似条件下，反应物R的浓度随时间呈单指数下降的关系。

情况2：$(k_{-1}+k_2)\gg k_1$

此时中间产物的消耗速率远远大于其生成速率，对机理适用稳态近似（steady-state approximation），根据方程（25）可得

$$\frac{d[I]_{ss}}{dt}=0 \quad\Rightarrow\quad k_1[R]_{ss}=(k_{-1}+k_2)[I]_{ss}$$

下标"ss"表示稳态。再次考虑物质平衡关系
$$[R]_0 = [R]_{ss} + [I]_{ss} + [P]_{ss}$$
可以得到
$$[I]_{ss} = \frac{k_1([R]_0 - [P]_{ss})}{k_1 + k_{-1} + k_2}$$
将这个关系代入方程（26）可求得[P]的表达式为
$$[P]_{ss} = [R]_0 (1 - e^{-k_{obs}^{ss} t}) \tag{41a}$$
式中，$k_{obs}^{ss} = k_1 k_2 / (k_1 + k_{-1} + k_2)$，为稳态近似条件下的表观速率常数。由此可以得到I和R的浓度随时间的变化关系为
$$[I]_{ss} = \frac{k_1}{k_1 + k_{-1} + k_2} [R]_0 e^{-k_{obs}^{ss} t} \tag{41b}$$

$$[R]_{ss} = \frac{k_{-1} + k_2}{k_1 + k_{-1} + k_2} [R]_0 e^{-k_{obs}^{ss} t} \tag{41c}$$

在稳态近似条件下，反应物R的浓度随时间也呈单指数下降的关系。

A 16

蔗糖酶催化蔗糖转化反应

A16.1 实验简介

本实验将再次用旋光度法研究蔗糖的水解反应，所使用的催化剂是生物大分子蛋白质——蔗糖酶。在酶的作用下，蔗糖水解反应不是一个简单的准一级反应，将用常规的 Michaelis-Menten 酶促反应机理进行讨论，虽然实际的酶催化反应机理往往要更加复杂，但是酶催化反应米氏常数和最大速率的测定仍然是一般酶催化动力学研究的重要参数。由于实验测定方法与 A13 相同，如果学生还有幸保留有实验 A13 的数据，可以将本实验的结果与之进行比较，从而加深对酶催化动力学理论和概念的理解。

本实验需要 8 课时。

学生需要掌握基本的化学反应动力学理论，以及推导反应动力学方程的近似方法，如稳态近似法和平衡态近似法。

A16.2 理论探讨

酶是由生物体内产生的具有催化活性的一类蛋白质。这类蛋白质表现出特异的催化功能，因此把酶叫做生物催化剂。它和一般催化剂一样，在相对浓度较低的情况下，仅能影响化学反应速率，而不改变反应平衡点，并在反应前后本身不发生变化。但酶的催化效率比一般催化剂要高 $10^7 \sim 10^{13}$ 倍，且具有高度的选择性，一种酶只能作用某一种或某一类特定的物质。又由于酶是一类蛋白质，所以其催化作用一般在常温、常压和近中性的溶液条件下进行。

本实验用的蔗糖酶是一种水解酶，它能使蔗糖水解成葡萄糖和果糖，该反应的底物及产物都具有旋光性，但是它们的旋光能力不同，所以可以利用体系在反应过程中旋光度的变化来描述反应进程，详细原理参考实验 A13。

A16.2.1 反应机理

Michaelis 和 Menten 应用酶反应过程中形成中间络合物的学说，导出了米氏方程，给出了酶催化反应机理。蔗糖酶（E）与底物蔗糖（S）先形成中间化合物（ES），然后中间化合物（ES）再进一步分解为产物葡萄糖（G）和果糖（F），并释放出酶（E）。机理图示如下

$$S+E \underset{k_{-1}}{\overset{k_1}{\rightleftharpoons}} ES \overset{k_2}{\rightleftharpoons} G+F+E \tag{1}$$

反应速率

$$r=-\frac{d[S]}{dt}=\frac{d[G]}{dt}=\frac{d[F]}{dt}=k_2[ES] \tag{2}$$

对中间化合物ES采用稳态近似法处理

$$\frac{d[ES]}{dt}=0=k_1[E][S]-k_{-1}[ES]-k_2[ES]$$

$$\Rightarrow \quad [ES]=\frac{k_1}{k_{-1}+k_2}[E][S]=\frac{1}{K_M}[E][S] \tag{3}$$

式中，K_M为米氏常数，量纲为浓度。将方程（3）代入方程（2）中，得到

$$r=-\frac{d[S]}{dt}=\frac{k_2}{K_M}[E][S] \tag{4}$$

假定反应体系中酶的总浓度为$[E_0]$，它是游离态酶浓度$[E]$和中间化合物浓度$[ES]$的总和，即

$$[E_0]=[E]+[ES] \quad \text{或者} \quad [E]=[E_0]-[ES] \tag{5}$$

将方程（5）代入到方程（3）中，得到

$$[ES]=\frac{1}{K_M}([E_0]-[ES])[S]$$

$$\Rightarrow \quad [ES]=\frac{[E_0][S]}{K_M+[S]} \tag{6}$$

将方程（6）代入方程（2）中，得到反应速率的表达式为

$$r=-\frac{d[S]}{dt}=\frac{k_2[E_0][S]}{K_M+[S]} \tag{7}$$

当反应温度和酶的总浓度确定时，k_2、K_M和$[E_0]$均为常数。当底物浓度$[S]\to\infty$时，反应速率趋向一定值$r_m=k_2[E_0]$，即最大速率。因此方程（7）也可以表示为

$$r=-\frac{d[S]}{dt}=\frac{r_m[S]}{K_M+[S]} \tag{8}$$

即酶催化反应动力学方程中有两个待定参数r_m和K_M，方程（8）称为米氏方程。

A16.2.2 实验方法

常规酶催化反应动力学参数的测定采用初速率法，即测定一系列不同初始浓度底物溶液的初始反应速率，然后用米氏方程及其变型计算动力学方程的参数。在这种实验方法中，初始速率的准确测定是一个重要的问题。一般假定，当底物浓度远远大于酶浓度时，$[S]\approx[S_0]$，初始阶段的反应速率为常数，因此可以用测定反应开始后一小段时间内底物浓度的变化，用底物浓度对时间的变化率$\Delta[S]/\Delta t$表示反应的初始速率r_0。采用初始速率法时，常使用化学淬灭剂中止酶催化反应（如用浓碱改变溶液的pH，可以迅速中止蔗糖酶的催化活性），然后用相应的测量技术测定底物浓度的变化。但是对于本实验中使用的粗制酶溶液，酶浓度未经准确测定，因此很难确定反应初始速率为常数的反应时间段，容易造成测量的误差。本实验拟采用旋光仪连续测量蔗糖溶液旋光度随时间的变化，通过数据拟合推算反应的初始速率，然后用米氏方程求算相关酶促反应参数。

采用旋光度法测定反应体系中蔗糖浓度时，反应体系的旋光度α_t与蔗糖浓度的关系为

$$[S]=\frac{\alpha_t-\alpha_\infty}{\alpha_0-\alpha_\infty}[S_0] \tag{9}$$

式中，α_t为反应时刻t时反应体系的旋光度；α_0为反应初始时刻反应体系的旋光度；α_∞为完全反应时反应体系的旋光度；$[S_0]$为蔗糖的初始浓度。令

$$\theta = \frac{\alpha_t - \alpha_\infty}{\alpha_0 - \alpha_\infty}$$

则$[S]=\theta[S_0]$，代入方程（8）中得到

$$r = -\frac{d[S]}{dt} = -[S_0]\frac{d\theta}{dt} = [S_0]r_\theta \tag{10}$$

式中，r_θ表示θ对时间t的微分的负值

$$r_\theta = -\frac{d\theta}{dt} = \frac{r_m\theta}{K_M + \theta[S_0]} \tag{11}$$

整理方程（11）得到

$$-\frac{K_M}{r_m} \times \frac{d\theta}{\theta} - \frac{[S_0]}{r_m}d\theta = dt \tag{12}$$

将上述微分式积分，得到

$$\int_1^\theta \left\{ -\frac{K_M}{r_m}\frac{d\theta}{\theta} - \frac{[S_0]}{r_m}d\theta \right\} = \int_0^t dt$$

$$\Rightarrow \quad t = \frac{[S_0]}{r_m} - \frac{[S_0]}{r_m}\theta - \frac{K_M}{r_m}\ln\theta = \frac{[S_0]}{r_m}(1-\theta) - \frac{K_M}{r_m}\ln\theta \tag{13}$$

从原理上说，按方程（13）直接拟合实验测定的t-θ就可以得到酶促反应参数K_M和r_m。但是，由于实验数据的不完备性、波动性以及酶制剂的质量问题，t-θ关系式中的拟合参数可能无法与方程（13）中相关项的定义一一对应。一般地，可以把实验测定的t-θ关系表达为如下的普遍形式

$$t = A(1-\theta) - B\ln\theta \tag{14}$$

按照方程（14）对实验测定的t-θ关系进行非线性拟合，可以得到拟合参数A、B。将式（14）两边取微分，并整理得到

$$r_\theta = -\frac{d\theta}{dt} = \frac{\theta}{A\theta + B} \tag{15}$$

反应时间$t=0$时，$\theta=1$，则

$$r_\theta^0 = -\frac{d\theta}{dt}\bigg|_{t=0} = \left(\frac{\theta}{A\theta + B}\right)\bigg|_{\theta=1} = \frac{1}{A+B} \tag{16}$$

由此可以计算出蔗糖初始浓度为$[S_0]$时的初始反应速率为

$$r_0 = [S_0]r_\theta^0 = \frac{[S_0]}{A+B} \tag{17}$$

实验时，配制一系列不同初始浓度$[S_0]$的蔗糖溶液，并测得其α_0和α_∞。在相同实验温度和酶浓度的条件下，分别测定每个溶液的反应时间t-旋光度α_t数据，并计算出θ值。拟合t-θ关系得到拟合参数A、B，根据方程（17）计算每个溶液的初始反应速率r_0，由此得到一系列$[S_0]$-r_0数据。将该系列$[S_0]$-r_0数据代入方程（8）中，得到

$$r_0 = \frac{r_m[S_0]}{K_M + [S_0]}$$

因为酶促反应的米氏方程有典型双曲线特征，用$[S_0]$对r_0作图不能准确获得K_M和r_m，因此常将其转换成直线方程，由作图的直线斜率、截距求得K_M和r_m值。将米氏方程作倒数处理，得

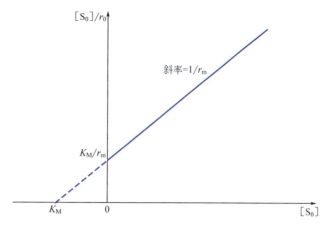

图A16-1　Hanes-Woolf作图法

$$\frac{1}{r_0} = \frac{K_M}{r_m} \times \frac{1}{[S_0]} + \frac{1}{r_m} \tag{18}$$

按照方程（18），以$1/r_0$-$1/[S_0]$作图可得一直线，该方法称为Lineweaver-Burk作图法（双倒数作图法），是酶催化反应动力学的常用数据处理方法，但是该方法由于是以浓度的倒数作为自变量，往往造成实验数据沿x轴的分布不均匀。本实验采用Hanes-Woolf作图法（$[S_0]/r_0$-$[S_0]$作图法），将方程（18）两边同乘以$[S_0]$，可得$[S_0]/r_0$对$[S_0]$的直线方程

$$\frac{[S_0]}{r_0} = \frac{1}{r_m}[S_0] + \frac{K_M}{r_m} \tag{19}$$

直线斜率为$1/r_m$，在纵轴上截距为K_M/r_m，直线延伸于横轴交点为$-K_M$，如图A16-1所示。

A16.3　仪器试剂

高速离心机，水浴恒温槽，超级恒温槽1台，旋光仪，旋光管2根（带恒温夹套），秒表，250mL容量瓶2只，50mL容量瓶6只，100mL具塞锥形瓶6只，10mL刻度移液管和25mL定容移液管各2支。

pH=4.6乙酸-乙酸钠缓冲液，$4\text{mol}\cdot\text{dm}^{-3}$盐酸溶液，蔗糖（分析纯），葡萄糖（分析纯），果糖（分析纯），鲜酵母或蔗糖转化酶（活性＞300u/mg）。

A16.4　安全须知和废弃物处理

- 实验室需穿戴实验服、防护目镜或面罩。
- 在处理溶液时使用丁腈橡胶手套，盐酸和乙酸-乙酸钠缓冲液对眼睛、黏膜和皮肤有刺激作用，如发生沾染，用水冲洗沾染部位10min以上。
- 离开实验室前务必洗手。
- 使用过的溶液倒入指定的废液回收桶。

A16.5　实验步骤

本实验采用两根恒温旋光管串联方式，一根旋光管用于测定酶催化蔗糖水解反应，另一根旋光管用于测定α_0和α_∞。前者耗时较多，应保持连续测定状态，后者的测定可穿插在前者的测量读数间隙中进行。请合理安排实验程序，确保实验在规定时间内完成。

1. 蔗糖酶的制取（可在实验前预先制备）

取鲜酵母20g于100mL锥形瓶中，加入1.6g NaAc，搅拌15～20min后使团块液化，再加3mL甲苯，混合后摇动10min，放在恒温水浴中37℃保温60h左右，取出后加入3.2mL 4mol·dm^{-3}乙酸和100mL水使pH在4.5左右。将混合物以3000r·min^{-1}转速离心30min，离心后形成三层，取中层黄色液体，再以同样速度离心30min，所得澄清的黄色液体即为蔗糖酶粗品。将此蔗糖酶用pH＝4.6的乙酸-乙酸钠缓冲溶液稀释10倍，过滤后冷冻保存。

若采用商品化的转化酶，则可配成每1000mL溶液中含酶10～100mg（视酶活性而定，应预先测定），以6个实验小组计算，需要酶溶液500mL。

2. 测定不同浓度蔗糖溶液在35℃实验温度下的初始旋光度和完全反应后的终态旋光度

称取蔗糖128.00g，定容至250mL容量瓶中，配制成1.5mol·dm^{-3}的蔗糖溶液。

在50mL容量瓶中配制0.04～0.4mol·dm^{-3}的蔗糖初始溶液共5个，置于35℃恒温的旋光管中，分别测出其旋光度，作出α_0-[S_0]工作曲线，注意零点校正。

在50mL容量瓶中先加入25mL 4mol·dm^{-3}盐酸溶液，然后移入适量的蔗糖溶液，配制0.04～0.40mol·dm^{-3}的蔗糖反应溶液共5个。将配制好的蔗糖反应液倒入100mL具塞锥形瓶中，加塞后在55℃加热45min，使蔗糖水解完全，冷却后将反应溶液置于35℃恒温的旋光管中，分别测出其旋光度，作出α_∞-[S_0]工作曲线，注意零点校正。

反应终态溶液也可以用葡萄糖和果糖按1:1（摩尔比）配制不同浓度溶液的方法模拟，但是溶液应预先配制并放置12h以上，保证溶液达成变旋平衡（参见实验A13）。

3. 蔗糖酶米氏常数的测定

将粗制酶溶液在室温下解冻，然后将蔗糖溶液、乙酸-乙酸钠缓冲液和酶溶液置于35℃水浴中恒温。

旋光管预先洗净，用软纸擦干内管及接头。旋光管连接循环水软管，接入35℃循环水，将旋光管一端拧紧，一端打开，待用。

在50mL容量瓶中移入10mL 1.5mol·dm^{-3}蔗糖溶液，加入25mL乙酸-乙酸钠缓冲液（pH＝4.6）摇匀，快速加入10mL酶溶液，同时开始计时，用水稀释至刻度，摇匀，溶液的蔗糖初始浓度为0.3mol·dm^{-3}。用少量溶液快速荡洗旋光管3次，然后将溶液灌满旋光管（尽量不留空隙），拧紧接头，擦干外壁后放入旋光仪中，待温度稳定后，调节旋光仪进行读数（刚装入溶液开始恒温时，旋光管内溶液温度不均匀，会扭曲观察图像，几分钟后三分视野开始清晰）。实验要尽量进行到接近完全，残余未反应蔗糖比例小于7%。

依次测定8个不同初始浓度蔗糖溶液的酶促反应曲线，蔗糖初始浓度范围为0.04～0.40 mol·dm^{-3}，尽量保持初始浓度间隔均匀。

实验结束，清洗旋光管和其他玻璃仪器，关闭仪器，清扫实验台面。

4. 附加实验：产物浓度对蔗糖酶催化蔗糖转化反应的影响

根据思考题一，预先推导理论公式，自行设计实验方案，用实验方法验证果糖或葡萄糖对蔗糖酶的抑制作用。

A16.6 数据处理与结果分析

1. 在Origin中将t-α_t数据转换为t-θ数据，计算θ时应注意α_t直接测量值应扣除仪器的零

点误差。以 θ 为横坐标 x，t 为纵坐标 y 作图，剔除非单调变化数据点。用自定义函数
$$y = A*(1-x) - B*\ln(x)$$
进行非线性拟合，得到拟合参数 A、B。

2．用方程（17）计算出不同蔗糖初始浓度溶液 $[S_0]$ 的初始反应速率 r_0。根据方程（19），以 $[S_0]/r_0$-$[S_0]$ 作图，用线性回归方法进行拟合，求出酶促反应动力学参数 K_M 和 r_m 的值。

3．果糖或葡萄糖对蔗糖酶的抑制作用（附加实验部分，若没有做该部分实验，忽略本数据处理步骤）：数据处理参见上述1、2部分，并参见物理化学教材相关内容，用 Lineweaver-Burk 作图法（双倒数作图法）表示。

文献值：
不同来源蔗糖酶的米氏常数差别较大，其数量级为 $10^{-2}\,\text{mol}\cdot\text{dm}^{-3}$。

A16.7　讨论与思考

1．有文献指出，蔗糖转化反应的产物果糖可能对蔗糖酶产生竞争抑制作用，而葡萄糖可能产生非竞争抑制作用。试分别讨论这两种情况下，本实验采用的数据处理方法是否仍然有效？如有偏差，应如何修正？

2．除本实验所使用的作图法外，酶催化动力学反应数据处理还有 Lineweaver-Burk 作图法（双倒数作图法）、Eadie-Hofstee 作图法和 r_m 对 K_M 作图法等，试分别用这三种方法重新计算本实验结果，并分析造成拟合相关性变差的原因。

A 17 特性黏度法测定聚（乙烯醇）高分子链结构

A17.1 实验简介

本实验将用测定溶液黏度的方法剖析水溶性聚（乙烯醇）高分子链的结构。与一般化合物相比，高分子化合物的性质和研究内容有很大的不同。用简单的宏观性质测量实验方法，通过一系列理论推导和计算，最终得到微观的分子结构信息，这是本实验的重要特点。

对于4课时实验，建议仅完成特性黏度法测定聚（乙烯醇）平均分子量的工作；对于8课时实验，建议进一步完成剖析聚（乙烯醇）高分子链结构的工作。

学生应阅读相关文献，了解高分子化合物结构与高聚物分子量之间关系的理论和实验测定方法，初步熟悉高分子化合物研究的思路。

A17.2 理论探讨

合成高分子化合物的化学结构单元虽然非常容易确定，但是其物理性质还依赖于高分子链的长度、分支程度以及分子量等因素，一个高分子样品中各分子的链长和分子量往往不是一个单一确定的值，因此仅根据高分子的分子式是不能知道这些因素的。

聚（乙烯醇）（polyvinyl alcohol，简写为 PVOH 或 PVA），$-(\underset{\text{C}}{\overset{H_2}{}}-\underset{\text{C}}{\overset{HOH}{}})_n-$，是线型高分子，可通过甲醇分解反应，由聚乙酸乙烯酯（polyvinyl acetate，简写为 PVAc）制得，后者的聚合单体为乙酸乙烯酯，$H_2C=\overset{H}{\underset{}{C}}-OOCCH_3$。聚（乙烯醇）基本没有支链结构，可以溶于水，商业上可以用作增稠剂、制作口香糖和牙膏发泡剂。

PVOH 或 PVAc 令人感兴趣的特征之一是沿高分子链排列单体的方向性，比如上述 PVOH 分子式就表示所有单体均以"头对尾"方式连接在一起，然而某个单体以"头对头"方式接入高分子链也偶尔会发生，形成如下结构

$$-(\overset{H_2}{C}-\overset{HOH}{C})_n-\overset{H_2}{C}-\overset{HOH}{C}-\underset{\text{头对头连接}}{\overset{HOH}{C}}-\underset{\text{单体反向}}{\overset{H_2}{C}}-\overset{H_2}{C}-\overset{HOH}{C}-(\overset{H_2}{C}-\overset{HOH}{C})_n-$$

如果将"头对尾"方式称为常规单体连接模式，则"头对头"方式就是非常规单体连接方式。实验表明，非常规单体连接在PVOH高分子链中所占的比例随聚合温度的升高而增加，这个比例可以用简单的实验方法予以测定，其原理是："头对头"方式在高分子链中形成类似乙二醇的结构，而这个结构能够被高碘酸定向定量地解离，将PVOH样品用高碘酸处理后高分子链将解离为若干碎片，这会导致高分子的分子量大大降低。因此，实验中仅需要测定高碘酸处理前后高分子的分子量就可以了。

本实验采用毛细管法测定高分子溶液的特性黏度。

A17.2.1 毛细管法测定黏度的原理和技术

在液体流动过程中，当流速很小时，流体分层流动，互不混合，称为层流或片流（laminar flow）；逐渐增加流速，流体的流线开始出现波浪状的摆动，摆动的频率及振幅随流速的增加而增加，此种流况称为过渡流；当流速增加到很大时，流线不再清楚可辨，流场中有许多小漩涡，称为湍流或紊流（turbulent flow）。对于稳态层流，各层流体的运动速度并不相等，因此液体中的相邻部分会产生相对运动，如图A17-1所示。不同流速的液体层之间会产生内摩擦力，以反抗这种相对运动，液体对流动所表现的阻力称为黏度。假定在垂直于液体流动方向上存在流速梯度（$\partial v/\partial y$），根据牛顿黏度定律，液体的黏滞阻力为

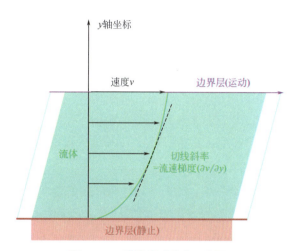

图A17-1 液体流动状态示意图

$$F = \eta A \left(\frac{\partial v}{\partial y}\right) \tag{1}$$

式中，A为垂直于y轴的层流面积；比例常数η称为黏度系数，简称黏度，SI制单位为Pa·s，c.g.s制单位是泊（poise，符号P，1P=1dyn·s·cm^{-2}=0.1Pa·s）。

常规液体的黏度系数为厘泊（cP）数量级，如20.20℃时水的黏度系数为1.000cP，乙醚为0.23cP，而甘油为830cP；室温下沥青的黏度系数可达10^8P，而玻璃（一种过冷液体）则还要高几个数量级；气体的黏度系数为100～200μP。随着温度的升高，液体和软固体的黏度系数会下降，而气体的黏度系数则上升。

高分子溶液的黏度η一般要比纯溶剂的黏度η_0大得多，黏度增加的分数叫增比黏度η_{sp}，定义为

$$\eta_{sp} = \frac{\eta - \eta_0}{\eta_0} = \frac{\eta}{\eta_0} - 1 = \eta_r - 1 \tag{2}$$

式中，$\eta_r = \eta/\eta_0$，叫相对黏度。注意增比黏度和相对黏度均为无量纲量。

增比黏度随溶液中高分子浓度的增加而增大，为了便于比较，通常取单位浓度的增比黏度作为高分子化合物分子量的量度，可以写成η_{sp}/c，叫做比浓黏度。显然比浓黏度随溶液的浓度c而变。当$c \to 0$时，比浓黏度趋于一固定的极限值$[\eta]$，即

$$\lim_{c \to 0} \frac{\eta_{sp}}{c} = [\eta] \quad (3)$$

式中，$[\eta]$ 称为特性黏度，其值可利用 η_{sp}/c-c 作图用外推法求得。根据实验测定

$$\frac{\eta_{sp}}{c} = [\eta] + k'[\eta]^2 c \quad (4)$$

因此在 η_{sp}/c-c 图上的截距即为 $[\eta]$（图A17-2）。

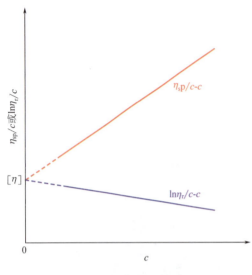

图A17-2　外推法求特性黏度 $[\eta]$

另外，当 $c \to 0$ 时，$(\ln\eta_r)/c$ 的极限值也是 $[\eta]$，因为在浓度趋近于零的极限条件下

$$\ln\eta_r = \ln(1 + \eta_{sp}) = \eta_{sp} - \frac{1}{2}\eta_{sp}^2 + \frac{1}{3}\eta_{sp}^3 - \cdots$$

当浓度不大时，可以忽略高次项，即

$$\lim_{c \to 0} \frac{\ln\eta_r}{c} = \lim_{c \to 0} \frac{\eta_{sp}}{c} = [\eta] \quad (5)$$

$(\ln\eta_r)/c$ 与浓度 c 之间的经验公式为

$$\frac{\ln\eta_r}{c} = [\eta] - \beta[\eta]^2 c \quad (6)$$

因此，以 η_{sp}/c 和 $(\ln\eta_r)/c$ 对 c 作图可以得到两条直线，它们在纵轴上交于一点，截距均为 $[\eta]$（见图A17-2）。

特性黏度 $[\eta]$ 的单位是浓度的倒数。对于高聚物溶液，像摩尔浓度这样的浓度单位并不是经常能够准确计算得到的，因此浓度 c 常常表示为单位体积中的高聚物质量。$[\eta]$ 的单位和数值，随溶液浓度的表示法不同而异。文献中常用100mL溶液中所含高聚物的质量（以g计）作浓度单位，也有建议用每毫升溶液中所含高聚物的质量（以g计）作浓度单位，用后者表达的 $[\eta]$ 数值是前者表达的 $[\eta]$ 数值的100倍，由此计算得到的 $[\eta]$ 的单位是 $mL \cdot g^{-1}$，称为斯陶丁格（Staudinger）。

测定黏度可以采用毛细管法、转筒法和落球法等，在测定高分子溶液的特性黏度 $[\eta]$ 时，使用毛细管黏度计最方便。毛细管黏度计按照结构、形状可以分为芬氏、乌氏、品氏和逆流四种类型，本实验采用乌氏黏度计，它的最大优点是溶液的体积对测定没有影响，所以可以在黏度计内采取逐渐稀释的方法，得到不同浓度的溶液。它的构造如图A17-3所示，分为A、B、C三根管子，其中A管较粗，待测液体由此加入并贮存在D球中，B管是旁通管，C管自上而下依次为储液球F和G、毛细管H以及缓冲球E，并且在G球上下适当位置刻有标线 a 和 b。毛细管H的直径和长度，以及G球大小的选择，应根据所用溶剂的黏度而定，使溶剂流出时间在100s以上，但毛细管直径不宜小于0.5mm，否则测定时容易阻塞。D球的容积应为从C管 a 处到D球底端的总体积的8～10倍，这样可以稀释到起始浓度的1/5左右。为使D球不致过大，G球的体积以4～5mL为最好。同时D球至E球底端的距离应尽量小。实验时，首先堵住B管口，同时在C管口抽气，将待测液体抽提至储液球F一半左右的位置，然后

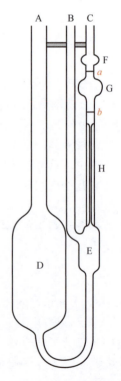

图A17-3　乌氏黏度计

放开 B、C 口,使两者同时通大气,测量 C 管中溶液液面依次通过刻度 a 和刻度 b 所需要的时间 t,该时间 t 与溶液的黏度有关。

图 A17-4 表示稳态层流、不可压缩的牛顿型流体(如液体)通过半径为 r 的圆形管道,流体沿 z 轴运动,圆柱体径向取为 y 轴。

在流体中垂直于 z 方向截取一个流体薄层,厚度为 $\mathrm{d}z$,假定在该薄层上下截面间的压力差为 $\mathrm{d}p$,则薄层中的压力降为 $\mathrm{d}p/\mathrm{d}z$。在该薄层中选取一环形层流微元,距圆柱体中轴距离为 y,厚度为 $\mathrm{d}y$。现在,如果将该环形层流微元内表面包裹的圆柱形液体薄层当做一个固体圆柱形活塞,其在 z 方向所受到的压力差为

$$f = \frac{\mathrm{d}p}{\mathrm{d}z} \cdot \pi y^2 \cdot \mathrm{d}z \tag{7}$$

与圆柱体的曲率半径相比,$\mathrm{d}y$ 为无限小量,因此圆柱体外包裹的环形层流微元可以

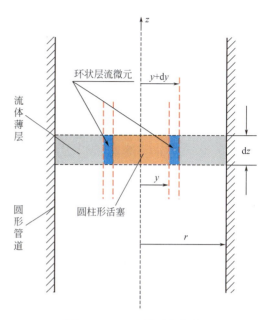

图 A17-4　层流模型参数说明

当作图 A17-4 描述流体中的一个薄层流体,根据方程(1),其作用在圆柱体表面的黏滞力为

$$F = \eta A \left(\frac{\partial v}{\partial y} \right) = \eta (2\pi y \mathrm{d}z) \times \frac{\mathrm{d}v}{\mathrm{d}y} \tag{8}$$

流体做稳定运动时,上述两力的合力为零,即 $f=F$,整理得到

$$\mathrm{d}v = \frac{1}{2\eta} \left(\frac{\mathrm{d}p}{\mathrm{d}z} \right) y \mathrm{d}y \tag{9}$$

将方程(9)积分,并考虑边界条件:$y=r$ 时,$v=0$,则

$$v(y) = \int_r^y \frac{1}{2\eta} \left(\frac{\mathrm{d}p}{\mathrm{d}z} \right) y \mathrm{d}y = \frac{1}{4\eta} \left(-\frac{\mathrm{d}p}{\mathrm{d}z} \right) (r^2 - y^2) \tag{10}$$

由此得到通过圆形管道某一截面的流体体积流速为

$$Q = \int_0^r v(y) 2\pi y \mathrm{d}y = \frac{\pi r^4}{8\eta} \left(-\frac{\mathrm{d}p}{\mathrm{d}z} \right) \tag{11}$$

对于不可压缩的流体,沿管道的体积流速是恒定的,方程(11)即可表示为泊肃叶(Poiseuille)方程

$$Q = \frac{\mathrm{d}V}{\mathrm{d}t} = \frac{\pi r^4 (p_1 - p_2)}{8\eta l} \tag{12}$$

式中,$\mathrm{d}V/\mathrm{d}t$ 表示单位时间内通过半径为 r、长度为 l 的圆柱体管道的液体体积;(p_1-p_2) 是管道两端的压力差;η 为液体的黏度系数。

当液体通过一根垂直放置的毛细管时,压力差 (p_1-p_2) 显然与液体的密度 ρ 成正比,当流过毛细管的流体体积恒定时,由方程(12)可以得到

$$\frac{\eta}{\rho} = Bt \tag{13}$$

式中,t 是溶液液面依次通过乌氏黏度计 C 管中刻度 a 和刻度 b 所需要的时间;B 为仪器常数。更精密的计算还需考虑动能校正和毛细管长度校正,但是在流速较低的情况下($t>$

100s），校正值低于Bt的1%，完全可以忽略。

通常测定分子量时溶液都较稀（$c < 0.01\text{g·cm}^{-3}$），所以溶液的密度与溶剂的密度近似相等，当用同一支黏度计对溶剂和溶液进行测定时，有

$$\eta_{sp} = \frac{\eta}{\eta_0} - 1 = \frac{t}{t_0} - 1 \tag{14}$$

式中，t为溶液的流出时间；t_0为溶剂的流出时间。

A17.2.2 高分子溶液特性黏度与分子量的关系

爱因斯坦指出，如果将流体中的分子看作刚性微球，则其增比黏度可以表示为

$$\eta_{sp} = \frac{\eta}{\eta_0} - 1 = \frac{5}{2}\frac{V_M}{V} \tag{15}$$

图A17-5　高分子链随机缠绕形成松散的绒线球

式中，V_M是流体中所有微球占据的体积；V是流体的总体积。对于非球形分子，方程（14）的形式依然成立，只是V_M/V的比例系数不再是5/2，但是只要分子不形成优势定向排列，这个比例系数就保持恒定。

PVOH这样的高分子中存在很多单键，而单键的转动总是可能的，因此溶液中一条高分子链的各部分会随机缠绕起来，最后形成类似松散绒线球的结构（见图A17-5）。由简单的统计力学计算可以知道，缠绕起来的一条高分子链两端之间的平均距离，亦即"高分子绒线球"的有效平均直径d，将与高分子链长度的平方根成正比，也就是与高分子分子量的平方根成正比

$$d \propto M^{1/2} \tag{16}$$

一个高分子微球的体积与d^3成正比，当然也就与$M^{3/2}$成正比。假定体积为V的高分子溶液的浓度为c（注意c的量纲是"质量·体积$^{-1}$"），溶液中高分子的数量与其分子量M成反比，则溶液中高分子微球所占据的体积V_M有如下比例关系

$$V_M \propto \frac{cV}{M}M^{3/2} = cVM^{1/2} \tag{17}$$

由此得到高分子溶液的特性黏度

$$[\eta] = KM^{1/2} \tag{18}$$

式中，K为常数。

上述处理当然过于简化，考虑到高分子链并不能完全随机地缠绕卷曲，以及溶剂对高分子溶质的作用等因素，在一定温度下特性黏度$[\eta]$与高分子分子量M的关系常用Mark-Houwink公式表示

$$[\eta] = KM^\alpha \tag{19}$$

式中，常数K和α与温度、高分子及溶剂的性质有关，其数值是通过采用其他独立实验方法（如渗透压、光散射或沉降平衡等）测定已知摩尔质量的高聚物的特性黏度而得到的，其中指数α是溶液中高分子几何形状的函数，其值从0.5（随机卷曲螺旋丝）到1.7（刚性伸展棒状分子）。表A17-1是常见高分子溶液的一些参数值。

表 A17-1　高分子特性黏度与分子量关系式的参数

高分子	溶剂	温度 t/℃	$K\times 10^3$/dm$^3\cdot$kg^{-1}	α	分子量范围 $M\times 10^{-4}$
聚苯乙烯	苯	20	12.3	0.72	
	苯	30	10.6	0.74	
	甲苯	25	37	0.62	1-160
聚（乙烯醇）	水	25	20	0.76	0.6-2.1
	水	25	300	0.50	0.9-17
	水	25	140	0.60	1-7
	水	30	66.6	0.64	0.6-16
聚乙二醇	水	30	12.5	0.78	
聚丙烯酰胺	水	30	6.31	0.80	20-50
	水	30	68	0.66	1-20
	1mol·dm^{-3}NaNO$_3$	30	37.5	0.66	
聚甲基丙烯酸甲酯	苯	25	3.8	0.79	24-450
	丙酮	25	7.5	0.70	3-93
聚己内酰胺	40%H$_2$SO$_4$	25	59.2	0.69	0.3-1.3
聚乙酸乙烯酯	丙酮	25	10.8	0.72	0.9-2.5
聚丙烯腈	二甲基甲酰胺	25	16.6	0.81	5-27
右旋糖苷	水	25	92.2	0.5	
	水	37	1.41	0.46	

A17.2.3　数均分子量和黏均分子量

高分子的分子量有多种定义方式，依据实验测定方法的不同而异。对于多分散高分子材料，任何测量方法求出的分子量都是一个平均相对数值。当采用依数性测量（如渗透压法）时，所测性质与溶液中质点数量有关，由此计算出的分子量称为数均分子量

$$\overline{M}_n = \frac{\int_0^\infty MP(M)\mathrm{d}M}{\int_0^\infty P(M)\mathrm{d}M} \tag{20}$$

式中，$P(M)$ 是分子量分布函数，$P(M)$ 正比于分子量处于 M 与 $M+\mathrm{d}M$ 之间的分子数量。然而，由黏度法测出的分子量与 $\overline{M}_n$ 不同，被称为黏均分子量，定义为

$$(\overline{M}_v)^\alpha = \frac{\int_0^\infty M^{1+\alpha}P(M)\mathrm{d}M}{\int_0^\infty MP(M)\mathrm{d}M} \tag{21}$$

对于单分散高分子，显然 $\overline{M}_n = \overline{M}_v = M$；而对于多分散高分子，这两种平均值并不相等，但是可以通过一个常数相互关联起来，这个常数与分布函数 $P(M)$ 及参数 α 有关。假定将分布函数取作常见形式

$$P(M) = \frac{1}{\overline{M}_n} e^{-\frac{M}{\overline{M}_n}} \tag{22}$$

将方程（22）代入方程（21），得到

$$(\overline{M}_v)^\alpha = \frac{\int_0^\infty M^{1+\alpha} e^{\left(-\frac{1}{\overline{M}_n}M\right)} dM}{\int_0^\infty M e^{\left(-\frac{1}{\overline{M}_n}M\right)} dM}$$

该方程等号右边分子、分母均具有 Γ 函数的形式❶，计算可得

$$(\overline{M}_v)^\alpha = \frac{\Gamma(2+\alpha)}{\Gamma(2)} \frac{\overline{M}_n^{2+\alpha}}{\overline{M}_n^2} = \Gamma(2+\alpha)(\overline{M}_n)^\alpha = (1+\alpha)\Gamma(1+\alpha)(\overline{M}_n)^\alpha$$

因此黏均分子量 $\overline{M}_v$ 与数均分子量 $\overline{M}_n$ 之间的关联常数为

$$\frac{\overline{M}_v}{\overline{M}_n} = [(1+\alpha)\Gamma(1+\alpha)]^{1/\alpha} \tag{23}$$

用渗透压法测量单分散高分子分子量，Flory 和 Leutner 建立了 25℃ 时 PVOH 的黏度与分子量关系式

$$[\eta] = 2.0 \times 10^{-4} M^{0.76}$$
$$M = 7.6 \times 10^4 [\eta]^{1.32} \tag{24}$$

式中，高分子溶液的浓度单位为每 100cm^{-3} 溶液中高分子的质量（g）。方程（24）对于多分散 PVOH 仍然适用，只是计算得到的是黏均分子量 $\overline{M}_v$。

根据方程（24），PVOH 的参数 $\alpha=0.76$，代入方程（23）中得到

$$\frac{\overline{M}_v}{\overline{M}_n} = [1.76 \times \Gamma(1.76)]^{1/0.76}$$

查阅 Γ 函数表，$\Gamma(1.76) = 0.9214$，因此

$$\frac{\overline{M}_v}{\overline{M}_n} = 1.89 \tag{25}$$

如果一个高分子的 α 参数远远超过 0.5，黏均分子量 $\overline{M}_v$ 会非常接近质均分子量 $\overline{M}_m$，后者定义为

$$\overline{M}_m = \frac{\int_0^\infty M^2 P(M) dM}{\int_0^\infty M P(M) dM} \tag{26}$$

事实上，当 $\alpha=1$ 时，$\overline{M}_v = \overline{M}_m$，若分布函数取方程（22）的形式，则两者与数均分子量 $\overline{M}_n$ 的比值均为 2。

A17.2.4　PVOH"头对头"连接模式发生频率的测定

为测出 PVOH 高分子链中"头对头"连接模式的百分比，假定在高碘酸作用下所有的化学键断裂均位于 1,2-乙二醇结构上，且所有该结构全部断裂。定义比例值 Δ，它表示溶液中高分子数目增加值与全部高分子单体数目之比，由于这些数值都与数均分子量成反比，因此

---

❶ Γ 函数的定义为：$\Gamma(t) = \int_0^\infty x^{t-1} e^{-x} dx$，当复数 t 的实部大于 0 时，积分绝对收敛，并称为第二类欧拉积分。根据定义，$\Gamma(t+1) = t\Gamma(t)$，$\Gamma(1) = \Gamma(2) = 1$。$\Gamma$ 函数常用于计算形如 $f(t) e^{-at}$ 函数的积分，该类函数在物理、化学领域有重要作用，比如 $\int_0^\infty t^b e^{-at} dt = \frac{\Gamma(b+1)}{a^{b+1}}$。$\Gamma$ 函数的值已列成专用数据表。

$$\Delta = \frac{1/\overline{M}_n' - 1/\overline{M}_n}{1/M_0} \tag{27}$$

式中，$\overline{M}_n'$ 和 $\overline{M}_n$ 分别为高碘酸处理后和处理前高分子的数均分子量，$M_0=44$ 为单体分子量。所以

$$\Delta = 44\left(\frac{1}{\overline{M}_n'} - \frac{1}{\overline{M}_n}\right) \tag{28}$$

根据方程（25），有

$$\Delta = 83\left(\frac{1}{\overline{M}_v'} - \frac{1}{\overline{M}_v}\right) \tag{29}$$

利用方程（29）可以直接使用黏均分子量的测定数据计算比值 Δ。

A17.3 仪器试剂

SYP-Ⅲ玻璃恒温水浴装置（南京桑力电子设备厂），乌氏黏度计，黏度计准直架，洗耳球，乳胶管，秒表，5mL、10mL定容移液管各1支，25mL定容移液管2支，50mL容量瓶2只，50mL烧杯1只，250mL锥形瓶1只。

聚（乙烯醇），高碘酸钾（A.R.），正丁醇（A.R.），丙酮（A.R.），铬酸洗液。

A17.4 安全须知和废弃物处理

- 在实验室中需穿戴实验服、防护目镜或面罩。
- 将拿捏和夹持乌氏黏度计的着力点单独放在A管上，防止黏度计折断。
- 在使用铬酸洗液和高碘酸时需使用丁腈橡胶手套。
- 铬酸洗液和高碘酸刺激皮肤，并有毒害，如发生皮肤沾染，需用水冲洗沾染部位10min以上。
- 用完的铬酸洗液应尽量全部倒回原瓶中，不得随意倾倒入下水道。
- 使用过的溶液倒入指定的回收容器中。
- 离开实验室前务必洗手。

A17.5 实验步骤

在整个实验过程中，防止泡沫的产生至关重要，在将高分子溶液从一个容器转入另一个容器的过程中，必须非常小心地倾倒。同时，接触过高分子溶液的玻璃器皿都要非常及时地彻底清洗，因为干燥的高分子材料很难从玻璃表面去除。高分子溶液不能长期储存，因为它们是空气中细菌的良好温床。

1. 配制 1.0g·dL^{-1} 的聚（乙烯醇）溶液（单位符号"dL"表示"分升"，即100mL）

在称量纸上准确称取干燥的聚（乙烯醇）10g。烧杯中放入400mL蒸馏水并加热，然后在搅拌下缓慢地加入聚（乙烯醇）干粉，尽可能使其分散在液体表面上，搅拌应轻柔，以保证不产生泡沫。待所有高分子溶解后，溶液冷却至室温，如果其中还有不溶解的杂质，用3号砂芯漏斗过滤。将澄清溶液小心地定量转入1000mL容量瓶中，溶液应沿瓶壁倒入，尽可

能不产生泡沫，用蒸馏水稀释至刻度线，非常缓慢地倒转容量瓶几次，使溶液混合均匀。溶液配制非常耗时，可由教师预先准备。

2. 清洗黏度计

将黏度计用洗液浸泡后，先用自来水冲洗干净，然后用蒸馏水反复清洗，可以使用水冲式真空泵使大量蒸馏水流过毛细管，再用丙酮淋洗，流动空气干燥。将洗净干燥的黏度计垂直放置于（25.00±0.02）℃恒温槽中，恒温槽的水面要没过黏度计的F球。在B、C管端口接上乳胶管。

按上述同样方法清洗、干燥所有移液管。

3. 待测高分子溶液的准备

在250mL锥形瓶中放入适量的蒸馏水，置于恒温槽中恒温。

降解前PVOH溶液 准确移取25.00mL 1.0g·dL^{-1}的聚（乙烯醇）溶液于50mL容量瓶中，将容量瓶置于恒温槽中恒温，用已恒温的蒸馏水稀释至刻度，小心地混合均匀。继续恒温。

降解后PVOH溶液 准确移取25.00mL 1.0g·dL^{-1}的聚（乙烯醇）溶液于50mL烧杯中，加10mL蒸馏水和0.15g KIO_4，在70℃水浴中搅拌直至高碘酸钾全部溶解，再放置10min并时加搅拌。将烧杯从水浴中取出，稍冷却后，将溶液小心地定量转入50mL容量瓶，将容量瓶置于恒温槽中恒温，用已恒温的蒸馏水稀释至刻度，小心地混合均匀。继续恒温。

上述两高分子溶液的PVOH初始浓度均为约0.5g·dL^{-1}。将用过的移液管清洗干燥。

4. 降解前PVOH溶液黏度的测定

用移液管自黏度计A管加入25.00mL已配好并恒温的降解前PVOH溶液，加入时移液管尖端紧贴黏度计管壁，防止产生泡沫。加液完毕，立即清洗、干燥所用的移液管。

用夹子夹紧B管上的乳胶管，使其不通气，将C管上的乳胶管连上洗耳球抽气，至溶液上升超过F球后，移去洗耳球，打开B管上的夹子，使B、C管通大气，C管中溶液流回E球中。反复三次，使毛细管被待测溶液充分润湿。

再次将待测高分子溶液抽提至F球中，移去洗耳球，打开B管上的夹子，使B、C管通大气，此时F球中液面逐渐下降，当液面刚通过刻度a时，按下秒表，开始记录时间，到液面刚通过刻度b时，再按停秒表，这就是溶液自a到b所需要的时间t。重复操作三次，每次相差不超过0.2s，求出其平均值$\overline{t_1}$。

用移液管自黏度计A管加入5mL已恒温的蒸馏水，轻摇黏度计使D球中溶液混合均匀，夹紧B管，用洗耳球自C管上乳胶管轻轻吹气，使E球中溶液回流D球（不可反向，以免泡沫进入C管），反复多次使溶液混合均匀。将溶液抽提至黏度计C管F球，反复多次清洗、润湿毛细管，并使溶液进一步混合均匀。上述操作应轻柔，尽量避免出现泡沫。按上面同样方法测定新浓度c_2下高分子溶液流经毛细管的时间再测定流经时间$\overline{t_2}$。

依次加入5mL、10mL、10mL蒸馏水，使溶液的浓度分别为c_3、c_4、c_5，测定流经时间$\overline{t_3}$、$\overline{t_4}$、$\overline{t_5}$。测定结束后，倒出溶液，先用自来水冲洗黏度计，再用大量蒸馏水反复冲洗，然后在黏度计中加入约20mL蒸馏水，恒温后测定溶剂流经时间$\overline{t_0}$。

倒出蒸馏水，清洗、干燥乌氏黏度计。

5. 降解后PVOH溶液黏度的测定

按步骤4同样方法测定降解后各浓度PVOH溶液的流出时间。

6. 实验结束

彻底清洗黏度计，将其注满蒸馏水后夹持在铁架台上，以备下次实验使用。

A17.6 数据处理与结果分析

1. 列表记录水和降解前后各浓度PVOH溶液的流出时间,根据方程(2)和方程(14)计算相对黏度η_r、增比黏度η_{sp}和比浓黏度η_{sp}/c,浓度c的单位用$g \cdot dL^{-1}$,即$g \cdot (100cm^3)^{-1}$表示。

2. 作η_{sp}/c-c和方程$(\ln\eta_r)/c$-c图,将曲线外推到$c \to 0$处,求出降解前后PVOH溶液特性黏度$[\eta]$。

3. 根据方程(24)和方程(25),计算KIO_4降解前后聚(乙烯醇)的数均分子量和黏均分子量。

4. 根据方程(29)计算Δ值。

注意:根据实验样品分子量的范围,方程(24)、方程(25)、方程(29)中的常数值应根据表A17-1中相应的Mark-Houwink参数重新计算。

A17.7 讨论与思考

1. 温度对黏度的影响很大,请根据本实验所附数据,计算室温下水的黏度的温度系数$d\eta/dT$。若要求η测定精确度达到0.2%,请用误差计算说明恒温槽温度必须控制在多大的波动范围内。

2. 如果黏度计的毛细管没有保持垂直状态,对黏度测量会产生什么影响?

3. 查阅文献资料,至少对两种其他形式的毛细管黏度计作出简要介绍,并比较其与乌氏黏度计的异同点。

4. 用表A17-1中另外几个PVOH的Mark-Houwink参数计算一下,看看结果有什么不同。

附 水的黏度系数

101.325kPa,不同温度下水的黏度系数

温度t/℃	黏度系数η/Pa·s	温度t/℃	黏度系数η/Pa·s	温度t/℃	黏度系数η/Pa·s
0	0.001792	34	0.000734	68	0.000416
1	0.001731	35	0.000720	69	0.000410
2	0.001674	36	0.000705	70	0.000404
3	0.001620	37	0.000692	71	0.000399
4	0.001569	38	0.000678	72	0.000394
5	0.001520	39	0.000666	73	0.000388
6	0.001473	40	0.000653	74	0.000383
7	0.001429	41	0.000641	75	0.000378
8	0.001386	42	0.000629	76	0.000373
9	0.001346	43	0.000618	77	0.000369

续表

温度 t/℃	黏度系数 η/Pa·s	温度 t/℃	黏度系数 η/Pa·s	温度 t/℃	黏度系数 η/Pa·s
10	0.001308	44	0.000607	78	0.000364
11	0.001271	45	0.000596	79	0.000359
12	0.001236	46	0.000586	80	0.000355
13	0.001202	47	0.000576	81	0.000351
14	0.001170	48	0.000566	82	0.000346
15	0.001139	49	0.000556	83	0.000342
16	0.001109	50	0.000547	84	0.000338
17	0.001081	51	0.000538	85	0.000334
18	0.001054	52	0.000529	86	0.000330
19	0.001028	53	0.000521	87	0.000326
20	0.001003	54	0.000512	88	0.000322
21	0.000979	55	0.000504	89	0.000319
22	0.000955	56	0.000496	90	0.000315
23	0.000933	57	0.000489	91	0.000311
24	0.000911	58	0.000481	92	0.000308
25	0.000891	59	0.000474	93	0.000304
26	0.000871	60	0.000467	94	0.000301
27	0.000852	61	0.000460	95	0.000298
28	0.000833	62	0.000453	96	0.000295
29	0.000815	63	0.000447	97	0.000291
30	0.000798	64	0.000440	98	0.000288
31	0.000781	65	0.000434	99	0.000285
32	0.000765	66	0.000428	100	0.000282
33	0.000749	67	0.000422		

A 18 溶液表面吸附的测定

A18.1 实验简介

本实验将采用最大气泡压力法测定低级醇水溶液的表面张力,根据吉布斯吸附方程计算表面过剩量,并据此推算一个醇分子的截面积。

对于4课时实验,建议测定一种醇在溶液的表面吸附行为。对于8课时实验,建议同时测定两种醇在溶液表面的吸附行为,两种醇的分子截面积应有显著差别,这有助于检验实验方法的可靠性。

本实验的测量方法比较简单,但是后续数据处理和计算比较复杂,尤其是对于吸附类型不明确的实验体系,切忌先入为主地假定其符合某种吸附机理、或者给定拟合函数等,否则在方法论上会出现问题。

A18.2 理论探讨

一个有限尺度的宏观物体必然存在边界,也就是表面或者界面。表面层的性质与相邻体相的性质相关,但又有所不同,主要是表面分子存在配位不饱和,比如位于气-液表面的分子就处于一个合力指向液体内部的不对称力场中,因此表面分子就具有比体相分子更高的自由能,使液体产生新的表面ΔA则需要对其做功,功的大小应与ΔA成正比

$$W = \Delta G_{T,p} = \sigma \Delta A$$

式中,σ为液体的表面自由能,相当于恒温恒压下增加单位表面积时体系自由能的增量

$$\sigma = \left(\frac{\partial G}{\partial A}\right)_{T,p}$$

表面自由能与表面张力的概念等价,常用单位是$J \cdot m^{-2}$。纯溶剂的表面自由能与温度、压力和溶剂性质有关,根据能量最低原理,一个体系倾向于保持总表面自由能处于最低的状态。

溶剂中加入溶质会导致表面自由能发生改变,溶质分子与溶剂分子间的相互作用性质与纯物质不同,此时表面自由能还与溶质的性质和浓度有关。实验表明,大多数的低分子量极性有机物,如醇、醛、酮、胺等,其水溶液的表面自由能随溶质浓度的增加而逐渐降低。这些化合物一般具有一个极性基团(如羟基或羧基)和一个非极性碳氢基团,表面自由能低于纯水的表面自由能,形成溶液时这些有机分子倾向于聚集在表面层,将极性部分指向体相溶液中的水分子,而将非极性部分指向空气。

溶质在溶液的表面层中发生相对富集或贫化的现象称为溶液的表面吸附,吸附导致表面

浓度与体相浓度存在差异，这种差异称为表面过剩。由于表面吸附，表面层的组成和性质与体相不同，形成体系中独立于两个体相之外的表面相。若体系由α相和β相组成，Gibbs将两相交界处的表面相视为一个没有厚度的几何平面，在此分界面两侧的α相和β相中的强度性质与纯体相α和β中的强度性质相同。因为表面相没有体积，即$V^s=0$，上标"s"代表表面相中的任何热力学性质。若V表示体系的总体积，V^α和V^β分别表示α相和β相的体积，则

$$V = V^\alpha + V^\beta + V^s = V^\alpha + V^\beta$$

根据Gibbs关于表面相的定义，表面相除没有体积外，其他热力学性质都是存在的，比如体系总的内能$U=U^\alpha+U^\beta+U^s$，或者表面相内能$U^s=U-U^\alpha-U^\beta$。

考虑表面相对体系性质的影响，可以有热力学基本方程

$$dG = -SdT + Vdp + \sigma dA + \sum_i \mu_i dn_i \tag{1}$$

对于表面相，可以写出

$$dG^s = -S^s dT + \sigma dA + \sum_i \mu_i dn_i^s \tag{2}$$

式中，G^s和S^s分别是表面相的吉布斯自由能和熵，$n_i^s = n_i - n_i^\alpha - n_i^\beta$为表面相中第$i$组分物质的量，由于表面相与体相保持平衡，表面相中第i组分的化学势可以用某体相组分i的化学势表示。

体系温度、压力和组成保持恒定，则σ、μ_i也保持不变，此时若表面相的面积和浓度发生改变，则方程（2）的积分为

$$\int_1^2 dG^s = \sigma \int_1^2 dA + \sum_i \mu_i \int_1^2 dn_i^s$$

$$\Rightarrow \quad G_2^s - G_1^s = \sigma(A_2 - A_1) + \sum_i \mu_i (n_{i,2}^s - n_{i,1}^s)$$

将始态1设定为没有界面的理想状态，即完美体相状态，则$G_1^s=0$、$A_1=0$、$n_{i,1}^s=0$，将终态2的下标去掉后得到

$$G^s = \sigma A + \sum_i \mu_i n_i^s \tag{3}$$

将Gibbs-Duhem公式应用于表面相方程（3），在恒温条件下

$$A d\sigma + \sum_i n_i^s d\mu_i = 0 \tag{4}$$

方程（4）称为Gibbs吸附等温式，整理得到

$$d\sigma = -\sum_i \Gamma_i d\mu_i \tag{5}$$

式中，$\Gamma_i = n_i^s/A$，为单位表面上吸附的i组分的量，也称为表面过剩量。

乍一看，似乎可以由Gibbs等温式［方程（5）］计算出每个组分的吸附量

$$\Gamma_i = -\left(\frac{d\sigma}{d\mu_i}\right)_{T,p,\mu_j(i \neq j)}$$

但是这是行不通的，因为无法使得各组分的化学势独立变化，对于平展的表面而言，不能从Gibbs等温式中得到表面过剩量。

Gibbs通过引入相对吸附量的概念解决这个问题，假定实际溶液体系中表面层处于α相和β相之间的AA面-BB面，无厚度的分界层（即表面相）ss可以取作使体系中的组分1的表面过剩量为零，图A18-1中实线表示实际溶液中组分1和组分2的浓度从α相到β相的变化曲

线，而虚线表示Gibbs表面相模型中组分1和组分2的浓度从α相到β相的变化曲线。可以看出组分1实线下的面积与虚线下的面积相等（区域①面积与区域②面积相等），实线下的面积等于体系中组分1的总数量，虚线下的面积等于α相和β相中组分1的数量，两者相等说明表面相中组分1的数量为零；组分2的实际浓度分布曲线与组分1不同，当ss面同样取定后，实线下面积大于虚线下的面积，说明表面相中组分2的浓度大于零，为正吸附。

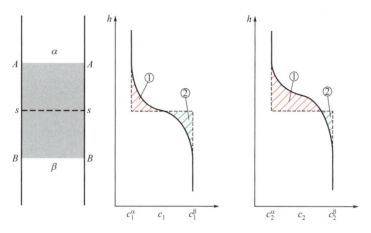

图A18-1　实际溶液体系与Gibbs模型中不同位置处溶剂与溶质的浓度分布

对于双组分溶液体系，一般将溶剂取为组分1，溶质取为组分2，此时方程（5）可以写为

$$d\sigma = -\Gamma_2^{(1)} d\mu_2 \tag{6}$$

式中，$\Gamma_2^{(1)}$的上标表示取$\Gamma_1=0$。因此

$$\Gamma_2^{(1)} = -\left(\frac{d\sigma}{d\mu_2}\right)_T$$

根据化学势公式$\mu_2 = \mu_2^\ominus + RT\ln\alpha_2$，上式可以表示为

$$\Gamma_2^{(1)} = -\frac{1}{RT}\left(\frac{d\sigma}{d\ln\alpha_2}\right)_T \tag{7}$$

若对溶液采用理想稀溶液模型近似，则$\alpha_2 = c_2/c^\ominus$，因此

$$\Gamma_2^{(1)} = -\frac{c_2}{RT}\left(\frac{d\sigma}{dc_2}\right)_T \tag{8}$$

式中，溶质浓度c_2的常用单位是$mol\cdot dm^{-3}$，但是最好预先转化为SI制单位$mol\cdot m^{-3}$，以免后续计算出现单位换算的错误。

根据方程（8），只要测出一系列浓度溶液的表面自由能，就可以计算出任意浓度时溶质的表面过剩量。图A18-2是乙醇水溶液表面吸附的实验研究结果[11]以实验测定的σ-p_2关系作图[见图A18-2（a）]，曲线尽量通过每一个合理的实验点，在曲线上取点，过该点做切线并求出切线的斜率，即得到一组$[p_2,(d\sigma/dp_2)_T]$数据，由此可以计算出一组$[p_2,\Gamma_2^{(1)}]$数据；重复这一测量计算过程可以得到一系列$[p_2,\Gamma_2^{(1)}]$数据，以$\Gamma_2^{(1)}$-p_2关系作图[见图A18-2（b）]，可以求出溶液单位表面的饱和吸附量Γ_∞。若溶液浓度用溶质的浓度表示，只需将该例中的p_2换成c_2即可。

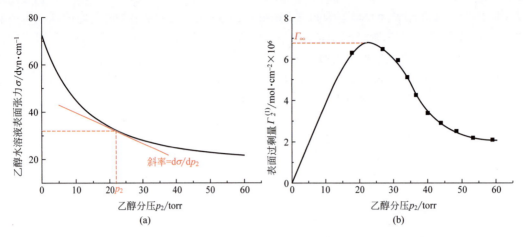

图A18-2 乙醇水溶液的表面吸附

化学势公式为 $\mu_2 = \mu_2^{\ominus} + RT\ln(p_2/p^{\ominus})$,故 Gibbs 等温式变为 $\Gamma_2^{(1)} = -\dfrac{p_2}{RT}\left(\dfrac{d\sigma}{dp_2}\right)_T$

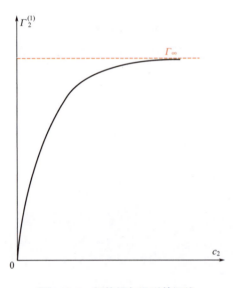

图A18-3 朗格缪尔吸附等温线

如果溶质的加入能够显著降低表面自由能,这将有利于溶质分子聚集到表面层中,在极端的情况下,可在溶液表面形成由溶质分子组成的"单分子层",根据这种紧密排列的方式,可以计算每个溶质分子的截面积

$$q = \dfrac{1}{L\Gamma_\infty} \tag{9}$$

式中,L 是阿伏伽德罗常数。由此可见溶质的吸附特性有两个重要指标:达到饱和吸附的最低浓度和饱和吸附量,而这都可以通过测定溶液的表面自由能(即表面张力)来完成。

若 $\Gamma_2^{(1)}$-c_2 曲线出现最高点,则很容易得到饱和吸附量 Γ_∞ 的值。有时,溶液表面的吸附行为会表现为典型的朗格缪尔吸附等温线的形式(见图A18-3),随着溶液浓度的增大,表面过剩量趋向一个定值,但是从 $\Gamma_2^{(1)}$-c_2 曲线很难判断这个定值的大小。

若实验数据计算得到的 $\Gamma_2^{(1)}$-c_2 关系符合朗格缪尔吸附等温线的形式,则有

$$\Gamma_2^{(1)} = \dfrac{\Gamma_\infty b c_2}{1 + b c_2} \tag{10}$$

式中,b 为特性参数。将方程(10)整理后取为双倒数形式

$$\dfrac{c_2}{\Gamma_2^{(1)}} = \dfrac{c_2}{\Gamma_\infty} + \dfrac{1}{\Gamma_\infty b} \tag{11}$$

将 $c_2/\Gamma_2^{(1)}$-c_2 作图为一直线,直线的斜率为 $1/\Gamma_\infty$,截距为 $1/\Gamma_\infty b$,从而求得 Γ_∞ 和 b。

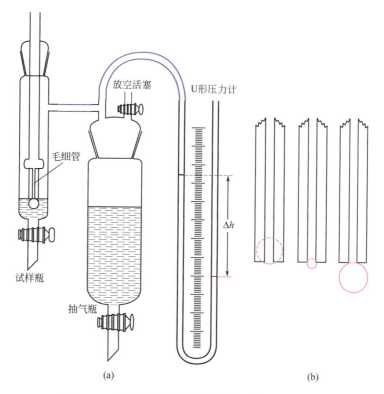

图A18-4 最大气泡压力法测定表面张力实验原理
(a) 实验装置；(b) 毛细管底端气泡变化过程

本实验采用最大气泡压力法测定液体的表面张力，实验装置表示于图A18-4（a）中，将被测液体装于试样瓶中，使毛细管的下端面与液体相切。打开抽气瓶的活塞缓缓地放水抽气，则试样管中的压力逐渐减少，大气压力将毛细管中液面压出毛细管口形成气泡，这就造成了一个弯曲的气-液表面。在气泡的生成过程中，弯曲气-液表面的曲率半径R经历由大到小、再由小到大的变化过程，其中当气泡形成半球形时曲率半径达到最小值，此时气泡半径等于毛细管半径r［见图A18-4（b）］。根据拉普拉斯公式，弯曲液面上的附加压力

$$\Delta p = \frac{2\sigma}{R} \tag{12}$$

附加压力Δp的大小与U形压力计两边的液位差Δh成正比，不过各种液体产生气泡的过程不尽相同，且R不断变化，因此无法直接用方程（12）计算表面张力σ。但是无论如何，所有液体在同一根毛细管口产生气泡的最小曲率半径都是一样的，即毛细管半径r，此时附加压力达到最大值

$$\Delta p_{max} = \frac{2\sigma}{r} = \rho g \Delta h_{max} \tag{13}$$

由此得到液体的表面张力为

$$\sigma = \frac{\rho g r \Delta h_{max}}{2} = K \Delta h_{max} \tag{14}$$

式中，ρ为U形压力计中液体介质的密度；g是重力加速度；K是仪器常数，与ρ、r有关，可用已知表面张力的液体进行标定。

A18.3 仪器试剂

带磨口塞毛细管1根，带磨口样品管1支，磨口减压滴水瓶1套，U形压力计（带标尺）一套，恒温槽1台，100mL容量瓶10只，5mL、10mL、25mL移液管各2支，200mL烧杯1只。

正丁醇（A.R.），正丙醇（A.R.），异丙醇（A.R.），纯水。

A18.4 安全须知和废弃物处理

- 在实验室中需穿戴实验服、防护目镜或面罩。
- 在处理洗液或热的稀硝酸时需使用丁腈橡胶手套，务必佩戴护目镜。
- 洗液中含重金属铬和浓硫酸，若沾染皮肤应立即用软纸吸收，然后用大量流水冲洗10min以上；稀硝酸和醇刺激皮肤，如发生皮肤沾染，需用水冲洗沾染部位10min以上；发生口、眼部沾染的应立即就医。
- 离开实验室前务必洗手。
- 洗液和稀硝酸可回收使用，其他溶液需倒入指定的废液回收桶中。
- 接触过洗液的纸或者纺织品用水浸湿后放入专用含水废物桶中。

A18.5 实验步骤

1. 配制溶液：以正丁醇为例

正丁醇的摩尔质量为74.12g·mol^{-1}，室温下正丁醇在水中的饱和溶解度约为7.7%。据此配制摩尔浓度为0.5mol·dm^{-3}以下的正丁醇溶液10个。各试剂在不同温度下的密度见表A18-1。注意在低浓度下，浓度升高时醇的水溶液表面张力降低较快，因此在0.1mol·dm^{-3}以下应多配制几个溶液。

表A18-1 醇的密度与温度关系

试剂	ρ/g·cm^{-3}										
	0℃	10℃	20℃	30℃	40℃	50℃	60℃	70℃	80℃	90℃	100℃
正丁醇	0.8293	0.8200	0.8105	0.8009	0.7912	0.7812	0.7712	0.7609	0.7504	0.7398	0.7289
正丙醇	0.8252	0.8151	0.8048	0.7943	0.7837	0.7729	0.7619	0.7506	0.7391	0.7273	0.7152
异丙醇	0.8092	0.7982	0.7869	0.7755	0.7638	0.7519	0.7397	0.7272	0.7143	0.7011	0.6876

注：摘自 CRC Handbook of Chemistry and Physics, Internet Version 2005, David R. Lide, ed., < http://www.hbcpnetbase.com >，CRC Press, Boca Raton, FL, 2005：15-28。

2. 清洗毛细管

毛细管的洁净程度直接影响实验结果。毛细管可用洗液或热的稀硝酸浸泡冲洗，然后用水清洗，最后用蒸馏水淋洗干净。

3. 仪器检漏

根据仪器原理和实物连接实验装置。在抽气瓶中盛入水，试验管用纯水荡洗后装入适量纯水，毛细管也用纯水清洗后插入试样管中，打开抽气瓶的放空活塞，打开样品管下端活塞，放出部分纯水，使毛细管管口刚好与液面相切。将试样管整体接入恒温水槽恒温5min。检查U形压力计两侧液位相平，关闭放空活塞，将抽气瓶的滴液开关缓慢打开放水，使体系内的压力降低，U形压力计两侧显示一定的液位差。关闭滴液瓶的开关，若2~3min内液位差基本不变，则说明体系不漏气，可以进行实验。

4．仪器常数的测量

缓慢打开抽气瓶的滴液开关，调节滴液开关使气泡由毛细管尖端成单泡逸出，出泡速率小于每分钟10个，记录U形压力计两侧液位高度（液位较高一侧记录最高值，液位较低一侧记录最低值）各3次，求出平均值。试样瓶换装纯水，再重复两次。

5．表面张力随溶液浓度变化的测定

按照步骤3、4，浓度由低到高依次测定配制的醇溶液的附加压力。注意每次换装样品时，试样管和毛细管均需仔细荡洗，以保证浓度准确。

6．实验完毕，洗净玻璃仪器

使用过的溶液倒入专用回收桶内。洗液或稀硝酸可回收重复使用，不能随意倾倒在下水池中。

A18.6　数据处理与结果分析

1．以纯水测量结果计算K值，纯水在不同温度下的表面张力文献值见表A18-2。

2．计算各溶液的σ值。

3．作σ-c图，画出拟合曲线，在曲线上取10个点，分别作出这些点的切线并求出切线的斜率。

4．求算各浓度的表面过剩量$\Gamma_2^{(1)}$，以$\Gamma_2^{(1)}$-c_2作图，求出饱和吸附量Γ^∞，计算正丁醇分子的横截面积q值。

5．文献值

25℃时醇分子的截面积：正丙醇0.328nm^2，异丙醇0.388nm^2，正丁醇$0.274\sim 0.289\text{nm}^2$。

表A18-2　不同温度下水的表面张力

t/℃	$10^3\sigma/\text{N}\cdot\text{m}^{-1}$	t/℃	$10^3\sigma/\text{N}\cdot\text{m}^{-1}$	t/℃	$10^3\sigma/\text{N}\cdot\text{m}^{-1}$
-8	77.0	18	73.05	60	66.18
-5	76.4	20	72.75	70	64.4
0	75.6	25	71.97	80	62.6
5	74.9	30	71.18	100	58.9
10	74.22	40	69.56		
15	73.49	50	67.91		

A18.7　讨论与思考

1．表面张力仪的清洁与否和恒温水浴温度是否稳定对测量结果有何影响？在测量过程中，抽气的速度能否过快？为什么？

2．本实验中为什么要读取最大压力差？实验时将毛细管部分末端插入溶液内，对实验结果有何影响？

3. 一般实验测定的醇分子的截面积会大于文献值，分析一下造成这一现象的原因。

4. 很多文献和物理化学实验教材提出，可以将朗格缪尔吸附等温式代入Gibbs吸附等温式中，直接求出表面张力和溶液浓度的函数关系F，然后用该函数对实验测定的σ-c_2数据进行拟合，得到参数确定的拟合函数G，对G函数求取一次导数就可以得到各浓度溶液的$(d\sigma/dc_2)_T$，进而求出表面过剩量$\Gamma_2^{(1)}$，再利用方程（11）就可以得到饱和吸附量。试分析一下这样的数据处理方法是否可行。

5. 与第4题相关，实验测定的σ-c_2数据能否用任何形式的函数进行拟合？如果这样做，在方法论上会出现什么问题？在采用计算机软件数据处理时，不采用函数拟合如何作出平滑的σ-c_2曲线？

A 19 十二烷基硫酸钠胶束的热力学性质测定

A19.1 实验简介

本实验将研究表面活性剂的一个重要性质：临界胶束浓度（CMC），并通过CMC与温度关系的测量，推算胶束形成过程的热力学函数。胶束是一种分子的自组织聚集体，本实验将看到如何通过测定一些常规的物理化学性质，来得到物质的结构信息和热力学函数。本实验将再次使用电导测量法，并且运用电解质溶液的电导率关系。

对于4课时实验，可以采用分组实验合作完成方式，每个实验小组完成1～2个温度下表面活性剂溶液电导率的测定，全体学生共享数据；对于8课时实验，建议每个实验小组独立完成全部实验内容。

学生应熟悉电解质溶液电导率的测定方法，可参阅实验A9和实验A14。

A19.2 理论探讨

众所周知，碳氢化合物在水中的溶解度极低，液态烃在所有浓度范围内都与水形成两相体系，这种情况通常用"相似相溶"的说法进行解释，即碳氢化合物没有形成液体水分子间特有的氢键的能力。因此，碳氢化合物常被称为"疏水性的（hydrophobic）"，而水分子当然是"亲水性的（hydrophilic）"。如果一个分子同时具有亲水和疏水性质，就被称为"两亲的（amphiphilic）"，它既含有疏水的足够长烃基的"尾"（大于10～12个碳原子，亲油基团），又含有亲水的极性基团的"头"（离子化的或非离子化的），比如长链羧酸RCO_2H在足够高pH值的水溶液中解离出来的阴离子RCO_2^-。这些分子（或离子）常用作洗涤剂（detergent）和表面活性剂（surfactant或surface active agent），因为它们可以强烈地改变水的许多体相性质，包括更多地溶解原先不溶于水的化合物。

本实验将研究一种简单的表面活性剂——十二烷基硫酸钠（sodium dodecyl sulfate，简称SDS），分子式$NaOSO_3C_{12}H_{25}$，也可以叫作月桂基硫酸钠（sodium lauryl sulfate）。当足量的SDS溶于水中，溶液的一些体相性质会被显著改变，比如表面张力会下降，烃类在水中的溶解度会上升等。但是这些变化完全发生是需要条件的，即SDS的体相浓度超过某个最小值，这个浓度称为临界胶束浓度（CMC, critical micelle concentration）。一些实验研究（如光散射、核磁共振等）表明，在临界胶束浓度以下，表面活性剂分子主要以溶解的单分子形式存在，而在临界胶束浓度以上，溶液中的表面活性剂分子会自发地聚集起来，形成自组织的有序结构，称为胶束结构（见图A19-1）。必须注意到，CMC不是一个确定的浓度点，它的大小与测定其数值的实验方法有关。SDS胶束通常由60～120个单体分子组成大致的球形结构，直径大约为5 nm，因此胶束溶液也可以被看作是有组织的表面活性剂分子的胶体分散体系，表面活性剂分子中的碳氢链紧密地排列在胶束内部，形成一个"油滴"，而胶束的外表面则由亲水的极性离子基团（OSO_3^-）和一些水分子构成，在SDS胶束的离子化表层之外围绕着反离子和被定向吸引的水分子。

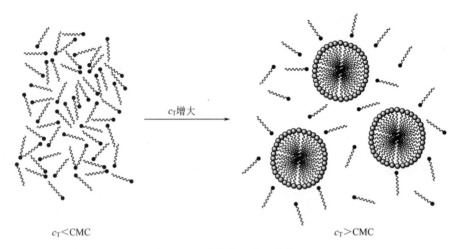

$c_T<CMC$ $c_T>CMC$

图A19-1 胶束的形成和结构

A19.2.1 胶束的热力学计算

假设胶束处于单分散状态，即在确定温度下每个胶束中都含有固定数目的n个表面活性剂分子，当然胶束一般不可能是单分散的，但是研究表明这种偏差的影响并不严重。考虑溶液中的自由表面活性剂分子与单分散的胶束之间达成化学平衡，则在没有其他盐类存在的水溶液中，SDS胶束的形成过程可以描述为

$$nS^- + (n-m)Na^+ \xrightleftharpoons{K_{mic}} (S_nNa_{n-m})^{m-}$$

其中，S^-和Na^+分别代表十二烷基硫酸根离子和钠离子；胶束$(S_nNa_{n-m})^{m-}$带有m个负电荷，包含n个SDS阴离子和m个钠离子。单体-胶束平衡常数K_{mic}可以表示为

$$K_{mic} = \frac{[(S_nNa_{n-m})^{m-}]}{[S^-]^n[Na^+]^{n-m}} \tag{1}$$

式中，方括号表示摩尔浓度。由于CMC一般都很低，因此各物质的活度系数可以近似当作1。

SDS胶束形成过程的标准摩尔吉布斯自由能的变化可以表达为

$$\Delta_{mic}G_m^\ominus = -RT\ln K_{mic} \tag{2}$$

合并方程（1）和（2），并除以n，得到

$$\frac{\Delta_{mic}G_m^\ominus}{n} = \Delta_{mic}\overline{G}^\ominus = -\frac{RT}{n}\ln[(S_nNa_{n-m})^{m-}] + RT\ln[S^-] + (1-\alpha)RT\ln[Na^+] \tag{3}$$

式中，$\alpha = m/n$，表示胶束的离子化程度。由于SDS胶束中含有很多表面活性剂分子（通常$n > 50$），因此方程（3）等号右边第一项基本可以忽略。同时考虑到在CMC附近，$[S^-] \approx [Na^+] \approx CMC$，由此得到

$$\Delta_{mic}\overline{G}^\ominus = (2-\alpha)RT\ln(CMC) \tag{4}$$

根据Gibbs-Helmholtz方程

$$\left[\frac{\partial (G/T)}{\partial T}\right]_p = -\frac{H}{T^2}$$

可以得到胶束形成过程的标准摩尔焓变为

$$\frac{\Delta_{\text{mic}} H_m^\ominus}{n} = \Delta_{\text{mic}} \overline{H}^\ominus = -RT^2 \left\{ (2-\alpha)\left[\frac{\partial \ln(\text{CMC})}{\partial T}\right]_p - \left(\frac{\partial \alpha}{\partial T}\right)_p \ln(\text{CMC}) \right\} \tag{5}$$

最后，根据方程

$$\Delta_{\text{mic}} \overline{G}^\ominus = \Delta_{\text{mic}} \overline{H}^\ominus - T \Delta_{\text{mic}} \overline{S}^\ominus \tag{6a}$$

可以计算胶束形成过程的标准摩尔熵变

$$\Delta_{\text{mic}} \overline{S}_m^\ominus / n = \Delta_{\text{mic}} \overline{S}^\ominus \tag{6b}$$

A19.2.2　电导法测定SDS胶束的CMC和α

由方程（4）～方程（6）可知，要测出胶束形成过程的热力学函数$\Delta_{\text{mic}} \overline{G}^\ominus$、$\Delta_{\text{mic}} \overline{H}^\ominus$和$\Delta_{\text{mic}} \overline{S}^\ominus$，必须测定CMC和$\alpha$这两个变量与温度的关系，SDS胶束的CMC和$\alpha$可以用电导法进行测定。

在CMC以下，表面活性剂以单体分子形式存在，假定该单体分子为强电解质，按照正、负离子1:1比例完全电离，则溶液的摩尔电导率可以表示为

$$\Lambda_m = \frac{\kappa}{c_T} = \lambda_{\text{Na}^+} + \lambda_{\text{S}^-} \tag{7}$$

式中，κ为溶液的电导率；c_T为溶液中表面活性剂的总浓度；λ_{Na^+}和λ_{S^-}分别是钠离子和十二烷基硫酸根的摩尔电导率。在低浓度下，根据强电解质的克尔劳许定律

$$\Lambda_m = \Lambda_0 - \beta \sqrt{c}$$

表面活性剂溶液电导率与总浓度的关系为

$$\frac{\kappa}{c_T} = A - B c_T^{1/2} \tag{8}$$

即在CMC以下，κ/c_T-$c_T^{1/2}$为线性关系。

在CMC以上，表面活性剂溶液中同时存在单体分子和胶束聚集体，随着溶液中表面活性剂总浓度c_T的增大，单体表面活性剂浓度将始终保持CMC不变，并继续呈现为强电解质的完全电离行为，而胶束浓度随总浓度的增加而增加，且表现出类似弱电解质的部分电离行为。此时，溶液的电导率可以表示为

$$\kappa = \text{CMC}(\lambda_{\text{Na}^+} + \lambda_{\text{S}^-}) + \frac{c_T - \text{CMC}}{n} \lambda_{\text{mic}} + (c_T - \text{CMC}) \alpha \lambda_{\text{Na}^+} \tag{9}$$

式中，λ_{mic}为胶束阴离子的摩尔电导率；$(c_T - \text{CMC})/n$为胶束的摩尔浓度。方程（9）说明，在CMC以上，κ/c_T-$c_T^{1/2}$将无法继续保持与CMC以下相同的线性关系，可以预见κ/c_T-$c_T^{1/2}$关系曲线将在$c_T = \text{CMC}$处出现明显变化或断折，由曲线断折处可以判断CMC的大小。

从原理上说，λ_{mic}是无法准确测量的，因为并不能得到一个"纯"胶束的溶液。不过，仍然可以通过某种途径对其进行估算，为此，重新考虑一个带电粒子在溶液中的运动情况。在电场作用下，一个带电粒子会沿着电场线方向加速，但是其速度不会超过某个极限值，因为这个粒子同时还受到一个反向力的作用，这个反向力就是液体的黏滞摩擦力。最终，电场

力和黏滞摩擦力会达成平衡，即 $F_E = F_{\text{friction}}$。

假定在施加电场之后的短时间内，带电粒子达到恒定的移动速率 v，根据 Stokes 定律，对于球形粒子，其所受到的黏滞摩擦力为

$$F_{\text{friction}} = v(6\pi\eta r) \quad (10)$$

式中，η 是液体的黏度；r 是球形粒子的半径（Stokes 半径）。此时，带电粒子受到的电场力为

$$F_E = zeE \quad (11)$$

式中，E 是电场强度；ze 是粒子所带电荷。因为净作用力为零，因此可以得到粒子的运动速率为

$$v = \frac{zeE}{6\pi\eta r} \quad (12)$$

离子的电迁移率 U（也称为离子淌度）定义为在单位电场作用下离子的运动速率，即

$$U = \frac{v}{E} = \frac{ze}{6\pi\eta r} \quad (13)$$

而离子的摩尔电导率定义为

$$\lambda = UzF = UzeL \quad (14)$$

式中，F 为法拉第常数；L 为阿伏伽德罗常数。将方程（13）代入方程（14），得到

$$\lambda = \frac{\kappa}{c} = \frac{L}{6\pi\eta} \times \frac{(ze)^2}{r} \quad (15)$$

即一个带电粒子的摩尔电导率与其所带电荷的平方成正比，与其半径成反比。根据方程（15），胶束阴离子的摩尔电导率可以近似表达为

$$\lambda_{\text{mic}} \approx \frac{m^2}{n^{1/3}} \lambda_{S^-} \quad (16)$$

将方程（9）重排为

$$\frac{\kappa - \text{CMC}(\lambda_{\text{Na}^+} + \lambda_{S^-})}{c_T - \text{CMC}} = \frac{1}{n}\lambda_{\text{mic}} + \alpha\lambda_{\text{Na}^+} \quad (17)$$

由于 CMC 的值一般都很低，λ_{Na^+} 和 λ_{S^-} 可以当作常数看待，因此在 CMC 浓度上下，溶液电导率 κ 与表面活性剂总浓度 c_T 之间都近似为线性关系，即在 CMC 以下 κ-c_T 直线的斜率可以表示为

$$s_1 = \frac{\kappa - \kappa_0}{c_T} = \lambda_{\text{Na}^+} + \lambda_{S^-} \quad (18)$$

而在 CMC 以上 κ-c_T 直线的斜率可以表示为

$$s_2 = \frac{\kappa - \text{CMC}(\lambda_{\text{Na}^+} + \lambda_{S^-})}{c_T - \text{CMC}} \quad (19)$$

将方程（16）、方程（18）和方程（19）代入方程（17），得到

$$s_2 = \frac{m^2}{n^{4/3}}(s_1 - \lambda_{\text{Na}^+}) + \alpha\lambda_{\text{Na}^+}$$

根据 $\alpha = m/n$ 可以得到

$$n^{2/3}(s_1 - \lambda_{\text{Na}^+})\alpha^2 + \lambda_{\text{Na}^+}\alpha - s_2 = 0 \quad (20)$$

这是一个关于 α 的二次方程，为求出不同温度下的 α 值，必须有不同温度下 n 和 λ_{Na^+} 的值。根

据文献[12,13]，SDS胶束聚集数n与温度T有如下关系

$$T/\text{℃} = -0.34n + 4.91 \times 10^5 n^{-7/3} + 13.8 \qquad (21)$$

λ_{Na^+}可以取作Na^+的极限摩尔电导率$\lambda_{\text{Na}^+}^\infty$，其与温度之间存在如下关系[14]

$$\lambda_{\text{Na}^+}^\infty/(10^{-4}\,\text{S}\cdot\text{m}^2\cdot\text{mol}^{-1}) = 22.2 + 1.13(T/\text{℃}) \qquad (22)$$

n值可以用插值法或作图法求出。不同温度下的n和$\lambda_{\text{Na}^+}^\infty$值列在表A19-1中。

表A19-1　不同温度下SDS胶束聚集数n和Na^+极限摩尔电导率$\lambda_{\text{Na}^+}^\infty$

T/K	n	$10^4\lambda_{\text{Na}^+}^\infty/\text{S}\cdot\text{m}^2\cdot\text{mol}^{-1}$
283	74[①]	34.7
288	69	39.3
293	65	44.9
298	62[①]	50.6
303	59	56.3
308	56	62.0
313	54[①]	67.7
323	50	79.0
333	47	90.3

①Benrraou, M., et al 文献数据（文献[13]），方程（21）的三个参数由此推算获得。

A19.3　仪器试剂

DDS-11D型电导率仪，DJS-1C型电导电极，恒温水槽，大试管2支，1mL、25mL定容移液管各2支，250mL容量瓶。

十二烷基硫酸钠（A.R.），KCl（G.R.），电导水。

A19.4　安全须知和废弃物处理

- 在实验室中需穿戴实验服、防护目镜或面罩。
- 十二烷基硫酸钠固体和粉末对黏膜、眼睛和皮肤有刺激作用，能引起呼吸道和皮肤过敏反应，在使用时需使用丁腈橡胶手套和实验口罩。
- 如发生皮肤沾染，需用水冲洗沾染部位10min以上；如发生眼睛接触，应提起眼睑，用流动清水或生理盐水冲洗，然后就医。
- 离开实验室前务必洗手。
- 溶液倒入指定的废液回收桶。

A19.5　实验步骤

（1）用电导水或重蒸馏水准确配制0.1mol·dm^{-3}和0.01mol·dm^{-3}的KCl标准溶液，所用水的电导率应小于0.2μS·cm^{-1}。用KCl标准溶液标定电导电极的电导池常数，方法参见实验A10附。

（2）十二烷基硫酸钠在80℃烘干3h，在250mL容量瓶中用电导水或重蒸馏水准确配制0.04mol·dm^{-3}的十二烷基硫酸钠溶液，所用水的电导率应在1～5μS·cm^{-1}范围内。

（3）调节恒温水浴温度略高于室温，控温精度±0.02℃。在洁净、干燥的大试管中移入

25.00 mL 电导水，置于恒温槽中恒温。将标定过的电导电极用电导水冲淋干净后，用软纸吸干残余水分（不要触碰铂黑电极表面），放入大试管中，测定电导水的电导率。

（4）用移液管准确移取 1.00mL 整数倍的 0.04mol·dm^{-3} SDS 溶液加入大试管中，混合均匀后，测定溶液的电导率，读数应稳定 10～20s 不变。记录加入的 SDS 溶液体积和电导率值。重复这个步骤，直至加入 SDS 溶液的总体积达到 25.00mL。注意均匀分布加入 SDS 溶液的体积，总的加入次数不少于 12 次。测定结束后，将电导电极和大试管洗净，然后用电导水冲淋多次，电导电极浸泡于电导水中，大试管置于烘箱中烘干。

（5）调节恒温槽温度升高 5～10℃，重复步骤（3）、（4）。本实验在 10～60℃ 范围内，至少测定 5 个温度下的 SDS 溶液电导率与溶液浓度的关系。

（6）实验结束，清理实验仪器和桌面，将电导电极和大试管洗净，然后用电导水冲淋多次，电导电极浸泡于电导水中，大试管置于烘箱中烘干。

A19.6　数据处理与结果分析

1. 列表和计算测定温度 T（单位换算为 K）、SDS 溶液总浓度 c_T、$c_T^{1/2}$、电导率 κ、摩尔电导率 Λ_m（即 κ/c_T）。
2. 将各温度的 κ/c_T-$c_T^{1/2}$ 关系作图，由所得曲线求出各温度下 SDS 溶液的临界胶束浓度 CMC。
3. 将各温度的 κ-c_T 关系作图，由所得曲线求出各温度下 SDS 溶液的临界胶束浓度 CMC，并求出 CMC 浓度之下的直线斜率 s_1 和 CMC 浓度之上的直线斜率 s_2。
4. 将第 2、3 部分所得的计算结果列表。比较两种数据处理方法所得到的 CMC 数据，若差别不大，则取两者的平均值作为该温度下的 CMC 数据。
5. 将 CMC-T 关系作图，用方程

$$\ln \text{CMC} = A + BT + \frac{C}{T}$$

进行非线性拟合，求出拟合参数 A、B、C。由拟合方程求出 $[\partial \ln(\text{CMC})/\partial T]_p$。

6. 根据方程（21）、方程（22）和表 A19-1 数据，按照方程（20）计算各温度下的胶束离子化度 α，并将数据列表。将 α-T 关系作图，近似为线性关系，求出 $(\partial \alpha/\partial T)_p$。

7. 根据方程（4）~方程（6）计算各温度下胶束形成过程 $\Delta_{mic}\overline{G}^{\ominus}$、$\Delta_{mic}\overline{H}^{\ominus}$ 和 $\Delta_{mic}\overline{S}^{\ominus}$。将不同温度下 SDS 溶液的 CMC、$\alpha$、$\Delta_{mic}\overline{G}^{\ominus}$、$\Delta_{mic}\overline{H}^{\ominus}$ 和 $\Delta_{mic}\overline{S}^{\ominus}$ 列表表示，指出上述各性质的变化规律。

A19.7　讨论与思考

1. 胶束是一种有组织的结构，实验测出的 $\Delta_{mic}\overline{S}^{\ominus}$ 是大于 0 还是小于 0？应该如何解释这个现象？由实验数据分析胶束形成过程的 $\Delta_{mic}\overline{S}^{\ominus}$ 随温度的变化规律，并提出一个合理的解释，胶束形成过程主要是由焓变驱动的还是由熵变驱动的？

2. 假定在 298K 时某表面活性剂溶液的临界胶束浓度 CMC=6×10^{-3}mol·dm^{-3}，胶束中 SDS 分子的平均聚集数为 n=70。估算在体相总表面活性剂浓度为 0.08mol·dm^{-3} 时，胶束浓度为多少？

3. 在问题 2 溶液 100mL 中，加入正己烷 390mg，若所有的正己烷分子都分布在胶束中，估算每个胶束分子中有几个正己烷分子。

A 20 溶液法测定极性分子的偶极矩

A20.1 实验简介

本实验将进行极性分子永久偶极矩的测定，采用的方法是测量溶液的折射率、密度和电容等宏观性质。分子的永久偶极矩是一个微观性质，由宏观测量数据计算分子微观结构参数，必然需要有高强度的理论支持。本实验详细讨论了电介质极化与分子极化的概念，以及偶极矩与分子极化性质的关系。原理很长，占整个实验篇幅的50%以上，不要嫌烦，请仔细阅读，这是物理化学中建立理论模型、设计实验方案的一个范例。

本实验设计为8课时。

学生应掌握物理学，尤其是电磁学的基本概念和知识，阅读原理时需拿出普通物理学或电磁学教科书备查。

A20.2 理论探讨

本节共四个部分，前两个部分分别介绍电介质的性质及其在电场作用下的变化，属于物质的宏观性质；第三部分介绍分子偶极矩的测量原理；第四部分介绍依据测量原理形成的实验方法。

德拜（Peter Joseph William Debye）指出，所谓极性物质的分子尽管是电中性的，但仍然拥有未曾消失的电偶极矩，即使在没有外加电磁场时也是如此。分子偶极矩的大小可以从介电常数的数据中获得，而对分子偶极矩的测量和研究一直是表征分子特性的重要步骤。

A20.2.1 偶极矩、极化强度、电极化率和相对电容率（相对介电常数）

首先定义一个电介质的偶极矩（dipole moment）。考虑一簇聚集在一起的电荷，总的净电荷为零，这样一堆电荷的偶极矩 p 是一个矢量，其各个分量可以定义为

$$p_x = \sum_i q_i x_i \qquad p_y = \sum_i q_i y_i \qquad p_z = \sum_i q_i z_i$$

式中，电荷 q_i 的坐标为 (x_i, y_i, z_i)。偶极矩的SI制单位是库仑·米（C·m）。

将物质置于电场之中通常会产生两种效应：导电和极化。导电是在一个相对较长的（与分子尺度相比）距离上输运带电粒子。极化是指在一个相对较短的（小于等于分子直径）距

离上使电荷发生相对位移,这些电荷被束缚在一个基本稳定的、非刚性的带电粒子集合体中(比如一个中性的分子)。

一个物质的极化状态可以用矢量 P 表示,称为极化强度(polarization)。矢量 P 的大小定义为电介质内的电偶极矩密度,也就是单位体积的平均电偶极矩,又称为电极化密度,或电极化矢量。这定义所指的电偶极矩包括永久电偶极矩和感应电偶极矩。P 的国际单位制中单位是库仑·米$^{-2}$(C·m^{-2})。为 P 取平均的单位体积当然很小,但一定包含有足够多的分子。在一个微小的区域内,P 的值依赖于该区域内的电场强度 E。

在这里,有必要澄清一下物质内部的电场强度的概念。在真空中任意一点的电场强度 E 的定义为:在该点放置一个电荷为 dq 的无限微小的"试验电荷",则该"试验电荷"所受到的力为 Edq。当将这个定义应用到物质内部时,在原子尺度上会引起巨大的电场涨落。为此,物质内部某一点的宏观电场强度 E 定义为在该点邻近的小区域内原子尺度电场强度的平均值,这个小区域当然比通常标准要小得多,但仍足以容纳足够多的分子。

在电磁学中,电介质响应外加电场而极化的程度可以用电极化率 χ(electric susceptibility)来度量,在各向同性、线性和均匀的电介质中,电极化率 χ 的定义为

$$P = \varepsilon_0 \chi E \tag{1}$$

式中,$\varepsilon_0 = 8.85418782 \times 10^{-12}$ F·m^{-1},为真空电容率(vacuum permittivity),或真空介电常数(vacuum dielectric constant)。

可以用电位移矢量 D 来表示电场 E 如何影响电介质中电荷的重排(包括电荷迁移和电偶极转向等),D 矢量的定义为

$$D = \varepsilon_0 E + P \tag{2}$$

由此得到电位移矢量 D 正比于电场强度 E

$$D = \varepsilon_0 (1 + \chi) E = \varepsilon E \tag{3}$$

式中,ε 为电介质的绝对电容率(absolute permittivity),也称为介电常数(dielectric constant)。

定义相对电容率(relative permittivity)

$$\varepsilon_r = \frac{\varepsilon}{\varepsilon_0}$$

式中,ε_r 也称为相对介电常数(relative dielectric constant)。据此得到电极化率与相对电容率的关系为

$$\chi = \varepsilon_r - 1 \qquad D = \varepsilon_0 \varepsilon_r E \tag{4}$$

在真空中,电极化率 $\chi = 0$。

由此可见,电容率和介电常数其实是一个概念。介电常数是在介质内部形成电场时遇到的阻碍程度的度量,也就是说,介电常数度量了外电场与电介质之间的相互影响。介电常数越大,电介质中单位电荷产生的电场(或电流)也越大,在电介质内部的电场强度会有可观的下降。此外,常用 ε_r 来表征电介质或绝缘材料的电性能,即在同一电容器中用某一物质为电介质时的电容 C 和真空时的电容 C_0 的比值

$$\varepsilon_r = \frac{\varepsilon}{\varepsilon_0} = \frac{C}{C_0} \tag{5}$$

表示电介质在电场中贮存静电能的相对能力。相对介电常数愈小,绝缘性愈好,空气和二硫化碳的 ε_r 值分别为 1.0006 和 2.6 左右,而水的 ε_r 值特别大,10℃时为 83.83。介电常数是

物质相对于真空来说增加电容器电容能力的度量，一个电容板中充入介电常数为ε_r的物质后电容变大ε_r倍。电介质有使空间比起实际尺寸变得更大或更小的属性，例如，当一个电介质材料放在两个电荷之间，它会减少作用在它们之间的力，就像它们被移远了一样。

介电常数随分子偶极矩和可极化性的增大而增大。在化学中，介电常数是溶剂的一个重要性质，它表征溶剂对溶质分子溶剂化以及隔开离子的能力。介电常数大的溶剂，有较大隔开离子的能力，同时也具有较强的溶剂化能力。

介电常数经常出现在许多与电介质有关的物理学公式中，如前面的电极化强度矢量 $\boldsymbol{P}$ 和电位移矢量 $\boldsymbol{D}$ 等。另外，电磁波在介质中传播的相速度为

$$v = \frac{c}{n} = \frac{1}{\sqrt{\varepsilon\mu}} = \frac{1}{\sqrt{\varepsilon_r\varepsilon_0\mu_r\mu_0}} = \frac{c}{\sqrt{\varepsilon_r\mu_r}}$$

式中，c、n、μ、μ_r、μ_0 分别是真空中的光速、介质的折射率、磁导率、相对磁导率和真空磁导率，真空电容率$\varepsilon_0=(\mu_0 c^2)^{-1}$。在相对磁导率$\mu_r \approx 1$时，折射率$n \approx \varepsilon_r^{1/2}$。

对于各向异性介质（如某些晶体），$\boldsymbol{P}$ 与 $\boldsymbol{E}$ 的方向不同，但它们的各分量间仍有线性关系，介电常数要用张量表示。对于一些特殊的电介质（如铁电体），或者在电场很大（如激光）的条件下，$\boldsymbol{P}$ 与 $\boldsymbol{E}$ 将呈现非线性关系，介电常数的表示式也是非常复杂的。

A20.2.2 外电场在电介质中引起的变化

从前面的讨论中可知，极化强度与偶极矩有关，而极化强度又可以通过测量介电常数获得，因此原则上可以通过介电常数的测定获得分子偶极矩的信息。但是，介电常数除了由电介质本身的性质决定外，一般还与介质的温度及电磁场变化的频率有关。在电磁波的频率很高进入光波范围时，介电常数也会随着频率的变化而变化，即出现色散现象。

一般来说，介质无法即时对外加电场作出响应，因此有关电极化强度的表达式应写作

$$\boldsymbol{P}(t) = \varepsilon_0 \int_{-\infty}^{t} \chi(t-t')\boldsymbol{E}(t')\mathrm{d}t'$$

即电极化强度是电场与电极化率的卷积（convolution）。电极化率χ表征当电场$\boldsymbol{E}$在时间t'作用在某个物理系统后，电极化强度$\boldsymbol{P}$在时间t的反应。根据因果关系，$\boldsymbol{P}$不可能在$\boldsymbol{E}$作用前产生反应，因此当$\Delta t < 0$时，$\chi(\Delta t)=0$，积分上限可至$+\infty$。这个因果关系的存在说$\chi(\Delta t)$的傅里叶变换$\chi(\omega t)$在复平面的上半部分是可解析的，即所谓的克拉莫-克若尼关系式（Kramers-Kronig relations），因此可以将电极化率更方便地写作傅里叶变换的形式

$$\boldsymbol{P}(\omega) = \varepsilon_0 \chi(\omega) \boldsymbol{E}(\omega)$$

显然，电极化率的频率依赖关系导致介电常数的频率依赖关系，而电极化率对频率的关系表征了物质的色散特性。

由于物质具有质量，物质的电极化响应无法瞬时跟上外电场。响应总是必须合乎因果关系的，这可以用相位差来表达。因此，电容率常以复函数来表达（复数允许同步的设定大小值和相位），而这复函数的参数为外电场频率ω：$\varepsilon \rightarrow \hat{\varepsilon}(\omega)$。这样，电容率的关系式为

$$D_0 e^{-i\omega' t} = \hat{\varepsilon}(\omega) E_0 e^{-i\omega t}$$

式中，D_0、E_0分别表示电位移矢量$\boldsymbol{D}$、电场强度$\boldsymbol{E}$的振幅。

一个电介质对于静电场的响应可以用电容率的低频极限来描述，也称为"静电容率"ε_s，即

$$\varepsilon_s = \lim_{\omega \to 0} \hat{\varepsilon}(\omega)$$

在高频率极限，复电容率一般标记为ε_∞，当频率等于或超过等离子体频率（plasma frequency）时，电介质的物理行为近似于理想金属，可以用自由电子模型来计算。对于低频率交流电场，静电容率是个很好的近似。随着频率的增高，可测量到的相位差δ开始出现在D和E之间，δ出现的频率与温度和介质种类有关。在电场强度E_0中等大小时，D和E成正比

$$\hat{\varepsilon} = \frac{D_0}{E_0} e^{i\delta} = |\varepsilon| e^{i\delta}$$

由于介质对于交流电场的响应特征是复电容率，为了更详细地分析其物理性质，很自然地，必须分离其实数和虚值部分，通常写为

$$\hat{\varepsilon}(\omega) = \varepsilon'(\omega) + i\varepsilon''(\omega) = \frac{D_0}{E_0}(\cos\delta + i\sin\delta)$$

式中，虚值部分ε''关系到能量的耗散，而实值部分ε'则关系到能量的储存。

通常，电介质对于电磁能量有几种不同的吸收机制。受到这几种吸收机制的影响，随着频率的改变，电容率函数也会有所改变。

（1）弛豫（relaxation）效应　发生于永久偶极分子和感应偶极分子。当频率较低的时候，电场的变化很慢。这允许偶极子足够的时间，对于任意时候的电场，都能够达成平衡状态。假若因为介质的黏滞性，偶极子无法跟上频率较高的电场，电场能量就会被吸收，从而导致能量耗散。偶极子的这种弛豫机制称为电介质弛豫（dielectric relaxation）。理想偶极子的弛豫机制可以用经典的德拜弛豫（Debye relaxation）来描述。

（2）共振效应　是由原子、离子、电子等的旋转或振动产生的。在它们特征吸收频率的附近，可以观察到这些过程。

上述两种效应时常会合并起来，使得电容器产生非线性效应。从量子力学的观点看，电容率可以用发生于原子层次和分子层次的量子作用来解释。

在较低频率区域，极性介电质的分子会被外电场电极化，因而诱发出周期性转动。例如，在微波频率区域，微波场促使物质内的水分子做周期性转动。水分子与周边分子的相互碰撞产生了热能，使得含水分物质的温度增高。这就是为什么微波炉可以很有效率地将含有水分的物质加热。水的电容率的虚值部分（吸收指数）有两个最大值，一个位于微波频率区域，另一个位于远紫外线（UV）频率区域，这两个共振频率都高于微波炉的操作频率。

中间频率区域高于促使转动的频率区域，又远低于能够直接影响电子运动的频率区域，能量是以共振的分子振动形式被吸收。对于水介质，这是吸收指数开始显著下降的区域，吸收指数的最低值是在蓝光频率区域（可见光谱段），这就是为什么日光不会伤害像眼睛一类的含水生物组织的原因。

在高频率区域（像远紫外线频率或更高频率），分子无法弛豫。这时，能量完全地被原子吸收，因而激发电子，使电子跃迁至更高能级，甚至游离出原子。拥有这频率的电磁波会导致电离辐射。

A20.2.3　分子偶极矩的测量原理

前面讨论的都是电介质的宏观参数和特性，如何将这些宏观物理量与物质的微观性质联系起来，进而获得这些微观物理量，是需要考虑的问题。

分子结构可以被看成是由电子和分子骨架所构成的。由于其空间构型各异，其正、负电荷中心可以重合，也可以不重合，前者称非极性分子，后者称为极性分子，分子的极性可用偶极矩来表示。两个大小相等符号相反的电荷系统的电偶极矩的定义为

$$\mu = q \times r$$

式中，r 是两个电荷中心间距矢量，方向是从正电荷指向负电荷；q 为电荷量。

一个电子的电荷为

$$e = 1.60217733 \times 10^{-19} \text{C} = 4.803046581 \times 10^{-10} \text{e.s.u.}$$

而分子中原子核间距的数量级为 $1\text{Å} = 10^{-10}\text{m} = 10^{-8}\text{cm}$，由此计算出的偶极矩数值为

$$\mu = 4.803046581 \times 10^{-18} \text{e.s.u.·cm} = 4.803046581 \text{Debye}$$
$$= 1.60217733 \times 10^{-29} \text{C·m}$$

偶极矩的静电制单位是德拜（Debye，符号 D）

$$1\text{D} = 1 \times 10^{-18} \text{e.s.u.·cm} = 3.333572221 \times 10^{-30} \text{C·m}$$

由于分子中电荷分离的数值小于一个电子电荷，因此分子的偶极矩的数量级为 10^{-30} C·m。

电介质分子处于电场中，电场会使非极性分子的正、负电荷中心发生相对位移而变得不重合，也会使极性分子的正、负电荷中心间距增大，这些作用都导致分子产生附加的偶极矩，称为诱导偶极矩，这种现象称为分子的变形极化。用平均诱导偶极矩 $\mu_{诱导}$ 来表示分子变形极化的程度，在中等电场下

$$\mu_{诱导} = \alpha_D E_{\text{local}} \qquad (6)$$

式中，E_{local} 为作用于个别分子上的电场强度；α_D 为变形极化率。因为变形极化产生于两种因素：分子中电子相对于核的移动和原子核间的微小移动，所以有

$$\alpha_D = \alpha_E + \alpha_A$$

式中，α_E、α_A 分别为电子极化率和原子极化率。

设 n 为单位体积中分子的个数，根据电极化强度的概念，其大小为

$$P = n \bar{\mu}_{诱导} = n \alpha_D E_{\text{local}}$$

当计算这个方程式时，必须先知道分子所在位置的电场 E_{local}，称为"局域电场"。在电介质内部，从一个位置到另外位置的微观电场 E_{micro} 可能会变化相当剧烈，在电子或质子附近，电场很大，距离稍微远一点，电场呈平方反比减弱。所以，很难计算这么复杂的电场的物理行为。幸运的是，对于大多数计算，并不需要这么详细的描述，只要选择一个足够大的区域（例如，体积为 V'、内中含有上千个分子的圆球体 S）来计算微观电场的平均值 E_{macro}，就可以足够准确地计算出其物理行为

$$E_{\text{macro}} = \frac{1}{V'} \int_S E_{\text{micro}} \mathrm{d}^3 r'$$

对于稀薄电介质，分子与分子之间的距离相隔很远，邻近分子的贡献很小，局域电场可以近似为微观电场的平均值，即

$$E_{\text{local}} \approx E_{\text{macro}}$$

对于致密电介质，分子与分子之间的距离相隔很近，邻近分子的贡献很大，在计算局域电场时在考虑微观电场的平均值的同时，将邻近分子的贡献 E_1 考虑进去

$$E_{\text{local}} = E_{\text{macro}} + E_1$$

因为，E_{macro} 已经包括了电极化所产生的电场 E_p（称为"去极化场"），为了不重复计算，在计算 E_1 时必须将邻近分子的真实贡献 E_{near} 减掉去极化场 E_p

$$E_1 = E_{\text{near}} - E_p$$

对于高度对称、各向同性的电介质，$E_{\text{near}} \approx 0$，因此

$$E_{\text{local}} = E_{\text{macro}} - E_p$$

以分子位置 r 为圆心、体积为 V' 的圆球体 S，感受到外电场的作用，S 内部的束缚电荷

会被电极化,从而产生电极化强度 P。假设在 S 内部的电极化强度 P 相当均匀,则线性均匀电介质圆球体内部的电场为[15]

$$E_p = -\frac{P}{3\varepsilon_0}$$

因此

$$P = n\mu_{诱导} = n\alpha_D E_{local} = n\alpha_D(E_{macro} - E_p) = n\alpha_D\left(E_{macro} + \frac{P}{3\varepsilon_0}\right)$$

已知对于各向同性、线性、均匀的电介质

$$P = \varepsilon_0 \chi E_{macro}$$

由此得到电介质的电极化率 χ 与分子的变形极化率 α_D 之间的关系为

$$\frac{\chi}{\chi+3} = \frac{1}{3\varepsilon_0} n\alpha_D \tag{7}$$

相对介电常数与电极化率的关系为 $\varepsilon_r = 1+\chi$,则相对介电常数与分子的变形极化率的关系为

$$\frac{\varepsilon_r - 1}{\varepsilon_r + 2} = \frac{1}{3\varepsilon_0} n\alpha_D \tag{8}$$

该式就是克劳修斯-莫索提方程式(Clausius-Mossotti equation)。分子的变形极化率是一种微观属性,而相对介电常数则是在电介质内部的一种宏观属性。因此,方程(8)连接了电介质关于电极化的微观属性与宏观属性。

将克劳修斯-莫索提方程式两边同乘以电介质的摩尔体积 $V_m = M/\rho$(其中 M 为电介质的摩尔质量;ρ 为电介质的密度),并注意到 nV_m 就等于阿伏伽德罗常数 L(n 定义为单位体积中的分子数目),则

$$\frac{\varepsilon_r - 1}{\varepsilon_r + 2} \times \frac{M}{\rho} = \frac{1}{3\varepsilon_0} L\alpha_D$$

上式等号左边定义为分子的摩尔极化度 P_m(molar polarizability),即

$$P_m = \frac{\varepsilon_r - 1}{\varepsilon_r + 2} \times \frac{M}{\rho} = \frac{1}{3\varepsilon_0} L\alpha_D \tag{9}$$

对于大多数的电介质,其折射率 $n \approx \varepsilon_r^{1/2}$。将折射率代入克劳修斯-莫索提方程式,就可以给出洛伦兹-洛伦茨方程式(Lorentz-Lorenz equation)

$$\frac{n^2 - 1}{n^2 + 2} = \frac{1}{3\varepsilon_0} n\alpha_D \tag{10a}$$

$$P_m = \frac{n^2 - 1}{n^2 + 2} \times \frac{M}{\rho} = \frac{1}{3\varepsilon_0} L\alpha_D \tag{10b}$$

注意 $\alpha_D = \alpha_E + \alpha_A$,即变形极化率中包括电子极化率和原子极化率。

电场中的极性分子除了变形极化外,还会产生取向极化,即具有永久偶极矩的分子在电场的作用下,会或多或少地转向电场方向。假定它对极化率的贡献为 P_μ,则总的摩尔极化度由三部分构成

$$P_m = P_\mu + P_E + P_A \tag{11}$$

式中,P_μ、P_E、P_A 分别为摩尔取向极化度、摩尔电子极化度、摩尔原子极化度,根据方程(9)

$$P_E = \frac{1}{3\varepsilon_0} L\alpha_E \qquad P_A = \frac{1}{3\varepsilon_0} L\alpha_A$$

由玻尔兹曼分布定律可得 ❶

$$P_\mu = \frac{1}{3\varepsilon_0} L\alpha_0 = \frac{1}{3\varepsilon_0} L \frac{\mu^2}{3kT} \tag{12}$$

式中，μ 为极性分子的永久偶极矩；k 为玻尔兹曼常数；T 为热力学温度。由此得到

$$P_m = \frac{\varepsilon_r - 1}{\varepsilon_r + 2} \times \frac{M}{\rho} = \frac{1}{3\varepsilon_0} L\alpha_D = \frac{L}{3\varepsilon_0}\left(\frac{\mu^2}{3kT} + \alpha_E + \alpha_A\right) \tag{13}$$

方程（13）称为克劳修斯-莫索提-德拜方程（Clausius-Mosotti-Debye equation）。

克劳修斯-莫索提-德拜方程是假定分子与分子间无相互作用而推导得到的，适用于温度不太低的气相体系。根据方程（13），可以通过测定样品介电常数及密度与温度的关系，以 P_m-$1/T$ 作图得到一直线关系，直线斜率为 P_μ、截距为总变形极化率 $\alpha_E + \alpha_A$，由 P_μ 的数值可以计算出分子永久偶极矩 μ，该实验方法称为温度测量法。然而测定气相的介电常数和密度，在实验上难度较大，某些物质甚至根本无法使其处于稳定的气相状态。因此后来提出了一种溶液法来解决这一困难。溶液法的基本想法是，在无限稀释的非极性溶剂的溶液中，极性溶质分子所处的状态与气相时相近，于是无限稀释溶液中溶质的摩尔极化度 P_2^∞ 就可以看作 P_m。但是在溶液中，温度测量法变得不可靠，原因可能是溶剂-溶质相互作用也存在温度效应，因此又提出一种频率测量法，即通过测量介电常数与频率的关系得到总的摩尔极化度 P_m，并从 P_m 中将取向极化度 P_μ 分离出来，进而计算得到分子的极性分子的永久偶极矩 μ。

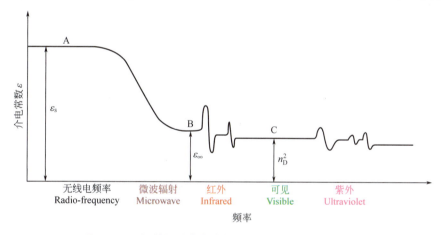

图A20-1 极性物质介电常数 ε 随频率变化的典型曲线

图A20-1给出了极性物质介电常数 ε 随频率变化的典型曲线，摩尔极化度 P_m 与频率的关系与之类似。如果外电场是变交电场，极性分子的极化情况就与交变电场的频率有关。当处于频率小于 10^{10}Hz 的低频电场或静电场中时，极性分子所产生的摩尔极化度 P_m 是取向极化、电子极化和原子（离子）极化的总和 $P_m = P_\mu + P_E + P_A$，即在图A20-1的区域A中，方程（13）保持成立。当频率增加到A区域以上时，电场的交变周期小于分子偶极矩的弛豫时间，极性分子的取向运动跟不上电场的变化，即极性分子来不及沿电场定向，在相对平坦的区域B，ε 的值标注为 ε_∞，其中已经没有取向极化作用的贡献，此时方程（13）变为

$$\frac{\varepsilon_r - 1}{\varepsilon_r + 2} \times \frac{M}{\rho} = \frac{L}{3\varepsilon_0}(\alpha_E + \alpha_A) = P_E + P_A$$

---

❶ 参见附三。

当交变电场的频率进一步增加到大于10^{15}Hz的高频（可见光和紫外频率）时，极性分子的转向运动和分子骨架变形都跟不上电场的变化，即在区域C，只有电子极化作用对ε作出贡献，此时极性分子的摩尔极化度就等于电子极化度P_E。

原则上只要在低频电场下测得极性分子的摩尔极化度P_m，在红外频率下测得极性分子的摩尔诱导极化度P_E+P_A，两者相减就得到极性分子的摩尔取向极化度P_μ，然后代入公式就可求出极性分子的永久偶极矩μ来。在实验中由于条件的限制，很难做到在红外频率下测得极性分子的摩尔诱导极化度，因此一般是把频率提高到可见光的范围内，此时原子极化也停止了，P_m中只剩下摩尔电子极化度P_E。考虑到原子极化度通常只有电子极化度的5%～10%，而且P_μ又比P_E大得多，因此常常忽略原子极化度P_A。据此可以得到

$$P_\mu = \frac{1}{3\varepsilon_0} L \cdot \frac{\mu^2}{3kT} \approx P_m - P_E \tag{14}$$

式中，P_m可以通过在低频下测定电介质的相对介电常数，由方程（9）计算获得

$$P_m = \frac{\varepsilon_r - 1}{\varepsilon_r + 2} \times \frac{M}{\rho} \tag{15}$$

P_E实际上就是电介质在可见光下的摩尔折射率R，根据方程（10a）

$$P_E = R = \frac{n^2 - 1}{n^2 + 2} \times \frac{M}{\rho} \tag{16}$$

即P_E可以通过测量物质的折射率n进行计算得到。

由方程（14）～方程（16）可以得到极性分子永久偶极矩的计算公式为

$$\mu = \sqrt{\frac{9\varepsilon_0 k}{L}(P_m - P_E)T} \tag{17}$$

以上全部公式的推导过程均采用国际单位制，若采用高斯制，则还应乘以因子$1/(4\pi\varepsilon_0)^{1/2}$，即高斯制下的偶极矩计算公式为

$$\mu = \sqrt{\frac{9k}{4\pi L}(P_m - P_E)T} \tag{18}$$

将常数代入，可以算得

$$\mu/\text{D} = 0.0128\sqrt{(P_m - P_E)T} \tag{19a}$$

或者

$$\mu/\text{C} \cdot \text{m} = 4.274 \times 10^{-32}\sqrt{(P_m - P_E)T} \tag{19b}$$

两式中摩尔极化度P_m、P_E的单位均取作cgs制单位$\text{cm}^3 \cdot \text{mol}^{-1}$，温度$T$的单位取K。

A20.2.4 实验方法

（1）极化度的测定

摩尔极化度具有简单的加和性，即对于二组分的稀溶液来说，溶液总的摩尔极化度P_{12}与溶剂的摩尔极化度P_1和溶质的摩尔极化度P_2之间满足

$$P_{12} = x_1 P_1 + x_2 P_2 \tag{20}$$

式中，x_1、x_2分别是溶剂和溶质的摩尔分数。将方程（20）各项分别用方程（9）表示后得到

$$\frac{\varepsilon_{12} - 1}{\varepsilon_{12} + 2} \times \frac{M_1 x_1 + M_2 x_2}{\rho_{12}} = \frac{\varepsilon_1 - 1}{\varepsilon_1 + 2} \times \frac{M_1 x_1}{\rho_1} + x_2 P_2 \tag{21}$$

这就是说，测定出已知浓度溶液的介电常数ε_{12}和密度ρ_{12}以及纯溶剂介电常数ε_1和密度ρ_1，就可计算出溶质的极化度P_2。但实际上只有当溶液无限稀释时，求得的P_2（表示为P_2^∞）才比较接近于纯溶质的极化度。溶液过稀引入实验误差很大，所以通常是对一系列不太稀的溶液进行测定，然后通过作图或计算外推到$x_2 \to 0$，以求得P_2^∞。下面介绍计算的方法。

海德斯特兰（Hedestrand）提出[16]（鉴于本文献未被收入任何数据库，特详细列出信息，以示对前辈工作的尊敬和纪念），如果ε_{12}和ρ_{12}随浓度x_2变化的函数关系为已知时，即可计算出P_2^∞。实际上ε_{12}和ρ_{12}都与x_2近似呈线性关系，即

$$\varepsilon_{12} = \varepsilon_1(1 + ax_2) \tag{22a}$$

$$\rho_{12} = \rho_1(1 + bx_2) \tag{22b}$$

将这两个线性关系代入方程（21），得到

$$\frac{\varepsilon_1(1+ax_2)-1}{\varepsilon_1(1+ax_2)+2} \times \frac{M_1+(M_2-M_1)x_2}{\rho_1(1+bx_2)} = \frac{\varepsilon_1-1}{\varepsilon_1+2} \times \frac{M_1(1-x_2)}{\rho_1} + x_2 P_2$$

上式两边对x_2取偏微分，然后取极限$x_2 \to 0$，整理后可得极性溶质的摩尔极化度为

$$P_m = P_2^\infty = \lim_{x_2 \to 0} P_2 = \frac{3a\varepsilon_1}{(\varepsilon_1+2)^2} \times \frac{M_1}{\rho_1} + \frac{\varepsilon_1-1}{\varepsilon_1+2} \times \frac{M_2-bM_1}{\rho_1} \tag{23}$$

摩尔折射率同样具有简单的加和关系

$$R_{12} = x_1 R_1 + x_2 R_2 \tag{24}$$

将方程（24）各项分别用方程（16）表示后得到

$$\frac{n_{12}^2-1}{n_{12}^2+2} \times \frac{M_1 x_1 + M_2 x_2}{\rho_{12}} = \frac{n_1^2-1}{n_1^2+2} \times \frac{M_1 x_1}{\rho_1} + x_2 R_2 \tag{25}$$

假定溶液的折射率n_{12}与x_2近似呈线性关系

$$n_{12} = n_1(1 + cx_2) \tag{26}$$

将方程（22a）和方程（26）代入方程（25）得到

$$\frac{[n_1(1+cx_2)]^2-1}{[n_1(1+cx_2)]^2+2} \times \frac{M_1+(M_2-M_1)x_2}{\rho_1(1+bx_2)} = \frac{n_1^2-1}{n_1^2+2} \times \frac{M_1(1-x_2)}{\rho_1} + x_2 R_2$$

上式两边对x_2取偏微分，然后取极限$x_2 \to 0$，整理后可得极性溶质的摩尔电子极化度为

$$P_E = \lim_{x_2 \to 0} R_2 = \frac{6cn_1^2}{(n_1^2+2)^2} \times \frac{M_1}{\rho_1} + \frac{n_1^2-1}{n_1^2+2} \times \frac{M_2-bM_1}{\rho_1} \tag{27}$$

由此可见，用上述溶液法测求极性分子偶极矩时，只要测出非极性纯溶剂的介电常数ε_1、密度ρ_1和折射率n_1，以及溶液的介电常数、密度和折射率与溶质摩尔分数x_2之间的线性方程斜率a、b和c，就可以根据方程（23）和方程（27）分别计算出极性溶质分子的摩尔极化度P_m和摩尔电子极化度P_E，再代入方程（19）中，就可以计算出极性溶质分子的永久偶极矩。

溶液法测得的溶质偶极矩与气相测得的真实值间存在偏差，造成这种现象的原因是非极性溶剂与极性溶质分子相互间的作用——"溶剂化"作用，这种偏差现象称为溶液法测量偶极矩的"溶剂效应"。罗斯（Ross）和萨克（Sack）等人曾对溶剂效应开展了研究，并推导出校正公式，有兴趣者可阅读有关参考资料。

此外，测定偶极矩的实验方法还有多种，如温度法、分子束法、分子光谱法以及利用微波谱的斯塔克法等。

（2）介电常数的测定

介电常数是通过测量电容计算而得到的。本实验采用电桥法测量电容，按方程（5）计

算相对介电常数。

当将电容池插在小电容测量仪上测量电容时，实际测得的电容应是电容池两极间的电容和整个测试系统中的分布电容 C_d，C_d 值应在各次测量中予以扣除。有关小电容测量仪的结构、测量原理、操作和测量计算 C_d 的方法参见附1和附2。仪器说明书可查阅文献17。

（3）密度的测定

液体密度的测量采用给氏比重瓶（见图A20-2），该瓶为平底圆锥体瓶，瓶塞是一只中间有毛细管的玻璃塞，操作中的多余液体，可由毛细管顶端溢出，瓶塞的上端两边磨成斜面，便于观察及擦拭溢出的液体，以使瓶内盛装的液体至瓶顶正好是比重瓶的标称容量。

液体密度也可以在用容量瓶配制溶液时，通过称重法数据进行计算，但是与比重瓶法相比，有一定的误差。

图 A20-2　给氏比重瓶示意图

（4）折射率的测定

参见实验A6附。

A20.3　仪器试剂

PGM-Ⅱ型数字小电容测试仪（南京桑力电子设备厂），阿贝折光仪，电吹风，给氏比重瓶，容量瓶（25mL），烧杯（100mL），滴管。

乙酸乙酯（A.R.），环己烷（A.R.）。

A20.4　安全须知和废弃物处理

- 在实验室中需穿戴实验服、防护目镜或面罩。
- 实验过程中所有玻璃容器均须在烘箱中完全干燥。
- 如发生皮肤沾染，需用水冲洗沾染部位10min以上。
- 离开实验室前务必洗手。
- 使用过的溶液倒入指定的废液回收桶，固体废弃物倒入指定回收箱。

A20.5　实验步骤

本实验中配制好的每份溶液要进行多种测量，请合理分配使用，以免不够用。实验步骤2、3、4可同时进行或穿插进行，请合理安排实验进程。

1. 溶液配制

将6个25mL容量瓶预先干燥后称重。在室温下以环己烷为溶剂，用称量法在这6个容量瓶中分别配制摩尔分数 x_2=0.03、0.06、0.09、0.12、0.15、0.18 和 0.20 的乙酸乙酯溶液，即在预称重的容量瓶（带塞）中移入适量的乙酸乙酯，加塞后立即称量，然后用环己烷稀释至刻度，加塞后立即再次称量，然后摇匀。操作时应注意防止溶质和溶剂的挥发以及吸收极性较大的水汽。根据测量数据可计算各溶液在室温下的密度。若按此方法计算溶液的密度，则实验步骤4可忽略，但是同时须测量溶剂环己烷的密度。

2．折射率测定

在室温条件下，用阿贝折光仪测定环己烷及各配制溶液的折射率。测定时注意各样品需加样3次，每次读取三个数据，然后取平均值。

3．介电常数测定

本实验采用环己烷作为标准物质，其介电常数与温度的关系为

$$\varepsilon_{环己烷} = 2.023 - 0.0016(t/℃ - 20) \tag{28}$$

25℃时的介电常数为2.015。CRC手册上用下面更精确的公式表示为：

$$\varepsilon(T) = a + bT + cT^2 + dT^3 \tag{29}$$

T为热力学温度，环己烷的各参数为：$a=0.24293\times10$，$b=-0.12095\times10^{-2}$，$c=-0.58741\times10^{-6}$，$d=0$。$T=293.2K$时，环己烷的介电常数为2.0243[18]。

按附一，在室温下依次测量空气、环己烷和各溶液的电容值。每次测量重复2次，取平均值计算介电常数。样品测量后倒入废液缸中，不得随意丢弃。

测量要点：①PGM-Ⅱ型数字小电容测试仪开机后预热30min，待稳定后再行实验；②不要用热风吹电容池。

4．溶液密度的测定

用给氏比重瓶在室温条件下测定环己烷和各溶液的密度值。将比重瓶仔细干燥后称量得m_0，然后取下磨口毛细管，在瓶中装入蒸馏水近满，然后将磨口毛细管插入瓶口，用滤纸将从毛细管上口溢出的多余蒸馏水吸去，迅速在天平上称量得m_1。

同上法，用环己烷和配制的溶液代替蒸馏水，分别进行测定，称得质量为m_2。则环己烷和各溶液的密度为

$$\rho = \frac{m_2 - m_0}{m_1 - m_0}\rho_{H_2O} \tag{30}$$

不同温度下水的密度数据参见实验A8。

A20.6　数据处理与结果分析

1．按溶液配制的实测质量，计算6个溶液中乙酸乙酯的实际浓度x_2、溶液密度ρ_{12}。

2．按附二的方法计算C_0、C_d。根据C_0、C_d数据计算环己烷和各溶液的电容值。按方程（5）求出环己烷的介电常数ε_1和各溶液的介电常数ε_{12}。作ε_{12}-x_2图，由直线斜率求算a值。

3．若按实验步骤4测定了溶液密度，则根据方程（30）计算环己烷密度ρ_1及各溶液的密度ρ_{12}，作ρ_{12}-x_2图，由直线斜率求算b值。否则，可由第1步计算结果中所得的ρ_{12}数据求算b值。

4．由实验测定的环己烷折射率n_1及各溶液的折射率n_{12}，作n_{12}-x_2图，由直线斜率求算c值。

5．根据方程（23）和方程（27），分别计算出乙酸乙酯的总摩尔极化度P_m和摩尔电子极化度P_E。

6．根据方程（19a）或方程（19b），计算出乙酸乙酯分子的永久偶极矩μ，注意单位换算。

参考值：溶液法测定的乙酸乙酯在25℃时的偶极矩$\mu=1.83D=6.10\times10^{-30}C\cdot m$；乙酸乙酯气相分子在25℃时的偶极矩$\mu=1.78D=5.93\times10^{-30}C\cdot m$。

A20.7　讨论与思考

1．Guggenheim提出了一种电偶极矩的简化计算过程[19]，并由Smith做了进一步的改进[20]，使得在计算偶极矩时不需要考虑溶液密度与浓度的关系。查阅相关文献，指出该简化计算过

程的主要假设和近似处理方法，推导偶极矩的计算公式，并用该方法计算实验结果。

2. Braun、Stockmayer 和 Orwoll 利用偶极矩测量方法对丁二腈的立体结构进行了成功解析[21]。阅读相关文献，指出他们提出的实验方法的主要理论依据，以及结构分析过程和结论。

附一 PGM-Ⅱ介电常数实验装置使用说明

PGM-Ⅱ型数字小电容测试仪采用微弱信号锁定技术，具有高分辨率。该仪表不但能进行电容量的测定，而且可和电容池配套对溶液和溶剂的介电常数进行测定。

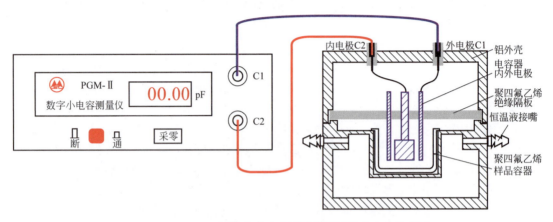

图A20-3　PGM-Ⅱ型数字小电容测试仪面板及电容池示意图

图A20-3是数字小电容测试仪面板及电容池示意图。电容池包括上、下两部分，上部为电极及引出线接头，下部为样品容器及恒温池。使用方法如下。

（1）预热

打开测试仪面板的电源开关，此时LED显示某一数值，预热30min。

（2）采零

用配套测试线将数字小电容测试仪的"C2"插座与电容池的"C2"插座相连，将另一根测试线的一端插入数字小电容测试仪的"C1"插座，插入后顺时针旋转一下，以防脱落，另一端悬空，待显示稳定后，按一下"采零"键，以消除系统的零位漂移，显示器显示"00.00"。

（3）空气介质电容的测量

将测试线悬空一端插入电容池"外电极C1"插座，此时仪表显示值为空气介质的电容（$C_空$）与系统分布电容（C_d）之和。打开电容池，用电吹风（不得用热风）吹扫后，再次测定，反复进行上述操作，直至电容读数误差小于0.01pF。

（4）液体介质电容的测量

拔出电容池"外电极C1"插座一端的测试线，打开电容池上盖，用丙酮或乙醚对电容池内、外电极之间的间隙进行数次冲洗，并用电吹风吹干（用冷风吹，不得用热风）。用移液管往样品杯内加入环己烷至样品杯内的刻度线（注：每次加入的样品量必须严格相等），盖上上盖，将拔下的测试线的空头一端插入电容池"外电极C1"插座，此时，显示器显示值即为环己烷的电容（$C_标$）与分布电容（C_d）之和。

用吸管将环己烷吸出倒入废液缸，并用电吹风（不得用热风）吹干电容池，再次加入环己烷，重复测量一次，两次误差小于0.01pF。

用吸管吸出电容池内环己烷，并用电吹风（不得用热风）吹干电容池，直至复核测定空气电容与前次测量值误差小于0.01pF。打开电容池上盖，用移液管往样品杯内加入乙酸乙酯-环己烷溶液至样品杯内的刻度线，按上述方法测定该样品的电容值。重复测量一次，两次误差小于0.01pF。

依次将所有溶液的电容值测量完毕。实验完毕，关闭电源开关，拔下电源线。

注意事项：测量空气介质电容或液体介质电容时，需首先拔下电容池"外电极C1"插座一端的测试线，再进行采零操作，以清除系统的零位漂移，保证测量的准确度；带电电容勿在测试仪上进行测试，以免损坏仪表；易挥发的液体介质测试时，加入液体介质后，必须将盖子盖紧，以防液体挥发，影响测试的准确度。

附二 电容池底值C_d的测量方法

用已知介电常数$\varepsilon_{标}$的标准物质（本实验中就是环己烷）测得电容$C'_{标}$，则

$$C'_{标} = C_{标} + C_d \tag{31}$$

再测出电容器中不放样品时的电容$C'_{空}$，则

$$C'_{空} = C_{空} + C_d \tag{32}$$

方程（31）、方程（32）中的$C_{标}$、$C_{空}$分别为标准样品和空气的电容值。可以将空气的电容近似看作真空电容，即$C_{空} = C_0$。将方程（31）、方程（32）相减，得到

$$C'_{标} - C'_{空} = C_{标} - C_{空} = C_{标} - C_0 \tag{33}$$

而标准物质的介电常数

$$\varepsilon_{标} = \frac{C_{标}}{C_0} \tag{34}$$

根据方程（33）、方程（34）可以求出$C_{标}$和C_0，代入方程（31）或方程（32）中，就可以计算出C_d的值。

附三 极性分子平均摩尔取向极化度的计算

当电场为E、温度为T时，用统计热力学的方法可以确定分子的固有偶极矩在电场方向上的分量平均值。设分子间的相互作用可以忽略不计，某个分子的固有偶极矩μ与电场E的夹角为θ，如图A20-4所示。

因此偶极矩μ在电场方向上的分量为

$$\mu_{//} = \mu\cos\theta$$

偶极子在电场E中势能为

$$U = -\mu \times E = -\mu E\cos\theta$$

将电场E方向设为直角坐标系的z轴方向，则转换为球极坐标系后的体积微元为$r\sin\theta\,dr\,d\phi\,d\theta$。在这里，径向变量$r$无须考虑（相当于一个常数

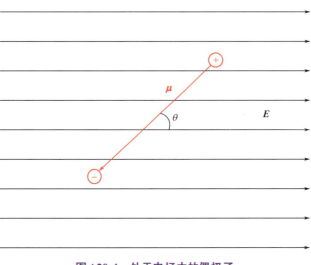

图A20-4 处于电场中的偶极子

项），ϕ角所在平面与电场方向垂直，与势能项无关，直接积分为2π，因此体积微元可表达为$2\pi\sin\theta d\theta$。

设dn表示偶极矩μ与电场E的夹角处于$\theta+d\theta$范围内的分子数，则根据玻尔兹曼定律

$$dn = Ae^{\frac{\mu E\cos\theta}{kT}}2\pi\sin\theta d\theta$$

式中，k为玻尔兹曼常数。此dn个分子的固有偶极矩在电场方向的分量为

$$\mu\cos\theta dn = 2\pi A\sin\theta\cos\theta e^{\frac{\mu E\cos\theta}{kT}}d\theta$$

固有偶极矩在电场E方向的平均值为

$$\bar{\mu} = \frac{\sum\mu_{//}}{N} = \frac{\int\mu\cos\theta\,dn}{\int dn} = \frac{\int_0^\pi 2\pi A\mu\sin\theta\cos\theta e^{\frac{\mu E\cos\theta}{kT}}d\theta}{\int_0^\pi Ae^{\frac{\mu E\cos\theta}{kT}}2\pi\sin\theta d\theta}$$

$$= \frac{\int_0^\pi \mu\sin\theta\cos\theta e^{\frac{\mu E\cos\theta}{kT}}d\theta}{\int_0^\pi e^{\frac{\mu E\cos\theta}{kT}}\sin\theta d\theta} = \frac{kT}{E}\times\frac{\int_0^\pi \left(\frac{\mu E\cos\theta}{kT}\right)e^{\frac{\mu E\cos\theta}{kT}}d\left(\frac{\mu E\cos\theta}{kT}\right)}{\int_0^\pi e^{\frac{\mu E\cos\theta}{kT}}d\left(\frac{\mu E\cos\theta}{kT}\right)}$$

令

$$\frac{\mu E\cos\theta}{kT} = x, \quad \frac{\mu E}{kT} = \beta$$

则上式变换为

$$\bar{\mu} = \frac{\mu}{\beta}\times\frac{\int_{-\beta}^{\beta}xe^x dx}{\int_{-\beta}^{\beta}e^x dx} = \mu\left(\frac{e^\beta + e^{-\beta}}{e^\beta - e^{-\beta}} - \frac{1}{\beta}\right) = \mu\left(\text{cth}\beta - \frac{1}{\beta}\right)$$

式中，$\text{cth}x = (e^x + e^{-x})/(e^x - e^{-x})$，为双曲余切函数。

讨论：

（1）$\beta\gg 1$，即电场很强，温度很低，此时$\bar{\mu}\approx\mu$，固有偶极矩几乎完全转到电场方向，所以固有偶极矩在电场方向的平均值等于固有偶极矩。

（2）$\beta\ll 1$，将双曲余切函数在0附近展开，其泰勒级数为

$$\text{cth}\beta = \frac{1}{\beta} + \frac{\beta}{3} - \frac{\beta^3}{45} + \frac{2}{945}\beta^5 - \cdots$$

取展开式的前两项，得到

$$\bar{\mu} = \mu\times\frac{\beta}{3} = \frac{\mu^2}{3kT}E$$

因此极性分子的平均取向极化率

$$\alpha_0 = \frac{\mu^2}{3kT}$$

根据方程（9），极性分子的摩尔取向极化度为

$$P_\mu = \frac{1}{3\varepsilon_0}\times L\alpha_0 = \frac{1}{3\varepsilon_0}\times L\times\frac{\mu^2}{3kT}$$

计算表明，在室温下电场强度达到$10^3\text{V}\cdot\text{cm}^{-1}$时，仍能保证$\beta\approx 0.001\ll 1$。因此通常情况下均可用上式表示$P_\mu$，即方程（12）成立。

A 21 配合物磁化率的测定

A21.1 实验简介

本实验将讨论分子的磁矩、物质的磁化率以及二者与分子结构之间的关系。物质的磁性和分子的微观结构有着密切的关系。磁化率是物质的宏观性质，分子的磁矩是微观性质，通过磁化率的测定得到电子自旋磁矩，可以计算出分子中未成对电子数，进而推测分子的结构。

本实验设计为4课时

学生应熟悉配合物的晶体场理论。

A21.2 理论探讨

A21.2.1 磁化强度和磁化率

磁偶极矩（magnetic moment）简称磁矩，在经典电磁学中，磁矩 μ 用来描述磁场产生的对载流线圈的力矩 τ 的大小

$$\tau = \mu \times B \tag{1}$$

式中，B 为磁场的磁感应强度，单位：特斯拉，T。在外磁场中，磁偶极子具有磁势能 $U(\theta)$

$$U(\theta) = -\mu \times B \tag{2}$$

式中，θ 是磁矩矢量与磁场矢量间的夹角，由方程（2）可知，当磁矩方向与磁场方向相同时，磁偶极子具有最低能量，反之亦然。磁矩的SI单位是：$J \cdot T^{-1}$。

当物质置于磁场之中时，一般会被诱导出磁矩，诱导磁矩的方向既可能是与外磁场平行的，也可能是反平行的。如果诱导磁矩的方向平行于外磁场，这个物质就具有顺磁性（paramagnetism）或者铁磁性（ferromagnetism）。与外磁场相比，前者的诱导磁矩对应的诱导磁场较小，后者则较大；如果诱导磁矩的方向反平行于外磁场，这个物质就具有反磁性（diamagnetism，也称为抗磁性），反磁性物质的诱导磁矩一般很小。

物质被外磁场 H 诱导磁化的状态可以用磁化强度矢量 M 表示，M 定义为物质中的磁极矩密度，即单位体积中的磁极矩，与电极化强度矢量 P 的定义类似。磁化强度 M 与外磁场强度 H 成正比

$$M = \chi H \tag{3}$$

式中，χ是物质的体积磁化率（volume magnetic susceptibility），为无量纲量；M的量纲与H相同，磁场强度的SI单位是：$A·m^{-1}$。顺磁性物质的χ为正，反磁性物质的χ为负，除铁磁性物质外，χ都远远小于1，且在实验室常用的磁场强度下与H大小无关。

文献中常用质量磁化率χ_m（mass susceptibility）或摩尔磁化率χ_M（molar susceptibility）表示物质的磁性质，分别定义为

$$\chi_m = \chi/\rho \tag{4}$$

$$\chi_M = M\chi_m = \chi_M/\rho \tag{5}$$

式中，ρ是物质的密度；M是物质的摩尔质量。χ_m的SI单位是：$m^3·kg^{-1}$，CGS电磁单位制的单位是：$cm^3·g^{-1}$，两者之间的换算关系是

$$1 m^3·kg^{-1} = (10^3/4\pi) cm^3·g^{-1}$$

同样地，χ_M的SI单位是：$m^3·mol^{-1}$，CGS电磁单位制的单位是：$cm^3·mol^{-1}$，两者之间的换算关系是

$$1 m^3·mol^{-1} = (10^6/4\pi) cm^3·mol^{-1}$$

A21.2.2　微观粒子的磁矩与结构

围绕固定中心做轨道圆周运动的带电粒子既具有角动量L，也具有磁偶极矩μ，如图A21-1所示一个带负电的粒子的情况，矢量L和μ都和轨道平面垂直，但是由于电荷是负的，这两个矢量的指向相反。这一经典模型当然不能够精确地表示原子中电子的情况，在量子力学中，严格的轨道模型为概率密度模型取代，但是上述结论仍然是成立的，即原子中的电子的每一个量子态一般都具有方向相反的角动量L和磁偶极矩μ（这两个矢量的关系称为耦合）。

根据量子力学，一个电子无论是处于原子之中还是自由的，都具有内禀的自旋角动量S，其大小是量子化的，决定于自旋量子数s，对于电子而言$s=\frac{1}{2}$。另外，沿任意轴（一般定为z轴）测量的S的分量也是量子化的，决定于自旋磁量子数m_s，其值只能取$+\frac{1}{2}$或$-\frac{1}{2}$。

因此，原子中一个电子的每一个量子态都具有相对应的角动量和轨道磁偶极矩，每一个电子也都具有自旋角动量和自旋磁偶极矩。下面先分别讨论这些量以及它们的组合。

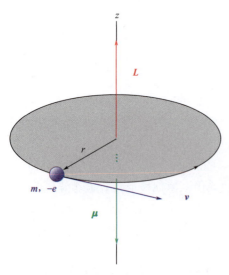

图A21-1　质量为m，电荷为$-e$的粒子以速率v绕半径为r的圆周运动的经典模型

（1）轨道角动量和轨道磁偶极矩

对于原子中主量子数为n的一个电子，可能的轨道量子数l取值范围是：0, 1, 2, …, $(n-1)$，轨道角动量L的大小L是量子化的，其值为

$$L = \sqrt{l(l+1)}\hbar \tag{6}$$

式中，$\hbar = h/2\pi = 1.054571596(82) \times 10^{-34} J·s$，为约化普朗克常数。与该电子的轨道角动量相关联的磁偶极子具有轨道磁偶极矩μ_L，它与角动量的关系是

$$\mu_L = -\frac{e}{2m_e}L \tag{7}$$

式中,负号表示μ_L与L的方向相反;e是基本电荷[1.602176462(63)×10^{-19}C];m_e是一个电子的质量[9.10938188(72)×10^{-31}kg]。轨道磁偶极矩的大小也是量子化的,其值为

$$\mu_L = \frac{e}{2m}\sqrt{l(l+1)}\hbar \tag{8}$$

任何方法均无法测量μ_L与L的值,但是可以测量这两个矢量沿某个给定轴的分量,假定将z轴取为沿磁场B的场线方向,就能够测量沿该轴的μ_L与L的z分量。轨道角动量L和轨道磁偶极矩的分量L_z和$\mu_{L,z}$的大小也是量子化的,其值为

$$L_z = m_l\hbar \qquad \mu_{L,z} = -m_l\mu_B \tag{9}$$

式中,m_l是轨道的磁量子数,取值范围为:0,±1,±2,…,±l;μ_B是电子的玻尔磁子,定义为

$$\mu_B = \frac{e}{2m_e}\hbar = 927.400899(37)\times 10^{-26}\text{J}\cdot\text{T}^{-1} \tag{10}$$

(2)自旋角动量和自旋磁偶极矩

任何一个电子,无论是否处于原子之中,其自旋角动量S的大小S都是一个确定的单值

$$S = \sqrt{s(s+1)}\hbar = \sqrt{\frac{1}{2}\times\left(\frac{1}{2}+1\right)}\hbar = 0.866\hbar \tag{11}$$

式中,$s=1/2$是电子的自旋量子数。与自旋角动量相关联的磁偶极子具有自旋磁偶极矩μ_S,它与自旋角动量的关系是

$$\mu_S = -\frac{e}{m_e}S \tag{12}$$

式中,负号表示μ_S与S的方向相反。自旋磁偶极矩的大小也是量子化的,其值为

$$\mu_S = \frac{e}{m}\sqrt{s(s+1)}\hbar \tag{13}$$

任何方法均无法测量μ_S与S的值,但是可以测量这两个矢量沿某个给定轴(z轴)的分量,其大小也是量子化的

$$S_z = m_s\hbar \qquad \mu_{S,z} = -2m_s\mu_B \tag{14}$$

式中,m_s是自旋磁量子数,该量子数只有两个值:$+\frac{1}{2}$和$-\frac{1}{2}$。

(3)轨道和自旋角动量的耦合

对于多于一个电子的原子,可以定义一个总角动量J,它是单个电子角动量(包括轨道角动量和自旋角动量)的矢量和。一个中性原子中有Z个电子(Z为原子序数),则总角动量为

$$J = (L_1 + L_2 + \cdots + L_Z) + (S_1 + S_2 + \cdots + S_Z) \tag{15}$$

同样地,多电子原子的总磁偶极矩μ_m也是单个电子磁偶极矩(包括轨道和自旋)的矢量和,从方程(9)和方程(14)可以看出,由于$\mu_{S,z}$比S_z多了一个因子2,导致矢量J和矢量μ_m的方向不在一直线上。

A21.2.3 顺磁性的量子理论

磁性与量子力学密切相关,自由原子的磁矩有3个主要来源:①电子固有的自旋;②电子绕核旋转的轨道角动量;③外加磁场感生的轨道磁矩改变。前两个效应对磁化产生顺磁性

贡献，第三个效应产生反磁性贡献。几乎所有已知物质都具有反磁性，这来自于原子中感生的电子轨道围绕外磁场发生旋进（precession），由此产生的磁矩方向与外磁场方向相反。对于纯物质而言，体积反磁化率要远远小于体积顺磁化率，在顺磁性物质中观察到磁化率实际上是顺磁性贡献和微小的反磁性贡献叠加起来的净结果，当估算顺磁性大小时，反磁性的贡献一般可以忽略不计。但是，在溶液中必须考虑大量存在的水分子的反磁性贡献，并对结果作出修正。此外，原子核也有磁矩，但是在数值上比电子磁矩小三个数量级。因此，微观粒子的磁矩主要由电子的轨道磁矩和自旋磁矩贡献，这统称为电子的顺磁性（即对于χ的正的贡献），可能出现在以下的情形中：①具有奇数个电子的原子、离子、分子、自由基或晶格缺陷，此时系统的总自旋不可能为零，例如自由的Na原子、Fe^{3+}、Cu^{2+}、气态NO、有机自由基$(C_6H_5)_3C·$、碱金属卤化物的F中心等；②内壳层没有被填满的自由原子或离子，比如过渡元素Fe^{2+}以及电子结构与过渡元素相同的离子；③少数含有偶数个电子的化合物，如O_2分子；④金属。比如，处于基态的氢原子轨道磁矩为零，它的磁矩就是电子自旋磁矩加上一个不大的感生反磁矩；处于基态的氦原子的自旋和轨道磁矩均为零，只有感生反磁矩；电子壳层填满的原子的自旋磁矩和轨道磁矩都为零；自旋磁矩与轨道磁矩是与未填满的壳层相联系的。

自由空间中的原子或离子的磁矩是

$$\mu_m = -\gamma \boldsymbol{J} \tag{16}$$

式中，负号表示分子的磁矩μ_m与总角动量$\boldsymbol{J}$方向相反；常数γ是磁矩对角动量之比，称为旋磁比（gyromagnetic ratio）。对于电子系统，存在关系

$$g\mu_B = \gamma \hbar \tag{17}$$

式中定义了一个量g，称为g因子或光谱劈裂因子。对于自由电子，$g=2.0023$，一般就取作2.00；对于处于原子束缚态中的电子，g因子由朗德（Lande）方程给出

$$g = 1 + \frac{S(S+1) + J(J+1) - L(L+1)}{2J(J+1)} \tag{18}$$

式中，J为总角动量量子数，量子力学证明，原子、分子或离子的总角动量的本征值为

$$|\boldsymbol{J}| = \sqrt{J(J+1)}\hbar \tag{19}$$

总角动量包括轨道角动量和自旋角动量。根据方程（16）、方程（17），磁矩的大小可以表示为

$$|\mu_m| = g\mu_B\sqrt{J(J+1)} \tag{20}$$

磁矩沿磁场方向（z轴）的分量大小为

$$|\mu_z| = g\mu_B M_J \tag{21}$$

式中，M_J为总角动量磁量子数，取值范围：$J, J-1, \cdots, -J$。

电子的自旋运动和轨道运动均会产生磁效应，对于顺磁性的原子、分子或离子而言，未成对电子的自旋运动对磁矩总是有贡献的，但电子的轨道运动对磁矩是否有贡献需要根据具体情况来确定。

实验表明，自由基或其他具有未成对电子的分子、第一系列过渡元素离子的顺磁性几乎全部来自于电子自旋运动的贡献，此时分子的磁矩完全由电子的自旋运动决定，而总自旋角动量量子数S与微观粒子中未成对电子数n相关：$S=n/2$，因此得到

$$|\mu_m| = g\mu_B\sqrt{S(S+1)} = \sqrt{n(n+2)}\mu_B \tag{22}$$

只要从实验中测得微观粒子的总磁矩的大小$|\mu_m|$，就能计算得到未成对电子数n，进而得到相

关分子的结构信息。

A21.2.4 物质的磁化率与微观粒子磁矩的关系

物质的磁化率是宏观性质，它是大量微观粒子磁矩的统计表现。在不加外磁场时，由于分子的热运动，各微观粒子的自旋角动量在空间取向是随机的，所以在单位体积中的合磁矩（即磁化强度 M）为零。

在外加磁场后，磁矩在磁场中有序排列，根据方程（2）和方程（21），微观粒子系统的能级为

$$U = -\boldsymbol{\mu} \cdot \boldsymbol{B} = M_J g \mu_B B \quad (23)$$

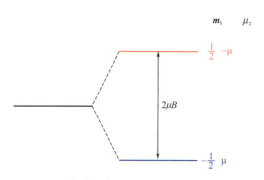

图 A21-2　一个电子在沿 +z 方向磁场 B 中的能级劈裂

（注：电子磁矩 μ 方向与自旋 S 方向相反，因此低能态的磁矩平行于磁场）

考虑没有轨道磁矩的单个自旋，$M_J = \pm \dfrac{1}{2}$，$g=2$，能级劈裂为 $U = \pm \mu_B B$，如图A21-2所示。

若系统只有两个能级，则原子在这两个能级上服从Boltzmann分布，平衡布居数为

$$\frac{N_1}{N} = \frac{\exp(\mu B / k_B T)}{\exp(\mu B / k_B T) + \exp(-\mu B / k_B T)} \quad (24a)$$

$$\frac{N_2}{N} = \frac{\exp(-\mu B / k_B T)}{\exp(\mu B / k_B T) + \exp(-\mu B / k_B T)} \quad (24b)$$

式中，N_1、N_2 分别是低能态和高能态的布居数；$N = N_1 + N_2$ 是单位体积内的原子总数；k_B 是玻尔兹曼常数。高能态磁矩沿磁场方向的投影为 $-\mu$，低能态的投影为 μ，则单位体积内 N 个原子给出的总磁化强度为

$$M = (N_1 - N_2)\mu = N\mu \frac{e^x - e^{-x}}{e^x + e^{-x}} = N\mu \cdot \tanh x \quad (25)$$

式中，$x = \mu B / k_B T$。若 $x \ll 1$，即温度不太低、磁场强度不太高且不考虑粒子之间的相互作用时，$\tanh x \approx x$，于是有

$$M \approx N\mu \cdot \frac{\mu B}{k_B T} \quad (26)$$

在磁场中，角动量量子数为 J 的原子中有 $2J+1$ 个等间距的能级（即 M_J 有 $2J+1$ 个取值），此时的磁化强度公式为

$$M = NgJ\mu_B B_J(x) \quad (27)$$

式中，$x = gJ\mu_B B / k_B T$，布里渊函数（Brillouin function）定义为

$$B_J(x) = \frac{2J+1}{2J}\coth\left(\frac{2J+1}{2J}x\right) - \frac{1}{2J}\coth\left(\frac{1}{2J}x\right) \quad (28)$$

实验测量数据表明磁矩与 B/T 的关系曲线符合方程（28），因此这里将不加证明地使用该函数。可以看出，方程（25）是方程（27）在 $J = 1/2$ 时的特殊形式。

双曲余切函数 $\coth x$ 可以展开成幂级数

$$\coth x = \frac{1}{x} + \frac{1}{3}x - \frac{1}{45}x^3 + \frac{2}{945}x^5 - \frac{1}{4725}x^7 + \cdots \quad (29)$$

若 $x=\mu B/k_B T \ll 1$，则保留式（29）前两项，由方程（27）变化得到

$$\frac{M}{B} \approx \frac{NJ(J+1)g^2\mu_B^2}{3k_B T} = \frac{Np^2\mu_B^2}{3k_B T} = \frac{C}{T} \tag{30}$$

式中，常数 C 称为居里常数（Curie constant）；p 是有效玻尔磁子数，定义为

$$p = g[J(J+1)]^{\frac{1}{2}} \tag{31}$$

方程（27）称为居里-布里渊定律（Curie-Brillouin law），方程（30）所表示的形式称为居里定律（Curie law）。

比较一下方程（3）关于磁化率 χ 的定义，可以看出方程（30）中的 M/B 并不是磁化率，真空中磁场强度 H 与磁感应强度 B 之间关系为

$$B = \mu_0 H \tag{32}$$

式中，μ_0 是真空磁导率（vacuum permeability），$\mu_0 = 4\pi \times 10^{-7} \text{N·A}^{-2}$（等价单位：$\text{H·m}^{-1}$ 或 T·m·A^{-1}）。在磁介质中，磁场强度 H 与磁感应强度 B 之间关系为

$$B = \mu_0(H+M) = \mu_0 H(1+\chi) \tag{33}$$

对于顺磁性物质或反磁性物质，磁化率 χ 都非常小，一般可以忽略为零，因此用方程（30）描述顺磁性微观粒子时，可将方程（32）代入，得到

$$\chi = \frac{M}{H} \approx \frac{\mu_0 Np^2\mu_B^2}{3k_B T} \tag{34}$$

设 $\mu_m = p\mu_B = g\mu_B[J(J+1)]^{1/2}$，$\mu_m$ 即为顺磁粒子的永久磁矩，方程（34）可改写为

$$\chi = \frac{\mu_0 N\mu_m^2}{3k_B T} \tag{35}$$

根据方程（5），将顺磁磁化率 χ 换算为摩尔磁化率 χ_μ，得到

$$\chi_\mu = \frac{\mu_0 \mu_m^2 L}{3k_B T} \tag{36}$$

式中，L 为阿伏伽德罗常数。方程（36）描述的是由微观粒子固有的永久磁矩产生的摩尔顺磁磁化率，除此以外，由分子的诱导磁矩还能产生摩尔反磁磁化率 χ_0，而顺磁物质的总摩尔磁化率 χ_M 是由这两部分组成的

$$\chi_M = \chi_\mu + \chi_0 = \frac{\mu_0 \mu_m^2 L}{3k_B T} + \chi_0 \tag{37}$$

顺磁性纯物质的反磁性对摩尔磁化率的贡献 χ_0 一般可以忽略，因此通过测定物质的摩尔磁化率就可以计算出微观粒子的永久磁矩 μ_m，然后根据方程（22）估算出所含有的未成对电子数。

A21.2.5 过渡金属配合物的磁化率与结构

配合物中的过渡金属离子被一些带负电的或者中性的基团包围，这些基团称为配体，其数目可以是4、6、8等。按照实验测定的顺磁磁化率进行划分，配合物可以明确地分为两类：高自旋配合物，其有效磁矩非常接近那些仅包含自旋的自由金属离子（或气态金属）的磁矩；低自旋配合物，其有效磁矩远低于自由金属离子的磁矩，甚至显示反磁性。

可以用晶体场理论或配位场理论对配合物的这些性质做出成功的解释，这个理论的要点是：在配体的扰动下，金属离子的5重简并d轨道的能级发生劈裂，形成2个或更多个不同能量的能级。从最简单的观点看，这一能级劈裂纯粹是由配体的静电晶体场引发的。然而，

金属-配体间的轨道重叠效应也是经常需要加以考虑的因素。

讨论配位场理论一般在单电子近似条件下进行，一个单一能级的d电子态被配位场分裂，然后中心金属离子的d电子填入这些被劈裂的各个能级中。以含有6个d电子（d^6）的Co（Ⅲ）配合物为例，该配合物为八面体构型。如图A21-3所示，在较弱的配位场下，能级劈裂值Δ很小，电子排布按照洪特第一规则的要求，总自旋S取泡利不相容原理所允许的最大值，2个电子在一个低能级轨道上配对，其余4个电子以相同的自旋状态分别占据一个轨道，比如配合物$[Co(Ⅲ)F_6]^{3-}$就是高自旋配合物，拥有4个未成对电子，该构型的能量可以写作为

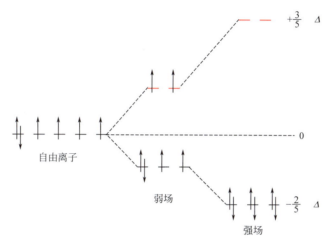

图A21-3 配体作用下，八面体对称性（O_h）的Co（Ⅲ）配合物3d轨道能级分裂和电子排布

$[Co(Ⅲ)F_6]^{3-}$：弱场，$[Co(Ⅲ)(NH_3)_6]^{3+}$：强场，三重态低能级和双重态高能级之间的能量差为Δ

$$-\frac{2}{5}\Delta + P$$

式中，P表示形成一个电子对所需要的平均能量。如果配体场足够强，导致能级劈裂Δ足够大，此时洪特第一规则要求的电子不配对趋势已经无法克服劈裂能级间的能量差，比如配合物$[Co(Ⅲ)(NH_3)_6]^{3+}$就是低自旋配合物，钴离子的6个d电子全部以自旋配对的形式填充在三重态低能级中，配合物呈现反磁性，该构型的能量为

$$-\frac{12}{5}\Delta + 3P$$

除配体与过渡金属离子作用的强弱外，由于过渡元素离子价电子层5个d轨道的空间取向不同，在具有不同对称性位置的配位体静电场的作用下，也会受到不同的影响，产生d轨道的能级分裂。不同的电子排布会出现不同数目的未成对电子，测定配合物的磁化率，计算未成对电子数，可证实配合物的结构。比如要确定$[Ni(NH_3)_4]^{2+}$和$[Ni(CN)_4]^{2-}$可能的构型，Ni（Ⅱ）属d^8电子，它可以形成两种类型的四配位配合物：四面体配合物和平面四边形配合物。若为四面体配合物，则采用sp^3杂化轨道，应有2个未成对电子，表现出顺磁性；若形成平面四边形配合物，则应用dsp^2杂化轨道，电子全部配对，表现出反磁性，而实验结果表明$[Ni(NH_3)_4]^{2+}$为顺磁性、$[Ni(CN)_4]^{2-}$为反磁性，故推测前者为四面体结构，后者为平面正方形结构。

根据已有的实验结果发现，过渡金属配合物磁矩的实验测定值（由磁化率得到磁矩数据）与按未成对电子数计算的磁矩数据常有偏差，甚至偏差较大，其中一个原因在于轨道贡

献和自旋-轨道耦合是不能完全忽略的。

A21.2.6 磁化率的测定方法——古埃（Gouy）磁天平法

测定磁化率的方法通常有两类，第一类是与测量磁场梯度和磁场对样品的诱导磁矩之间相互作用而得到的力有关；第二类是采用核磁共振方法，在磁场作用下核磁矩能级会变化，利用顺磁性物质对溶剂核磁共振化学位移的影响来测定磁化率。在此，仅讨论第一类方法，其基本原理是：当一个均匀样品放在磁场 H 中，样品分子的磁矩不仅会顺着磁场作有序排列，且受到一个使样品发生位移的力。假定磁场强度的大小 H 随坐标 z 的变化率为 dH/dz，则磁场在位置 z 处作用于单位体积样品的作用力为

$$f_z = \mu_0 M \frac{dH}{dz} = \chi \mu_0 H \frac{dH}{dz} \tag{38}$$

对于顺磁性物质，这个力会将样品拖向磁场最强处，而对于反磁性样品，这个力会把样品推向磁场最弱处。当有体积为 dV 的样品被从磁场强度为 H_1 的位置移动到磁场强度为 H_2 的位置时，过程所做的功为

$$\delta W = dV \int_1^2 f_z dz = dV \cdot \chi \mu_0 \int_1^2 H \frac{dH}{dz} dz = dV \cdot \chi \mu_0 \int_{H_1}^{H_2} H dH$$

$$\Rightarrow \quad \delta W = \frac{1}{2} \chi \mu_0 (H_2^2 - H_1^2) dV \tag{39}$$

根据上述原理设计的古埃磁天平可测定物质的磁化率。图 A21-4 是古埃磁天平系统的示意图，装有样品的圆柱形玻璃管悬挂在天平的一个臂上（处于两磁铁磁极中间），使样品管底处于两磁极的中心，也就是磁场强度最强区域，样品管除了受向下的重力外，还受磁场施加的力。考虑磁场对样品的向下拖曳力，若样品管的内横截面积为 A，样品管下移距离为 Δz 时，相当于有 $A \cdot \Delta z$ 体积的样品由零磁场区进入磁场强度为 H 的区域，该过程中磁场力做的功为

$$W = \frac{1}{2} \chi \mu_0 H^2 A \Delta z = f \Delta z \tag{40}$$

因此，磁场施加于样品上的作用力为

$$f = \frac{1}{2} \chi \mu_0 H^2 A \tag{41}$$

该作用力可以通过古埃磁天平系统，先测量无磁场状态下样品的称量质量 W_0，再测量磁场存在下样品的称量质量 W_m，两者的重力差即为 f

$$\Delta W = W_m - W_0 = f = \frac{1}{2} \chi \mu_0 H^2 A \tag{42}$$

式中，两个 W 均应由质量换算为重量（乘以当地的重力加速度）。此外，样品管在磁场中也可能受力，因此计算 ΔW 时空样品管在施加磁场前后的称量质量差也应予以考虑。

由方程（42）可以求出样品的体积磁化率 χ，进而换算出摩尔磁化率 χ_M

$$\chi_M = \chi \frac{M}{\rho} = \frac{2\Delta W M}{\mu_0 H^2 A \rho} \tag{43}$$

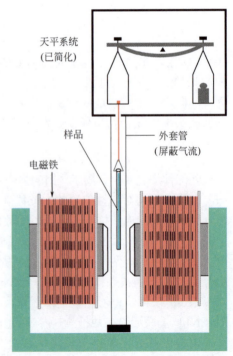

图 A21-4　古埃磁天平系统示意图

式中，M是样品的摩尔质量；ρ是样品的"表观"密度，即

$$\rho = \frac{m}{V} = \frac{m}{hA} \tag{44}$$

式中，m是样品质量；h是样品管中样品的高度；A是样品管的内横截面积。同时，使用特斯拉计测得的是磁感应强度B，它与磁场强度H的关系见方程（32）。将这些关系均代入方程（43）中，得到样品摩尔磁化率的测量计算公式

$$\chi_{\mathrm{M}} = \frac{2\Delta W M \mu_0 h}{B^2 m} \tag{45}$$

磁感应强度B也可用已知磁化率的标准样品进行标定，例如莫尔盐[$(NH_4)_2SO_4 \cdot FeSO_4 \cdot 6H_2O$]的质量磁化率$\chi_m$与热力学温度$T$的关系是

$$\chi_{\mathrm{m}} = \frac{9500 \times 10^{-6}}{(T/K)+1} \mathrm{cm}^3 \cdot \mathrm{g}^{-1} = 4\pi \times 10^{-3} \times \frac{9500 \times 10^{-6}}{(T/K)+1} \mathrm{m}^3 \cdot \mathrm{kg}^{-1} \tag{46}$$

A21.3 仪器试剂

仪器：古埃磁天平1台，特斯拉计1台，样品管1支。

试剂：$(NH_4)_2SO_4 \cdot FeSO_4 \cdot 6H_2O$（分析纯），$FeSO_4 \cdot 7H_2O$（分析纯），$K_4Fe(CN)_6 \cdot 3H_2O$（分析纯），$K_3Fe(CN)_6$（分析纯）。

A21.4 安全须知和废弃物处理

- 古埃磁天平的操作需要严格按照实验室的仪器操作规程和方法操作。
- 靠近磁铁操作时，需要注意事先拿掉机械手表或磁性物质（如磁卡等）。

A21.5 实验步骤

（1）将特斯拉计的探头放入磁铁的中心架中，套上保护套，调节特斯拉计的数字显示为"0"。

（2）除下保护套，把探头平面垂直置于磁场两极中心，打开电源，调节"调压旋钮"，使电流增大至特斯拉计上显示约"0.3"T，调节探头上下、左右位置，观察数字显示值，把探头位置调节至显示值为最大的位置，此乃探头的最佳位置。用探头沿此位置的垂直线，测定离磁铁中心多高处$H_0=0$，这也就是样品管内应装样品的高度。关闭电源前，应调节调压旋钮使特斯拉计数字显示为零。

（3）用莫尔盐标定磁场强度。取一支清洁干燥的空样品管悬挂在磁天平的挂钩上，使样品管正好与磁极中心线齐平（样品管不可与磁极接触，并与探头有合适的距离）。准确称取空样品管质量（$H=0$时），得$m_1(H_0)$；调节旋钮，使特斯拉计数显为"0.300T"（H_1），迅速称量，得$m_1(H_1)$，逐渐增大电流，使特斯拉计数显为"0.350T"（H_2），称量得$m_1(H_2)$，然后略微增大电流，接着退至（0.350T）H_2，称量得$m_2(H_2)$，将电流降至数显为"0.300T"（H_1）时，再称量得$m_2(H_1)$，再缓慢降至数显为"0.000T"（H_0），又称取空管质量得$m_2(H_0)$。这样调节电流由小到大，再由大到小的测定方法是为了抵消实验时磁场剩磁现象的影响。计算空管在不同磁场强度下的质量变化：

$$\Delta m_{空管}(H_1) = \frac{1}{2}[\Delta m_1(H_1) + \Delta m_2(H_1)] \qquad (47a)$$

$$\Delta m_{空管}(H_2) = \frac{1}{2}[\Delta m_1(H_2) + \Delta m_2(H_2)] \qquad (47b)$$

式中

$$\Delta m_i(H_j) = m_i(H_j) - m_i(H_0) \quad (i, j = 1, 2) \qquad (47c)$$

（4）取下样品管用小漏斗装入事先研细并干燥过的莫尔盐，并不断让样品管底部在软垫上轻轻碰击，使样品均匀填实，直至所要求的高度（用尺准确测量），按前述方法将装有莫尔盐的样品管置于磁天平上称量，重复称空管时步骤2的过程，得到如下质量：

$$m_{1,空管+样品}(H_0), m_{1,空管+样品}(H_1), m_{1,空管+样品}(H_2),$$
$$m_{2,空管+样品}(H_2), m_{2,空管+样品}(H_1), m_{1,空管+样品}(H_0)$$

按方程（47）类似方法，求出 $\Delta m_{空管+样品}(H_1)$ 和 $\Delta m_{空管+样品}(H_2)$。

（5）同一样品管中，同法分别测定 $FeSO_4 \cdot 7H_2O$、$K_4Fe(CN)_6 \cdot 3H_2O$ 的 $\Delta m_{空管+样品}(H_1)$ 和 $\Delta m_{空管+样品}(H_2)$。

测定后的样品均要倒回试剂瓶，可重复使用。

注意事项：所测样品应事先研细，放在装有浓硫酸的干燥器中干燥。空样品管需干燥洁净。装样时应使样品均匀填实。称量时，样品管应正好处于两磁极之间，其底部与磁极中心线齐平。悬挂样品管的悬线勿与任何物件相接触。样品倒回试剂瓶时，注意瓶上所贴标志，切忌倒错瓶子。

A21.6 数据处理与结果分析

1. 按方程（48），由莫尔盐的单位质量磁化率和实验数据计算磁场强度值。

$$\chi_M = \frac{2(\Delta m_{空管+样品} - \Delta m_{空管})ghM\mu_0}{mB^2} \qquad (48)$$

式中，g 为重力加速度。

2. 计算 $FeSO_4 \cdot 7H_2O$、$K_3Fe(CN)_6$ 和 $K_4Fe(CN)_6 \cdot 3H_2O$ 的 χ_M、μ_m 和未成对电子数。

3. 根据未成对电子数讨论 $FeSO_4 \cdot 7H_2O$ 和 $K_4Fe(CN)_6 \cdot 3H_2O$ 中 Fe(Ⅱ) 的最外层电子结构以及由此构成的配键类型。

A21.7 讨论与思考

1. 不同励磁电流下测得的样品摩尔磁化率是否相同？
2. 用古埃磁天平测定磁化率的精密度与哪些因素有关？
3. 如何测定 $MnSO_4$ 水溶液的磁化率？请查阅文献，设计相应的实验方案。

附 磁学物理量和磁学单位

磁场强度 H，磁感应强度 B，磁化强度 M

1820年，丹麦科学家奥斯特观察到通电的直导线附近的磁针会发生偏转，从而揭示了电和磁之间的相互联系。进一步的实验表明，长直导线外到导线距离相等点的磁针感受到的"磁场"强度相同，而与导线距离不同点的"磁场"强度与距离成反比，于是可以定义一个所谓的"磁场强度"的物理量，用符号 H 表示

$$H = \frac{I}{2\pi r} \tag{49}$$

式中，r 是环绕导线的圆形回路的半径；I 是通过导线的电流。由方程（49）可以看出，H 的 SI 制单位是：$A \cdot m^{-1}$。在这里谈到的问题是：电流产生磁场，而磁场的大小与离开通电导线的距离成反比，其数值可以用方程（49）定义和计算。

现在转移一下研究对象，看看带电粒子在通电直导线产生磁场中的受力情况。根据飞行粒子的轨迹，结合牛顿力学，发现粒子所受的力 F 与电荷数 q、速度 v 以及磁场强度 H 成正比，但是 F 并不直接等于 qvH，而是相差一个因子 A

$$F = AqvH \tag{50}$$

A 的物理意义不明确。考虑一下就可以发现，如果把 A 和 H 结合在一起，可以重新定义一个物理量 $B = AH$，而方程（50）也就变成了

$$F = qvB \tag{51}$$

方程（51）这个式子很有意思，因为 F 是带电粒子感受到的磁场所施加的力，而 qv 只是粒子本身的属性，那么 B 就只能是磁场的属性了，也就是说：大小为 B 的磁场使粒子感受到大小为 F 的力。但是，不能把 B 称为磁场强度，因为这个名词已经被 H 占用了，于是只好把 B 重新命名为磁感应强度。由方程（51）可知，B 的 SI 制单位是：$kg \cdot s^{-2} \cdot A^{-1}$，称为特斯拉，符号 T。

现在可以对 A 进行定义了，把它称为磁导率，重新用符号 μ 表示，则

$$\mu = \frac{B}{H} \tag{52}$$

显然，磁导率就是一个粒子对外磁场的受力响应程度。磁导率越大，同样的外磁场 H 使得粒子受力的响应（如偏转）也越大。磁导率为零，那么无论多么大的磁场也不会使得粒子偏转；而如果磁导率非常大，则只要有微小的外磁场存在，粒子就会产生巨大的偏转。从方程（52）可以看出，H 是通过电流外来的，B 是使粒子发生偏转的响应程度，即

$$磁导率 = \frac{带电粒子的响应}{外加磁场}$$

这正是理论物理中线性响应理论的雏形。后续的研究证明，粒子处于真空中时，磁导率 μ 是一个与任何物理量都无关的确定常数，即真空磁导率 μ_0，在 SI 制单位下，该值为

$$\mu_0 = 4\pi \times 10^{-7} N \cdot A^{-2} \tag{53}$$

可以看出，H 和 B 都是用来描述磁场性质的。通过导线上通过的电流 I，可以定义一个外磁场 H，然后在真空环境下把这个磁场作用于带有电荷 q 的粒子，测量粒子受力 F，就得到了粒子响应外磁场的幅度值 B，将 B 与 H 相除，便得到了真空磁导率 μ_0。H 与 B 单位不同的原因，仅仅是开始研究时看待磁场的角度不一样所导致的一种单位换算。H 从 I 得来，无论导线外某一点处于什么环境（比如真空或者非真空），只要电流确定不变，该点的磁场强度 H 也就是确定不变的；B 从 F 得来，粒子受力的情况不仅取决于 H，还与粒子所处的环境有关（比如非真空条件下磁导率就不等于 μ_0）。既然知道了 B 与 H 单位不同只是由于电流和力的不同所导致的，为了简化可以将二者化为相同单位，即规定 $B = H$，这样就得到了电磁学里常用的高斯单位制。如果需要换算，随时添加磁导率就行了。

在研究了电流产生的磁场效应以及单个粒子在磁场中的运动以后，现在观察一下大量粒

子聚集起来的各种材料介质（比如金属、石墨、玻璃等），它们对于磁场的响应又是如何的呢？通过电流I把磁场H加到某种材料当中，所要研究的带电粒子不再活动在真空中，而活动在材料里，即处于介质之中。这个粒子在磁场中受力的响应，当然是与粒子所处位置的总磁场有关，因此B的意义就变得丰富了，它代表在该位置的总磁场。

什么是总磁场呢？没有材料介质时空间某点的磁场强度为H，当这一点处于材料中时，外加场H穿进材料，导致材料受H影响产生了一些附加场，于是该点处的磁场不再是H了。这种受外界磁场影响，使得材料内部产生额外磁场的过程，称为"磁化"，产生的额外磁场大小叫做磁化强度M。与磁导率的定义方式一样，为了研究这个额外的磁场M与外加场H的关系，定义磁化率χ

$$\chi = \frac{M}{H} \tag{54}$$

磁化率大，说明同样大的外磁场能在材料介质中产生更多的内在额外磁场；磁化率很小时，即使外加磁场很大，材料也"懒得理它"，只有微弱的响应。因此，磁化率也是线性响应的过程。此外，磁化率可正可负，正的磁化率（$\chi>0$），说明产生的内部磁场M方向与外加磁场H相同；负的磁化率（$\chi<0$），说明材料内部的额外磁场M和外场H方向相反。当$\chi>0$，但是数值不太大时，材料属于顺磁性介质，即顺从地跟着磁场方向进行响应的意思；当$\chi>0$，且数值比较大的，这就是铁磁性介质；$\chi<0$的材料属于反磁性介质，或叫抗磁性介质，比如第一类超导体是完全抗磁性，当外加场H存在时，超导体内部总有感生的内场M把外场完全抵消，使得超导体内部磁场为零，从宏观上看，就好像磁场穿不进来一样。

由此可知，某点的总磁场B的值，应为外场值H与H感生下产生的额外场M在该点的加和，即

$$B(r) = H(r) + M(r) \tag{55}$$

式中，r表示空间某点的矢量坐标。当然，如果使用高斯单位制，由于需要考虑麦克斯韦方程电和磁的对称性以及球面立体角等因素，方程（55）正确的形式是

$$B(r) = H(r) + 4\pi M(r) \tag{56}$$

如果换成SI单位制，则

$$B(r) = \mu_0 [H(r) + M(r)] \tag{57}$$

即总磁场等于外加磁场和感生的磁场的矢量和。

总结一下，B表示总磁场，已经考虑了感应产生的磁化强度M，所以B就称为磁感应强度；H来源于外电流，称为磁场强度；M是H磁化感生的，称为磁化强度。H表示电流产生的外场，B表示总磁场，它们都是有物理意义的。

磁学单位换算[22]

磁学量一般都采用绝对电磁单位进行量度，绝对电磁单位以cm、g、s作为长度、质量和时间三个基本量的单位，由平行电流间的磁作用力确定电流强度的单位，再从这个单位和其他磁学量的有关定义和定律出发，导出各磁学量的单位。

在磁学中，非铁磁性物质的体积磁化率定义为

$$\chi = \frac{M}{H} \tag{58}$$

在CGS单位制中，磁场强度H的单位为奥斯特（符号Oe），磁化强度M的单位为高斯（符号

Gs）。在SI单位制中，磁化强度M和磁场强度H的单位相同，都是$A·m^{-1}$。所以，在SI单位制中体积磁化率χ是个无量纲量，但在CGS单位制中χ却隐含（Oe/Gs）项，它经常引起不同单位制中磁化率数据的混乱。

首先看一下磁场强度H和磁感应强度B的CGS制单位与SI制单位的关系，磁感应强度B的CGS单位也叫做高斯（Gs），如下所示

$$1\text{Oe} = (10^3/4\pi)\text{A·m}^{-1} \tag{59a}$$

$$1\text{Gs} = 10^{-4}\text{T} = 10^{-4}\text{kg·s}^{-2}\text{·A}^{-1} \tag{59b}$$

假定真空磁场中某一点的磁场强度为$H=1\text{Oe}$，换算为SI单位制为$(10^3/4\pi)$ A·m^{-1}，根据方程（32）或方程（52）、方程（53），该点的磁感应强度B为

$$B = \mu_0 H = (4\pi \times 10^{-7}\text{N·A}^{-2}) \times [(10^3/4\pi)\text{A·m}^{-1}] = 10^{-4}\text{T} = 1\text{Gs}$$

即真空中1Oe磁场强度对应的磁感应强度为1Gs，这正是所说的CGS单位制中B和H数值相等，但是这并不说明1Oe=1Gs。之所以将奥斯特与高斯混为一谈，来自于1900年国际电学家大会赞同美国电气工程师协会（AIEE）的提案，决定CGSM制磁场强度的单位名称为高斯，这实际上是一场误会：AIEE原来的提案是把高斯作为磁感应强度B的单位，由于翻译成法文时误译为磁场强度，造成了混淆；当时的CGSM制和高斯单位制中真空磁导率μ_0是无量纲的纯数1，因此真空中的B和H没有什么区别，一度两者都用同一个单位——高斯；但是磁场强度H和磁感应强度B在本质上毕竟是两个不同的概念，至1930年7月，国际电工委员会才在广泛讨论的基础上作出决定：真空磁导率μ_0有量纲，在CGSM单位制中以高斯作为B的单位，以奥斯特作为H的单位。

现在来看磁化强度M的CGS单位：高斯，注意M的"高斯"与上述B的"高斯"不是同一个东西，磁化强度的CGS单位"高斯"的定义是

$$1\text{Gs} = 4\pi\text{Oe} \tag{60}$$

根据方程（59a），磁场强度H和磁化强度M的CGS单位与SI单位的换算关系为

$$H: \quad 1\text{A·m}^{-1} = 4\pi \times 10^{-3}\text{Oe} \tag{61a}$$

$$M: \quad 1\text{A·m}^{-1} = 10^{-3}\text{Gs} \tag{61b}$$

由此得到体积磁化率χ在两个单位制之间的换算关系为

$$\chi = 1(\text{CGS}) = \frac{1\text{Gs}}{1\text{Oe}} = \frac{10^3\text{A·m}^{-1}}{(10^3/4\pi)\text{A·m}^{-1}} = 4\pi(\text{SI}) \tag{62}$$

即将CGS单位制下的χ换算到SI单位制下的χ时，数值上要乘以4π。

根据方程（62），按照方程（4）和方程（5）关于质量磁化率χ_m和摩尔磁化率χ_M的定义，有如下换算关系

$$\chi_m = 1\text{cm}^3\text{·g}^{-1} = 4\pi \times 10^{-3}\text{m}^3\text{·kg}^{-1} \tag{63a}$$

$$\chi_M = 1\text{cm}^3\text{·mol}^{-1} = 4\pi \times 10^{-6}\text{m}^3\text{·mol}^{-1} \tag{63b}$$

式中出现的10^{-3}和10^{-6}因子分别是两个量定义中的物质密度ρ及摩尔质量M的换算系数，除此以外，还包括了体积磁化率的换算因子4π。

由此就能够非常容易地得到方程（46）所示的莫尔盐的质量磁化率在两个单位制之间的换算关系。

参考文献

[1] http://www.sangli.com.cn/end.asp?id=156.

[2] http://www.sangli.com.cn/end.asp?id=147.

[3] http://webbook.nist.gov/cgi/cbook.cgi?Name=cyclohexane&Units=SI&cTP=on;http://webbook.nist.gov/cgi/cbook.cgi?Name=ethanol&Units=SI&cTP=on.

[4] http://www.sangli.com.cn/end.asp?id=159.

[5] http://www.sangli.com.cn/end.asp?id=151.

[6] http://www.crct.polymtl.ca/FACT/documentation.

[7] Boned C, Baylaucq A, J Bazile,P. Liquid Density of 1-Pentanol at Pressures up to 140 MPa and from 293.15 to 403.15K. Fluid Phase Equilibria, 2008,270: 69-74.

[8] 鄢国森. Карапетьянц M. X. 正戊醇及正庚醇的黏度及密度与温度的关系. 四川大学学报, 1959, 4: 51-54.

[9] http://www.sangli.com.cn/end.asp?id=146.

[10] Fales H A, Morrell J C. The Velocity of Inversion of Sucrose as a Function of the Thermodynamic Concentration of Hydrogen Ion. *J. Am. Chem. Soc*, 1922, 44: 2071-2091.

[11] Guggenheim E A, Adam N. K. The Thermodynamics of Adsorption at the Surface of Solutions. *Proc. Roy. Soc. London, Ser*. A, 1933, *139*: 218-236.

[12] Bezzobotnov V Y, Borbély S Cser L, Faragó B, Gladkih I A, Ostanevich Y M, Vass Sz. Temperature and Concentration Dependence of Properties of Sodium Dodecyl Sulfate Mlcelies Determlned from Small-Angle Neutron Scattering Experiments. *J.Phys. Chem*, **1988**, 92: 5738-5743.

[13] Benrraou M, Bales B L, Zana R. Effect of the Nature of the Counterion on the Properties of Anionic Surfactants. 1. Cmc, Ionization Degree at the Cmc and Aggregation Number of Micelles of Sodium, Cesium, Tetramethylammonium, Tetraethylammonium, Tetrapropylammonium, and Tetrabutylammonium Dodecyl Sulfates. *J. Phys. Chem*, B **2003**, 107: 13432-13440.

[14] Benson G C, Gordon A R. A Reinvestigation of the Conductance of Aqueous Solutions of Potassium Chloride, Sodium Chloride, and Potassium Bromide at Temperatures from 15℃ to 45℃. *J. Chem. Phys*, **1945**, 13: 473-474.

[15] C.基泰尔著. 固体物理导论. 北京：化学工业出版社，2005，312-313.

[16] Hedestrand G. Die Berechnung der Molekularpolarisation gelöster Stoffe bei unendlicher Verdünnung. *Zeitschrift für Physikalische Chemie, Abteilung B: Chemie der Elementarprozesse aufbau der Materie*, **1929**, 2: 428-444.

[17] http://www.sangli.com.cn/end.asp?id=136.

[18] David R Lide ed. *CRC Handbook of Chemistry and Physics, Internet Version 2005*, <http://www.hbcpnetbase.com>,CRC Press,Boca Raton,FL,2005. 6-163.

[19] Guggenheim E. A. A Proposed Simplification in the Procedure for Computing Electric Dipole Moments. *Trans. Faraday Soc*, **1949**, *45*: 714-720.

[20] Smith J. W. Some Developments of Guggenheim's Simplified Procedure for Computing Electric Dipole Moments. *Trans. Faraday Soc*, **1950**, 46: 394-399.

[21] Braun C L, Stockrnayer W H, Orwoll R A. Dipole Moments of 1,2-Disubstituted Ethanes and their Homologs-An experiment for physical chemistry. *J. Chem. Educ* **1970**, 47: 287-289.

[22] 王春凤，田英. 磁化率在 G. G. S. 单位制和 S. I. 单位制之间的单位换算及公式. 哈尔滨师范大学自然科学学报，**2000**, 16(1): 61-64.

下篇

拓展型实验

B1 简单离子晶体的晶格能与水合热测定与计算

B1.1 实验简介

本实验将再次通过测定简单离子晶体（NaCl、KCl 或 KBr）的积分溶解热、微分溶解热与溶质浓度关系的方法，插值外推至无限稀释溶液的积分溶解热数值。然后通过理论计算获得离子晶体的晶格能数值，设计 Born-Haber 循环过程，计算出离子晶体的水合热。实验结果将有助于理解离子晶体如何在没有外界做功的情况下，自动地在溶剂中解离为独立离子的过程，即溶剂化过程。

本实验为 4 课时；对于 8 课时实验安排，建议与实验 A2 一起完成。

学生应仔细阅读附录及相关资料，能够独立完成有关电磁学单位换算和能量计算，并了解 Born-Haber 循环的热力学原理，学会文献数据查阅方法。

B1.2 理论探讨

晶格能是 1mol 自由的气体离子在热力学零度下变成晶体的生成热。晶格能由正、负离子间的吸引能和排斥能组成，根据理论推导，离子晶体的摩尔晶格能可以表示为：

$$U_0 = -\frac{NAz^2e^2}{r_0}\left(1-\frac{1}{n}\right) \tag{1}$$

式中，所有物理量均用厘米·克·秒制表示，N 为阿伏伽德罗常数；z 为离子电荷（若 $z_1 \neq z_2$，则应以 $|z_1z_2|$ 代替 z^2）；e 是电子电荷，用电荷的高斯 c.g.s 单位 e.s.u. 表示，e.s.u. 与电荷单位库仑（C）之间的关系是

$$1 \text{ e.s.u.} = 1\text{cm}^{3/2} \cdot \text{g}^{1/2} \cdot \text{s}^{-1} = (10/\xi)\text{C} = 3.33564 \times 10^{-10}\text{C} \tag{2}$$

式中，$\xi = 2.99792458 \times 10^{10} \text{cm} \cdot \text{s}^{-1}$，为 c.g.s 制单位表示的光速，$r_0$ 是正、负离子在晶格中的平衡距离，单位是 cm；U_0 计算结果的单位是尔格(erg)，$1\text{erg} = 10^{-7}\text{J}$；$A$ 是马德隆（Madelung）常数，常见晶体类型的 A 值列于表 B1-1 中。

表 B1-1 常见晶体类型的马德隆常数

晶体类型	配位数	A
NaCl（面心立方）	6	1.74756
CsCl（简单立方）	8	1.76267

续表

晶体类型	配位数	A
ZnS（闪锌矿）	4	1.63806
ZnS（纤维锌矿）	4	1.641
CaF_2（氟石）	8或4	5.03878
TiO_2（金红石）	6或3	4.816
TiO_2（锐钛矿）	6或3	4.800
Cu_2O（赤铜矿）	4或2	4.11552

方程（2）中的 n 是离子晶体的结构参数，可以从晶体的压缩系数 β 计算

$$n = 1 + \frac{18r_0^4}{Az^2e^2\beta} \qquad (3)$$

式中，各物理量单位均用厘米·克·秒制表示，同方程（1）。β 的单位取作 $cm^2 \cdot dyn^{-1}$，$1 dyn = 10^{-5} N$。n 的值约为10。

晶格能也可以通过设计Born-Harber循环，利用热力学和结构化学数据进行计算。以KCl为例，设计Born-Harber循环如图B1-1所示，其中，ΔH_1 是金属钾的气化焓；ΔH_2 是氯气分子的解离能；ΔH_3 是钾原子的电离能；ΔH_4 是氯原子的电子亲和能；ΔH_5 是KCl晶体的晶格能（即 U_0）；ΔH_6 是固体KCl的生成焓。由于

$$\Delta H_6 = \Delta H_1 + \Delta H_2/2 + \Delta H_3 + \Delta H_4 + \Delta H_5 \qquad (4)$$

据此可以计算出KCl晶体的晶格能 ΔH_5。

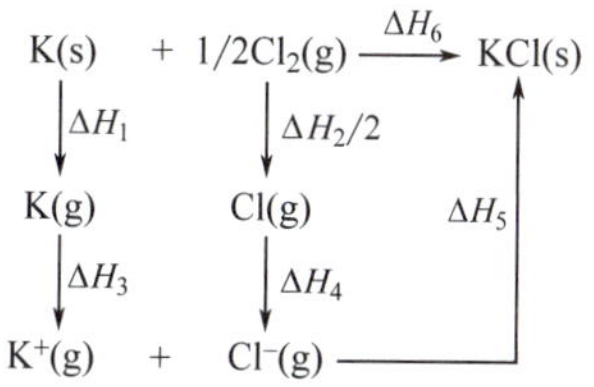

图 B1-1　计算 KCl 晶格能的 Born-Harber 循环

对于碱金属卤化物晶体盐类，摩尔晶格能 U_0 的值约为 $-1000 \sim -600 kJ \cdot mol^{-1}$，其中LiF的 U_0 绝对值最大（$-1024 kJ \cdot mol^{-1}$），CsI的最小（$-602 kJ \cdot mol^{-1}$）。由此可见，盐的晶格能是非常大的，即自由气体离子化合成晶体时，就有大量的热放出；反之，若在溶剂中把盐的晶体拆散为自由离子，也需要从环境吸收大量的能量。但是实际情况并不是这样的，在合适的溶剂中，盐会自动地溶解为独立离子，无需外界做功。这说明在盐类的溶解过程中，有一个特殊的过程发生，释放出与晶格能差不多的热量，用来拆散晶格，这个过程称为溶剂化，溶剂化过程释放大量的热，抵消了盐的晶格能，使得盐自动溶解。溶剂化过程释放的热量称为溶剂化热，若溶剂为水，也称为水合热 ΔH_{hydro}。

考虑1mol离子晶体 $M^+A^-(s)$ 溶解于大量的溶剂中，形成无限稀释的溶液（由此可以避免离子间的相互作用），可以通过实验测定浓度无限稀释时的积分溶解热 $\Delta H_{IS}(\infty)$，方法是测定几个不同浓度溶液的积分溶解热，作溶解热对浓度的曲线，并外推至浓度为0。可以把上述溶解过程分为两步：①离子晶体 $M^+A^-(s)$ 变为气体离子 $M^+(g)$ 和 $A^-(g)$，能量变化为晶格能的负值 $-U$；②气体离子溶入溶剂中，能量变化为正、负离子的溶剂化热之和，即溶剂化热（或水合热）ΔH_{hydro}。将这两步变化过程设计成Born-Harber循环（见图B1-2），这两部分的能量变化之和就是离子晶体的溶解热

$$\Delta H_{IS}(\infty) = -U + \Delta H_{hydro} \qquad (5)$$

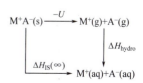

图 B1-2　离子晶体溶解热、水合热与晶格能关系

该式中的晶格能 U 采用的温度是实验温度，而晶格能 U_0 定义中

采用的是热力学零度,两者之间的差别可以用基尔霍夫公式进行修正,但是差值很小,可以忽略,因此有

$$\Delta H_{IS}(\infty) = -U_0 + \Delta H_{hydro} \tag{6}$$

若已知U_0和实验测出$\Delta H_{IS}(\infty)$,就可以计算得到水合热ΔH_{hydro}。

B1.3　仪器试剂

SWC-RJ溶解热(一体化)测定装置(南京桑力电子设备厂,包括杜瓦瓶、电加热器、Pt-100温度传感器、电磁搅拌器、SWC-ⅡD数字温度温差仪、数据采集接口,"溶解热2.50"软件),电子天平(精度0.0001 g),台秤(精度0.1 g),研钵1只,干燥器1只,小漏斗1只,小毛刷1把。

氯化钾(A.R.),氯化钠(A.R.),溴化钾(A.R.),去离子水。

仪器说明及操作方法参见实验A2。

B1.4　安全须知和废弃物处理

- 保温杯易碎,轻拿轻放。
- 在实验室中需穿戴实验服、防护目镜或面罩。
- 离开实验室前务必洗手。

B1.5　实验步骤

(1)将6个称量瓶编号。

(2)将氯化钾进行研磨,在110 ℃烘干,放入干燥器中备用。

(3)分别称量约0.5g、1.0g、1.0g、1.0g、1.5g、1.5g氯化钾,放入6个称量瓶中。称量方法:首先用0.1g精度的台秤,在每个称量瓶中加入需要量的氯化钾;然后在0.0001g精度的电子天平上,分别称量每份样品(氯化钾+称量瓶)的精确质量;称好后放入干燥器中备用。在将氯化钾加入水中时,不必将氯化钾完全加入,称量瓶中残留的少量氯化钾通过后面的称量予以去除。

也可以用称量纸直接称量,并做好编号标记,注意将较大的氯化钾颗粒剔除,以免堵塞加料漏斗管口,影响实验结果。

(4)使用0.1g精度天平称量216.2g(12.0mol)去离子水放入杜瓦瓶内,放入磁力搅拌磁子,拧紧瓶盖,将杜瓦瓶置于搅拌器固定架上(注意加热器的电热丝部分是否全部位于液面以下)。

(5)用电源线将仪器后面板的电源插座与~220V电源连接,用配置的加热功率输出线将加热线引出端与正、负极接线柱连接(红-红、蓝-蓝),串行口与计算机连接,Pt-100温度传感器接入仪器后面板传感器接口中。

(6)将温度传感器擦干置于空气中,将O形圈套入传感器,调节O形圈使传感器浸入蒸馏水中约100mm,把传感器探头插入杜瓦瓶内(注意:不要与瓶内壁相接触)。

(7)打开电源开关,仪器处于待机状态,待机指示灯亮。启动计算机,启动"溶解热2.50"软件,选择"数据采集及计算"窗口,如果默认的坐标系不能满足绘图要求,点击"设置-设置坐标系"重新设置合适的坐标系,否则绘制的图形不能完整地显示在绘图区。

在此窗口的坐标系中纵轴为温差,横轴为时间。

(8) 根据自己的计算机选择串行口。在"设置-串行口"中选择COM1(串行口1,默认口)或COM2(串行口2)。

(9) 按下"状态转换"键,使仪器处于测试状态(即工作状态,工作指示灯亮)。调节"加热功率调节"旋钮,使功率$P=1.0W$左右。调节"调速"旋钮使搅拌磁子为实验所需要的转速。观察水温的测量值,控制加热时间,使得水温最终高于环境温度0.5℃左右(因加热器开始加热初时有一滞后性,故当水温超过室温0.4℃后,即可按下"状态转换"键,使仪器处于待机状态,停止加热)。

(10) 观察水温的变化,当在1min内水温波动低于0.02℃时,即可开始测量。点击"操作-开始绘图",软件开始绘制曲线,仪器自动清零并开始通电加热,立刻打开杜瓦瓶的加料口,插入小漏斗,按编号加入第一份样品,盖好加料口塞。在数据记录表格中填写所需数据,观察温差的变化或软件界面显示的曲线,等温差值回到零时,加入第二份样品,依次类推,加完所有的样品。

注意:如手工绘制曲线图时,每加一份料前仪器必须清零,加料时同步记录计时时间。

(11) 最后一份样品的温差值回到零后,实验完毕,先停止软件绘图,点击"操作-停止绘图"命令。保存实验数据和实验曲线。

(12) 实验结束,按"状态转换"键,使仪器处于"待机状态"。将"加热功率调节"旋钮和"调速"旋钮左旋到底,关闭电源开关,拆去实验装置,关闭计算机。清理台面和清扫实验室。

B1.6 数据处理与结果分析

1. 启动"溶解热2.50"软件,在"数据采集及计算"窗口,打开保存的实验数据,输入每组样品的质量、分子量、水的质量、电流和电压值(或功率值),注意顺序不能搞错,否则结果不正确。

2. 点击"操作-计算-Q、n值"命令,软件自动计算出时间、积分溶解热(软件显示为Q)和摩尔比值(软件显示为n)。

3. 按照室温下水的密度数据,将上述摩尔比值换算为KCl的摩尔浓度c。以积分溶解热对KCl摩尔浓度作图,外推至浓度为0,获得无限稀释浓度时的积分溶解热数据$\Delta H_{IS}(\infty)$。

4. 根据方程(1)~方程(3)计算KCl的晶格能,相关参数见表B1-1和表B1-2。

表B1-2 部分离子晶体参数

晶体	正负离子平衡间距$r_0/10^{-10}$m	晶体压缩系数$\beta/10^{-11}m^2·N^{-1}$
NaCl	2.820	4.17
KCl	3.147	5.75
KBr	3.298	6.76

5. 查阅物理化学数据手册,确定金属钾的气化焓、氯气分子的解离能、钾原子的电离能、氯原子的电子亲和能和固体KCl的生成焓,根据方程(4)计算KCl的晶格能。

6. 由计算得到的晶格能数据和实验测定的溶解热数据,根据方程(6)计算KCl的水合热。

文献值:25℃时KCl的晶格能、极限摩尔溶解热和水合热分别为:-169 kcal·mol^{-1}、4.4 kcal·mol^{-1}和-165 kcal·mol^{-1}。

B1.7 讨论与思考

1. 有人经实验测定，认为积分溶解热 ΔH_{IS}-$c^{1/2}$ 有线性关系。从你的实验结果能否得出该结论？

2. 由热化学和结构化学数据计算得到的晶格能数据与实验数据存在较大误差，试分析可能引起误差的原因。

附 关于电学公式中国际单位制与高斯单位制的换算问题

在电学和磁学中选取不同的基本量可以导出不同的方程系。国际单位制采用四基本量有理化方程系，该方程系选取长度、质量、时间和电流为基本量，它们的SI单位是米、千克、秒和安培。在该方程系中因数4π和2π只在涉及球对称和圆对称的方程式中出现，介电常数（电容率）和磁导率以有量纲量的形式出现在有关的方程式中。

四基本量有理化方程系是物理科学和工程技术的实际计算中使用得最普遍的方程系。

对于电学和磁学量已发展了各种以三个基本量长度、时间和质量为基础的三量纲方程系，但只有所谓高斯方程系或对称方程系仍在使用。通过这种方程系根据三个基本量定义的物理量称为高斯量，对每个高斯量所选用的符号就是具有四个基本量的方程系中相应量的符号，但有一个附加的下标s（对称，symmetric）。

高斯方程系根据关于两电荷间作用力的库仑定律，令电容率为量纲为1的量，且在真空中等于1，定义电荷为导出量。在某些兼有电学量和磁学量的方程式中，光速明显地出现，从而使磁导率成为量纲为1的量，而在真空中等于1。高斯方程系被写成非有理化形式。

属于三量纲的高斯系的高斯量，通常用具有三个基本单位：厘米、克和秒的高斯制单位来计量。

由于高斯方程系中没有电流这个基本单位，因此在涉及电磁学方程的高斯制和国际制表达式相互转换时，电荷的变换形式是主要问题（其余变量只涉及数量级的变换，如1m=100cm，1kg=1000g等），现对此加以讨论。

高斯电荷的定义为：

$$F = \frac{Q_{s1}Q_{s2}}{r^2} \tag{7}$$

式中，F为真空中的力；r为高斯电荷Q_{s1}和Q_{s2}所在两点之间的距离。电荷的高斯cgs制单位定义为：该电荷单位是这样的高斯电荷，它作用于在真空中相距1cm的等量电荷的力为1dyn，用符号e.s.u.表示，它等于

$$1\text{e.s.u.} = 1\text{cm}^{3/2} \cdot \text{g}^{1/2} \cdot \text{s}^{-1} \tag{8}$$

高斯电荷Q_s与国际单位制电荷Q之间的关系为

$$Q_s = \frac{Q}{\sqrt{4\pi\varepsilon_0}} \tag{9}$$

式中，$\varepsilon_0 = 8.85418782 \times 10^{-12} \text{F} \cdot \text{m}^{-1}$，为真空电容率。

那么，是不是简单地乘除一个$\sqrt{4\pi\varepsilon_0}$的因子，就可以在e.s.u.和C（库仑）单位之间进行换算呢？这个原则上是对的，但是具体到数值计算时就有问题了。下面分析一下，1e.s.u.等于多少库仑的电荷。

从方程（9）可以知道
$$Q = Q_s\sqrt{4\pi\varepsilon_0}$$
代入数值后可以很方便地计算得到
$$Q = 1.05482224\times10^{-5}Q_s \tag{10}$$
这是不是意味着：1e.s.u. = 1.05482224×10^{-5}C？答案是否定的。必须注意到，上式中等号右边系数的单位与Q_s的单位是不统一的，必须进行量纲的换算：

$$\begin{aligned}Q &= (1.05482224\times10^{-5}\mathrm{F}^{1/2}\cdot\mathrm{m}^{-1/2})\cdot(1\mathrm{e.s.u.})\\ &= (1.05482224\times10^{-5}\mathrm{m}^{-1}\cdot\mathrm{kg}^{-1/2}\cdot\mathrm{s}^2\cdot\mathrm{A}\cdot\mathrm{m}^{-1/2})\cdot(1\mathrm{cm}^{3/2}\cdot\mathrm{g}^{1/2}\cdot\mathrm{s}^{-1})\\ &= (1.05482224\times10^{-5}\mathrm{m}^{-3/2}\cdot\mathrm{kg}^{-1/2}\cdot\mathrm{s}\cdot\mathrm{C})\cdot(1\mathrm{cm}^{3/2}\cdot\mathrm{g}^{1/2}\cdot\mathrm{s}^{-1})\\ &= 1.05482224\times10^{-5}(\mathrm{cm}^{-3/2}\times10^{-3})\cdot(\mathrm{g}^{-1/2}\times10^{-3/2})\cdot\mathrm{s}\cdot\mathrm{C}\cdot\mathrm{cm}^{3/2}\cdot\mathrm{g}^{1/2}\cdot\mathrm{s}^{-1}\\ &= 1.05482224\times10^{-5}\times10^{-9/2}\mathrm{C} = 3.33564\times10^{-10}\mathrm{C}\end{aligned}$$

即
$$1\mathrm{e.s.u.} = 3.33564\times10^{-10}\mathrm{C} \tag{11}$$

用基本物理常数再推导一次。真空电容率的定义为
$$\varepsilon_0 = \frac{1}{\mu_0 c^2} \tag{12}$$

式中，μ_0为真空磁导率，$\mu_0 = 4\pi\times10^{-7} = 1.2566371\times10^{-6}\mathrm{H}\cdot\mathrm{m}^{-1}$；$c$为真空中的光速，$c = 2.99792458\times10^8\mathrm{m}\cdot\mathrm{s}^{-1}$。由此得到

$$Q = Q_s\sqrt{4\pi\varepsilon_0} = Q_s\sqrt{\frac{10^7}{c^2}} = \frac{\sqrt{10^7}}{c}Q_s \tag{13}$$

统一方程（13）右边的量纲

$$\begin{aligned}Q &= \left(\frac{\sqrt{10^7}}{c}\mathrm{F}^{1/2}\cdot\mathrm{m}^{-1/2}\right)\times(1\mathrm{e.s.u.})\\ &= \left(\frac{\sqrt{10^7}}{c}\mathrm{m}^{-1}\cdot\mathrm{kg}^{-1/2}\cdot\mathrm{s}^2\cdot\mathrm{A}^1\cdot\mathrm{m}^{-1/2}\right)\cdot(1\mathrm{cm}^{3/2}\cdot\mathrm{g}^{1/2}\cdot\mathrm{s}^{-1})\\ &= \frac{\sqrt{10^7}}{c}\times\sqrt{\frac{1}{10^9}}\mathrm{C} = \frac{1}{10c}\mathrm{C} = \frac{1}{10\times2.99792458\times10^8}\mathrm{C}\\ &= 3.33564\times10^{-10}\mathrm{C}\end{aligned}$$

即1e.s.u. = 3.33564×10^{-10}C，与方程（11）结果相同。

从前面的讨论可以得到
$$1\mathrm{e.s.u./C} = 10^{-1}(c/\mathrm{m}\cdot\mathrm{s}^{-1})^{-1} = 10(c/\mathrm{cm}\cdot\mathrm{s}^{-1})^{-1} = 3.33564\times10^{-10}$$

有时也把cgs制的真空中的光速表示为ξ，即$\xi = 2.99792458\times10^{10}\mathrm{cm}\cdot\mathrm{s}^{-1}$，则
$$1\mathrm{e.s.u.} = 10\xi^{-1} = 3.33564\times10^{-10}\mathrm{C}$$

反之
$$1\mathrm{C} = 2.99782458\times10^9\mathrm{e.s.u.}$$

例如 基本电荷
$$e = 1.60217733\times10^{-19}\mathrm{C} = 4.803046581\times10^{-10}\mathrm{e.s.u.}$$

除电荷的上述转换关系外，其他物理量的转换均按照对应基本物理量之间的数量级关系进行，常用的转换关系有：

$$\text{力 } 1\mathrm{N} = 10^5\mathrm{dyn}, \text{ 能量 } 1\mathrm{J} = 10^7\mathrm{erg}$$

B 2 混合熵的测定

B2.1 实验简介

本实验将采用可逆电动势测量方法测定 $K_3[Fe(CN)_6]/K_4[Fe(CN)_6]$ 二元体系的混合熵。熵和熵变是热力学问题的核心,也是最为神秘的科学概念之一,本实验将通过巧妙的实验设计和理论计算,在可逆电池系统中测定两个组分混合过程的熵变,即混合熵。

本实验设计为8课时。

学生应熟悉热力学基本原理,尤其是吉布斯自由能、化学势和可逆电池电动势等概念。实验测量技术可参阅实验A11。

B2.2 理论探讨

B2.2.1 热力学原理

溶液中某组分 i 的化学势可以表示为:

$$\mu_i = \mu_i^*(T,p) + RT\ln\alpha_i = \mu_i^*(T,p) + RT\ln\gamma_i x_i \tag{1}$$

式中,μ_i^* 是纯组分 i 在温度 T 和压力 p 时的化学势(摩尔吉布斯自由能);α_i、γ_i 和 x_i 分别是该组分在溶液中的活度、活度系数和摩尔分数。

A、B 两组分混合过程的吉布斯自由能变化为

$$\Delta_{mix}G = (n_A\mu_A + n_B\mu_B) - (n_A\mu_A^* + n_B\mu_B^*) \tag{2}$$

式中,n_A 和 n_B 分别是A和B的物质的量。方程(2)表示过程的始态为 n_A mol 纯A和 n_B mol 纯B,终态为这两个组分的均相混合物。将方程(2)代入方程(1)中得到

$$\Delta_{mix}G = n_A RT\ln\gamma_A x_A + n_B RT\ln\gamma_B x_B \tag{3}$$

若溶液为理想溶液,$\gamma_A = \gamma_B = 1$,则

$$\Delta_{mix}G = n_A RT\ln x_A + n_B RT\ln x_B \tag{4}$$

理想溶液的混合焓为零,即 $\Delta_{mix}H = 0$,则混合熵为

$$\Delta_{mix}S = -\left(\frac{\partial G}{\partial T}\right)_p = -n_A R\ln x_A - n_B R\ln x_B \tag{5}$$

本实验采用电化学方法测量,混合的对象不是纯化合物,而是含有两种价态铁离子的水溶液:亚铁氰化钾 $K_4[Fe(CN)_6]$ 水溶液和铁氰化钾 $K_3[Fe(CN)_6]$ 水溶液,分别用符号 HCFe Ⅱ

和HCFe Ⅲ表示[即hexacyanoferrate（Ⅱ）离子和hexacyanoferrate（Ⅲ）离子的缩写]。显然，不能用方程（1）来表示混合物中各组分的化学势，因为此时标准态$x_i=1$表示是纯组分i，而不是纯组分i的水溶液。为此，重新选择一个参考态m_0（质量摩尔浓度），并将HCFe Ⅱ和HCFe Ⅲ的始态浓度以及混合溶液中铁氰根的总浓度（HCFe Ⅱ和HCFe Ⅲ离子浓度的总和）均固定为m_0，即研究图B2-1所示的混合过程。

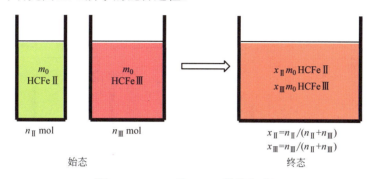

图 B2-1　HCFe Ⅱ/HCFe Ⅲ混合过程

不考虑溶剂，在混合终态亚铁氰根HCFe Ⅱ的质量摩尔浓度为$m_Ⅱ=m_0 x_Ⅱ$，铁氰根HCFe Ⅲ的质量摩尔浓度为$m_Ⅲ=m_0 x_Ⅲ$，且$x_Ⅱ+x_Ⅲ=1$。混合前处于参考态浓度的两个组分的化学势分别为

$$\mu_Ⅱ = \mu_Ⅱ^\circ + RT\ln(m_0 \gamma_Ⅱ) \tag{6a}$$

$$\mu_Ⅲ = \mu_Ⅲ^\circ + RT\ln(m_0 \gamma_Ⅲ) \tag{6b}$$

式中，m_0已消除了量纲；$\gamma_Ⅱ$和$\gamma_Ⅲ$分别是HCFe Ⅱ和HCFe Ⅲ在参考态浓度m_0时的活度系数；$\mu_Ⅱ^\circ$和$\mu_Ⅲ^\circ$分别是两个组分处于标准态（$1\,\mathrm{mol\cdot kg^{-1}}$）时的化学势。两个溶液混合后，混合液中两个组分的化学势分别为

$$\mu_Ⅱ' = \mu_Ⅱ^\circ + RT\ln(m_Ⅱ \gamma_Ⅱ') = \mu_Ⅱ^\circ + RT\ln(m_0 x_Ⅱ \gamma_Ⅱ') \tag{7a}$$

$$\mu_Ⅲ' = \mu_Ⅲ^\circ + RT\ln(m_Ⅲ \gamma_Ⅲ') = \mu_Ⅲ^\circ + RT\ln(m_0 x_Ⅲ \gamma_Ⅲ') \tag{7b}$$

式中，$\gamma_Ⅱ'$和$\gamma_Ⅲ'$分别是HCFe Ⅱ和HCFe Ⅲ在混合状态下的活度系数。

根据方程（2）可以得到上述两个溶液的混合吉布斯自由能为

$$\Delta_{\mathrm{mix}}G = RT\left\{n_Ⅱ\left[\ln x_Ⅱ + \ln\left(\frac{\gamma_Ⅱ'}{\gamma_Ⅱ}\right)\right] + n_Ⅲ\left[\ln x_Ⅲ + \ln\left(\frac{\gamma_Ⅲ'}{\gamma_Ⅲ}\right)\right]\right\} \tag{8}$$

按照Debye-Hückel理论，常温下离子平均活度系数可以表示为

$$\lg\gamma_\pm = -0.510 z_+ |z_-|\sqrt{I}，\text{溶液的离子强度}\ I=\frac{1}{2}\sum_i m_i z_i^2$$

由于始态溶液与终态溶液的铁氰根总浓度相等，可以认为离子强度也基本相等，因此以下关系基本成立

$$\frac{\gamma_Ⅱ'}{\gamma_Ⅱ} \approx \frac{\gamma_Ⅲ'}{\gamma_Ⅲ} \approx 1$$

由此得到

$$\Delta_{\mathrm{mix}}G = RT(n_Ⅱ \ln x_Ⅱ + n_Ⅲ \ln x_Ⅲ) \tag{9}$$

B2.2.2　电化学测量原理

从热力学原理上说，过程的吉布斯自由能变化等于最大有用功（可逆有用功），即

$\Delta G = W'_{rev}$。对于 HCFe Ⅱ 与 HCFe Ⅲ 混合过程，可以设计图 B2-2 所示的电化学装置，始态为浓度均为 m_0 的 HCFe Ⅱ 和 HCFe Ⅲ 溶液分别置于多孔板两侧，终态为两种离子在多孔板两侧均达成平衡分布浓度 $m_0/2$，通过测定整个变化过程中该装置在负载上释放的总电功，即可得到 $\Delta_{mix}G$。

但是，该装置实际上是无法应用的，因为测定可逆电功意味着需要花费无限长的时间。为此，对上述实验方法进行如下的"静态法"测量改进。

① 首先将两个半电池完全隔开，两池中的溶液不会发生混合（见图 B2-3）。

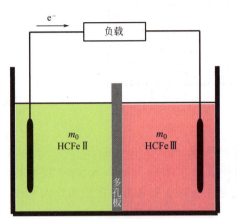
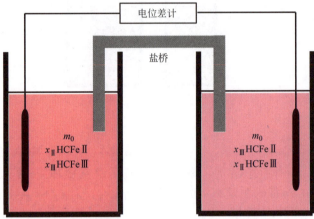

图 B2-2 混合过程动态测量的电化学装置　　**图 B2-3** 改进的"静态法"电化学测量装置

② 在两个半池中分别放入 HCFe Ⅱ 和 HCFe Ⅲ 混合溶液，左、右池溶液的铁氰根总浓度均为 ，且左、右池中 HCFe Ⅱ/HCFe Ⅲ 值（摩尔比）恰为倒数（如图 B2-3 所示），即左、右池溶液构成"共轭溶液"，用对消法测定该电池的零电流电动势。

③ 保持 m_0 恒定不变，改变 HCFe Ⅱ/HCFe Ⅲ 的值，测定一系列共轭溶液组成电池的电动势，从 HCFe Ⅱ/HCFe Ⅲ → ∞ 直至 HCFe Ⅱ/HCFe Ⅲ → 1，相当于将图 B2-2 所示的动态变化过程做成一系列静态画面，逐点测量，每一点都保持热力学可逆状态，电池电流趋近于零，电池内部化学反应（即混合过程）无限缓慢。

假定在恒温恒压条件下，在某个可逆电动势 E_{rev} 下电池迁移了 dn 电荷，则有

$$dG = \delta W_{rev} = -FE_{rev}dn \tag{10}$$

式中，$F = 96485\,C\cdot mol^{-1}$，为法拉第常数。上述混合过程的吉布斯自由能变化应为方程（10）的积分，即

$$\Delta_{mix}G = \int_{混合前}^{混合后} dG = \int_{混合前}^{混合后} -FE_{rev}dn \tag{11}$$

现在必须找出 E_{rev} 与 n，即与溶液组成的关系，才能计算上述积分。

若在图 B2-3 左边池中始终保持 HCFe Ⅱ/HCFe Ⅲ > 1，则左池为电池负极。混合过程相当于左池的 HCFe Ⅲ 浓度由 0 上升至 $0.5m_0$。假定溶剂水的质量为 $W\,kg$，则左池中 Fe(Ⅲ) 物种由浓度 0 上升至浓度为 $m_Ⅲ$ 所需要输运的电荷数为

$$n = Wm_Ⅲ$$

由于两池中 Fe(Ⅱ)、Fe(Ⅲ) 物种的浓度之和均为 m_0，所以在某个反应阶段左池中 Fe(Ⅲ) 物种的摩尔分数为

$$x_Ⅲ = m_Ⅲ/m_0$$

由此得到

$$n = Wm_0 x_{\text{III}} \quad \Rightarrow \quad \mathrm{d}n = Wm_0 \mathrm{d}x_{\text{III}} \tag{12}$$

上述结果对右池中的Fe(Ⅱ)物种同样成立，即

$$\mathrm{d}n = Wm_0 \mathrm{d}x_{\text{II}}$$

由于两池中放置的是共轭溶液，因此可以写出通式

$$\mathrm{d}n = Wm_0 \mathrm{d}x_i \tag{13}$$

式中，x_i是任一池中任一铁氰根HCFe物种的摩尔分数。

将方程（13）代入方程（11），得到

$$\Delta_{\text{mix}} G = -FWm_0 \int_0^{0.5} E_{\text{rev}} \mathrm{d}x_i \tag{14}$$

则摩尔混合吉布斯自由能可以表示为

$$\Delta_{\text{mix}} G_{\text{m}} = \frac{\Delta_{\text{mix}} G}{Wm_0} = -F \int_0^{0.5} E_{\text{rev}} \mathrm{d}x_i \tag{15}$$

根据方程（15），可以测定出一系列共轭HCFeⅡ/HCFeⅢ溶液电池的组成x_i与可逆电池电动势E_{rev}的数据，以E_{rev}-x_i作曲线，求出$x_i = 0 \sim 0.5$范围内该曲线下的面积，即为方程（15）等号右边的积分

$$\int_0^{0.5} E_{\text{rev}} \mathrm{d}x_i$$

由此就可以算出混合吉布斯自由能$\Delta_{\text{mix}} G$和混合熵$\Delta_{\text{mix}} S$

$$\Delta_{\text{mix}} S = -\Delta_{\text{mix}} G / T = \frac{FWm_0}{T} \int_0^{0.5} E_{\text{rev}} \mathrm{d}x_i \tag{16a}$$

$$\Delta_{\text{mix}} S_{\text{m}} = \frac{F}{T} \int_0^{0.5} E_{\text{rev}} \mathrm{d}x_i \tag{16b}$$

B2.2.3　理论计算方法

由共轭HCFeⅡ/HCFeⅢ溶液组成的电池可以表示为

$$\text{Pt} \mid \text{Fe(Ⅲ)}(m_2), \text{Fe(Ⅱ)}(m_1) \parallel \text{Fe(Ⅲ)}(m_1), \text{Fe(Ⅱ)}(m_2) \mid \text{Pt}$$

注意保持$m_1 > m_2$。根据能斯特方程，各电极电势和电池电动势可以表示为

$$\varphi_+ = \varphi^{\ominus} - \frac{RT}{F} \ln \frac{\alpha_{\text{II}}(m_2)}{\alpha_{\text{III}}(m_1)}$$

$$\varphi_- = \varphi^{\ominus} - \frac{RT}{F} \ln \frac{\alpha_{\text{II}}(m_1)}{\alpha_{\text{III}}(m_2)}$$

$$E = \varphi_+ - \varphi_- = \frac{RT}{F} \ln \frac{\alpha_{\text{II}}(m_1) \alpha_{\text{III}}(m_1)}{\alpha_{\text{II}}(m_2) \alpha_{\text{III}}(m_2)}$$

将活度系数代入上面几个表达式得到

$$E = \frac{RT}{F} \ln \left(\frac{m_1^2}{m_2^2} \right) + \frac{RT}{F} \ln \frac{\gamma_{\text{II}}(m_1) \gamma_{\text{III}}(m_1)}{\gamma_{\text{II}}(m_2) \gamma_{\text{III}}(m_2)} \tag{17}$$

由于在两个半池中的电解质溶液的离子强度近似相等，因此方程（17）右边第二项中的对数项近似为零，故

$$E = \frac{2RT}{F}\ln\left(\frac{m_1}{m_2}\right) \qquad (18)$$

令

$$m_1 = m_0 x_1, \quad m_2 = m_0 x_2, \quad 且\ x_1 + x_2 = 1$$

方程（17）可以改写为

$$E = \frac{2RT}{F}\ln\left(\frac{1-x_2}{x_2}\right) \qquad (19)$$

将方程（19）代入方程（14）、方程（16），则混合吉布斯自由能为

$$\Delta_{\mathrm{mix}}G = 2RTWm_0 \int_0^{0.5} \ln\left(\frac{1-x_2}{x_2}\right) \mathrm{d}x_2 \qquad (20)$$

混合熵为

$$\Delta_{\mathrm{mix}}S = 2RWm_0 \int_0^{0.5} \ln\left(\frac{1-x_2}{x_2}\right) \mathrm{d}x_2 \qquad (21)$$

虽然方程（19）右边的积分函数在积分下限处趋于无穷大，但是整个积分仍然是有限收敛的，可以证明

$$\Delta_{\mathrm{mix}}G = -2RTWm_0 \ln 2 \qquad (22)$$

$$\Delta_{\mathrm{mix}}S = 2RWm_0 \ln 2 \qquad (23)$$

$$\Delta_{\mathrm{mix}}G_{\mathrm{m}} = -2RT\ln 2 \qquad (24)$$

$$\Delta_{\mathrm{mix}}S_{\mathrm{m}} = 2R\ln 2 \qquad (25)$$

可见结果与电解质的性质无关。方程（22）～方程（25）的理论计算结果能够与方程（14）～方程（16）的实验测定结果进行对照。

B2.3　仪器试剂

SDC-Ⅲ数字电位差综合测试仪，双联电极管，恒温夹套，U形玻璃管（盐桥管），铂电极2支，1000mL棕色试剂瓶1只，1000mL白色试剂瓶1只，1000mL烧杯1只，玻棒若干，50mL容量瓶4只，0.5mL、1mL、5mL、10mL刻度移液管各2支，滴管4根，导线若干，洗耳球2只（所有玻璃仪器应预先洗净烘干）。

公用：超级恒温槽，硅橡胶管（或乳胶管），电子天平，电子台秤，500mL、100mL烧杯各2只（盐桥制作用），滴管若干，玻璃棒若干，煤气灯，铁架，石棉网。

$K_3[Fe(CN)_6]$（A.R.，分子量329.2443），$K_4[Fe(CN)_6]\cdot 3H_2O$（A.R.，分子量422.38844），氯化钾（A.R.），琼脂，稀硝酸（清洗电极用）。

B2.4　安全须知和废弃物处理

- 在实验室中需穿戴实验服、防护目镜或面罩。
- 稀硝酸溶液刺激皮肤，如发生皮肤沾染，请用水冲洗沾染部位10min以上。
- 小心使用铂电极，防止铂电极片碰弯或折断。
- 离开实验室前务必洗手。

- 使用过的溶液倒入指定的废液回收桶。

B2.5 实验步骤

1. 制作盐桥

将盛有1.5g琼脂和48.5mL蒸馏水的烧瓶放在水浴上加热（切勿直接加热），直到完全溶解，然后加入15～20g KCl（氯化钾溶解度数据：0℃ 28g，10℃ 31.2g，20℃ 34.2g，30℃ 37.2g，40℃ 40.1g，请根据盐桥实际使用温度估算所需用量），充分搅拌，待KCl完全溶解后，趁热用滴管或虹吸将此溶液装入盐桥管中，静置，待琼脂完全凝结后即可使用。

2. 配制0.1000 mol·kg^{-1} $K_3[Fe(CN)_6]$和$K_4[Fe(CN)_6]$水溶液

在电子台秤上尽可能准确地称得600g水，在电子天平上准确称取19.7546g $K_3[Fe(CN)_6]$（0.0600mol），将$K_3[Fe(CN)_6]$固体溶于水中，配成0.1000mol·kg^{-1} $K_3[Fe(CN)_6]$水溶液，溶液转入1000mL棕色试剂瓶中备用（注意：铁氰化钾会缓慢水解，该反应能被光催化，故0.1000mol·kg^{-1} $K_3[Fe(CN)_6]$溶液应随配随用并避光保存）。

按同样方法配制0.1000mol·kg^{-1} $K_4[Fe(CN)_6]$水溶液，注意称量水时应扣除$K_4[Fe(CN)_6]·3H_2O$中的结晶水质量，溶液转入1000mL白色试剂瓶中备用。

3. 配制共轭溶液

每对共轭溶液现配现用，配制完成后立即测定，测完一组后再配下一组。配制用的50mL容量瓶要预先烘干，两组移液管和滴管不要互相沾污。

共需配制10对共轭溶液，Fe(Ⅱ)与Fe(Ⅲ)的比值从999/1直至52/48，共20瓶溶液。例如Fe(Ⅱ)/Fe(Ⅲ)=4/1的共轭溶液配制方法为：移取10mL 0.1000mol·kg^{-1} $K_3[Fe(CN)_6]$溶液于50mL容量瓶中，用0.1000mol·kg^{-1} $K_4[Fe(CN)_6]$溶液稀释至刻度摇匀；移取10mL 0.1000mol·kg^{-1} $K_4[Fe(CN)_6]$溶液于50mL容量瓶中，用0.1000mol·kg^{-1} $K_3[Fe(CN)_6]$溶液稀释至刻度摇匀。

对于50mL容量瓶，建议配制溶液时的第一组分用量为：0.05mL、0.1mL、0.2mL、0.5mL、1mL、2mL、4mL、10mL、20mL和24mL。

4. 装配和测量浓差电池电动势

将电极管和铂电极用稀硝酸清洗一下，用纯水彻底清洗干净，再用少量待测共轭溶液润洗一下（两组电极管和电极用不同的溶液！）。将共轭溶液分别放入两个电极管中，安装好铂电极和盐桥，电极管放入恒温夹套中恒温后（建议温度30℃），按标准方法连接电位差计，做标准电路校正，然后测量电池电动势（注意电池正负极不要弄错），精度要达到±0.1mV。重复测定一次，将数据记录下来。用过的溶液倒入特定的带标签的废液桶中回收，不得倒入下水道中。

重复步骤3、4，直至将全部共轭溶液测完。作为验证仪器可靠性和溶液配制准确性考虑，若溶液有剩余，建议配制一个Fe(Ⅱ)/Fe(Ⅲ)=1/1的溶液并测定其电动势，应为±0.0mV。

5. 清洗所用仪器（包括移液管、滴管），倒置阴干。

B2.6 数据处理与结果分析

建议使用Origin软件，当然Excel软件也可以进行相关处理。

1. 以Fe(Ⅲ)在铁氰根总量中所占摩尔分数x_1为横坐标，先计算各共轭溶液的x_1值。例如，0.05mLFe(Ⅲ)与49.95mLFe(Ⅱ)配成溶液的x_1=0.0500/50.00=0.00100，依次类推。将对应的x_1-E_{rev}填入软件数据表中，再加入一组数据：x_1=0.5，E_{rev}=0.0。

2. 以x_1为横坐标，E_{rev}为纵坐标绘制实验曲线，用"Spline"或者"B-Spline"模式平滑之。观察实验数据是否合理，实验曲线应为平滑的下降曲线，由$x_1 \to 0$时$E_{rev} \to \infty$至$x_1 \to 0.5$时$E_{rev} \to 0$。

3. 计算x_1-E_{rev}曲线下的总面积

因$x_1 \to 0$时，$E_{rev} \to \infty$，故采用外推法：自x_1=0.5，E_{rev}=0.0点开始，在x_1=0.0～0.5范围不断取点x计算曲线下的面积S，共取10点以上；以S为纵坐标，x为横坐标，以S-x作图，用二项式拟合曲线，求得在y轴上的截距，即为x_1-E_{rev}曲线下的总面积S_{max}。

4. 根据方程（14）～方程（16）计算混合过程的吉布斯自由能$\Delta_{mix}G$和混合熵$\Delta_{mix}S$，及摩尔混合吉布斯自由能$\Delta_{mix}G_m$和摩尔混合熵变$\Delta_{mix}S_m$。

5. 用方程（22）～方程（25）计算混合过程吉布斯自由能和熵变的理论值，并与实验结果进行比较。

B2.7 讨论与思考

1. 由方程（20）、方程（21）推出方程（22）、方程（23）。

2. 若两个电极管中均只含有一种铁氰根的溶液［比如左边只有Fe(Ⅱ)，右边只有Fe(Ⅲ)］，能否进行电动势的测量？

3. 试对方程（16a）和方程（16b）分别做量纲分析，说明这两个方程的合理性。

4. 分析HCFeⅡ和HCFeⅢ共轭溶液的离子强度表达式，说明在系列共轭溶液中，离子强度的最大偏差是多少，对实验结果可能产生多大的影响。

文献值：30℃时，HCFeⅡ和HCFeⅢ体系的混合吉布斯自由能为：$\Delta_{mix}G_m$=−3420J·mol^{-1}或者$\Delta_{mix}G_m$=−3210J·mol^{-1}（积分范围0.01～0.50）。

B3 简易差热分析装置组装及二元合金相变过程的测定

B3.1 实验简介

本实验将学习利用简易材料自行组装差热分析（DTA）实验装置，用标准样品校验 DTA 装置的可靠性，掌握 DTA 的基本原理和基本技术。实验中会接触到热电偶的使用和连接方式、AI 智能温度控制器的调节和参数优化、使用数据采集仪自动进行温度、温差讯号的计算机采集和记录等。利用实验室常见的材料和组件搭建复杂实验装置是实验能力的重要方面，本实验将重复先辈创建差热分析方法的过程。实验 A8 中用步冷曲线法测定了二元合金的相图，现在用自行搭建的 DTA 装置再一次进行测量，看看更加精密的差热分析方法能否带来更多的信息。此外，还将学习用 Origin 等数据处理软件将直流电讯号转换为温度讯号，对曲线进行滤波、平滑和拟合，以及差热分析曲线重要参数的提取方法。

本实验设计为 8 课时，并采用各实验小组合作测量的教学方式，每小组完成 3～4 个合金样品的 DTA 曲线测量。

学生应熟悉差热分析的基本概念和方法，了解现代温度控制的基本技术（即 PID 方法）。

B3.2 理论探讨

差热分析方法的原理可参见实验 A3。

差热分析技术的发明通常归功于法国的 H. Le Châtelier，不过实际上他并没有测量样品和参比物之间的温度差。1887 年，Le Châtelier 把一根 10%Pt/Rh-Pt 热电偶插入黏土样品中，以升温速率 $4℃ \cdot 2s^{-1}$ 的速率加热样品，然后读取样品温度上升相等的数值时（大致对应相等的热电偶电势差值）所需要的时间。如果黏土样品在升温过程中没有热效应，则可以记录到几乎等时间间隔的一组信号；当黏土样品脱水吸热时，样品温度将滞后于炉温，则温度信号间的时间间隔将拉长；反之，则温度信号间的时间间隔将缩小。Le Châtelier 还采用某些物质的熔、沸点温度对仪器进行标定，这个方法在差热分析及相关热分析技术中沿用至今。

从严格意义上说，Le Châtelier 并没有对温度进行差分测量，因此他的实验方法的灵敏度不高。十二年后，英国的 Roberts-Austen 爵士发表了奠定现代差热分析技术基础的论文（见图 B3-1），他将两根 Pt/Pt+10%Ir 热电偶反向连接，用高灵敏度的反射式伏特计 G_2 测量两热电偶间的温差输出信号，测量样品为圆柱体的碳钢 C，在其中心钻出小孔，以便插入热电偶接点，参比物为相同尺寸的铜锌合金或者耐火黏土 B，在其中心插入第二根热电偶的接

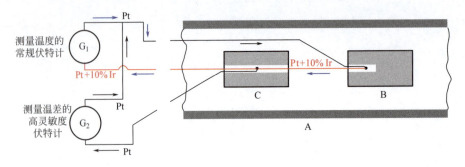

图 B3-1 Roberts-Austen 爵士 1899 年使用的差热分析原型仪器的测量回路图

点，样品和参比物一起放入管式炉 A 中程序升温，用一个灵敏度稍低的伏特计 G_1 测量参比物的温度。Roberts-Austen 发明的差热分析技术随即被广泛应用于碳钢相图的测定工作，尤其是对各种来源的铁轨性能的测量，极大地推动了金属材料制造工艺的发展，为纪念他，把 γ-铁及其固溶体的金相组织命名为奥氏体。

现代的差热分析仪是一种精密、复杂的科研设备，但是利用一些常见的材料和组件，在实验室中也能够很快地拼凑出一台具有差热分析功能的仪器。差热分析装置一般包括加热器、装样器、温度控制器、测温元件、温度温差讯号采集器和采样计算机等。本实验选用常见的 K 型铠装热电偶作为测温元件；加热器选用外热式电烙铁芯（500W），为双层陶瓷体，两层陶瓷体间缠绕电加热丝，无机氧化物固封，炉芯内孔直径约 2.5cm，外径约 4cm，高约 8cm[见图 B3-2（a）]；根据电烙铁芯尺寸，用 304 不锈钢材料加工制作了简单的装样器，图 B3-2（b）为装样器的剖面图和顶视图，上面两个均衡分布的粗孔是放置样品和参比物的容器，样品可直接置于粗孔中，也可以装在差热分析通用的刚玉坩埚或铝坩埚中，再放入粗孔中。使用时，加热器外部用保温带缠绕，起到绝热保温的作用，加热器上、下部用耐火保温材料填充覆盖。

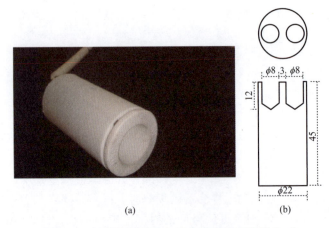

图 B3-2 加热器实物图（a）和装样器示意图（b）

图 B3-3 是简易快速拆装式差热分析装置的原理图，两支相同规格的 K 型热电偶分别插入样品和参比物中，第三支热电偶作为冷端热电偶插入冰水浴中，将这三支热电偶的负极端子引线连接起来。样品和参比物的热电偶按相反的极性串接，两支热电偶的正极之间的讯号就能够显示样品和参比物之间的温度差。当样品和参比物处于同一温度时，它们的热电势相互抵消，数据显示为一条平缓的基线；当样品发生变化时，其产生的热效应将使样品温度

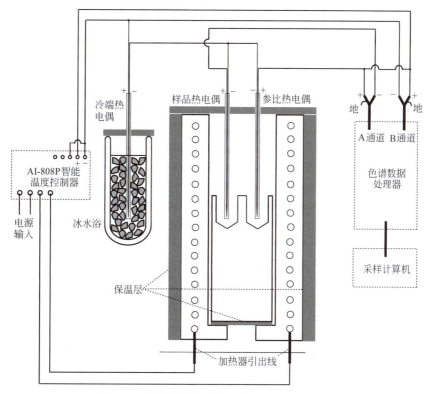

图 B3-3　简易快速拆装式差热分析装置的原理图

偏离程序控制,从而与参比物温度产生明显的差异,这样就在两支热电偶之间产生温差热电势,作为样品发生放热或吸热过程的标志。参比物和冷端热电偶按相反的极性串接,两支热电偶的正极之间的讯号就能够显示参比物的实际温度,该讯号既作为控温反馈讯号输入程序温度控制器,也作为线性升温数据输入数据采集仪。

将参比物和冷端热电偶正极之间的温差电势作为温度 T 讯号,将样品与参比物的热电偶正极之间的温差电势作为温差 ΔT 讯号,分别接入数据处理器中。K 型热电偶给出的温度 T 讯号是毫伏级的直流电压讯号,温差 ΔT 讯号是微伏级的直流电压讯号,两者都非常容易采集和记录,本实验选用的数据采集系统是从报废的气相色谱仪上拆卸下来的数字化色谱数据处理仪及其配套软件,直接记录热电偶给出的直流电压讯号。

B3.3　仪器与试剂

微细铠装热电偶(型号,WRNK;分度号,K 型;精度,I 级,外径,ϕ1mm,上海涌纬自控成套设备有限公司),外热式电烙铁芯(500W,华申电器机械厂),装样器(自制,材质 304 不锈钢),玻璃棉保温带,AI-808P 程序型人工智能温控器(厦门宇电自动化科技有限公司),色谱数据处理工作站(双通道),计算机,保温杯,电线,鳄鱼夹,角勺,大镊子,剪刀,钉书机,电吹风,电子分析天平。

$CuSO_4 \cdot 5H_2O$(A.R.),KNO_3(A.R.),Pb(A.R.),Sn(A.R.),α-Al_2O_3 或沸石微粒。

B3.4　安全须知和废弃物处理

- 在实验室需穿戴实验服、防护目镜或面罩。
- 在处理重金属样品时需使用丁腈橡胶手套，尤其是铅。
- 接线时注意防止短路和导线裸露漏电，切勿带电接线或拆装仪器。
- 接触加热器应佩戴隔热手套，防止烫伤。
- 离开实验室前务必洗手。
- 使用过的合金块和固体废渣、碎屑请放入固体废弃物桶。

B3.5　实验步骤

B3.5.1　组装差热分析装置

用于组装差热分析装置的主要部件和材料实物见图B3-4，其中A为电烙铁芯，B为不锈钢装样器，C为K型铠装热电偶，D为保温玻璃丝带，E为程序控温仪，F为色谱数据处理器。装置的组装步骤如下。

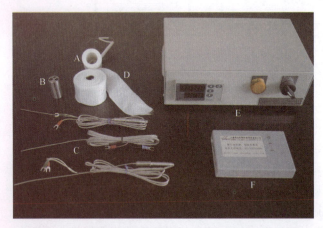

图B3-4　组装差热分析装置的主要部件和材料实物图

（1）用玻璃棉保温带均匀缠裹加热器外侧面，使保温层厚度约5mm。取约10cm保温带重叠5层左右，用订书机钉牢，并修剪至合适大小，放入加热器底部填塞孔洞。再取适量保温带，重叠5层左右，折成大于加热器上方开孔的形状，用订书机钉牢，作为加热器的保温顶盖。按照装样器二粗孔中心位置的间隔尺寸，在保温顶盖上钻出两个1mm的小孔，以便热电偶穿过。

（2）按照装样器两粗孔中心位置的间隔尺寸，设法固定住两支热电偶的位置，最简单的方法是将其固定在一个橡皮塞上。操作时注意动作轻缓，以免热电偶被弯折损坏。

（3）在一个铁架台上自下而上依次夹持加热器、热电偶固定器。热电偶的引线较长较重，易导致热电偶偏移，可在热电偶固定器上端加装一个铁夹支撑引线。在保温杯中加入冰水摇匀，制成冰水浴，自顶盖孔中插入第三支热电偶作为冷端。

（4）用导线将加热器底部的两根引出线连接到AI-808P程序型人工智能温控器后面板上

的输出端，引出线与导线的连接处用绝缘材料包裹，防止漏电短路。

（5）将三支热电偶的引线理顺，分清正、负极（红色为正极，黑色为负极）。把热电偶固定器上的某一支热电偶作为样品热电偶，另一支作为参比热电偶，并在引线上做好标记。

（6）按图B3-5接线方式连接线路

①三支热电偶的负极连接在一起。

②样品热电偶的正极接入色谱数据处理器"通道A"线缆的"−"端（黑色接头），参比热电偶的正极接入"通道A"线缆的"+"端（红色接头），此时在数据采集软件A窗口显示的讯号是差分温度ΔT对应的温差电势，吸热过程显示为正峰，放热过程显示为负峰，若将上述两个接线调换位置，则吸热为负峰，放热为正峰。

③将色谱数据处理器"通道B"线缆的"+" "−"端分别与参比热电偶的正极、冷端热电偶的正极连接，此时在数据采集软件B窗口显示的讯号是参比温度T对应的温差电势（以冰水浴温度为参考点）。

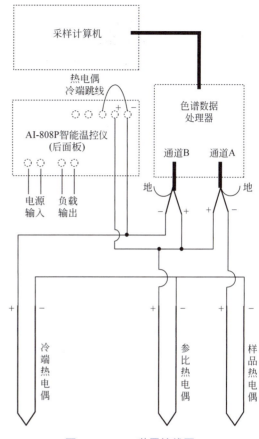

图B3-5　DTA装置接线图

④将AI-808P程序型人工智能温控器后面板上热电偶"+" "−"接入端子（见面板标示），分别与参比热电偶的正极、冷端热电偶的正极连接，将温控仪后面板上的外接补偿铜电阻两端子用跨线短路掉（见图B3-4），此时温控仪显示的温度即为参比热电偶的测量温度（以冰水浴温度为参考点）。

⑤用串行通讯线将色谱数据处理器与采样计算机连接起来。

（7）在采样计算机上点击打开色谱数据处理器软件界面，设置必要的参数，将工作模式设置为两个采样窗口同步开始工作，点击开始键"▶"，即可同时采集温度T和温差ΔT的电势讯号。

B3.5.2　装置可靠性检查（可选做）

（1）在装样器的一个孔中装入参比物（$\alpha\text{-}Al_2O_3$或沸石微粒），另一个孔中装入$CuSO_4\cdot 5H_2O$：参比物=1:1的混合物。把装样器小心地放入加热器中，抬升加热器，调整加热器与热电偶固定器之间的位置，使样品热电偶和参比热电偶插入相应的样品中（热电偶可插至容器孔底部凹坑，位置比较固定，防止加热过程中热电偶因应力作用发生位移，影响实验测量精度），盖上保温顶盖。

（2）打开AI-808P程序型人工智能温控器电源开关，设置程序升温参数，程控仪控制面板如图B3-6所示。

假定升温过程是：由室温30℃开始，以5℃·min^{-1}的升温速率，线性升温至330℃，用时60min。设置方法如下。

图 B3-6　AI-808P 程序型人工智能温控器前面板

①短按"◀"键进入设置，SV 窗口显示起始温度，按"◀"键移动位数，按"▲"或"▼"键增减数值，直至 SV 窗口显示 30.0 或 30。

②按"↻"键一次，SV 窗口显示设定升温时间，按"◀""▲"或"▼"键调整，直至 SV 窗口显示 60。

③按"↻"键一次，SV 窗口显示终止温度，按"◀""▲"或"▼"键调整，直至 SV 窗口显示 330.0 或 330。

④再按"↻"键检查后续设置段是否有以前遗留的程序设定，若有，将其消除或设置为安全程序（如 5min 降低至室温，并保持 999min）。

⑤设置完毕，退出设置界面：按住"◀"键后再按"↻"键，即可保存设置并退出，SV 窗口交替闪烁显示起始温度和"stop"。

（3）检查冷端热电偶的冰水浴。在采样计算机上点击打开色谱数据处理器软件 A、B 通道讯号采集窗口，点击开始键"▶"，开始记录基线。根据基线讯号大小设置必要的参数："停止时间"设为 330min，"显示时间"设为 200min，"最小面积"设为 100，A 通道纵坐标设为（基线值 ±0.2mV），B 通道纵坐标设为 0 ～ 16mV。实验过程中如讯号超出设定范围，可以随时调整设置。

根据 B 窗口显示的电势值 ΔV，按拟合公式：

$$t/℃ = 24.47122\Delta V/\text{mV} + 0.4581 \tag{1}$$

计算参比物的实际温度，并与程控仪 PV 窗口显示的参比物温度值对比，两者不可相差过大。

（4）在 AI-808P 程序型人工智能温控器控制面板上，长按"▼"键 2s，SV 窗口显示"run"后，设定升温程序启动，采样计算机同步记录参比温度和样品、参比物之间的差分温度对应的电势值。测定完成后，长按"▲"键 2s，运行程序关闭。打开保温顶盖，用吹风机向加热器吹送冷风，以加快冷却速率，准备下一次测定。

（5）在采样计算机上点击 A、B 通道讯号采集窗口的停止键"■"，返回软件主界面。在主界面上点击"载入 A 通道谱图"，保存该文件为 ΔT-t 关系；再点击"载入 B 通道谱图"，保存该文件为 T-t 关系。

按上述同样方法和步骤，也可以通过测定硝酸钾（KNO_3）相变过程 DTA 曲线的测定来校验装置的可靠性。

B3.5.3　铅-锡合金样品的 DTA 曲线的测定和相图绘制

铅-锡体系是典型的生成部分互溶的固溶体的液–固体系，其特点是具有一最低共熔混合物，液相互溶，固相部分互溶，图 B3-7 是铅-锡合金的标准相图。Pb–Sn 合金相图的测定难点在于固相线 AB、FG，以及固溶线 BC、GH 的测定。对于 Pb–Sn 合金这样的含有固溶体的二组分体系，采用步冷曲线法无法获得完整的相图，主要问题是在端部固溶体组成范围内 [Sn%(质量分数) < 18.3%] 的固相线温度很难确定，原因是此时液相极少，热效应很小，在步冷曲线上很难观察到转折点。DTA 法可以弥补这一不足。

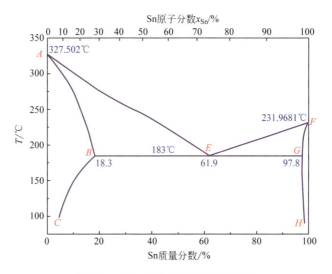

图 B3-7　铅-锡合金液固平衡相图

测定合金样品的 DTA 曲线的实验方法比较复杂，主要包括以下步骤。

1. 样品制备

用天平称取总质量 1.5g 以下的 Pb、Sn 颗粒样品，装入装样器的一个装样孔中，另一个装样孔中放入适量的纯 Pb 颗粒作为参比物（样品与参比物热容接近，基线漂移较小）。两者均以少量石墨粉覆盖，防止氧化。

将装样器放入加热器中，小心地插入参比热电偶，样品热电偶暂不插入。盖上保温顶盖。设定加热熔融控温程序：以 20℃·min^{-1} 的升温速率自室温升至 400℃，保温 15min，然后以 5℃·min^{-1} 的降温速率缓慢降至 60℃ 以下（当降温速率变慢偏离线性后，可以吹冷风加速降温）。加热器升温超过 340℃ 后，可打开保温顶盖，用干净的铜棒快速搅拌样品，使之混合均匀，然后将样品热电偶插入，随样品一起冷却凝结。

2. 升温和降温过程的 DTA 曲线测定

升温程序设定如下：

$50℃ \xrightarrow{5℃·min^{-1},6min} 80℃ \xrightarrow{10min} 80℃ \xrightarrow{5℃·min^{-1},48min} 320℃ \xrightarrow{5min} 320℃$

测量方法如前所述，达到终止温度后拔出样品热电偶，停止加热，保存 ΔT-t 关系和 T-t 关系数据。冷却加热器，参比热电偶可留在参比物中一起凝结，在下一次测量中继续充当参比物。

作为与步冷曲线法实验结果的对比，可以同时测定升温-降温两种过程的 DTA 曲线，程序设定如下：

$50℃ \xrightarrow{5℃·min^{-1},6min} 80℃ \xrightarrow{10min} 80℃ \xrightarrow{5℃·min^{-1},48min} 320℃ \xrightarrow{10min} 320℃ \xrightarrow{5℃·min^{-1},44min}$
$100℃ \xrightarrow{5min} 30℃ \xrightarrow{999min} 30℃$

升温段结束后可开启电吹风（不要打开保温顶盖），以使得降温段的线性范围尽可能扩展至较低温度。测量结束后，需再次快速升温熔化样品，取出样品热电偶（终止温度超过样品熔点温度即可，不要超过纯 Pb 的熔点温度）。

可选实验项目：①参比物种类对合金 DTA 曲线测量的影响；②升温速率对合金 DTA 曲线测量的影响；③样品数量对测量结果的影响等。

B3.6　数据处理与结果分析

1. 用色谱数据处理器软件分别打开同一样品的 ΔT-t 关系和 T-t 关系谱图，将数据导出为 Excel 文件。

2. 分别打开 T-t 关系和 ΔT-t 关系的 Excel 文件，将温度和温差的电势信号数据复制粘贴到同一个 Origin 软件的数据表格中，注意检查两列数据的对应性。根据方程（1）将温度电势信号转换为温度值（℃）。

3. 画出 T-ΔT 差热分析测量曲线，经过平滑、滤波、多峰拟合等处理，得到理想的 DTA 图谱，详细处理方法参见"实验数据拟合与曲线绘制"。由 DTA 曲线分析如下信息（若有）：

（1）在 $CuSO_4 \cdot 5H_2O$ 脱水过程的 DTA 曲线上，得到脱水峰的数目、起峰温度和峰顶温度值，并查阅文献数据进行对比，指出测量条件对 $CuSO_4 \cdot 5H_2O$ 脱水过程 DTA 曲线形态的影响。

（2）确定 KNO_3 相变过程热效应的性质（吸热还是放热），相变过程的起峰温度和峰顶温度，以及测量条件对 DTA 曲线形态的影响。

（3）按实验后附的方法，在升温 DTA 曲线上确定 Pb-Sn 合金样品的液相线和固相线温度，并与相同组成样品的步冷曲线进行对比。比较升温 DTA 与降温 DTA 曲线的不同之处。

B3.7　讨论与思考

1. 通过本实验，谈谈对差热分析实验方法的认识。
2. 对本实验有何改进的建议和意见。
3. 为什么几乎所有组成的 Pb-Sn 合金样品都能在升温 DTA 曲线上观察到共晶体（低共熔点混合物）熔化峰，而在降温曲线上却又都观察不到共晶体结晶峰？

附　热电偶温度计

自 1821 年塞贝克（Seebeck）发现热电效应起，热电偶的发展已经历了一个多世纪。据统计，在此期间曾有 300 余种热电偶问世，但应用较广的热电偶仅有 40～50 种。国际电工委员会（IEC）对其中被国际公认、性能优良和产量最大的 7 种制定标准，即 IEC584-1 和 584-2 中所规定的：S 分度号（铂铑 10-铂）；B 分度号（铂铑 30-铂铑 6）；K 分度号（镍铬-镍硅）；T 分度号（铜-康铜）；E 分度号（镍铬-康铜）；J 分度号（铁-康铜）；R 分度号（铂铑 13-铂）等热电偶。

热电偶是目前工业测温中最常用的传感器，这是由于它具有以下优点：测温点小，准确度高，反应灵敏。热电偶品种规格多，测温范围广，在 -50～1600℃ 范围内可以实现连续测量，极限低温可测至 -269℃，最高可测至 2800℃。热电偶结构简单，使用维修方便，常作为自动控温检测器等。

1. 工作原理

把两种不同的导体或半导体 A、B 接成图 B3-8 所示的闭合回路，如果将它的两个接点分别置于温度各为 T 及 T_0 的热源中，假定 $T > T_0$，则在其回路内就会产生热电动势（简称热电势），这个现象称作热电效应。

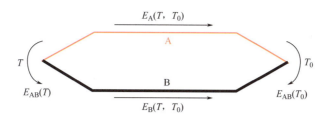

图 B3-8　热电偶回路热电势分布

在热电偶回路中所产生的热电势由两部分组成：接触电势和温差电势。

（1）温差电势

温差电势是在同一导体的两端因其温度不同而产生的一种热电势。由于高温端（T）的电子能量比低温端的电子能量大，因而从高温端跑到低温端的电子数比从低温端跑到高温端的电子数多，结果高温端因失去电子而带正电荷，低温端因得到电子而带负电荷，从而形成一个静电场。此时，在导体的两端便产生一个相应的电位差$U(T)-U(T_0)$，即为温差电势。图中的 A、B 导体分别都有温差电势，分别用$E_A(T, T_0)$、$E_B(T, T_0)$表示。

（2）接触电势

接触电势产生的原因是，当两种不同导体 A 和 B 接触时，由于两者电子密度不同（如$N_A > N_B$），电子在两个方向上扩散的速率就不同，从 A 到 B 的电子数要比从 B 到 A 的多，结果 A 因失去电子而带正电荷，B 因得到电子而带负电荷，在 A、B 的接触面上便形成一个从 A 到 B 的静电场 E。这样，在 A、B 之间也形成一个电位差$U_A - U_B$，即为接触电势，其数值取决于两种不同导体的性质和接触点的温度，两个接点的接触电势分别用$E_{AB}(T)$、$E_{AB}(T_0)$表示。

这样，在热电偶回路中产生的总电势$E_{AB}(T, T_0)$由四部分组成：

$$E_{AB}(T, T_0) = E_{AB}(T) + E_B(T, T_0) - E_{AB}(T_0) - E_A(T, T_0)$$

由于热电偶的接触电势远远大于温差电势，且$T > T_0$，所以在总电势$E_{AB}(T, T_0)$中，以导体 A、B 在 T 端的接触电势$E_{AB}(T)$为最大，故总电势$E_{AB}(T, T_0)$的方向取决于$E_{AB}(T)$的方向。因$N_A > N_B$，故 A 为正极，B 为负极。

热电偶总电势与电子密度及两接点温度有关。电子密度不仅取决于热电偶材料的特性，而且随温度的变化而变化，并非常数。所以当热电偶材料一定时，热电偶的总电势成为温度 T 和 T_0 之差的函数。又由于冷端温度 T_0 固定，则对一定材料的热电偶，其总电势$E_{AB}(T, T_0)$就只与温度 T 成单值函数关系：

$$E_{AB}(T, T_0) = f(T) - C$$

每种热电偶都有它的分度表（参考端温度为0℃），分度值一般取温度每变化1℃所对应的热电势的电压值。

2．热电偶基本定律

（1）中间导体定律

将 A、B 构成的热电偶的 T_0 端断开，接入第三种导体，只要保持第三种导体 C 两端温度相同，则接入导体 C 后对回路总电势无影响。这就是中间导体定律。

根据这个定律，可以把第三导体换上毫伏表（一般用铜导线连接），只要保证两个接点温度一样，就可以对热电偶的热电势进行测量，而不影响热电偶的热电势数值。同时，也不必担心采用任意的焊接方法来焊接热电偶。同样，应用这一定律可以采用开路热电偶对液态金属和金属壁面进行温度测量。

（2）标准电极定律

如果两种导体(A和B)分别与第三种导体(C)组成热电偶产生的热电势已知，则由这两导体(AB)组成的热电偶产生的热电势，可以由下式计算：

$$E_{AB}(T, T_0) = E_{AC}(T, T_0) - E_{BC}(T, T_0)$$

这里采用的电极C称为标准电极，在实际应用中标准电极材料为铂。这是因为铂易得到纯态，物理化学性能稳定，熔点极高。采用参考电极后，大大地方便了热电偶的选配工作，只要知道一些材料与标准电极相配的热电势，就可以用上述定律求出任何两种材料配成热电偶的热电势。

3．热电偶电极材料

为了保证在工程技术中应用可靠，并且具有足够精确度，热电偶电极材料必须满足以下要求：

①在测温范围内，热电性质稳定，不随时间变化；
②在测温范围内，电极材料要有足够的物理化学稳定性，不易氧化或腐蚀；
③电阻温度系数要小，电导率要高；
④由它们所组成的热电偶，在测温中产生的电势要大，并希望这个热电势与温度成单值的线性或接近线性关系；
⑤材料复制性好，可制成标准分度，机械强度高，制造工艺简单，价格便宜。

最后还应强调一点，热电偶的热电特性仅决定于选用的热电极材料的特性，而与热电极的直径、长度无关。

4．热电偶的结构和制备

在制备热电偶时，热电极的材料、直径的选择应根据测量范围、测定对象的特点，以及电极材料的价格、机械强度、热电偶的电阻值而定。热电偶的长度应由它的安装条件及需要插入被测介质的深度决定。

热电偶接点常见的结构形式如图B3-9所示。热电偶热接点可以是对焊，也可以预先把两端线绕在一起再焊。应注意绞焊圈不宜超过2～3圈，否则工作端将不是焊点，而向上移动，测量时有可能带来误差。

普通热电偶的热接点可以用电弧、乙炔焰、氢气吹管的火焰来焊接。当没有这些设备时，也可以用简单的点熔装置来代替。用一只调压变压器把市用220V电压调至所需电压，以内装石墨粉的铜杯为一极，热电偶作为另一极，把已经绞合的热电偶接点处，沾上一点硼砂，熔成硼砂小珠，插入石墨粉中（不要接触铜杯），通电后，使接点处发生熔融，成一光滑圆珠即成。

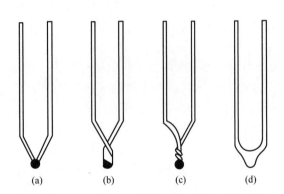

图B3-9　热电偶接点常见的结构

(a) 直径一般为0.5mm；(b) 直径一般为1.5～3mm；
(c) 直径一般为3～3.5mm；(d) 直径大于3.5mm才使用

5．热电偶的校正、使用

图B3-10为热电偶的校正、使用装置示意图，使用时一般将热电偶的一个接点放在待测物体中（热端），而将另一端放在储有冰水的保温瓶中（冷端），这样可以保持冷端的温度恒定。校正一般通过用一系列温度恒定的标准体系，测得热电势和温度的对应值，据此来得到热电偶的工作曲线。

表B3-1列出热电偶基本参数。热电偶经过一个多世纪的发展，品种繁多，而国际公认、性能优良、产量最大的共有七种，分别为S分度号（铂铑10-铂）、B分度号（铂铑30-铂铑6）、K分度号（镍铬-镍硅）、T分度号（铜-康钢）、E分度号（镍铬-康钢）、J分度号（铁-康钢）、R分度号（铂铑13-铂）。目前我国常用的有以下几种热电偶。

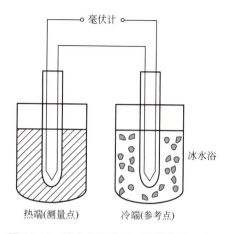

图B3-10　热电偶的校正、使用装置示意图

（1）铂铑10-铂热电偶

由纯铂丝和铂铑丝（铂90％，铑10％）制成。由于铂和铂铑能得到高纯度材料，故其复制精度和测量的准确性较高，可用于精密温度测量和作基准热电偶，有较高的物理化学稳定性。主要缺点是热电势较弱，在长期使用后，铂铑丝中的铑分子产生扩散现象，使铂丝受到污染而变质，从而引起热电特性失去准确性。成本高。可在1300℃以下温度范围内长期使用。

（2）镍铬-镍硅（镍铬-镍铝）热电偶

由镍铬与镍硅制成，化学稳定性较高，可用于900℃以下温度范围。复制性好，热电势大，线性好，价格便宜。虽然测量精度偏低，但基本上能满足工业测量的要求，是目前工业生产中最常见的一种热电偶。镍铬-镍铝和镍铬-镍硅两种热电偶的热电性质几乎完全一致。由于后者在抗氧化及热电势稳定性方面都有很大提高，因而逐渐代替前者。

（3）铂铑30-铂铑6热电偶

这种热电偶可以测1600℃以下的高温，性能稳定，精确度高，但它产生的热电势小，价格高。由于其热电势在低温时极小，因而冷端在40℃以下范围时，对热电势值可以不必修正。

（4）镍铬-考铜热电偶

该热电偶灵敏度高，价廉。测温范围在800℃以下。

（5）铜-康铜热电偶

铜-康铜热电偶的两种材料易于加工成漆包线，而且可以拉成细丝，因而可以做成极小的热电偶。其测量低温性极好，可达−270℃。测温范围为−270～400℃，而且热电灵敏度也高。它是标准型热电偶中准确度最高的一种，在0～100℃范围可以达到0.05℃（对应热电势为2μV左右）。它在医疗方面得到广泛的应用。由于铜和康铜都可拉成细丝便于焊接，因而时间常数很小，为毫秒级。

表B3-1　热电偶基本参数

热电偶类型	材质及组成	新分度号	旧分度号	使用范围/℃	热电势系数/mV·℃$^{-1}$
廉价金属	铁-康铜（CuNi40）		FK	0～+800	0.0540
	铜-康铜[①]	T	CK	−200～+300	0.0428
	镍铬10-考铜[①]		EA-2	0～+800	0.0695
	镍铬-考铜[①]		NK	0～+800	

续表

热电偶类型	材质及组成	新分度号	旧分度号	使用范围/℃	热电势系数 /mV·℃$^{-1}$
廉价金属	镍铬-镍硅	K	EU-2	0～+1300	0.0410
	镍铬-镍铝（NiAl2Si1Mg2）			0～+1100	0.0410
贵金属	铂-铂铑10	S	LB-3	0～+1600	0.0064
	铂铑30-铂铑6	B	LL-2	0～+1800	0.0034
难熔金属	钨铼5-钨铼20		WR	0～+2300[②]	

① 康铜、考铜都是掺锰的铜镍合金，但是组分含量不同。
② 在真空、还原、惰性气氛中。

B4 扫描电子显微镜对二元合金相结构的观察与分析

B4.1 实验简介

本实验将学习扫描电子显微镜（scanning electron microscope，简称SEM）对材料性质的研究方法。SEM是一种非常有力、且操作便利的微观分析技术，可以在接近原子尺度的水平上对材料的几何结构和组成差异进行观察，配合使用能量分布分析器（energy dispersion detector，简称EDS），还能够对微区的元素分布进行测量和成像。SEM+EDS的组合构成一套相对完整的材料分析方法，本实验将利用它来研究实验A7和B3涉及的二元合金样品，观察不同成分的合金样品的相组成结构，分析不同相区的元素比例，进而推测熔融液体合金在冷却凝固过程中发生的变化，加深对相图结构的理解和认识。

本实验设计为开放实验，由学生组成4～6人的实验小组，多个小组合作完成。实验可以穿插在实验课程所在学期中进行，其中样品制备需4课时，SEM+EDS分析需4课时。

学生应学习和了解扫描电子显微镜的工作原理，以及利用特征X射线方法进行元素分析的技术。

B4.2 理论探讨

铅-锡合金体系是典型的二组分低共熔点体系，两组分间存在有限的固态溶解度，可在一定的组成范围内形成固溶体，但是不会形成化合物。该合金体系提供了一系列焊锡产品，其中的Pb40/Sn60合金更是广泛应用于电子装备制造领域。

相图是研究材料特性的主要工具之一。测定相图的方法很多，比如热分析技术，包括示差扫描量热法（DSC）、差热分析（DTA）或者简单的步冷曲线法等。另外，微观分析方法也常用来进行相图的测定，比如X射线衍射法（XRD）或者透射电子显微镜/电子衍射法等。然而，热分析方法仅能给出相转变过程中涉及的转变温度信息，二组分体系相平衡的细节要比相图上简单几何图线丰富得多，图B4-1是Pb50/Sn50合金在金相显微镜中的图像，可以看出在微区结构中包含有富铅的黑色大颗粒，它们分散在斑马线状的低共熔体混合物基体中，该基体由黑色的富铅相和明亮的富锡相交错构成。

金相显微技术只能对图像的色彩和对比度进行观察，而对微区中的化学组成和相平衡结构的分析，则必须依赖复杂的样品处理过程和研究者的经验。随着现代实验技术的发展，分析用电子显微镜日益普及，使用该技术能够方便和快捷地测定相图中各相区的结构、组

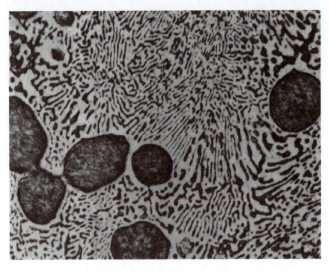

图 B4-1　缓慢凝固的 Pb50/Sn50 合金的金相显微图像（×550）

成和化学元素。本实验着重研究如何利用扫描电子显微镜观察分析铅-锡合金的组成-结构关系。

B4.2.1　扫描电子显微镜

当高能电子束照射在固体样品上时，样品与入射电子之间会发生多种相互作用［见图 B4-2(a)］。入射电子被样品散射分为两种类型：弹性散射和非弹性散射。如果样品足够薄，许多入射电子可以穿透样品，这些电子叫做透射电子，其中弹性散射的透射电子主要用于透射电子显微镜（transmission electron microscope，TEM）成像，而非弹性散射的透射电子主要用于分析，比如电子能量损失谱（electron energy loss spectroscopy，EELS）。扫描电子显微镜（SEM）不使用透射电子作为工作介质，它主要利用二次电子、背散射电子和特征X射线这三种信号［见图 B4-2(b)］，这些信号的产生原理是：高能入射电子将样品原子中的一

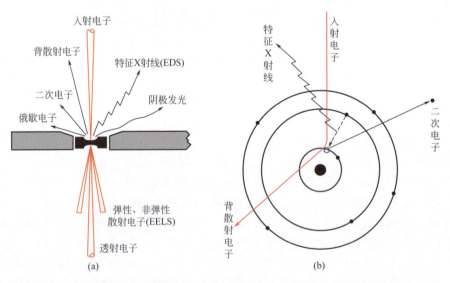

图 B4-2　电子与样品相互作用产生的各种信号(a)；以及扫描电子显微镜三种主要信号产生的微观过程示意图(b)

个内层电子轰击出来,飞出样品表面,形成二次电子(secondary electron,SE);同时,入射电子被样品原子偏转,改变运动方向,如果入射电子偏转角度很大(近似与入射方向相反)且被散射出样品表面之外,则形成背散射电子(back scattered electron,BSE)。由此可见,二次电子就是原来被束缚在样品原子内层轨道上的电子,而背散射电子就是被样品反弹的入射电子;二次电子发射后,原子的内层轨道产生一个空位,原子处于激发态,外层电子会自发地向内层空位跃迁,同时以X射线的形式释放能量,该能量的大小取决于发生跃迁的两个电子轨道的能级差,而元素的电子轨道能级及其差值具有唯一性,即每种元素都有一套自身特有的X射线发射谱线,这就是元素的特征X射线。

图B4-3是SEM的典型布局示意图,由电子枪发射的电子经过加速电场后获得高能量(最高可达40keV),经过1～2个磁透镜的聚焦后形成0.4～5nm直径的电子束,再通过偏转线圈沿x方向和y方向偏转电子束,在样品表面的一个矩形面积内按栅格状图样进行扫描。

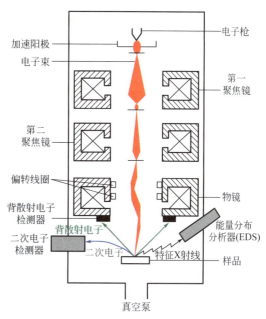

B4.2.2 二次电子成像

SEM主要利用二次电子成像。从图B4-3可以看出,SEM并没有对样品的图像进行聚焦放大的结构部件,其显微成像原理与一般的显微镜系统有很大差别。如前所述,二次电子来自于样品原子中被束缚的内层电子,其飞行动能一般都很小,在样品内部穿行时很容易被其他原子吸收,只有样品表面以下约10nm范围内产

图B4-3 扫描电子显微镜结构原理框图

生的二次电子才可能飞出样品表面被检测到,而样品表面10nm以下部分产生的二次电子一般不可能飞出样品表面。因此,SEM能够检测到的二次电子仅限于样品表面以下10nm以内。现在考察一下当样品表面与入射电子束成不同角度时,二次电子产率的变化,如图B4-4所示。

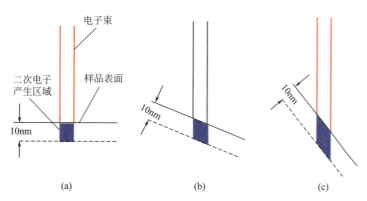

图B4-4 二次电子产率与样品倾斜程度的关系

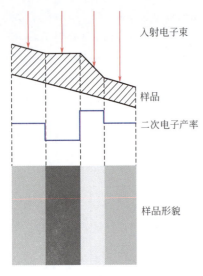

图 B4-5 不同倾斜度表面样品的二次电子形貌像

由图 B4-4(a)可知,当某尺寸的入射电子束斑垂直照射在样品上时,产生二次电子的区域大约是束斑照射范围内的样品表面以下 10nm(图中用蓝色块表示);倾斜样品[见图 B4-4(b)],当入射电子束斑大小不变时,样品产生二次电子的区域变大;继续倾斜样品[见图 B4-4(c)],样品产生二次电子的区域变得更大。在其他条件不变的情况下,入射电子束斑扫描样品不同位置产生的二次电子数量与产生二次电子区域的体积成正比,将样品表面各点的二次电子强度记录下来,就得到一幅明暗相间的图像,即样品的表面形貌图像。图 B4-5 为一个具有不同倾斜度表面的块体的二次电子形貌像。

二次电子成像依赖的是入射电子束在样品表面扫描所获各点的二次电子产率,因此其分辨率取决于所用电子束斑的尺寸,电子束斑越小,分辨率越高。由于二次电子与背散射电子是混合在一起从样品表面发射出来的,为获得二次电子形貌像,必须测量纯粹的二次电子的强度,这可以通过将二次电子检测器放置在样品的侧面,并利用二次电子的特性:低动能,一般二次电子的能量都小于 50eV,只要在样品上方增加一个阻挡势栅极,控制其电势为 -100~-150V,即可将二次电子完全偏转至样品侧面的二次电子检测器中,而背散射电子的动能非常大(keV 数量级),这个阻挡势基本不会对其产生偏转作用,因此不会进入二次电子检测器。

B4.2.3 背散射电子成像和成分对比分析

未被阻挡栅极偏转的背散射电子以很小的展开角向样品上方垂直方向发射,其检测器是布置在其发射方向上的两个对称的半圆环形探测器。对背散射电子的检测可以同时提供样品的表面形貌和组成对比的信息,注意后者是指测量出样品表面不同组成区域分布的图像,而不是给出具体的化学组成。图 B4-6 给出了两种极端情况下,利用背散射电子测量数据获得样品形貌像和成分像的原理。

(1)图 B4-6 中 a 样品的表面完全平整,但是各部分组成不同。背散射电子是入射电子被样品散射所致,因此样品的成分和结构(如元素的原子序数等)都会对背散射电子的强度产生影响,因此可以测出起伏变化的背散射电子强度曲线。由于两个背散射电子检测器 A 和 B 是对称放置的,因此 A、B 检测器对平整表面上所测得的信号是完全相同的。将 A、B 检测器的信号相加,(A+B)信号会显示出幅度更大的起伏变化;反之,将 A、B 检测器的信号相减,(A−B)信号显示为一条平线,没有任何起伏变化;由于 a 样品的表面形貌是没有起伏的,而各部分组成有明显差异,因此可知(A+B)信号显示了样品的成分变化,是成分像,(A−B)信号显示了样品的表面特征,是形貌像。

(2)图 B4-6 中 b 样品的组成完全均一,但是表面形貌高低起伏。当电子束扫过水平表面时,A、B 检测器测出相同的信号;当样品表面朝向 A 检测器时,背散射电子将较多地进入 A 而较少地进入 B,因此 A 信号显示正峰,B 信号显示相反的负峰;反之亦然。因此,A、B 检测器将获得完全相反的扫描曲线。将 A、B 检测器的信号相加,(A+B)信号显示为一条平线,没有任何起伏变化;反之,将 A、B 检测器的信号相减,(A−B)信号会显示出幅度

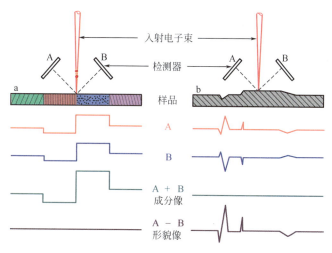

图 B4-6 背散射电子成分像和形貌像的分离

更大的起伏变化；由于 b 样品的表面形貌是起伏的，而各部分组成没有明显差异，因此可知 (A+B) 信号显示了样品的成分变化，是成分像，(A−B) 信号显示了样品的表面特征，是形貌像。

由此可知，对背散射电子的检测可以同时分离出样品的成分像和形貌像，当进行此类测量时，务必弄清所获得的图像的性质，不要把形貌像和成分像搞混了，以致做出错误的解读。与二次电子的形貌像相比，背散射电子的形貌像立体感有所欠缺，在高放大倍数时图像质量不如二次电子像。某些型号的扫描电子显微镜并不特别加装背散射检测器，而是采用二次电子、背散射电子混合测量的模式，通过调节两者的混合比例来调整图像的品质。

B4.2.4 特征X射线成像和元素分析

对样品的化学元素进行定量分析的实验技术称为能量分布X射线光谱（energy-dispersion X-ray spectroscopy，EDS 或 EDX 或 XEDS），它对样品的表征能力主要是基于如下基本原理，即每种元素都具有独有的原子结构，能够发射出一套特定的X射线光谱。样品原子包含分布在原子核周围分立能级或电子壳层中的电子，且处于基态；为从样品中激发出特征X射线，可以将一束高能粒子（比如电子、质子或光子）聚焦在所研究样品的表面，并激发一个内层电子，将其从电子壳层中轰击出去，并在该电子所在能级上留下一个空穴；一个处于外壳层、高能级的电子可以向内跃迁填补空穴，高、低能级之间的能量差以X射线的形式释放，一个样品辐射X射线的数量、能量和强度都可以用能量分布光谱仪进行检测。由于这些X射线的能量完全取决于发射元素的原子结构和发生跃迁的两个能级的能量差，而每种元素都有一套自身特有的能级系统，这就使得我们能够利用特征X射线光谱分析样品的元素组成。

图 B4-7 画出了一个原子的示意图，包含有多个电子壳层，分别用 K、L、M、N……表示，每个壳层还包括亚层，特征X射线来自于这些壳层间的跃迁，这些谱线按如下规则命名：由外壳层向K壳层跃迁产生的X射线标示为大写字母K，由外壳层向L壳层跃迁产生的X射线标示为大写字母L，依次类推；谱线 $K_{\alpha1}$ 表示 L_3 亚层的一个电子向K壳层的空穴跃迁，故也可以表示为 KL_{III}；每条谱线的详细命名和归属可查阅手册，注意这些谱线命名的排序方式

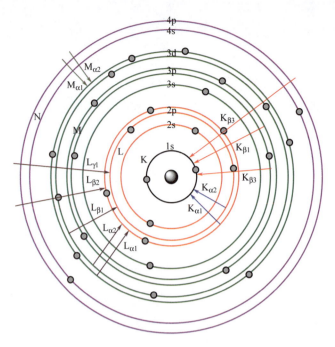

图 B4-7　原子结构示意图和特征 X 射线的命名

并不是按照某些固定的规则。

　　图 B4-8 是金属铅发射的特征 X 射线全谱，铅的 K 壳层结合能是 88.04keV，K_β 线对应于由 M、N 壳层向 K 壳层的跃迁，谱线能量值为 85keV 和 87keV，K_α 线对应于由 L 壳层向 K 壳层的跃迁，谱线能量值为 72keV 和 75keV，L 线来自于外壳层向 L 壳层的跃迁，谱线能量 10~15keV，M 线来自于外壳层向 M 壳层的跃迁，谱线能量为 2.5keV 左右。离原子核越远，壳层间的能量差越小，因此向外壳层跃迁释放的能量会小于向内壳层跃迁释放的能量，对于同一种原子而言，谱线能量的排序方式为：$M_\alpha < L_\alpha < K_\alpha$。

　　为了电离一个原子，入射能量必须有最小的阈值，这个阈值一般与某个特定内壳层电子的结合能有关，比如同一原子的 K 壳层电子的结合能就大于 L 壳层电子的结合能。当入射能

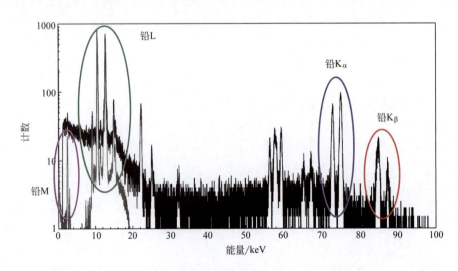

图 B4-8　铅的 EDS 全谱

量足以激发K谱线时，L谱线和M谱线也同样被激发，只要在L、M壳层之外的能级上还有电子排布；同样地，当K_β谱线被激发后，K_α谱线也一定会被激发，只要M壳层及以外壳层内有电子排布。对于SEM而言，由于入射电子能量很少超过40keV，达不到重金属原子的K谱线能量值，因此其配套的EDS检测以L线和M线为主。

利用特征X射线测量可以实现对样品表面的全元素分析，配合SEM的电子束扫描功能，EDS分析可以实现对各种元素微区分布的扫描成像，并组合为多元素分布合成图像，与SEM本身具有的形貌成像和成分对比成像功能结合，形成一套对固体材料进行全面微观分析的综合性实验技术。

B4.3 仪器试剂

Hitachi S-4800高分辨扫描电子显微镜和Horiba能量分布X射线光谱仪，配冷场发射电子枪，加速电压0.5～30kV，极限分辨率1.0nm(15kV)、2.0nm(1kV)，配高、低探头探测背散射电子和二次电子，并可使用混合模式。工作电压10～15kV，工作电流10μA，工作距离15mm，在此条件下，EDS主要探测的是样品的M系谱线。

加热电炉，程控仪，硬质玻璃管，K型铠装热电偶（外径1.5mm），保温材料，坩埚钳，不锈钢搅棒，搪瓷盘或其他宽边浅槽容器。

铅、锡颗粒（A.R.或C.P.），石墨粉，粗砂纸，金相砂纸（W70，W63，W50，W40，W28，W20，W14，W10），氧化铝抛光粉（<1μm）。

B4.4 安全须知和废弃物处理

- 在实验室中需穿戴实验服、防护目镜或面罩。
- 在处理金属样品时需使用丁腈橡胶手套和口罩。
- 加热熔融铅、锡金属样品应在通风橱内进行。
- 打磨金属样品时，应将样品浸没于水中。
- 重金属及其粉末有毒，如发生皮肤沾染，需用水和肥皂清洗，并冲洗沾染部位10min以上。
- 使用过的砂纸和固体废渣、碎屑放入固体废弃物桶，废水放入无机废液桶中。
- 离开实验室前务必洗手。

B4.5 实验步骤

样品制备过程中务必穿戴实验服、护目镜、防护口罩、丁腈手套/隔热手套，不得用手直接触摸重金属和正在加热的器具。

1. 合金样品的制备

可以选用实验A8和B3使用过的样品，如果样品明显氧化，则应重新制备。

按所需合金样品的组成比例称取适量的铅、锡颗粒，总质量10g左右，放入ϕ8mm×100mm硬质玻璃管中，样品上覆盖一薄层石墨粉，防止氧化。将玻璃管加塞后放入电炉中，程序控温10℃·min^{-1}由室温升温至380℃，恒温30min，用不锈钢细棒搅拌三次，每次搅动50次，使金属颗粒完全熔融混匀。以5℃·min^{-1}的速率降温，直至样品温度降至

100℃以下，将样品管取出电炉，冷却至室温。

2. 样品处理和打磨

参考金相试样的制备过程，分为以下几个步骤。

（1）取样　击碎样品玻璃管（注意安全，戴手套和护目镜），将熔铸成型的合金锭取出，轻轻敲击除去石墨粉碎屑，用水冲洗干净。

用手锯或其他切割具切取厚度2～5mm的圆锭切片，切割过程中用水冷却，防止高温引起金相改变。

（2）镶嵌　取直径1cm左右的塑料瓶盖一个，将适量环氧树脂甲、乙料按配比混合后注入瓶盖中，稍加凝固。然后将合金切片嵌入环氧树脂中，室温下固化，12h后完全凝固。其他快速固化树脂也可以使用。

（3）磨光　磨光过程是为了得到一个平整光滑的表面，分为粗磨和细磨。磨光过程要用水冷却，最好在流水状态下进行，同时可以防止有毒的铅颗粒挥发到空气中。请佩戴手套、口罩等防护用品。

粗磨：用0号砂纸将实验磨面磨平。

细磨：选用不同粒度的金相砂纸（W70、W63、W50、W40、W28、W20、W14、W10），由粗到细进行磨制（号数越小，砂纸越细）。磨时将砂纸放在平整的底板上（如厚玻璃板），手持试样单方向向前推磨，切不可来回磨制，用力均匀，不宜过重。每换一号砂纸，实验磨面需旋转90°，与旧划痕垂直，以此类推，直至旧划痕消失为止。试样细磨结束，用水将试样冲洗干净，准备抛光。

（4）抛光　目的是去除细磨在试样磨面留下的细微划痕，使试样磨面成为光亮无痕的镜面。本实验采用纳米α-氧化铝粉末作为抛光微粉，用绒布作为抛光底面。将抛光粉加入适量水制成乳液，将圆形抛光绒布平整铺展在光滑平面上。抛光时试样磨面应均匀轻压在抛光绒布上，将试样由绒布中心向边缘旋转移动，同时以少量多次和由中心向外扩展为原则，不断加入抛光粉乳液。抛光应保持适当的湿度，合适的湿度是以提起试样后其磨面上的水膜在3～5s内蒸发完为原则。抛光压力不宜过大，时间不宜过长，抛光前期抛光乳液浓度应大一些，后期使用较稀的乳液，最后用清水抛，直至试样成为光亮无痕的镜面为止。将样品从固化树脂中剥离出来，用清水冲洗干净，晾干后装入样品袋中准备测试。

3. SEM/EDS测试分析

将多个组成的合金样品用导电胶带牢固黏结在扫描电子显微镜样品台上，调节样品台高度，然后用送样杆送入SEM测试腔体内。

采用SE+BSE混合信号模式，首先调节SEM图像观察条件，选取合适的放大倍率（首次观察可选择×400～×1000），寻找典型的铅锡合金微区结构图像，聚焦并调节清晰，拍摄图像。若需要观察更加精细的结构，可放大倍率，重新测量。

将选定的样品观察区域转入EDS分析模式，进行全区域元素扫描分析、Mapping成像、局域微区的元素分析等。

图B4-9为典型的铅锡合金SEM/EDS分析结果图片。

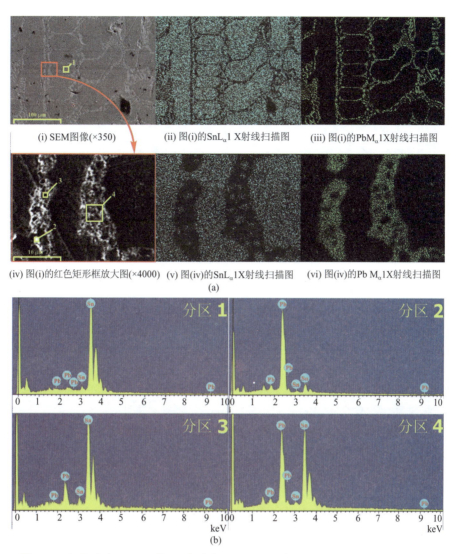

图 B4-9　铅锡合金 SEM 图像/元素分布 Mapping 图（a）及选区元素分析谱图（b）

B4.6　数据处理与结果分析

结合铅锡合金液固平衡相图，观察典型的前端固溶体、亚共晶体、共晶体和过共晶体样品的 SEM/EDS 分析图像和结果，计算合金各微区的元素成分，指出图像中显示存在低共熔点混合物的区域，描述低共熔点混合物的形态，分析合金样品的微观结构是否符合相图的预计及冷凝过程的变化规律，指出 SEM/EDS 实验结果超出相图分析的内容。

上述四种不同相结构样品的典型组成为：10%、35%、61.9% 和 80%（锡质量分数）。

B4.7　讨论与思考

文献指出，铅锡合金及其类似合金在冷凝过程中，会出现一种奇特的现象：当样品冷却至接近室温或更低温度时，会突然瞬间发热发烫，如果此时用手捏住样品，甚至可以灼伤手指，这个现象叫做"复烛"（recalescence）。查阅文献，解析这个现象产生的原因，并结合本实验寻找"复烛"可能留下的痕迹。

B 5

苯酚-叔丁醇固液平衡相图的绘制

B5.1 实验简介

本实验将用步冷曲线法在低温下测定有机物二元液固平衡相图。苯酚-叔丁醇二元体系具有三个低共熔点,并且在两个组成形成固态稳定化合物,通过实验测定如此复杂的相图是一件有趣的事情。实验测定的工作量很大,因此各实验小组必须合作才能完成整个相图的测定。低温下有机物凝固过程存在非常严重的过冷现象,这经常导致实验测定失败或者测定结果偏离预期趋势,而这种趋势的产生又依赖于各实验小组测定结果间的相互比对,因此每个同学的实验结果都会对整个实验团队的实验结果产生影响,并且会即时地接受其他实验小组的评价和取舍,这是一种全新的实验体验。经过本实验,相信同学们会对范特霍夫、贝克曼等人当年的工作和成就充满敬意。

本实验设计为8课时,建议以4~6个实验小组组成一个实验团队,共同完成整个相图的测量工作。

学生应熟悉相律、相图等基本概念和原理,尤其是二组分液固平衡相图的基本结构。相关实验测定的原理和技术可参阅实验A5和A7。

B5.2 原理探讨

某些二组分体系可以形成稳定的固态化合物,并能与液相平衡共存,如苯酚(P)和苯胺(A)可以形成$C_6H_5OH \cdot C_6H_5NH_2$化合物(PA)。在这种情况下,体系的物种数为3,而又存在一个独立的化学反应,因此组分数仍为2,该体系还是属于二组分液固平衡体系,可以用上述研究方法进行考察。图B5-1是苯酚(P)-苯胺(A)的固-液平衡相图,苯酚的熔点为40℃,苯胺的熔点为-6℃,两者生成分子比1:1的化合物$C_6H_5OH \cdot C_6H_5NH_2$(PA),熔点为31℃。固相的苯酚(P)、苯胺(A)和化合物(PA)彼此均不互溶,整个相图可以看作由P-PA体系和PA-A体系两个简单低共熔体系相图合并而成的,有两个低共熔点温度。在冷却过程中,根据体系的初始组成,当体系温度降低到这两个低共熔点温度时,会分别同时析出固态P-PA或固态PA-A;若体系的初始组成正好是$x_A=0.5$,则冷却后只有固态化合物$C_6H_5OH \cdot C_6H_5NH_2$(PA)析出,且温度保持在31℃不变,直至完全凝固,即此时体系表现得如同单组分体系,因为除一个化学反应外,还有一个浓度比例关系,因此组分数为1。

叔丁醇-苯酚二组分体系的固-液平衡相图更加复杂一些,会形成两个化合物,有三个

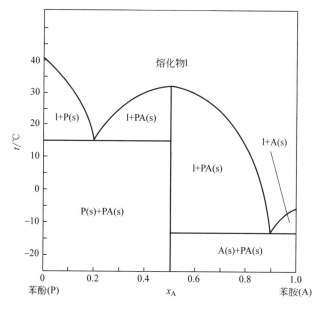

图 B5-1　苯酚（P）-苯胺（A）液固平衡 x-t 相图

低共熔点温度（见表 B5-1）。本实验通过低温控制下的冷却系统，仔细测量各初始组成熔化物的步冷曲线，将整个相图确定下来。

表 B5-1　叔丁醇-苯酚二组分体系的相关参数

项目	组分Ⅰ叔丁醇	组分Ⅱ苯酚	共熔点/℃	组分Ⅱ摩尔分数 x_{II}	组分Ⅱ质量分数/%
熔点/℃	25.69	40.89	9.7	0.140	17.1
			10.0	0.537	59.6
			12.2	0.770	81.0

注：共熔点温度仅供参考，各文献值有差异，以实测为准。

B5.3　仪器试剂

SWC-LG$_\mathrm{D}$ 凝固点实验装置（一体化）（南京桑力电子设备厂），样品管2根，采样计算机系统，Pt-100温度传感器，低温超级恒温槽，恒温水槽（公用，2～3组一套），电子天平，0.1℃刻度水银温度计，恒温夹套，凝固点管，移液管（25mL），称量瓶，大烧杯（1000mL），硅橡胶管，电吹风。

叔丁醇（A.R.），苯酚（A.R.），高纯水，乙二醇（冷却循环液成分）。

B5.4　安全须知和废弃物处理

- 在实验室需穿戴实验服、防护目镜或面罩。
- 苯酚对皮肤、黏膜、眼睛等部位有强烈的刺激性和腐蚀性，在处理时使用丁腈橡胶手套，佩戴专用实验口罩。
- 含苯酚样品加热熔融的操作需在通风橱中进行，操作完成后样品管应立即加盖并送入冷却套管中。

- 如发生皮肤沾染，立即用肥皂清洗，然后用水冲洗沾染部位10min以上。
- 离开实验室前务必洗手。
- 使用过的溶液倒入指定的废液回收桶。
- 将散落的固体粉末样品小心收集起来，连同使用过的手套、口罩和称量纸等物品一起放入固体废弃物桶。

B5.5　实验步骤

（1）检查电源、温度传感器接口和数据传输线串行口是否正确连接。开启低温恒温槽电源，调节温度为20.0℃左右。启动冷却剂循环泵，使冷却剂循环进入实验装置的恒温空气夹套中。

（2）开启SWC-LG$_D$凝固点实验装置（一体化）主机，设定基温，方法如下：将温度传感器置于恒温空气夹套中，当温度显示为10～30℃范围内的数值时，按"锁定"键，使基温选择由"自动"变为"锁定"，基温固定为20℃。若需要将基温调整为0℃，则需将低温恒温槽冷剂温度降低至5℃以下，当温度传感器显示为9.7℃以下时，按"锁定"键，使基温选择由"自动"变为"锁定"，基温固定为0℃。每次测定均应将基温记录下来，并据此校正步冷曲线的温度读数。类似方法可将基温设定为40℃（测定纯苯酚及高含量苯酚溶液步冷曲线时可能需要）。

（3）在45℃恒温水槽中将叔丁醇样品温热融化。将苯酚块体凿碎。样品管放置在合适大小的烧杯中，在电子天平上称量去皮校零，放入适量的苯酚颗粒并称量，然后再注入适量的叔丁醇溶液并再次称量，苯酚与叔丁醇样品的总质量控制在25～30g，根据称量结果计算样品中苯酚的质量分数。将样品管盖和搅拌棒在样品管上装配好，在45℃恒温水槽中手动搅拌，使固体颗粒完全溶化，然后将样品管小心地放入仪器的恒温空气夹套中（不要用力塞，以免挤碎玻璃磨口）。

（4）低温恒温槽冷剂起始温度一般控制在20℃，将温度传感器放入样品管中，通过观察窗观察温度传感器在样品中的浸没深度，调节橡胶密封圈的高低，使温度传感器顶端处于液体样品的中心位置。**放入温度传感器的动作要缓慢，同时观察其顶部位置，防止顶破样品管**。将搅拌控制开关拨至"慢"挡，慢速搅拌样品，等待样品温度进入传感器可测量范围（基温±20℃），观察确认此时样品中没有固体析出，然后可以进入实际测量。

（5）在计算机上点开"凝固点实验数据采集处理系统"软件界面，点击"设置-通讯口-COM1"设定数据通讯通道，点击"设置-设置坐标系"设定合适的温度-时间坐标值（横坐标时间100～150min为宜）。

（6）将低温恒温槽设定温度调整为−5℃，点击"数据通讯-清屏-开始通讯"，计算机开始实时采集温度-时间变化曲线（通讯指示灯闪烁）。样品随冷剂温度下降同步降低，两者之间大约有5℃的温差。**持续观察样品状态，当有固体析出且对搅拌产生阻碍时，立即停止搅拌，防止传动电机烧坏**。继续冷却直至步冷曲线上第二平台/转折出现或样品温度接近冷剂温度。

（7）实验结束后，点击"数据通讯-停止通讯"，保存实验数据（用*.NGD和*.XLS两种文件格式分别保存）。

（8）若步冷曲线上第二平台/转折未出现，将冷剂温度调整为−10℃，重新设定基温再测定一次。若仍未观察到该现象，可保存数据并结束该组成样品的测量。用手温热样品管，将温度传感器从样品中轻轻抽出后拭净待用；将样品管在45℃恒温水槽中温热融化，样品倒入废液收集桶中。洗净样品管，置于烘箱中烘干。

（9）换一根干净的样品管，另行配制不同组成的苯酚-叔丁醇样品，按相同方法测定其步冷曲线。

（10）重复测量过程直至测定完所有样品的步冷曲线，样品的苯酚质量分数组成为：0%、5%、10%、15%、20%、25%、30%、35%、40%、45%、50%、55%、60%、65%、70%、75%、80%、85%、90%、95%、100%。实验合作完成，每实验小组完成4～5个样品的步冷曲线测量。

（11）整理相关实验数据，记录室温和大气压。关闭电源开关，关闭计算机。将样品管、搅拌棒和温度传感器等清洗干净。

B5.6　数据处理与结果分析

从实验获得的步冷曲线上确定相关的拐点温度和平台温度，查阅叔丁醇和苯酚熔点的文献值，根据实验结果对数据进行校正并列表。画出苯酚-叔丁醇固液平衡体系的wt%-t相图和x-t相图，确定所形成化合物的分子比，及低共熔点温度和组成。

相图绘制应注意以下几个问题：实际体系的相线是无法用数学方程描述的，因此绘制相图也不能采用任何数据拟合程序；一条液线本身及其一次微分必须单调变化，即单条液线上不能出现波浪形状和拐点，即使实验数据在一定范围内出现起伏波动；在最低共熔点两条液线相交，此处不能采用连续平滑过渡的绘图方法，必须表现为不连续的"奇点"；在稳定化合物熔化温度处相线的斜率为0。

B5.7　讨论与思考

1. 液固平衡相图中的液线可以根据稀溶液的依数性原理，按照凝固点降低公式进行理论计算[1]。反之，由实验测定的液线数据也可以推算纯物质的相变焓。试根据相图两端侧实验数据，按上述方法估算苯酚和叔丁醇的熔化焓，并与文献值对比。

2. 试设计一个实验方法，测定出本实验体系中形成的两个化合物的熔化焓。在此基础上，能否从理论上计算该二组分体系的液固平衡相图，并确定共熔点的温度和组成？

3. 化学是不断进化的科学，这种进化有时造成我们今天查阅文献的困惑。查阅苯酚-叔丁醇二元体系液固平衡相图的文献数据，注明文献出处，指出自1870年以来文献中叔丁醇的英文名称的变迁。根据文献数据绘制相图，并与实验数据进行对比。

B 6 差热分析法测定 $NaNO_3$-KNO_3 固液平衡相图

B6.1 实验简介

本实验将用差热分析法（DTA）测定二元熔盐体系 $NaNO_3$-KNO_3 的液固平衡相图，了解复杂相变体系的特点和热分析图谱特征，观察固相相变过程，熟悉用 Origin 软件分析处理大量实验数据的方法。这是差热分析法用于实际研究目的的一个案例。

本实验设计为 8 课时，建议采用实验小组间合作方式完成全部实验内容。

学生应熟悉差热分析法的原理和实验技术，相关内容可参阅实验 A3。

B6.2 原理探讨

差热分析法用于相图的测定有许多优点，首先是样品用量少，传统的步冷曲线法样品用量一般为 10^2 g 数量级，差热分析法一般为毫克级；其次，温差曲线实际上是温度-时间曲线的变化率，因此更加灵敏，温度转折点也更加容易确定。与其他实验方法相比，差热分析曲线一点也不难理解和解释，甚至更加直观。图 B6-1 中分别画出了某二元液固平衡体系的相图、某组分样品的步冷曲线和对应的降温过程的差热分析曲线，可以看出，由熔融液态 w 开始降温，直至 x 点开始析出固体 B，该阶段在步冷曲线上表现为随时间下降的温度，而在 DTA 曲线上，由于样品没有发生吸热或放热的物理、化学变化过程，与参比物的温差保持基本恒定，故表现为一条水平基线；在 $x\to y$ 的降温阶段，体系为液固两相共存，随着温度的降低，固体 B 不断析出，液相中 A 组分浓度不断增大，直至达到低共熔点组成，在步冷曲线上，该降温过程表现为与 wx 段曲线斜率不同的另一段曲线 xy，理论上可以用 wxy 曲线的不连续点，即点 x 的温度代表该组成样品的相转变温度，但是实际上该点常常难以准确判断，而在 DTA 曲线上，伴随固体 B 的析出，样品放热过程导致其温度明显升高，与参比物之间的温差变大，呈现为突然向上的放热峰，随着温度降低，固体析出量相应减少，放热数量随之降低，样品温度逐步向参比温度回归，整个二相共存段在 DTA 曲线上表现为一个宽大的不对称峰；在低共熔点 y，步冷曲线表现为一段水平线 yy'，比较容易判断，但是若样品组成比较接近纯物质，根据杠杆规则，此时残余低共熔体数量较少，yy' 水平段很短甚至无法维持，导致测量不准确，而在 DTA 曲线上，无论低共熔体数量多少，其析出过程均表现为一个比较尖锐的放热峰，非常容易判断 y 点的温度。

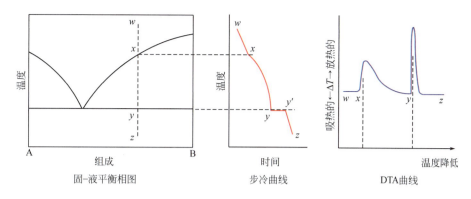

图 B6-1　液固平衡体系的相图、步冷曲线和差热分析曲线

与步冷曲线法采用的降温测量法不同，DTA 的测定常常在程序升温条件下进行，尤其是对于液固相变过程的测量更是如此，这是因为降温过程往往存在比较严重的过冷现象，导致测出的相变温度偏差较大，而升温过程中的过热现象基本不存在，所测得的相转变温度比较接近真实值。对于复杂相变体系的液固平衡相图，步冷曲线法得到的信息往往模糊不清，细节无法判断，而 DTA 技术则能比较全面地研究各种相变过程。

图 B6-2 是一个假想的二元体系的液固平衡相图及其 DTA 曲线，该体系包含有相合熔点和不相合熔点、固溶体、低共熔体以及液相反应，七个代表性组分在程序升温条件下的 DTA 曲线标示在相图之上，主要含义如下。

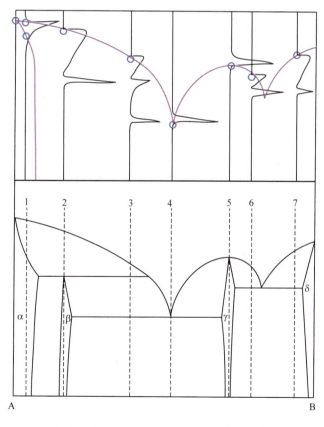

图 B6-2　假想二元液固平衡相图及其 DTA 曲线

曲线1：仅有单一的固溶体α的熔化过程，直至达到液线温度，熔化峰后半部陡峭的下降峰边往往是体系完全进入液相的标志。

曲线2：该组分恰为不相合熔点化合物β，在DTA曲线上尖锐的吸热峰代表该化合物的等温分解过程为固相α和液相，在该温度以上，样品继续以越来越快的速率熔化，直至完全液化。

曲线3：该组分位于不相合熔点化合物靠近低共熔点一侧，第一个尖锐吸热峰对应于β相和γ相在低共熔点温度下的同时熔融过程，继续加热导致β相不断熔化，形成不对称熔化峰，直到不相合熔点温度β相完全分解，然后是α固相不断熔化直到液线温度。

曲线4：加热一个低共熔点组成的样品得到一个尖锐的放热峰，与纯物质类似。

曲线5：与曲线4类似，样品组成恰为相合熔点化合物γ，得到一个尖锐的吸热峰。

曲线6和7：有低共熔点混合物熔化的尖锐吸热峰，以及之后加热熔化剩余固相的不对称吸热峰。

图B6-2中明显的吸热峰都对应有固相的熔化过程。有时候，二元体系也可能经历固相间的转化过程，比如图B6-2中的曲线1若向右边再偏移一点，升温时体系就可能经历二固相α+β混合物→单一固相α→固相α+液相→完全熔融液相的转变过程，其中第一步就是固相间的相转变过程。一般来说，这种固相间的转变过程速率较慢，且热效应不大，即使DTA也无法明确测定。但是，如果固相转变过程涉及晶型转变，则会有明显的热效应，能够用DTA明确测定。KNO_3-$NaNO_3$二元熔盐体系就是这样一个涉及固相晶型转变的液固平衡体系，图B6-3为该体系的液固平衡相图。

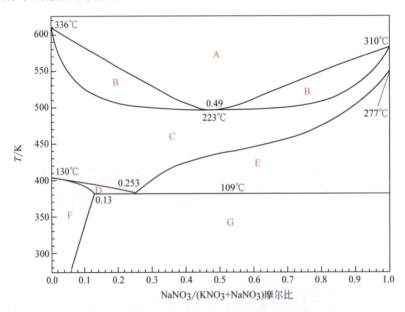

图B6-3　二元熔盐体系KNO_3-$NaNO_3$的液固平衡相图

KNO_3-$NaNO_3$二元熔盐体系是一个涉及固相晶型转变的液固平衡体系，图B6-3中A区为熔融液态单相区，B区为液固平衡二相区，C区为Na，K//NO_3三方晶系固体单相区，D区为固溶体α+Na，K//NO_3三方晶系固体二相区，E区为固体$NaNO_3$+Na,K//NO_3三方晶系固体二相区，F区为$NaNO_3$溶于KNO_3中形成的固溶体α单相区，G区为固溶体α+$NaNO_3$固体二相区。纯净的KNO_3和$NaNO_3$分别在130℃和277℃发生由斜方晶系向三方晶系的转变。形成二元熔盐体系后，其晶系转变温度降低至109℃附近，随后的升温过程伴随有复杂的固相转变融合过程，在223℃以上开始部分熔融，直至达到液线温度。

熔融盐用于盐浴已有很多年的历史，后来发现其还是非常优良的储热材料。众所周知，太阳能因其储量"无限性"、分布普遍性、利用清洁性、利用经济性等优势，正受到越来越多的关注，但是太阳能利用存在季节性差异、昼夜差异、地域差异等，为了实现能源利用上更好的供需时间匹配，国内外都积极开发新型的热能储能技术，其中相变材料储热技术研究相对成熟。相变材料在相变（固→液或固→固）过程中吸收（释放）大量热量而实现能量转换，其蓄能密度大、效率高、吸放热过程几乎在等温条件下进行，它能将太阳辐射能存储起来，在需要能量时再将其释放出来，这一特性解决了太阳能间歇性、波动性的特点。大多数硝酸盐的熔点在300℃左右，其突出的优点是价格低、腐蚀性小及在500℃以下不会分解。与其他熔盐（如碳酸盐、氯化盐、氟化盐）相比，硝酸盐具有很大的优势。

熔盐是一种低成本、长寿命、传热储热性能好的高温、高热通量和低运行压力的传热储热介质。采用熔盐作为光热发电的传热和储热工质，可显著提高光热发电系统的热效率、系统的可靠性和经济性，帮助光热发电站实现持续稳定运行。光热发电领域目前经商业化应用验证的成熟熔盐产品的成分组成为60%硝酸钠和40%的硝酸钾二元混合熔盐。虽然有研究机构或相关公司在研究更低熔点的三元及多元熔盐，但多元熔盐因其中成分更为复杂而可能对熔盐系统造成一些尚无法预知的不利影响，从而面临一些推广障碍，尚未从实验示范走向商业化的实践应用。

测定KNO_3-$NaNO_3$二元熔盐体系的液固平衡相图，对于理解涉及固-固、液-固相间转化的规律，以及判断熔盐体系作为储热材料的使用条件，都具有重要的意义。

本实验采用DTA法测定KNO_3-$NaNO_3$二元熔盐体系的液固平衡相图，并使用Origin软件对数据进行拟合与分析。

B6.3 仪器试剂

KNO_3（A.R.），$NaNO_3$（A.R.），不同组成的KNO_3-$NaNO_3$熔融体粉末，α-Al_2O_3粉末，ϕ5mm×4mm铝坩埚。

ZCR-Ⅲ型差热分析仪，耳勺，小镊子，大镊子，称量纸，小烧杯。电子天平（公用）

B6.4 安全须知和废弃物处理

- 实验中注意保护样品支架，勿使炉体与支架发生碰撞。
- 拿取炉体隔热陶瓷盖片需使用镊子或者戴隔热手套，不要徒手拿取，以免烫伤。
- 在实验室需穿戴实验服、防护目镜或面罩。
- 处理盐类样品时需使用丁腈橡胶手套，仔细操作，不要洒漏在实验台和仪器上。
- 硫酸铜和硝酸钾可能刺激皮肤，如发生皮肤沾染，需用水冲洗沾染部位10min以上。
- 离开实验室前务必洗手。
- 使用过的坩埚、固体废渣和碎屑放入固体废弃物桶。

B6.5 实验步骤

全部测定任务合作完成，每实验小组至少测定3个不同组成的KNO_3-$NaNO_3$熔融体样

品,并至少测定一个纯物质(标定仪器用)。全体参加实验同学共同准备一张标准作图方格纸,将实验结果(用测量软件读图工具粗略读取)即时大略标示在坐标纸上,画出相图草图,若有样品测量数据明显偏离大多数实验数据时,应重新测量。草图也可以用计算机完成。

ZCR差热分析实验装置使用说明可参阅文献2,并可参阅实验A3。

(1) 取下差热电炉罩盖,露出炉管,观察坩埚托盘刚玉支架是否处于炉管中心,若有偏移,应按说明书要求调整。

(2) 旋松两只炉体固定螺栓,双手小心轻轻地向上托取炉体,在此过程中应注意观察,不使炉体与坩埚托盘刚玉支架接触碰撞,至最高点后(右定位杆脱离定位孔)将炉体逆时针方向推移到底(逆时针方向旋转90°)。

(3) 取2只ϕ5mm×4mm铝坩埚,在试样坩埚中称取20～30mg样品,准确记录样品的质量。在参比物坩埚中称取相近质量的$\alpha\text{-}Al_2O_3$粉末,均轻轻压实。以面向差热炉正面为准,左边托盘放置试样坩埚,右边托盘放置参比物坩埚。然后反序操作放下炉体,依次盖上电炉罩盖,并旋紧炉体紧固螺栓,在此过程中仍应注意观察保证炉体不与坩埚托盘刚玉支架接触碰撞。

(4) 本型号ZCR差热分析实验装置采用全电脑自动控制技术,全部操作均在实验软件操作界面上完成。接通循环冷却系统,打开差热分析仪电源,其他按键无须操作,差热分析仪上"定时"、"升温速率"和"温度显示"三个窗口中有一个会连续闪烁,表示仪器处于待机状态。

(5) 点击打开"热分析实验系统"软件界面。

①选择通讯串口:点击"通信 – 通讯口-COM1"。

②实验参数设置:点击"仪器设置 – 控温参数设置",在弹出窗口中填写报警时间(不报警填0)、升温速率和控制温度。参考温度选择"T_0"。

③数据记录参数设置:点击"画图设置 – 设置坐标系",在弹出窗口中填写横坐标时间值范围和左纵坐标温度值范围。点击"画图设置 – DTA量程",在弹出窗口中填写右纵坐标DTA值范围,若不确定可选择±10μV。实验中测量数据超出预先设置值时,软件会自动调整显示范围。

④开始测量:点击"画图设置 – 清屏"擦除前次实验曲线。点击"仪器设置 – 开始控温",仪器进入程序升温阶段,此时差热分析仪上待机状态下连续闪烁的窗口停止闪烁,表示仪器进入控温状态。电脑自动记录和显示温度T_0和DTA讯号随时间变化的曲线。

⑤测量结束:程序升温段结束后,仪器自动进入恒温阶段,恒温温度即终止温度。点击"仪器设置 – 停止控温",关闭电炉加热电源。保存实验数据,如需导出实验数据至其他数据处理软件,可将实验数据另行保存为Excel格式。

⑥数据读取:点击"画图设置–显示坐标值",测量中或测量后均可在软件界面上直接读取任意实验时间的T_0和DTA值。**注意:若要重新设置实验参数,必须关闭此功能,否则软件直接报错关闭。**

以10K·min^{-1}的升温速率,从室温升温至350℃(纯KNO_3升温至370℃),记录样品相变过程的DTA曲线。测定结束后停止差热炉加热,保持实验数据(原始数据格式),取下差热电炉罩盖(戴耐火手套或使用工具大镊子,防止烫伤),将炉体抬起旋转固定[同步骤(2)],露出坩埚托盘支架。接通冷却风扇电源,将风扇放置在炉体顶部吹风冷却,至软件界面上炉温"T_s(℃)"接近室温。

(6) 将样品坩埚取下,放入回收烧杯中。重新称取新的样品进行测量,直至全部完成。

（7）实验结束，关闭电源和循环冷却系统，清理台面。**将使用过的坩埚及其样品集中回收到有标记的废物桶中，不得与有机物混放，不得随意弃置于垃圾桶中，以免发生剧烈化学反应引起危害。**

B6.6　数据处理与结果分析

1. 用ZCR-Ⅲ型差热分析专用软件打开数据文件，以$x(NaNO_3)=0.3340$样品为例，另存为*.RFX（修正数据）格式。修正数据格式去除了原始数据中温度值重复计数的部分，便于后续的Origin软件拟合和处理。

2. 用Excel打开*.RFX（修正数据）文件，前面的25行数据是文件抬头，可以直接删去。然后下拉数据表直至温度数据结束，将温度数据以下各行的温差数据剪切复制到第二列，注意检查一下温度-温差数据一一对应，没有短少或溢出。

3. 将该两列温度-温差数据复制粘贴到Origin软件的数据表中。将温差信号ΔT统一换算为25.0mg样品的信号强度：col(B)=col(B)*25.0/样品质量数（mg）。

4. 以温度t-温差ΔT数据作图，去除25℃以下数据点（见图B6-4）。

5. 做基线校正和扣除（见图B6-5）。

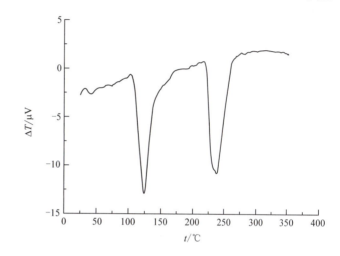

图B6-4　$x(NaNO_3)=0.3340$熔盐样品的温度t-温差ΔT曲线

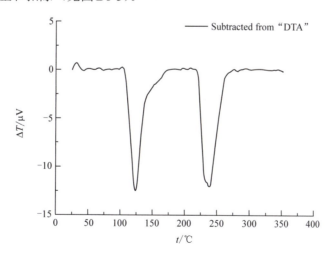

图B6-5　$x(NaNO_3)=0.3340$熔盐样品进行基线校正和扣除后的温度t-温差ΔT曲线

6. 如图B6-6所示，用"tangent"插件双击曲线任一点画出一条切线。建立新图层，在图片右侧设立新的Y轴。在第2图层以温度t-DTA曲线一次微分作图（A栏-Bdrv栏），将右Y

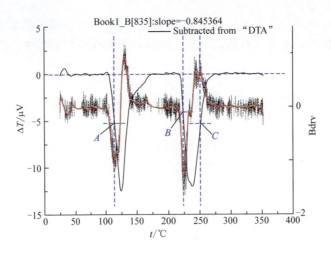

图 B6-6　确定 DTA 曲线最大斜率点

轴范围适当调整，使一次微分线比较清晰（黑色虚线）。若一次微分线上噪声波较大，适当平滑之（红色实线）。

7. 在一次微分线上找到 DTA 曲线斜率最大点的位置，并标示在第 1 图层的 t-ΔT 曲线上（A、B、C、D 点）。

8. 在 A、B、C、D 点分别用"tangent"插件画出切线，交基线于 a、b、c、d 点。读出 a、b、c、d 点的温度坐标值（见图 B6-7 和表 B6-1）。

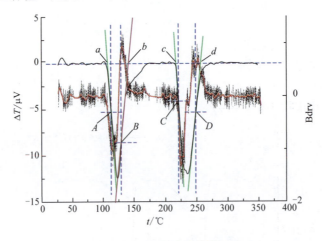

图 B6-7　确定相变起始点温度

表 B6-1　x(NaNO$_3$)=0.3340 熔盐样品的相变温度

t/℃	a	b	c	d
测量值	108.6	142.6	220.8	255.8
文献值	109	133	223	242

9. 按上面步骤将所有样品的 DTA 曲线进行处理，得到相转变温度值，然后标示到相图上，以硝酸钠摩尔分数为横坐标，温度为纵坐标，画出 KNO$_3$-NaNO$_3$ 二元熔盐体系的液固平衡相图。

B6.7 讨论与思考

1. 根据所绘制的相图，讨论本实验有何不足之处，DTA法对于哪些组成样品的相变过程测量仍然不够精密？

2. 还能设计怎样的实验方法来观察该熔盐体系的固相晶型变化过程？

3. 如何由实验测定的DTA曲线判断$x(NaNO_3)=0.49$，$T=223℃$是否是该体系的最低共熔点？从理论上说，在该点的DTA相变吸热峰应该呈现为一根锐线，但是实际上是一个尖锐峰，如何考虑此种偏差并对实验结果进行校正？

B7 简易流动色谱法BET装置测定固体物质比表面积

B7.1 实验简介

本实验将研究气体在固体表面的多分子层吸附理论，即BET吸附理论，并根据这个理论，设计和组装流动色谱法测定固体比表面的实验装置，测定固体材料的比表面积。商品化的实验仪器已经遍及科学研究实验室，但是当针对特定目的进行创造性研究时，改造与创建新的仪器设备的能力往往是不可或缺的，本实验将展示如何运用适当的物理化学原理，利用常见的气相色谱仪组件进行复杂综合性实验仪器的设计和组装过程。

本实验设计为8课时，主要内容是调试设备和进行固体材料比表面积的测定。若完成流动色谱法BET装置的搭建工作，则还需8～16课时，建议作为学生开放实验内容。

学生应掌握多层物理吸附理论，了解气相色谱仪的基本结构和工作原理，熟悉带压气体管路、阀门的连接和密封方式，掌握基本的五金工具的使用方法。

B7.2 理论探讨

B7.2.1 BET理论

固体的表面积是固体材料的重要特性参数，但是测量固体表面积存在诸多困难，首先固体材料表面可能是不规整的，其次许多固体材料中有大小不均、形状各异的孔道，因此采用常规的宏观几何测量方法是无法得到固体表面积的精确数据的。固体材料的表面积一般通过气体吸附法进行测量，其原理类似于用做面膜的方法测量人脸表面积，即用一层气体分子将固体表面完全覆盖，测量所用气体的体积，换算出覆盖固体表面的气体的分子数，再利用单个气体分子的横截面积的数据，就可以计算得出固体的表面积。

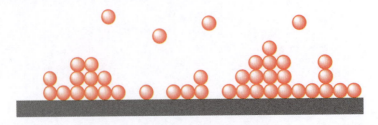

图 B7-1 气体在固体表面的多层吸附

采用气体吸附法测定固体材料表面积的主要原因是合适大小的气体分子可以顺利地进入各种孔道，从而覆盖到绝大部分的固体表面上。当测量出固体表面被覆盖一个满单层气体分子所需的气体体积 V_m 后，固体表面积的计算是非常方便的。问题是，气体分子在固体表面的吸附往往不是满单层的，而是多层的，而且是不均匀的多层，即不待吸满第一层就开始吸附第二层，不待吸满第二层就开始吸附第三层……，如图 B7-1 所示。

因此，现在必须解决多层吸附的状态下，如何得到满单层吸附气体体积 V_m 值的问题。1938 年，Brunauer、Emmett 和 Teller 提出物理吸附的多分子理论——BET 吸附理论，顺利解决了这个问题。BET 理论的基本假设是：固体表面是均匀的，各吸附位点彼此独立、各位点具有相同的吸附活性；吸附质与吸附剂的作用力为范德华引力，吸附质分子间的作用力也是范德华力，吸附在同一层的吸附质分子间无相互作用，因此在第一吸附层之上还可以进行第二层、第三层等多层吸附；吸附平衡是吸附与解吸的动态平衡，第二层及其以后各层分子的吸附热等于气体的液化热。

BET 吸附等温式的推导如下，设 $s_0, s_1, s_2 \cdots s_i \cdots$ 分别为暴露在外的第 $0, 1, 2 \cdots i \cdots$ 层吸附质分子的表面积，其中 s_0 也就是未吸附气体分子的空表面积。在吸附达成平衡时，所有的 s_i 都为常数。由此可知，若固体的总表面积为 S，则

$$S = \sum_{i=0}^{\infty} s_i \tag{1}$$

决定第 i 层气体分子面积 s_i 大小的有四个过程（见图 B7-2），分别与发生在第 $i-1$ 层、第 i 层和第 $i+1$ 层上的吸附、脱附过程有关：①气相分子吸附到第 i 层分子上，导致 s_i 减小；②第 $i+1$ 层吸附分子脱附，导致 s_i 增加；③气相分子吸附到第 $i-1$ 层，导致 s_i 增加；④第 i 层吸附分子脱附，导致 s_i 减少。

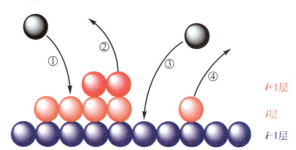

图 B7-2 涉及第 i 层吸附气体表面积 s_i 的变化过程

吸附达成平衡时，s_i 为定值，即上述四个过程导致的第 i 层生成速率与消耗速率相等，设第 i 层的覆盖度定义为 $\theta_i = s_i/S$，则

$$\frac{d\theta_i}{dt} = 0 = -F\theta_i + k_{i+1}\theta_{i+1} + F\theta_{i-1} - k_i\theta_i \tag{2}$$

式中，$F = p/[L(2\pi m k_B T)^{1/2}]$，为分压 p、温度 T 时每个吸附位上单位时间内气体分子的碰撞数，其中 L 为阿伏伽德罗常数，k_B 为玻尔兹曼常数；k_i 与 k_{i+1} 为脱附速率常数。由此可以得到

$$\frac{d\theta_0}{dt} = 0 = -F\theta_0 + k_1\theta_1 \Rightarrow \theta_1 = \frac{F}{k_1}\theta_0 \tag{3a}$$

$$\frac{d\theta_1}{dt} = 0 = -F\theta_1 + k_2\theta_2 + F\theta_0 - k_1\theta_1 \Rightarrow \theta_2 = \frac{F}{k_2}\theta_1 = \frac{F^2}{k_1 k_2}\theta_0 \tag{3b}$$

由于第 1 层吸附直接发生在固体表面，而其他层吸附则发生在已吸附的气体分子上，因此第 1 层的脱附活化能和脱附速率常数与其他层不同，即

$$E_1^d \neq E_2^d = E_3^d = \cdots, \quad k_1 \neq k_2 = k_3 = \cdots$$

由此得到递推关系式

$$\frac{d\theta_i}{dt} = 0 = -F\theta_i + k_{i+1}\theta_{i+1} + F\theta_{i-1} - k_i\theta_i$$

$$\Rightarrow \theta_i = \frac{F^i}{k_1 k_2^{i-1}} \theta_0 = \frac{k_2}{k_1} \times \left(\frac{F}{k_2}\right)^i \theta_0 \tag{3c}$$

设 $c=k_2/k_1$，$x=F/k_2$，则 $0<x<1$ 恒成立，因为如果 $x>1$，则当 i 不断增大时，会导致 $\theta_i>1$，这当然是不可能的。因此，递推关系（3c）可以表示为

$$\theta_i = cx^i \theta_0 \quad (|x|<1) \tag{4}$$

气体在固体表面的总覆盖度 θ_t 可以定义为吸附气体体积 V 与满单层吸附气体体积 V_m 之比，即

$$\theta_t = \frac{V}{V_m} \tag{5}$$

对于多层吸附而言，θ_t 可以大于 1。稍加考虑可知

$$\theta_t = \frac{V}{V_m} = \frac{S \sum_{i=1}^{\infty} i\theta_i}{S} = \sum_{i=1}^{\infty} i\theta_i = c\theta_0 \sum_{i=1}^{\infty} ix^i \tag{6}$$

$$1 = \sum_{i=0}^{\infty} \theta_i = \theta_0 + \sum_{i=1}^{\infty} \theta_i = \theta_0 \left(1 + c\sum_{i=1}^{\infty} x^i\right) \tag{7}$$

当 $0<x<1$ 时

$$\sum_{i=1}^{\infty} ix^i = \frac{x}{(1-x)^2}, \quad \sum_{i=1}^{\infty} x^i = \frac{x}{1-x}$$

因此由方程（6）、方程（7）可以解得

$$\theta_t = \frac{V}{V_m} = \frac{cx}{(1-x)(1-x+cx)} \tag{8}$$

根据定义

$$x = \frac{F}{k_2} = \frac{p}{k_2 L \sqrt{2\pi m k_B T}} \tag{9}$$

即 x 与气体分压 p 有关。考虑极限情况，当气体分压 p 趋向于温度为 T 的饱和蒸气压 p^* 时，相当于气体完全凝聚为液体，此时总覆盖度 $\theta_t \to \infty$，由于 $(1-x+cx)$ 不可能等于 0，故

$$\lim_{p \to p^*}(1-x) = 0 \Rightarrow 1 = \frac{p^*}{k_2 L \sqrt{2\pi m k_B T}} \tag{10}$$

方程（9）÷方程（10）得到

$$x = \frac{p}{p^*} \tag{11}$$

将方程（11）代入方程（8），整理得到BET等温吸附方程

$$\frac{p}{V(p^*-p)} = \frac{1}{cV_m} + \frac{c-1}{cV_m} \times \frac{p}{p^*} \tag{12}$$

式中，V 为分压 p 时的气体平衡吸附体积。方程（12）是一个含有 c 和 V_m 的双参数方程，实验时测定一系列的 (p,V) 数据，以 $p/[V(p^*-p)]$-p/p^* 作图，可得一直线，由直线的斜率和截距可以求出 c 和 V_m 值。BET方程（12）一般适用于相对压力 $p/p^*=0.05\sim0.35$ 范围内，若将 V_m 换算为标准状态下的气体体积 V_{STP}（单位：mL），则固体材料的比表面积 S_g 可以表示为

$$S_g / m^2 \cdot g^{-1} = L \times \frac{V_{STP}}{22400} \times \frac{A_m}{w} \tag{13}$$

式中，L 为阿伏伽德罗常数；w 为固体材料的质量（单位：g）；A_m 为一个吸附气体分子的截面积（单位：m^2）。表B7-1是一些常用吸附气体的物理性质参数。

表 B7-1　常用吸附气体的物理性质

吸附质	温度 T / K	饱和蒸气压 p^* / Pa	分子截面积 $A_m \times 10^{19}$ / m^2
N_2	77.4	1.0133×10^5	1.62
Kr	77.4	3.4557×10^2	2.02
Ar	77.4	3.333×10^4	1.38
C_2H_6	293.2	9.879×10^3	4.00
CO_2	195.2	1.0133×10^5	1.95
CH_3OH	293.2	1.2798×10^4	2.50

测定固体比表面积的关键是如何控制 p/p^*，并在不同 p/p^* 下测定相应的吸附量 V，如果测量全相对压力范围下的吸附过程，还可以获得总孔体积、平均孔径、孔径分布数据。目前主要有两种测量方法：低温氮吸附容量法和连续流动色谱法，前者是静态测量方法，后者是动态测量方法。

B7.2.2　连续流动色谱法

Nelson 和 Eggersten 于1958年提出连续流动色谱法测定固体样品的比表面，该方法的特点是不需要高真空设备，方法简单、迅速，适用于快速测定固体比表面，图B7-3是实验测定的原理图。流动色谱法检测器的核心是气相色谱仪的热导池，其中装有四个阻值相等的热敏电阻，它们两两一对分别封装在参考臂和测量臂中，构成了一个惠斯通电桥，每一对电阻分别处于电桥的两个对边位置；气相色谱仪无需安装色谱柱（可以用空柱代替），内部管路不变，仅需对热导池所在位置恒温即可，但需加装外气路切换系统，以满足脱气清扫、吸附/脱附、定量标定等操作要求。

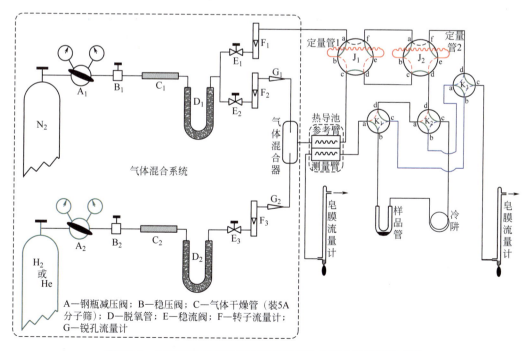

图 B7-3　连续流动色谱法测定固体样品比表面实验装置原理图

当采用N_2作吸附质时，一般采用H_2（或He）作载气，因为它们的热导率与N_2的热导率差别较大，热导池色谱信号较强。两路气体分别由钢瓶减压器（A_1、A_2）调节输出后，经过稳压（B_1、B_2）、干燥（C_1、C_2）、脱氧（D_1、D_2）、稳流（E_2、E_3）过程，通过转子流量计（F_2、F_3）示数，再通过单向截止阀（G_1、G_2）到达气体混合器进行混合；用稳压阀、稳流阀调节两路气体的流速，即可调节混合气中H_2/N_2的比例（或He/N_2的比例），由于气体混合系统之后的气路阻力几乎可以忽略，因此可将混合气体的压力当作大气压p_0，则混合气中吸附质N_2的分压p为

$$p = \frac{F_N}{F_T} p_0 \qquad (14)$$

式中，F_N是混合气中N_2的流速；F_T是混合气的总流速。

混合气首先流过热导池参考臂，然后进入气路切换系统，该系统由平面六通阀J_1、J_2和平面四通阀K_1、K_2、K_3构成，这些阀是进行流动气体路径切换的常用零件。图B7-4（a）是平面六通阀的示意图，它共有6个气路接口，分别标注为a、b、c、d、e、f；平面六通阀有两种气路切换状态，状态Ⅰ时a-b、c-d、e-f接口两两连通，气体在六通阀内部的流动路径就是图B7-4（a）中的绿色实线部分，此时红色虚线部分是不连通的；切换到状态Ⅱ时，b-c、d-e、f-a接口两两连通，气体在六通阀内部的流动路径就是图B7-4（a）中的红色虚线部分，此时绿色实线部分是不连通的；通过切换平面六通阀的两种内部连接状态，就可以实现对气体通路的变换。平面四通阀的工作原理与六通阀类似，其示意图见图B7-4（b），它共有4个气路接口，分别标注为a、b、c、d；平面四通阀有两种气路切换状态，状态Ⅰ时，a-b、c-d接口两两连通，气体在阀内部的流动路径就是图B7-4（b）中的绿色实线部分，此时红色虚线部分是不连通的；切换到状态Ⅱ时，b-c、d-a接口两两连通，气体在阀内部的流动路径就是图B7-4（b）中的红色虚线部分，此时绿色实线部分是不连通的；通过切换平面四通阀的两种内部连接状态，同样可以实现对气体通路的变换。在连续流动色谱法实验中，四通阀主要用于不同功能气路之间的切换，而六通阀主要用于气体的定量进样。

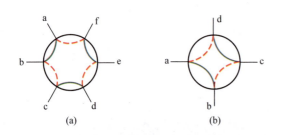

图B7-4　平面六通阀和平面四通阀示意图

进行N_2吸附/脱附实验的气路连接方式在图B7-3中用实线表示，所有六通阀和四通阀均切换在状态Ⅰ，从热导池参考臂流出的混合气体依次通过平面六通阀J_1、J_2的cd通路及平面四通阀K_2的dc通路，进入液氮冷阱除去高沸点杂质，然后进入样品管，通过样品的气体经平面四通阀K_1的ba通路进入热导池测量臂，最后经皂膜流量计放空。

由于室温下N_2与H_2分子不被样品吸附，流经热导池参考臂和测量臂的气体成分相同，热导池处于平衡状态，色谱信号基线为直线；将液氮杜瓦瓶套在样品管上（约$-195℃$），低温下混合气中的N_2在样品上发生物理吸附，而H_2则不被吸附，热导池两臂失去平衡，色谱信号出现一吸附峰（见图B7-5）；当N_2吸附达到平衡状态后，

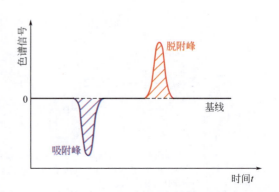

图B7-5　N_2的吸附、脱附曲线

热导池两臂通过的气体成分重新变得一致，色谱信号回到基线；取下液氮杜瓦瓶后，样品管迅速升温至室温，吸附的N_2又脱附出来，色谱信号便出现与吸附峰方向相反的脱附峰。

在实验过程中保持载气流速不变而改变N_2气流速，即意味着改变p/p^*值，N_2的吸附量由热导池检测，一般根据脱附峰的色谱流出曲线下的面积算得（图B7-5红色阴影部分）。由峰面积求吸附量是用直接标定法：图B7-3中钢瓶N_2经过脱氧管D_1后分为两路气流，如前所述，其中通过稳流阀E_2的一路纯N_2最终与载气形成混合气，而另一路纯N_2则通过稳流阀E_1和转子流量计F_1，然后依次通过平面六通阀J_1、J_2的abef通路及平面四通阀K_3的dc通路，最后由皂膜流量计放空；六通阀J_1、J_2的b、e接口间均连接有已知体积的不锈钢通气管，也称为定量管（图B7-6），两个六通阀上连接的定量管体积不同，以满足不同吸附量标定的要求；在进行前述的吸附、脱附测定实验时，该路纯N_2气流与混合气流动路径无关，独立流动，使两根定量管中充满纯N_2气体；当吸附、脱附过程测定完成后，立即同时切换四通阀K_1、K_2至状态Ⅱ，使混合气依次通过K_2、K_1的da通路（红色虚线），在此状态下混合气将不通过冷阱和样品管；此时，切换六通阀J_1至状态Ⅱ（或J_2，或J_1、J_2同时切换，视所需标定的体积而定），使混合气通过六通阀的cbed通路（红色虚线），将定量管中已知体积为V_s的纯N_2全部吹扫出来，由混合气携带通过四通阀K_2、K_1后进入热导池测量臂，这时可以得到一个与体积V_s相对应的标定峰，其峰面积为A_s，如果待测样品的脱附峰峰面积为A，则待测样品表面的氮气吸附量为

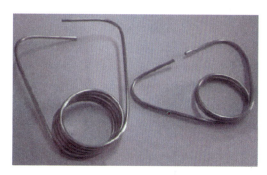

图B7-6　不锈钢色谱定量管

$$V = \frac{A}{A_s} V_s \tag{15}$$

必须注意，标定时的实验条件要与测量待测样品时的实验条件完全一致，这些条件包括气体流速、混合气组成、操作温度、热导池电流等，因此最好是测定完脱附峰后立即进行标定。标定完成后，将六通阀和四通阀K_1、K_2切回状态Ⅰ，气路恢复吸附、脱附实验测量的连通状态，准备进行下一次测量。

在进行吸附、脱附实验前，样品表面应该首先进行预清洁处理，简单的处理方法包括在N_2吹扫下对样品进行加热，脱除样品表面吸附的挥发性杂质。操作时，可在保持四通阀K_1、K_2为状态Ⅱ的连通条件下，切换四通阀K_3至状态Ⅱ，使纯N_2气流依次通过四通阀K_3的da通路、四通阀K_2的bc通路、冷阱、样品管、四通阀K_1及K_3的bc通路，最后经皂膜流量计放空（图B7-3中蓝色实线和虚线）。在这种操作条件下，热导池参考臂与测量臂中流过的混合气没有经过样品，不会将挥发性杂质带入热导池引起沾污。当样品需要预先氧化或还原时，可暂时切断通过E_1、F_1的纯N_2通路，在四通阀K_3的d接口引入O_2或H_2进行处理，待处理完成后再恢复N_2吹扫处理气路；如不想反复装、拆气路，则可以在K_3的d接口之前加装一个新的平面四通阀，用于将O_2或H_2等预处理气体导入系统。

B7.3　仪器试剂

氧蒸气压温度计，带热导池的气相色谱仪一台，色谱数据工作站及电脑一套，平面六通

阀2只，平面四通阀3~4只，六通阀定量管2根，稳压阀2只，稳流阀3只，H_2转子流量计1只，N_2转子流量计2只，气体干燥管2组，脱氧管2根，锐孔流量计2副（流速预先标定），皂膜流量计2支，液氮保温桶2只，加热电炉1只，温度程控仪一台，升降台2套，$\phi 3mm$不锈钢通气管、不锈钢（或黄铜）气路连接卡口接头（$M8\phi 3$为主，多种尺寸的二通件、三通件）、气路密封件等一批，五金工具一批（包括固定扳手、活扳手、割管器、锉刀、剪刀等），样品管1根，冷阱一只。

微球硅胶（80~100目）或3A、5A或13X分子筛等任选一种，液氮，高纯氮气，高纯氢气，高纯氦气。

B7.4 安全须知和废弃物处理

- 电源及供电设备的安全操作。
- 氮气、氢气或氦气钢瓶按高压钢瓶操作规范进行操作。
- 液氮的安全操作：液氮的温度为-196℃，在向杜瓦瓶中倾倒液氮时，要缓慢加注，防止瓶体因为温度变化剧变而爆裂，移取液氮容器时要戴防护手套、眼镜，穿实验服、皮鞋。不要裸露皮肤，防止被液氮溅到皮肤上造成冻伤。
- 不要空手去拿正在脱气中的加热炉、样品管、夹子等，以免烫伤。

B7.5 实验步骤

B7.5.1 组装流动色谱法BET装置

（1）打开所用气相色谱仪的侧面机箱盖，检查仪器进气气路，弄清仪器自带各阀门、压力表等部件的用途，确定热导池的位置和气路连接方式。

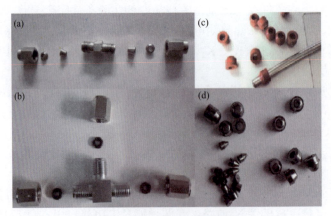

图 B7-7　气相色谱气路连接零件
(a)二通接头；(b)三通接头；(c)氟橡胶密封卡垫；(d)石墨密封卡垫

（2）根据图B7-3和图B7-4，确定是否能够利用气相色谱仪自带的进样阀，代替部分六通阀和四通阀。

（3）使用适当工具，按图B7-3所示连接实验装置气路，部分管路零件和密封件见图B7-7。可设计适当的仪器面板，将所有的阀门、流量计等有序安装在面板上，并做出切换状态标识。

（4）检查气路的气密性，防止气体泄漏。调节各阀门，观察气体通路是否与标识相符。调节加热炉及温度程控仪，检查控温的稳定性。

B7.5.2　连续流动色谱法测定固体材料的比表面积

（1）准确称取干燥的吸附剂 $0.04 \sim 0.06g$，装于样品管中，两端塞以少许玻璃棉，接于样品管的接头上。将系统所有阀门切换至状态 I，即图 B7-3 中的实线气流通路。打开氮气钢瓶总阀，使分压阀压力为 0.3MPa，打开载气（氢气）钢瓶总阀，使分压阀压力为 0.3MPa。

（2）将液氮杜瓦瓶套在冷阱上，打开稳压阀 B_1、B_2。开启稳流阀 E_1，调节标定气路的 N_2 流量，用皂膜流量计测量流量为 $30 \sim 50mL·min^{-1}$；开启稳流阀 E_3 和截止阀 G_2，调节载气流量，用皂膜流量计测量流量为 $30 \sim 50mL·min^{-1}$；待载气流速稳定后，开启稳流阀 E_2 和截止阀 G_1，通过改变氮气流量调节相对压力。将氢气的单向截止阀 G_2 关闭，可测氮气流速 F_N，打开 G_2 可测得混合气总流量 F_T。调节氮气流速使相对压力在 0.05 ~ 0.35 范围内，相对压力根据方程（14）计算。

（3）将四通阀 K_1、K_2、K_3 全部切换至状态 II，系统进入样品预处理状态，将样品管用加热炉加热至 200℃ 左右，氮气吹扫 30min 后停止加热，冷却至室温。同时，在确认混合气连续流过热导池后，打开气相色谱仪电源，调节热导池温度至 50℃ 左右恒温（高于室温），将热导池桥流调到 $100 \sim 150mA$，打开色谱数据工作站和电脑，记录色谱信号直至基线稳定水平为止。

（4）将加有液氮的杜瓦瓶套到氧蒸气压温度计的小玻璃球上，读下两边水银柱高度差，即为氧的饱和蒸气压。从表 B7-2 中读出与此蒸气压相应的温度即为液氮温度，再从表中查得此温度下氮的饱和蒸气压 p^*。精密计算可采用插值法或作图法。

表 B7-2　氧饱和蒸气压 - 氮饱和蒸气压关系表

温 度/℃	−190	−191	−192	−193	−194	−195
$p^*(O_2)$/kPa	45.42	40.02	35.14	30.74	26.78	23.25
$p^*(N_2)$/kPa	190.38	171.85	154.92	139.05	124.39	111.06
温 度/℃	−196	−197	−198	−199	−200	
$p^*(O_2)$/kPa	20.12	17.32	14.84	12.67	10.76	
$p^*(N_2)$/kPa	98.79	87.59	77.46	77.46	61.19	

（5）将四通阀 K_1、K_2、K_3 全部切换至状态 I，系统进入吸附、脱附实验状态。切换六通阀 J_1 或 J_2 至状态 II，并保持至色谱信号出现校准峰（标样峰），然后将六通阀切回状态 I。重复几次，观察校准峰的再现性，误差应小于 2%。

（6）待基线稳定后，将液氮杜瓦瓶套在样品管上，色谱信号将出现一个吸附峰。待吸附达平衡后，色谱信号将回到原基线上，取下液氮杜瓦瓶，色谱信号将出现一个与吸附峰方向相反的脱附峰。

（7）脱附完毕，色谱信号又回到基线上，将六通阀转至状态 II，测量标定峰，这样就完成了一个氮的平衡压力下的吸附量测定。结束色谱数据工作站的数据记录，输出色谱信号数据，计算校准峰、吸附峰、出脱附峰和标定峰的面积。

（8）改变氮的流速（每次较前次增加或减少约3mL·min^{-1}），使相对压力保持在0.05～0.35范围，重复上述步骤测定，可以得出不同的相对压力之下的一系列色谱峰。

B7.6　数据处理与结果分析

1．实验室数据记录：样品质量，大气压，室温，液氮温度，液氮饱和蒸气压p^*，热导池桥流。

2．记录各次测量的N_2流速和载气总流速，根据方程（14）计算相对压力p/p^*。

（1）测量标定校准峰面积，计算校正因子；测量脱附峰面积，根据方程（15）计算N_2吸附量V。

（2）以$p/[V(p^*-p)]$-p/p^*作图，可得一直线，根据方程（12），由直线的斜率和截距可以求出c和V_m值。换算出饱和吸附量V_{STD}，由方程（13）求出比表面积S_g。

B7.7　讨论与思考

1．在应用BET的等温吸附方程式测定固体比表面积时，相对压力在多大范围内合适？为什么？

2．用液氮冷阱净化气体时能除去什么杂质？

3．应根据什么来确定样品的用量？样品过多过少有何影响？为什么应选择脱附峰与校准峰的峰高大致相等？

4．画出草图，为图B7-3所示系统加装一个预处理气体的切入气路。

5．本实验描述的设计思想经过适当改动，可以拓展为更多的固体表面热分析技术，比如程序升温热脱附谱（temperature-programmed desorption，TPD）、真空闪脱、程序升温还原谱（temperature-programmed reduction，TPR）等。阅读如下经典文献，并简要描述上述三种实验技术的思想，勾勒装置草图。

[1] Amenomiya Y , Cvetanovic R J. Application of flash-desorption method to catalyst studies. Ⅲ. Propylene alumina system and surface heterogeneity. *J. Phys. Chem.*, **1963**, 67: 2705-2708.

[2] Redhead P A . Thermal desorption of gases. *Vacuum*, **1962**, 12: 203-211.

[3] Robertson S D, McNicol B D, De Baas J H , Kloet S C, Jenkins J W. Determination of reducibility and identification of alloying in copper–nickel-on-silica catalysts by temperature-programmed reduction. *J. Catal.*, **1975**, 37: 424-431.

[4] Boer H, Boersma W J, Wagstaff N. Automatic apparatus for catalyst characterization by temperature - programmed reduction/desorption/oxidation. *Rev. Sci. Instrum.*, **1982**, 53（3）: 349-361.

B8 酶反应——α-糜蛋白酶催化有机酯水解反应动力学

B8.1 实验简介

本实验将研究一个复杂的酶催化反应：α-糜蛋白酶催化三甲基乙酸对硝基苯酯。酶催化反应往往是复杂反应动力学的生动实例，在一个反应历程中，可逆反应步骤和连续反应步骤被巧妙地组合起来，在温和的反应条件下完成从反应物到产物的转化。仅仅通过一条简单的吸光度曲线，将推导出这个复杂反应各基元步骤的反应速率常数。

对于4课时实验，建议在酶浓度固定不变的条件下，测定1～2个不同底物浓度时的动力学曲线，并用简化公式计算动力学参数；对于8课时实验，建议至少测定6个不同底物浓度时的动力学曲线，并进行完整的动力学参数计算。

学生应熟悉化学反应动力学的基本原理，尤其是复杂反应机理及其近似处理方法；紫外-可见光谱仪的使用应预先熟悉，必要时可使用仪器软件进行模拟；看一下酶催化反应的基本概念，熟悉关于酶及其反应的专业术语，虽然本实验的结果完全偏离了酶催化反应的米开利-蒙顿机理，不过弄懂这个经典酶催化机理仍然是很有帮助的；实验数据是大量的，无法手工计算，建议预先熟悉Origin软件（Origin 8.6及以上版本）。

B8.2 理论探讨

B8.2.1 α-糜蛋白酶的结构和催化活性

酶是具有催化功能的生物大分子，分子量为10000以上，甚至可高达百万。有意思的是，酶所催化的反应物（即底物）却大多为小分子化合物，其分子量比酶要小几个数量级，因此酶的催化活性中心只是酶分子中很小的一部分。酶通过蛋白质多肽链的盘曲折叠，在酶分子表面形成一个具有三维空间结构的孔穴或裂隙，可以容纳进入的底物分子并与之结合，进而催化底物分子转变为产物分子，这个具有特定结构的区域就是酶的催化活性中心，组成酶活性中心的氨基酸残基侧链存在不同的官能团，如氨基、羧基、巯基、羟基和咪唑基等。

从分子水平看，氨基酸序列是酶的空间结构、活性中心的形成以及酶催化的专一性等问题的基础。比如消化道分泌的糜蛋白酶、胰蛋白酶和弹性蛋白酶都能水解食物蛋白质的肽键，这三种酶的一级结构（氨基酸序列）和三级序列（所有原子的空间排布）相似，三种酶的40%左右的氨基酸序列相同；三种酶的活性中心都是丝氨酸残基，且都是在同一位置（Ser-195），三种酶在丝氨酸残基周围都有Gly-Asp-Ser-Gly-Pro序列；X射线衍射研究显示这三种酶有相似的空间结构；这些共性是这三种酶都能水解肽键的基础。但是这三种酶水解肽键的类型也存在差异，糜蛋白酶优先水解含芳香族氨基酸残基（如酪氨酸、色氨酸和苯丙氨酸等）提供羧基的肽键，**胰蛋白酶**优先水解碱性氨基酸残基（如精氨酸、赖氨酸等）提供羧基的肽键，而弹性蛋白酶则水解侧链较小且不带电荷氨基酸残基（如丙氨酸、甘氨酸、异亮氨酸和亮氨酸等）提供羧基的肽键，它们水解肽键时的特异性来自酶与底物结合部位氨基酸组成上的微小差别，这说明酶的催化特性与酶分子结构的紧密关系。

α-糜蛋白酶是胰腺分泌的一种蛋白质水解酶，属于丝氨酸蛋白酶家族的众多成员之一。为防止对人体内部组织的破坏，消化系统中的各种蛋白酶一般都以无活性的前体形式合成和分泌，然后输送到特定的部位。当体内需要时，经特异性蛋白水解酶的作用转变为有活性的酶而发挥作用，这些不具催化活性的酶的前体称为酶原，某种物质作用于酶原使之转变成有活性的酶的过程称为酶原的激活。由牛胰腺提取的糜蛋白酶原（bovine chymotrypsinogen）是245个氨基酸残基组成的单一肽链，分子内部有5对二硫键相连，氨基酸序列如下：

```
  1  CGVPAIQPVL   SGLSRIVNGE   EAVPGSWPWQ   VSLQDKTGFH   FCGGSLINEN
 51  WVVTAAHCGV   TTSDVVAGE    FDQGSSSEKI   QKLKIAKVFK   NSKYNSLTIN
101  NDITLLKLST   AASFSQTVSA   VCLPSASDDF   AAGTTCVTTG   WGLTRYTNAN
151  TPDRLQQASL   PLLSNTNCKK   YWGTKIKDAM   ICAGASGVSS   CMGDSGGPLV
201  CKKNGAWTLV   GIVSWGSSTC   STSTPGVYAR   VTALVNWVQQ   TLAAN
```

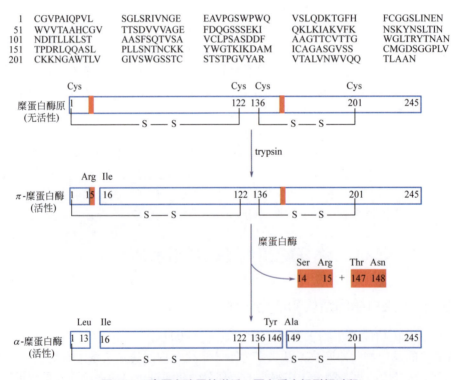

图 B8-1　糜蛋白酶原的激活：蛋白质水解裂解过程

糜蛋白酶原的激活过程如图B8-1所示，首先由胰蛋白酶水解15位精氨酸（Arg）和16位异亮氨酸（Ile）残基间的肽键，激活成有完全催化活性的π-糜蛋白酶（π-chymotrypsin），但此时酶分子尚未稳定，经π-糜蛋白酶自身催化再去除两分子二肽，即14位（丝氨酸）-15位精氨酸（Arg）和147位苏氨酸（Thr）-148位天冬酰胺（Asn），成为有催化活性且具有稳定结构的α-糜蛋白酶（α-chymotrypsin）。

α-糜蛋白酶是一种分子量为24800D的蛋白质，这里"D"是表示生物大分子质量的单位，称为"道尔顿（Dalton）"。对于分子而言，一个分子的质量用道尔顿单位表示时，其值相当于分子量。α-糜蛋白酶分子由三条肽链（A、B、C链）通过双硫键连接在一起，通过空间盘旋折叠，在每个分子上形成一个活性中心，活性中心由组氨酸His57、天冬氨酸Asp102、甘氨酸Gly133和丝氨酸Ser195组成（见图B8-2）。

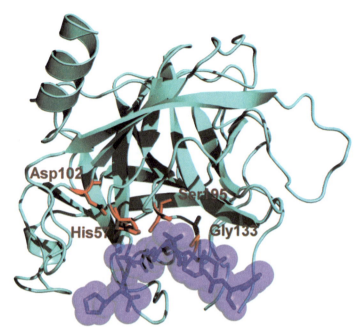

图 B8-2 α-糜蛋白酶的空间结构和活性中心

α-糜蛋白酶水解肽键的机理如图B8-3所示，活性中心的疏水袋形结构能够吸引含芳香基的非极性基团，形成酶-底物络合物，底物的目标肽键被切断后，含N原子的多肽链（产物1）脱离活性中心，留下含C原子的多肽链与酶结合的乙酰化酶，然后水分子进入发生去乙酰化反应，生成酶-产物2络合物，最后产物2脱离活性中心，酶活性中心复原。

B8.2.2　α-糜蛋白酶催化水解三甲基乙酸对硝基苯酯反应动力学

有机酯的官能团结构与肽键有类似之处，因此在体外实验中α-糜蛋白酶也能够催化特定的酯类化合物的水解反应。本实验用紫外-可见光谱法研究底物三甲基乙酸对硝基苯酯（4-nitrophenyl-trimethylacetate，S）在α-糜蛋白酶（α-Chymotrypsin，E）的催化下水解生成对硝基苯酚（4-nitrophenol，P_1）和三甲基乙酸（trimethylacetic acid，P_2），反应在pH≈8的碱性缓冲水溶液中进行，生成的产物以其共轭碱的形式存在。反应方程如下：

$$O_2N-C_6H_4-O-\underset{\underset{O}{\|}}{C}-C(CH_3)_3 \xrightarrow[\text{酶 (E)}]{H_2O} O_2N-C_6H_4-O-H + H-O-\underset{\underset{O}{\|}}{C}-C(CH_3)_3$$

$$\qquad\qquad S \qquad\qquad\qquad\qquad\qquad\qquad\qquad P_1 \qquad\qquad\qquad P_2$$

选用三甲基乙酸对硝基苯酯作为底物主要是因为：①叔丁基基团的空间位阻效应降低了反应速率，使得反应能够在较长时间内完成，便于测量；②产物P_1在可见光区显色（呈现明显的黄色，吸收波长约400nm），便于使用分光光度法进行实验测量；③对硝基苯基团是非极性的疏水基团，满足α-糜蛋白酶对底物结构的要求。

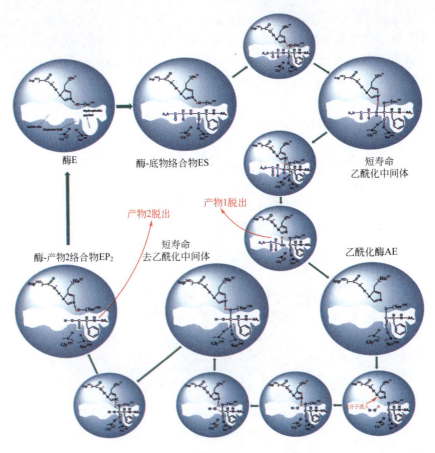

图 B8-3 α-糜蛋白酶水解肽键的机理

实验测得,当酶与底物混合后,产物 P_1 立刻有"爆发性"的增长,然后 P_1 的浓度进入平缓增长期(见图 B8-4)。这个现象与传统的酶催化反应机理(Michaelis-Menton 机理)并不完全一致。

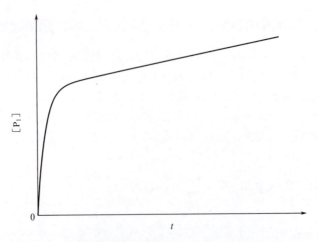

图 B8-4 α-糜蛋白酶催化水解三甲基乙酸对硝基苯酯生成
对硝基苯酚的浓度-时间曲线

Bender 及其同事详细研究了上述酶催化反应动力学，提出如下机理：

第一步，在快速预平衡条件下，酯与酶形成可逆的络合物。

第二步，酯与酶的活性位结合，导致酶的乙酰化，同时释放出对硝基苯酚离子（P_1）。

第三步，乙酰化酶发生去乙酰化反应，释放出三甲基乙酸根离子（P_2），重新生成活性酶，再次催化另一个酯分子的水解反应。

上述机理的动力学过程可以表达如下：

$$E+S \underset{k_{-1}}{\overset{k_1}{\rightleftharpoons}} ES \qquad 可逆酶-底物键合$$

$$ES \xrightarrow{k_2} P_1 + AE \qquad 酶乙酰化$$

$$AE \xrightarrow{k_3} P_2 + E \qquad 酶去酰化$$

式中，AE表示乙酰化酶（acylenzyme）。在这个机理中，虽然产物 P_1 早于 P_2 被释放出来，但是最后一步基元反应才是最重要的，因为这一步释放出活性酶。

假定 $[S]_0 \gg [E]_0$，因为 P_1 是分光光度法的检测对象，现在将找出 $[P_1]$ 与时间 t 之间的关系。首先写出微分方程：

$$\frac{d[P_1]}{dt} = k_2[ES] \tag{1}$$

$$\frac{d[ES]}{dt} = k_1[E][S] - k_{-1}[ES] - k_2[ES] \tag{2}$$

酶的物质平衡关系为：

$$[E]_0 = [E] + [ES] + [AE] \tag{3}$$

第一步快速预平衡步骤有：

$$K = \frac{k_{-1}}{k_1} = \frac{[E][S]}{[ES]} \approx \frac{[E][S]_0}{[ES]} \tag{4}$$

由方程（3）、方程（4）消去[E]，得到

$$[ES] = \frac{[E]_0 - [AE]}{1 + K/[S]_0} \tag{5}$$

为了表达[ES]，现在必须先得到[AE]的表达式。写出微分方程：

$$\frac{d[AE]}{dt} = k_2[ES] - k_3[AE] \tag{6}$$

将方程（5）代入方程（6）中，整理得到：

$$\frac{d[AE]}{dt} = \frac{k_2[E]_0}{1+K/[S]_0} - \left(\frac{k_2}{1+K/[S]_0} + k_3\right)[AE] \tag{7}$$

定义

$$A = \frac{k_2[E]_0}{1+K/[S]_0} \qquad B = \frac{k_2}{1+K/[S]_0} + k_3 \tag{8}$$

$$\Rightarrow \quad \frac{d[AE]}{dt} = A - B[AE]$$

根据边界条件 $t=0$，$[AE]=0$，将方程（8）积分得到：

$$\ln\left(\frac{A-B[AE]}{A}\right) = -Bt \quad \text{或者} \quad [AE] = \frac{A}{B}(1-e^{-Bt}) \tag{9}$$

将方程（9）代入方程（5），得到

$$[ES] = \frac{[E]_0 - A/B}{1+K/[S]_0} + \frac{A/B}{1+K/[S]_0}e^{-Bt} \tag{10}$$

应该注意到，根据方程（10），在时间 $t=0$ 时[ES]有一个确切的浓度，这个不合理的结果来自于快速预平衡假设。

将方程（10）代入方程（1），得到

$$\frac{d[P_1]}{dt} = k_2\left(\frac{[E]_0-A/B}{1+K/[S]_0}\right) + \frac{k_2(A/B)}{1+K/[S]_0}e^{-Bt} \tag{11}$$

将方程（11）积分后得到：

$$[P_1] = Xt + Y(1-e^{-Bt}) \tag{12}$$

式中

$$X = k_2\left(\frac{[E]_0 - A/B}{1+K/[S]_0}\right) \tag{13}$$

$$Y = \frac{k_2(A/B)}{B(1+K/[S]_0)} \tag{14}$$

方程（12）的曲线图形与图B8-4相同。原则上，对一组[P]-t实验数据用方程（12）进行拟合，得到三个参数 X、Y、B，然后通过方程（13）、方程（14）以及方程（8），就可以计算出酶催化反应的动力学参数 k_2、k_3 和 K。但是在实际计算中，非常困难。

B8.2.3 反应动力学参数计算

底物同时进行着酶催化水解反应和非催化水解反应，这两个反应都产生 P_1，能够被光谱仪检测。当计算酶催化动力学参数时，必须先扣除非催化水解反应的"空白"数据。

α-糜蛋白酶并不是纯净物质，其中含有杂质，其整体浓度并不等于酶的摩尔浓度。假定实验中通过称量获得的初始酶整体浓度为 $[E]_{0\text{bulk}}$，而初始的活性酶（纯酶）浓度为 $[E]_{0\text{act}}$，则有

$$[E]_{0\text{act}} = p[E]_{0\text{bulk}}$$

式中，p是粗酶原料的纯度百分数。通过动力学测量，可以估算p值。

如果固定粗酶浓度$[E]_{0bulk}$，然后测定一系列初始浓度$[S]_0$下的$[P_1]$-t关系曲线，通过曲线拟合就得到了一系列X、Y、B参数。首先考虑X，将方程（8）中关于A、B的定义代入方程（13），按照Michalis-Menton方程的形式整理得到

$$X = \frac{\left(\dfrac{k_2 k_3}{k_2 + k_3}\right)[E]_{0act}[S]_0}{[S]_0 + \left(K \dfrac{k_3}{k_2 + k_3}\right)} \tag{15}$$

X的量纲是"浓度·时间$^{-1}$"（如$mol \cdot dm^{-3} \cdot s^{-1}$），与反应速率量纲相同。令

$$k_{act} = \frac{k_2 k_3}{k_2 + k_3} \qquad K_M = K \frac{k_3}{k_2 + k_3}$$

方程（15）变形为米氏方程的形式：

$$X = \frac{k_{act}[E]_{0act}[S]_0}{[S]_0 + K_M} \tag{16}$$

将方程（16）写成双倒数方程的形式：

$$\frac{1}{X} = \frac{1}{k_{act}[E]_{0act}} + \frac{K_M}{k_{act}[E]_{0act}} \times \frac{1}{[S]_0} \tag{17}$$

以$1/X$-$1/[S]_0$作图得一直线，由直线的斜率和截距可以计算出表观米氏常数K_M；如果已知活性酶浓度$[E]_{0act}$，则就可以计算出k_{act}。

在$[S]_0 \gg K_M$的条件下，方程（16）可以简化为：

$$X = k_{act}[E]_{0act} \tag{18}$$

如果已知活性酶的浓度$[E]_{0act}$，就可以由X直接计算出k_{act}。

为了计算出α-糜蛋白酶的纯度百分数p，利用参数Y。将方程（8）中关于A、B的定义代入方程（14），并重排得到

$$Y = [E]_{0act} \frac{\left(\dfrac{k_2}{k_2 + k_3}\right)^2}{\left(1 + \dfrac{K_M}{[S]_0}\right)^2} \tag{19}$$

利用实验条件$[S]_0 \gg K_M$，并考虑近似条件$k_2 \gg k_3$，方程（19）简化为

$$Y = [E]_{0act} \tag{20}$$

即由参数Y可以直接得到活性酶浓度$[E]_{0act}$，将其代入方程（18）中，就可计算出k_{act}。也可以利用方程（17）计算得到k_{act}和表观米氏常数K_M。若考虑不等式$k_2 \gg k_3$，则$k_{act} \approx k_3$。

即使不考虑不等式导致的方程简化，依然能够通过方程（19）变换为双倒数方程形式得到

$$\frac{1}{\sqrt{Y}} = \frac{k_2 + k_3}{k_2 \sqrt{[E]_{0act}}} + \frac{K_M (k_2 + k_3)}{k_2 \sqrt{[E]_{0act}}} \times \frac{1}{[S]_0} \tag{21}$$

显然以$1/Y_{1/2}$-$1/[S]_0$作图将得到一直线，拟合可得相应的斜率和截距，并计算出表观米氏常数K_M，该值可以与通过方程（17）计算的结果相对照。

为了计算其他几个动力学参数，将方程（8）定义的B参数重新表达为：

$$B = \frac{k_2}{1+K/[S]_0} + k_3 = \frac{(k_2+k_3)[S]_0 + k_3 K}{[S]_0 + K} \approx \frac{(k_2+k_3)[S]_0}{[S]_0 + K}$$

式中最后的近似使用了条件$[S]_0 \gg K_M$，即$(k_2+k_3)[S]_0 \gg k_3 K$。将上式也表达成双倒数形式：

$$\frac{1}{B} = \frac{1}{k_2+k_3} + \left(\frac{K}{k_2+k_3}\right) \times \frac{1}{[S]_0} \tag{22}$$

以$1/B$-$1/[S]_0$作图得到一直线，由直线的斜率和截距可以求出(k_2+k_3)和K的值。将(k_2+k_3)的值代入k_{act}表达式中，可以得到$k_2 k_3$的值，解联立方程可以分别计算出反应速率常数k_2和k_3。

如果没有在不同底物浓度下测出[B]值，可以采用近似条件$k_2 \gg k_3$和$[S]_0 \ll K$得到

$$[B] = \frac{k_2}{K}[S]_0 \tag{23}$$

B8.3 仪器试剂

TU-1810DPC紫外-可见光谱仪（北京普析通用仪器有限责任公司），PTC-2帕尔帖恒温控制器，石英比色皿（带盖，光径10mm）2只，25mL、50mL容量瓶各1只，色谱进样瓶1只，100μL、250μL液相色谱进样针各1支，移液管若干。

α-糜蛋白酶（800usp u/mg），三甲基乙酸对硝基苯酯（>98%），对硝基苯酚（A.R.），三（羟甲基）氨基甲烷（TRIS）（标准缓冲物质，>99.9%），乙腈（A.R.），盐酸（A.R.）。

B8.4 安全须知和废弃物处理

- 在实验室中需穿戴实验服、防护目镜或面罩。
- 在处理样品和溶液时需使用丁腈橡胶手套，尤其是乙腈和盐酸。
- 所有溶液均可能刺激皮肤，如发生皮肤沾染，用水冲洗沾染部位10min以上。
- 离开实验室前务必洗手。
- 使用过的溶液倒入指定的废液回收桶。

B8.5 实验步骤

B8.5.1 溶液配制

（1）三（羟甲基）氨基甲烷（TRIS）缓冲液：0.01mol·dm^{-3}，pH=8.5。

准确称取1.2114 g三（羟甲基）氨基甲烷，加入800mL水溶解，用6mol·dm^{-3}盐酸调节pH至8.5，移入1000mL容量瓶中用水定容。

（2）乙酸-乙酸钠缓冲液：各0.2mol·dm^{-3}，pH≈4.6。

（3）底物：三甲基乙酸对硝基苯酯溶液：$3.4 \times 10^{-3} \text{mol·dm}^{-3}$，乙腈溶液，10～25mL均可。准确称取0.0190g三甲基乙酸对硝基苯酯，在25mL容量瓶中用乙腈定容。

（4）α-糜蛋白酶溶液：准确称取50mg α-糜蛋白酶干粉，在色谱进样瓶中用1mL水溶解，溶液置于冰水浴中冷藏备用。

（5）对硝基苯酚溶液：准确称取0.0487g对硝基苯酚，在250mL容量瓶中用TRIS缓

冲液定容，再取该溶液1mL用TRIS缓冲液定容至50mL，该溶液对硝基苯酚浓度2.8×10^{-5} mol·dm^{-3}，用作测定对硝基苯酚的摩尔吸光系数。

B8.5.2 动力学测量

1. 实验准备

紫外-可见光谱仪开机预热30min，调节帕尔帖恒温控制器循环液温度为25℃，在两个石英比色皿中均加入TRIS缓冲液进行仪器检零操作。

2. 测定对硝基苯酚的摩尔吸光系数

采用"光度测量"模式，调节光谱仪吸收波长为400nm，以TRIS缓冲液为参比，测定对硝基苯酚溶液的吸光度。

3. 空白反应收光度曲线测量

采用"时间扫描"模式，调节光谱仪吸收波长为400nm，以TRIS缓冲液为参比，在测量比色皿中加入3mL TRIS缓冲液，用液相色谱进样针加入100μL三甲基乙酸对硝基苯酯溶液，比色皿盖上盖子上下翻动摇匀后，放入恒温池架，读数记录至少30min。

4. 酶催化反应吸光度曲线测量

采用"时间扫描"模式，调节光谱仪吸收波长为400nm，以TRIS缓冲液为参比，在测量比色皿加入3mL TRIS缓冲液，用液相色谱进样针加入40μL三甲基乙酸对硝基苯酯溶液，比色皿盖上盖子上下翻动摇匀，再用液相色谱进样针（**换针，不要与底物互相沾污！**）加入80μL α-糜蛋白酶溶液，加盖摇匀后放入恒温池架，读数记录至少30min。

将三甲基乙酸对硝基苯酯溶液的数量依次增加为50μL、60μL、70μL、90μL、100μL，其他条件不变，重复上述酶催化反应吸光度曲线的测量过程。

若实验课时不足以完成全部测量，建议测定加入三甲基乙酸对硝基苯酯溶液数量为60~90μL的样品，极端情况下可以仅测定加入三甲基乙酸对硝基苯酯溶液数量为90μL的样品。

所有的分光光度法测定实验必须以相同的时间间隔采样读数，包括"空白"。

B8.6 数据处理与结果分析

1. 计算对硝基苯酚的摩尔吸光系数，计算各样品酯的初始浓度$[S]_0$。
2. 扣除非催化反应"空白"本底

将初始浓度为$[S]_0$的酶催化反应吸光度-时间曲线与非催化"空白"反应吸光度-时间曲线对应值相减。扣除"空白"本底时要注意先做相应的浓度校正，比如"空白"实验用100μL酯，酶催化实验时用60μL酯，则"空白"本底的吸光度要先乘以（60/100）的因子，然后再扣除。

3. 用预先测定过的对硝基苯酚离子的吸光系数，将扣除本底后的吸光度值换算为产物P_1的浓度值。
4. 在Origin软件中将各初始浓度为$[S]_0$样品的$[P_1]$-t数据输入，作图，用自定义方程
$$[P_1]=Xt+Y(1-e^{-Bt})$$
进行非线性拟合，求出拟合参数X、Y、B，其中X的量纲为：浓度·时间$^{-1}$，Y的量纲为：浓度，B的量纲为：时间$^{-1}$。

5. 将拟合数据列表$[S]_0$、X、Y、$[B]$。

6. 观察 Y 的值是否基本恒定,根据方程(18)用 Y 的平均值计算初始的活性酶(纯酶)浓度为 $[E]_{0act}$,计算酶的纯度。

7. 根据方程(17),以 $1/X$-$1/[S]_0$ 作图,进行直线拟合,获得表观米氏常数 K_M 和酶催化反应速率常数 k_{act}。根据方程(21)进行类似处理,得到 K_M 和 k_{act}。对这两种方法获得的参数进行比较,评价数据偏差的来源。

8. 根据方程(22),以 $1/B$-$1/[S]_0$ 作图,进行直线拟合,得到基元反应速率常数之和 (k_2+k_3) 和酶-底物络合物可逆分解反应平衡常数 K。将参数 (k_2+k_3) 和 K 代入 K_M 的表达式中,计算 k_2 和 k_3 的值;同样将参数 (k_2+k_3) 和 K 代入 k_{act} 的表达式中,再次计算 k_2 和 k_3 的值;比较这两种方法计算得到的 k_2 和 k_3 的差别。

9. 分析获得的参数是否符合不等式:$[S]_0 \gg K_M$ 和 $k_2 \gg k_3$,以及 $k_{act} \gg k_3$ 且略小于 k_2。

10. 若未获得不同底物浓度下的实验数据,则可根据方程(18)、方程(20)和方程(23),计算得到 $[E]_{0act}$、k_{act} 和 k_2/K,并估算 K_M 和 k_3。

B8.7 讨论与思考

1. 若假定本实验反应的第一步是底物 S 与酶 E 的可逆结合为酶-底物络合物 ES,第二步是该络合物分解为产物 P(P_1、P_2)和酶 E:

$$E+S \underset{k_{-1}}{\overset{k_1}{\rightleftharpoons}} ES \overset{k_2}{\longrightarrow} P+E$$

且酶-底物络合物分解为产物的反应步骤为控速步骤,则底物、酶的可逆结合反应达成平衡,适用平衡态近似。请推导产物 P 浓度与时间的关系,画出 $[P]$-t 曲线,并指出该机理是否符合实验事实。设底物初始浓度远远大于活性酶总浓度,即 $[S]_0 \gg [E]_0$。

2. 解除上题中第一步反应的预平衡假设,并保留底物浓度远远大于酶浓度的假设,即 $[S]_0 \gg [E]_0$,再次推导产物 P 浓度与时间的关系,画出 $[P]$-t 曲线,并指出该机理是否符合实验事实。当反应时间足够长,反应达到稳态后,本题结论是否等价于 Michaelis-Menton 方程?

B 9
热动力学分析：固体分解反应活化能的测定

B9.1 实验简介

本实验将采用差热分析法进行反应动力学的测量。差热分析法（DAT）不仅可以研究物质在升温/降温过程中的热效应，也可以测定相图，这些内容在实验A3、B3、B6中都已经涉及过，现在要用差热分析法定量测出某个化学的动力学参数，比如活化能和反应级数等。化学反应动力学的主要测量对象是随时间变化的反应物浓度，在热动力学分析中，反应物浓度的变化相当于热效应大小，DTA测量中温度与时间又呈现线性关系，因此差热分析曲线中蕴含着随反应时间改变的物质数量的信息。如何从实验图线的位置、大小和形状中抽取有用的信息，需要恰当的假设、严密的数学分析及合理的近似，这是理论分析的力量，本实验提供了一个很好的实例。

本实验设计为8课时，完成一个含水硫酸盐的热动力学分析，如时间有余可选择完成另一个含水硫酸盐的测定，或不同实验小组分别测定不同的样品，数据共享；对于4课时实验，建议两个实验小组合作完成一个含水硫酸盐的热动力学分析。若小组间实验合作的，每个小组均需测定标准物质，以校正温度。

学生应熟悉差热分析仪器的操作和DTA曲线测量技术，掌握DTA曲线上重要参数的确定方法，能够使用科学数据处理软件（如Origin）进行曲线微分、积分、归一化等数据计算和分析工作。

B9.2 理论探讨

差热分析的原理详见实验A3、B3和B6。

B9.2.1 差热峰（谷）温度与反应活化能

对于常见的固相分解反应来说，其反应方程式可以表示为

$$A(s) \xrightarrow{k} B(s) + C(g) \tag{1}$$

假设 α 表示在反应时刻 t 已经反应掉的固体A（s）的摩尔分数，则反应（1）的速率方程可以表示为

$$\frac{d\alpha}{dt} = k(1-\alpha)^n = A e^{-E_a/RT}(1-\alpha)^n \tag{2}$$

式中，k 为反应速率常数；A 为指前因子；E_a 为活化能。

热分析常采用线性升温法。假定温度 T 与时间 t 之间满足线性关系

$$T = T_0 + \beta t \tag{3}$$

式中，T_0 为起始温度，K；β 为升温速率，$K \cdot min^{-1}$。则

$$dt = \frac{dT}{\beta} \tag{4}$$

代入式（2）得到

$$\frac{d\alpha}{dT} = \frac{A}{\beta} e^{-E_a/RT} (1-\alpha)^n \tag{5}$$

DTA 理论认为，差热曲线的峰（谷）面积正比于热效应。当样品在恒定升温速率条件下受热分解时，若反应过程伴随有热效应，则反应进行程度正比于热效应。因此，在反应时刻 t（相当于某温度 T）已经反应掉的固体 A(s) 的摩尔分数 α 可以表示为

$$\alpha = \frac{S}{S_0} \tag{6}$$

式中，S_0 是差热曲线下的总面积，即图 B9-1 中温度 $T_0 \to T_e$ 之间差热曲线下的面积，而 S 是 T_0 至某个温度 T_i 之间差热曲线下的面积，比如反应进行到温度 T_1 时差热曲线下的面积 S_1 就是图 B9-1 中的阴影部分面积，在 T_1 时反应掉的物质摩尔分数 $\alpha_1 = S_1/S_0$。

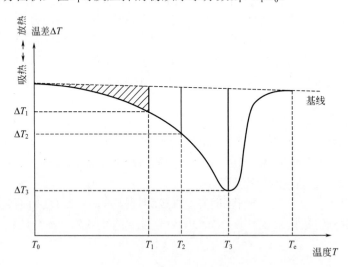

图 B9-1 反应过程的差热曲线

由方程（6）得到

$$\frac{d\alpha}{dT} = \frac{dS}{S_0 dT} = \frac{1}{S_0} \times \frac{d\int_{T_0}^{T}(\Delta T)dT}{dT} = \frac{\Delta T}{S_0} \tag{7}$$

式中，ΔT 是图 B9-1 所示的差热曲线的纵坐标温差，ΔT 是温度 T 的函数。当其他条件固定时，差热曲线下的总面积 S_0 为确定值，差热曲线 $\Delta T(T)$ 实际上就是反应速率曲线。

在差热曲线的极值点温度 T_p，$d\alpha/dT$ 的一阶导数为零，即

$$\left[\frac{d}{dT}\left(\frac{d\alpha}{dT}\right)\right]_{T=T_p} = 0 = \left\{\frac{d}{dT}\left[\frac{A}{\beta}e^{-E_a/RT}(1-\alpha)^n\right]\right\}_{T=T_p} \tag{8}$$

根据

$$\frac{d}{dT}\left(\frac{d\alpha}{dT}\right) = \frac{A}{\beta} \times \frac{E_a}{RT^2} e^{-E_a/RT}(1-\alpha)^n - \frac{A}{\beta}e^{-E_a/RT}n(1-\alpha)^{n-1}\frac{d\alpha}{dT}$$

$$= \left[\frac{E_a}{RT^2} - \frac{A}{\beta}e^{-E_a/RT}n(1-\alpha)^{n-1}\right]\frac{d\alpha}{dT}$$

且在峰顶温度时，$d\alpha/dT \neq 0$，由此可以得到

$$\frac{\beta E_a}{RT_p^2} = An(1-\alpha_p)^{n-1}e^{-E_a/RT_p} \tag{9}$$

式中，α_p 是在差热曲线峰顶温度时的 α 值，它与峰顶温度 T_p 有关，而且不容易从DTA曲线上准确地计算出来。方程（9）中有两个待定参数：反应级数 n 和反应活化能 E_a，若要通过拟合法得到这两个参数，必须知道 α 的表达式。

将方程（5）分离变量并积分，得到

$$\int\frac{d\alpha}{(1-\alpha)^n} = \frac{A}{\beta}\int e^{-E_a/RT}dT \tag{10}$$

当 $n \neq 0$ 或 $n \neq 1$ 时，方程（10）等号左边积分为

$$\int\frac{d\alpha}{(1-\alpha)^n} = \frac{1}{n-1} \times \frac{1}{(1-\alpha)^{n-1}}$$

方程（10）等号右边积分为

$$\int e^{-E_a/RT}dT = \int\frac{RT^2}{E_a}d(e^{-E_a/RT}) = \frac{RT^2}{E_a}e^{-E_a/RT} - \int e^{-E_a/RT} \times \frac{2RT}{E_a}dT$$

$$= \frac{RT^2}{E_a}e^{-E_a/RT} - \int\frac{2RT}{E_a} \times \frac{RT^2}{E_a}d(e^{-E_a/RT})$$

$$= \frac{RT^2}{E_a}e^{-E_a/RT} - \frac{RT^2}{E_a}e^{-E_a/RT} \times \frac{2RT}{E_a} + \int e^{-E_a/RT}6\left(\frac{RT}{E_a}\right)^2 dT$$

$$= \frac{RT^2}{E_a}e^{-E_a/RT} - \frac{RT^2}{E_a}e^{-E_a/RT} \times \frac{2RT}{E_a} + \int\frac{RT^2}{E_a} \times 6\left(\frac{RT}{E_a}\right)^2 d(e^{-E_a/RT})$$

$$= \frac{RT^2}{E_a}e^{-E_a/RT} - \frac{RT^2}{E_a}e^{-E_a/RT} \times \frac{2RT}{E_a} + \frac{RT^2}{E_a}e^{-E_a/RT}6\left(\frac{RT}{E_a}\right)^2 - \int\cdots$$

该积分的计算进入幂级数加和的形式，由于 $RT \ll E_a$，因此该积分仅保留前两项计算结果就可以了

$$\int e^{-E_a/RT}dT \approx \frac{RT^2}{E_a}e^{-E_a/RT}\left(1 - \frac{2RT}{E_a}\right)$$

由此得到方程（10）的积分形式为

$$\frac{1}{n-1} \times \frac{1}{(1-\alpha)^{n-1}} = \frac{ART^2}{\beta E_a}e^{-E_a/RT}\left(1 - \frac{2RT}{E_a}\right) \tag{11}$$

式中 $n \neq 0$ 或 $n \neq 1$。当 $n = 1$ 时，该积分为

$$\ln\frac{1}{1-\alpha} = \frac{ART^2}{\beta E_a}e^{-E_a/RT}\left(1 - \frac{2RT}{E_a}\right) \tag{12}$$

当 $n = 0$ 时，该积分为

$$\alpha = \frac{ART^2}{\beta E_a} e^{-E_a/RT} \left(1 - \frac{2RT}{E_a}\right) \tag{13}$$

当温度由 $T_0 \to T$，固体反应的摩尔分数则由 $0 \to \alpha$，考虑积分（10）的定积分

$$\int_0^\alpha \frac{d\alpha}{(1-\alpha)^n} = \int_{T_0}^T \frac{A}{\beta} e^{-E_a/RT} dT \tag{14}$$

在 T_0 时反应还不能发生，此时活化能 $E_a \to \infty$，因此方程（11）等号右边在积分下限时为0。由此得到，当 $n \ne 0$ 或 $n \ne 1$ 时，α 与温度 T（即与时间 t）的关系为

$$\frac{1}{n-1}\left[\frac{1}{(1-\alpha)^{n-1}} - 1\right] = \frac{ART^2}{\beta E_a} e^{-E_a/RT} \left(1 - \frac{2RT}{E_a}\right) \tag{15}$$

当 $n=1$ 或 $n=0$ 时，定积分结果与方程（12）或方程（13）相同，仅需将 α 和 T 都加上下标 p 即可。

在差热曲线的峰顶温度 T_p 时，方程（15）同样成立

$$\frac{1}{n-1}\left[\frac{1}{(1-\alpha_p)^{n-1}} - 1\right] = \frac{ART_p^2}{\beta E_a} e^{-E_a/RT_p} \left(1 - \frac{2RT_p}{E_a}\right)$$

将方程（9）整理后代入上式，得到

$$\frac{1}{n-1}\left[\frac{1}{(1-\alpha_p)^{n-1}} - 1\right] = \frac{1}{n(1-\alpha_p)^{n-1}}\left(1 - \frac{2RT_p}{E_a}\right)$$

整理化简后得到

$$n(1-\alpha_p)^{n-1} = 1 + (n-1)\frac{2RT_p}{E_a} \tag{16}$$

由于 $RT_p \ll E_a$，因此

$$n(1-\alpha_p)^{n-1} \approx 1 \tag{17}$$

据此，方程（9）可以化简为

$$\frac{\beta E_a}{RT_p^2} = A e^{-E_a/RT_p} \tag{18}$$

将方程（18）两边取对数，得到Kissinger方程

$$\ln\left[\frac{\beta}{T_p^2}\right] = \ln\left(\frac{AR}{E_a}\right) - \frac{E_a}{RT_p} \tag{19}$$

在不同的升温速率 β 下测定热降解差热曲线的峰顶温度 T_p，以 $\ln(\beta/T_p^2)$-$1/T_p$ 作图可得一直线，由该直线斜率可以求出反应活化能 E_a，由截距可以求出指前因子 A。

方程（19）适用于所有级数的反应：对于一级反应（$n=1$），方程（9）直接就化为了方程（18）；对于零级反应（$n=0$），根据方程（5），差热曲线不存在数学上可分析的峰顶位置，其差热峰顶应当在反应物耗尽时出现，即 $\alpha=1$，根据方程（13）及近似关系 $RT_p \ll E_a$，同样可以得到方程（19）。因此，对于简单的固体分解反应而言，利用方程（19），采用差热分析方法测量反应的活化能是可行的，而且无需考虑反应级数的影响。

B9.2.2　反应级数对差热峰（谷）形状的影响

根据方程（16），用数值计算可以很容易地证明：在差热曲线峰（谷）温度 T_p，当反应级数 n 减小时，未发生分解的固体的摩尔分数（$1-\alpha_p$）也随之减小，这说明随着反应级数

的减小，差热峰将变得越来越不对称。如果假定差热峰的形状与升温速率及反应动力学参数无关，则有可能将差热峰（谷）的不对称性与反应级数 n 关联起来。

可以用"形状因子" I 来定量描述差热峰（谷）的形状，其定义为峰（谷）两侧拐点处斜率之比的绝对值

$$I = \left| \frac{\left(\frac{d^2\alpha}{dT^2}\right)_1}{\left(\frac{d^2\alpha}{dT^2}\right)_2} \right| = \frac{a}{b} \qquad (20)$$

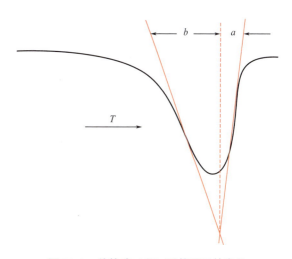

图 B9-2 差热峰（谷）形状因子的定义

式中，下标 1 和 2 分别代表差热峰的下降侧和上升侧，图 B9-2 中给出了 I 的定义方式。

差热曲线峰（谷）两侧拐点的定义为

$$\frac{d^2}{dT^2}\left(\frac{d\alpha}{dT}\right) = 0$$

对方程（5）进行二次微分计算，并经过多步化简和数值计算后，H. M. Kissinger[3] 发现形状因子 I 仅是反应级数 n 的函数，且大致满足如下经验关系

$$I = 0.63 n^2 \qquad (21)$$

反应级数可以由形状因子计算如下

$$n = 1.26 I^{1/2} \qquad (22)$$

B9.2.3 含水硫酸盐的受热脱水分解反应

五水合硫酸铜的脱水过程可以简单表示为

$$CuSO_4 \cdot 5H_2O(s) \xrightarrow{k_1} CuSO_4 \cdot 3H_2O(s) + 2H_2O(g)$$

$$CuSO_4 \cdot 3H_2O(s) \xrightarrow{k_2} CuSO_4 \cdot H_2O(s) + 2H_2O(g)$$

$$CuSO_4 \cdot H_2O(s) \xrightarrow{k_3} CuSO_4(s) + H_2O(g)$$

其中第一、第二步脱水过程发生在 45～130℃，每个硫酸铜分子脱出的 4 个水分子，属于配位水。若升温速率较高，则两个脱水过程的 DTA 吸热峰会重叠，直至不可分辨。第三步脱水过程发生在 170～260℃，每个硫酸铜分子脱出的 1 个水分子，属于结构水。

石膏是重要的建筑材料，二水石膏的分子式是 $CaSO_4 \cdot 2H_2O$，是含有两个结晶水的硫酸钙晶体。在不同条件的加热处理中，其结构水容易脱出，成为半水石膏和无水石膏。试剂级二水石膏加热至 100～200℃ 会分步脱除 2 个结晶水，首先排出 1.5 个水分子，随后立即排出 0.5 个水分子，转变为无水石膏 $CaSO_4$。

$$CaSO_4 \cdot 2H_2O(s) \xrightarrow{k_1} CaSO_4 \cdot 0.5H_2O(s) + 1.5H_2O(g)$$

$$CaSO_4 \cdot 0.5H_2O(s) \xrightarrow{k_2} CaSO_4(s) + 0.5H_2O(g)$$

这两个过程在 DTA 图谱上不能完全分离鉴别，常将两者合并作为一个脱水过程处理。

七水合硫酸亚铁的脱水过程可以表示为

$$FeSO_4·7H_2O(s) \xrightarrow{k_1} FeSO_4·4H_2O(s) + 3H_2O(g)$$

$$FeSO_4·4H_2O(s) \xrightarrow{k_2} FeSO_4·H_2O(s) + 3H_2O(g)$$

$$FeSO_4·H_2O(s) \xrightarrow{k_3} FeSO_4(s) + H_2O(g)$$

第一步脱水过程温度范围是35～95℃，第二步温度范围是95～180℃，每步均脱出3分子水，所脱出的均为配位水。第三步脱水过程发生在180～320℃，脱出1分子水，为结构水，在升温速率较低时（1℃·min^{-1}左右），该脱水过程在DTA曲线上有时不明显。

B9.3　仪器试剂

ZCR差热实验装置（南京桑力电子设备厂），电子天平，采样及数据分析计算机，铝坩埚（ϕ5mm×4mm），氧化铝坩埚（ϕ5mm×4mm）。

$CuSO_4·5H_2O$(A.R.)，$CaSO_4·2H_2O$(A.R.)，$FeSO_4·7H_2O$(A.R.)，KNO_3(A.R.)，α-Al_2O_3。

B9.4　安全须知和废弃物处理

- 实验中注意保护样品支架，勿使炉体与支架发生碰撞。
- 拿取炉体隔热陶瓷盖片需使用镊子或者戴隔热手套，不要徒手拿取，以免烫伤。
- 在实验室中需穿戴实验服、防护目镜或面罩。
- 在处理盐类样品时需使用丁腈橡胶手套，仔细操作，不要洒漏在实验台和仪器上。
- 硫酸铜和硫酸亚铁可能刺激皮肤，如发生皮肤沾染，需用水冲洗沾染部位10min以上。
- 离开实验室前务必洗手。
- 使用过的坩埚、固体废渣和碎屑需放入固体废弃物桶。

B9.5　实验步骤

ZCR差热分析仪的使用请参见实验A3和B6。

用DTA法进行热动力学测量时，各次测定的样品数量应尽量一致，样品数量以（10±1）mg为宜。坩埚中装入样品后，应轻轻敦实，其中石膏样品还应用尺寸合适的玻棒轻旋压实，使样品紧贴坩埚底部，然后称重。每次测量后，均须待炉温降至30℃以下，才能进行下一个样品的DTA测量（KNO_3除外）。

DTA测量条件如下（静态空气氛）。

（1）$CuSO_4·5H_2O$，温度范围，室温～280℃，升温速率（℃·min^{-1}）：6、9、14、19、23。

（2）$CaSO_4·2H_2O$，温度范围，室温～200℃，升温速率（℃·min^{-1}）：6、9、14、19、23。

（3）$FeSO_4·7H_2O$，温度范围，室温～320℃，升温速率（℃·min^{-1}）：6、9、14、19、23。

（4）KNO_3校正，温度范围，室温～150℃，升温速率10℃·min^{-1}。

实验结束后，清理差热分析仪和实验台面，废弃物放入指定容器中。

B9.6 数据处理与结果分析

1. KNO_3 相变温度的确定

KNO_3 是被国际标准化组织（ISO）和国际纯粹与应用化学联合会（IUPAC）所认定的供 DTA（或 DSC）用的检定参样之一，热力学平衡相变温度：$T_m = 127.7℃$，升温热分析曲线的外推始点温度 $T_{im} = (128±5)℃$，峰温 $T_{pm} = (135±6)℃$。

将实验数据转换成 Excel 文件，并导入 Origin 数据处理软件。作出 $T\text{-}\Delta T$ 差热曲线。做基线校正，做一次微分确定 DTA 峰升温侧的拐点，确定相变的外推始点温度和峰顶温度。

2. 含水硫酸盐脱水温度与升温速率的关系

将数据导入 Origin 数据处理软件，做基线扣除校正，读取不同升温速率 β 时，样品每个脱水分解吸热峰（谷）温度 T_p，输入 Origin 数据处理软件，按照 Kissinger 方程（19），以 $\ln(\beta/T_p^2) - 1/T_p$ 作图，直线拟合，求出脱水分解反应的活化能和指前因子。

进行计算时，请首先将温度单位换算至热力学温标体系。

3. DTA 峰形和反应级数

在 Origin 软件中对实验数据进行多重峰拟合，找出每个脱水峰两侧的拐点，作出拐点的切线，依据图 B9-2 的方法确定形状因子 I，并计算各脱水步骤的反应级数。

B9.7 讨论与思考

能否用图 B9-1 和方程（7）所示的方法，直接由 DTA 曲线计算反应速率，进而得出各动力学参数？请对此进行讨论分析，并说明推论的依据。

B 10 差热分析－拉曼光谱联用测定液固相变

B10.1 实验简介

本实验将差热分析法与拉曼光谱法联合使用，测定二元硝酸盐熔盐体系的液固相变过程。可以看到，当面对复杂变化体系时，很多常规的标准实验方法并不总是有效的，而提出问题，设计方法，进行实验并解决问题的过程，正是科学研究的基本模式。本实验的核心是组装适用于共聚焦拉曼光谱仪显微样品台的微型差热分析仪，并在线性升温过程中同步在线测量样品的DTA和拉曼光谱信号。

本实验设计为8课时，包括组装样品台和样品测试，如果高性能的拉曼光谱仪数量有限，建议将实验设计为开放实验，以小组合作的方式完成全部实验内容，本实验是实验B6的补充与拓展。

学生应熟悉差热分析法和拉曼光谱法的实验原理，并完成实验B6，对二元硝酸盐熔盐体系的液固相变过程有一定的认识。

B10.2 理论探讨

B10.2.1 问题的由来

太阳能热力发电是可持续循环能源利用的最高效、最可靠、最经济的形式之一，经过40多年的努力，太阳能热力发电单机容量已从千瓦级发展到兆瓦级，有数十座兆瓦级太阳能热电站投入试验运行。但是太阳能的供能方式具有"间歇性"的特征，即太阳能热力发电易受阴天、夜晚等气象变化的影响。为提高太阳能利用效率，太阳能热电站往往配备一整套储能转换系统。以技术比较成熟的塔式系统为例，主要由太阳能定日镜、集热器、熔盐储能系统和蒸汽透平发电系统等几个部分组成（见图B10-1），阳光由大量定日镜反射集中到聚光塔顶端的集热器上，通过接收器转换为热能，加热工质，驱动热动力系统进行发电；在阳光充足时，可以利用热能将大量的熔盐熔融加热至高温液体状态，并储存在热盐储罐中；当阳光不足或夜晚时，这部分液态熔盐可以通过液-固相变放热的方式继续为蒸汽锅炉提供热能，驱动涡轮发电机运转，从而实现太阳能热电站的持续运转。

因此，储热介质的开发就成了太阳能热力发电的关键技术之一。已有的储热介质包括熔盐体系、有机物体系和高分子体系等，成本是选用这类材料首先要考虑的问题，工业上

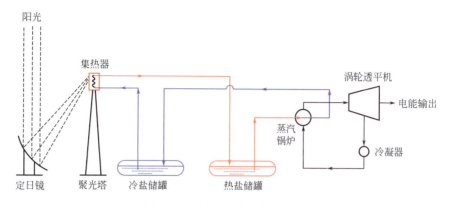

图 B10-1　塔式太阳能热力发电系统

应用要求使用成吨甚至成百吨的储热介质，那些理论上有价值而价格昂贵的物质不可能用于实际工程。熔盐体系成本低廉，且具有很多优良的性能，比如：具有广泛的使用温度范围（300～1000℃），且具有相对稳定性、无过冷和相分离、热容量大、蒸气压低（特别是混合熔融盐具有更低的蒸气压）、吸热-放热过程近似等温且易于运行控制和管理以及良好的导热性能等，是一类性能优良的储能材料。对于熔盐体系的研究，人们尝试过很多方案，主要包括碳酸盐体系、氯化物体系和硝酸盐体系等，但是在商业运行中得到广泛应用的仅有 $NaNO_3$-KNO_3 二元熔盐体系，以及 $NaNO_3$-KNO_3-$NaNO_2$ 三元熔盐体系。2012年，美国 SolarReserve 公司宣布在内华达州南部的托诺帕（Tonopah）建成世界最大塔式太阳能熔盐热能发电系统，采用 $NaNO_3$-KNO_3 二元熔盐体系，聚光塔高达540英尺（近165米），装机容量110兆瓦（见图B10-2），成为美国太阳能发电系统建设的里程碑。

图 B10-2　世界最大塔式太阳能熔盐热能发电系统

了解 $NaNO_3$-KNO_3 二元熔盐体系的相变规律对于促进太阳能热力发电技术进步、开发新型储能材料体系具有重大意义，因此得到广泛的关注和深入的研究。相图是研究相变和材料性能的最重要工具之一，$NaNO_3$-KNO_3 二元熔盐体系是一个涉及固相晶型转变的液固平衡体系，对该体系的理论计算文献相图[4]表示于图B10-3中，其中A区为熔融液态单相区，B区为液固平衡二相区，C区为 $Na,K//NO_3$ 三方晶系固体单相区（Na^+、K^+ 随机均匀分布），D

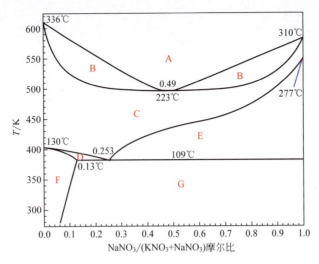

图 B10-3 理论计算的二元熔盐体系 NaNO₃-KNO₃ 的液固平衡相图

区为固溶体 α+Na,K//NO₃ 三方晶系固体二相区，E 区为固体 NaNO₃+ Na,K//NO₃ 三方晶系固体二相区，F 区为 NaNO₃ 溶于 KNO₃ 中形成的固溶体 α 单相区，G 区为固溶体 α+NaNO₃ 固体二相区。室温下，纯净 NaNO₃ 为规整的菱方晶格（rhombohedral lattice system）结构，是三方晶系（trigonal crystal system）的点阵排列方式之一，277℃以上转变为不规整的菱方结构；而纯净 KNO₃ 的晶体结构属于正交晶系（orthorhombic crystal system，也称为斜方晶系），在 130℃以上转变为三方晶系，形成与 NaNO₃ 相同的结构；形成二元熔盐体系后，KNO₃ 晶系转变温度降低至 109℃附近，随后的升温过程伴随有复杂的固相转变融合过程，在 223℃以上开始部分熔融，直至达到液线温度完全熔融为液态。

测定 NaNO₃-KNO₃ 二元熔盐体系相图的实验方法有很多种类，最常见的是热分析法，比如差示扫描热分析法（differential scanning calorimetry，简称DSC）。Greis 等[5]详细测定了该熔盐体系不同组成样品的 DSC 曲线，并据此绘制了 NaNO₃-KNO₃ 二元熔盐体系相图，发现与理论计算结果（见图 B10-3）不同，尤其是在 109℃以上至固线温度之间，发生固相结构转变融合的区域内，理论和实验结果差别很大。Tammann 和 Ruppelt 采用高温显微镜[6]、Kofler[7]采用微量热法研究 NaNO₃-KNO₃ 二元熔盐体系的液-固相变过程，均得到与 Greis 等的实验结果类似结构的相图。由此可见，图 B10-3 相图中相区 C 与相区 D、E 之间发生的固相结构转变过程仍然存在争议，理论分析和实验测量并不完全吻合，仅凭热分析等实验技术很难准确判断真实的相变过程。Kramer 和 Wilson[8]在用 DSC 测定该体系相图的同时，试图用变温 X 射线衍射方法（XRD）测定固相结构转变前后的晶体晶型，结果发现在相区 C 仍然存在两种不同的晶体结构的衍射峰，并没有形成单一的晶相，这更加增加了研究的混乱和难度，XRD 这一晶体结构分析利器竟然无法剖析固态相组成的融合变化过程。

为准确分析 NaNO₃-KNO₃ 二元熔盐体系的液-固相变过程，有学者采用拉曼光谱法对不同温度下的样品进行测定[9]，结果发现有很好的效果。与 DSC 和 XRD 的模糊结论不同，拉曼光谱对于 C、D、E 相区间相组成的转换过程能够很好地表征，实验结果与理论预测基本一致，说明利用拉曼光谱跟踪 NaNO₃-KNO₃ 二元熔盐体系的液-固相变过程是完全可行的。但是，这些拉曼光谱的测量是在不同的温度下静态进行的，并没有同步进行相变过程的确定，仍然存在缺憾。

本实验将组装适用于拉曼光谱仪的差热分析（differential thermal analysis，简称DTA）

样品台，依托商品化的共聚焦拉曼光谱仪开展测量，实现对 $NaNO_3$-KNO_3 二元熔盐体系液-固相变过程的DTA-拉曼光谱信号的同步在线检测，实时表征该熔盐体系的相变阶段，并在不同的相变阶段在线测量样品的拉曼光谱，以DTA、拉曼光谱互相对照的方式，剖析 $NaNO_3$-KNO_3 二元熔盐体系的液-固相变过程的细节。

B10.2.2 拉曼光谱原理

光与物质发生相互作用时，入射的光子可能被吸收或散射，也可能直接穿越物质而不发生任何变化。如果入射光子的能量恰好对应于分子中基态和某个激发态的能级差，则光子将被吸收，而分子则跃迁到更高能量的激发态，吸收光谱测量的就是这类光辐射能量损失的变化。然而，光子也可能与分子作用而发生散射，在这种情况下，光子的能量无需与分子中两个能级的能量差对应。在与入射光束偏离一定角度的方向上进行探测，就能够观察到散射光子，假定没有发生电子跃迁导致的光吸收，则散射率与光频率的四次方成正比。

散射是一种常规测量技术，比如可用于测量小至1μm的颗粒尺寸和大小分布，一种每天可见的散射现象就是蓝天，因为大气中的分子和颗粒对高能量蓝光的散射率远远高于低能量的红光。然而，可用于分子性质检测的主要散射技术还是拉曼光谱。

与拉曼光谱不同，大多数的光谱技术利用辐射的吸收过程，比如当基态与激发态能量差非常小时可以采用声光谱，而当两者能量相差非常大时可以采用X射线吸收光谱。在这些极端情况之间，存在着大量的常规光谱学测量技术，比如核磁共振（NMR）、电子顺磁共振（EPR）、红外吸收光谱、电子吸收和荧光发射光谱以及真空紫外光谱等，图B10-4中标示出了一些常用辐射类型的波长范围。

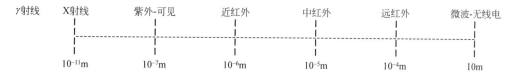

图 B10-4　不同波长范围内的电磁辐射

辐射常用其波长（λ）予以表征，但是在光谱学中，感兴趣的是分子与辐射间的相互作用，一般用能量的概念进行讨论，因此频率（ν）或波数（ϖ）等物理量更加实用，因为这些参数与能量大小呈线性关系，它们之间存在如下关系：

$$\lambda = c/\nu \tag{1a}$$

$$\nu = \Delta E/h \tag{1b}$$

$$\varpi = 1/\lambda \tag{1b}$$

式中，c 为光速；h 为普朗克常数；ΔE 为分子中两个能级的能量差（或被分子吸收的辐射能量）。由方程（1a）～方程（1c）可以看出，能量反比于波长，因此图B10-4中左侧为高能量区，右侧为低能量区。

应用于红外光谱和拉曼光谱的电磁辐射是有差别的。在红外光谱中，一定频率范围内的红外线直接作用在样品上，当入射光中的某个频率与分子中一个振动模式匹配时，就能被吸收，同时分子被跃迁到振动激发态，入射光束中各频率辐射透过样品后的强度损失可以方便地被一一检测出来。与之相反，拉曼光谱仅使用单一频率的入射光扰动样品，所检测的是从分子中散射出来、与入射频率不同的振动能量，因此入射光频率不需要与分子中基态和激发态之间的能量差匹配。在拉曼散射中，入射光与分子作用，扭曲核外电子云的形状（分子极化），形成一个短寿命的激发状态，称为"赝势态"，这个状态是不稳定的，分子很快就再次辐射出光子。

在振动光谱中检测到的是能够导致原子核运动的能量变化。如果散射中只有电子云受到扰动，散射光子将只有极小的频率改变，因为电子的质量非常之轻。这类散射被认为是弹性散射，是主要的散射过程，在分子光谱中也称为瑞利散射（Rayleigh scattering）。然而，如果散射过程引发了核运动，则能量就会由入射光子向分子转移、或者由分子向入射光子转移，在这种情况下，散射是非弹性的，散射光子与入射光子间相差一个振动模式的能量，这类散射就是拉曼散射。拉曼散射过程非常微弱，$10^6 \sim 10^8$个光子中仅有一个能够产生拉曼散射，但是这并不代表拉曼光谱技术的灵敏度差，因为现代激光技术和聚焦显微技术能够将非常高的能量密度投射到微小的样品上，当然这也会导致一些其他过程的发生，比如样品损坏或荧光发射等。

对拉曼散射的经典理论描述表示在图B10-5中，入射光的振荡电场E在分子中诱导出电偶极矩μ，无论这个诱导偶极子是否与分子的振动交换能量，它都将辐射出散射光。诱导偶极矩μ和入射电场强度E之间成正比关系。

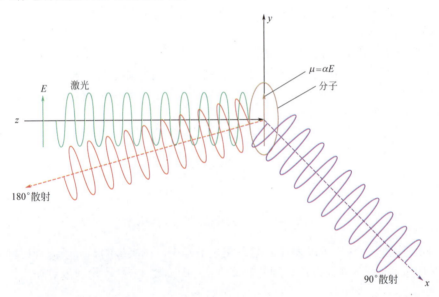

图B10-5 入射光电场E诱导出分子中电子云的极化强度P（图中仅画出了90°和180°方向的散射）

$$\mu = \alpha E \tag{2}$$

两者间的比例系数α称为分子极化率，它度量了分子中电子能够偏离原子核的程度。考虑单色的入射光，电场强度按三角函数形式变化，即

$$E = E_0 \cos(2\pi \nu_0 t) \tag{3}$$

式中，E_0为入射电场振幅；ν_0为入射激光的频率。由N个原子组成的分子具有$3N-6$个简正振动模式（线性分子为$3N-5$个），其中第j个简正振动模式Q_j可以表达为

$$Q_j = Q_j^0 \cos(2\pi \nu_j t) \tag{4}$$

式中，ν_j是第j个简正振动模式的谐振频率；Q_j和Q_j^0分别是该振动模式的内坐标和振幅，比如Q_j可以是两原子核间偏离平衡核间距的位移值。分子振动引起分子内坐标相对于平衡值发生偏移，对分子极化率形成调制，偏移值Q_j与极化率α之间的关系可以用泰勒级数表示为

$$\alpha = \alpha_e + \left(\frac{d\alpha}{dQ_j}\right)_e Q_j + \frac{1}{2!}\left(\frac{d^2\alpha}{dQ_j^2}\right)_e Q_j^2 + \cdots \tag{5}$$

式中，下标e表示内坐标处于平衡值（即$Q_j=0$）。

由方程（2）可知，诱导偶极矩μ等于方程（3）和方程（5）的乘积，即

$$\mu = \alpha_e E_0 \cos(2\pi v_0 t) + \left(\frac{d\alpha}{dQ_j}\right)_e E_0 Q_j^0 \cos(2\pi v_0 t)\cos(2\pi v_j t) + \cdots \tag{6}$$

保留一阶导数项，将高阶导数项舍弃，利用三角函数积化和差公式得到

$$\mu = \alpha_e E_0 \cos(2\pi v_0 t) + \left(\frac{d\alpha}{dQ_j}\right)_e E_0 Q_j^0 \frac{\cos[2\pi(v_0+v_j)t]+\cos[2\pi(v_0-v_j)t]}{2} \tag{7}$$

根据经典电磁学理论，极化电子会在其振荡频率进行光发射。方程（7）说明光散射将在三个频率上发生，第一项就是瑞利散射，散射光频率与入射激光频率v_0相同，幅度与分子的固有极化率α_e成正比；方程（7）的第二项是反斯托克斯拉曼散射（anti-Stokes Raman scattering），散射光频率为v_0+v_j；第三项是斯托克斯拉曼散射（Stokes Raman scattering），频率为v_0-v_j。与瑞利散射和拉曼散射相关的跃迁过程表示在图B10-6中，可以注意到，对于某个特定的振动模式，只要对称性允许，v_j与红外光谱观察到的吸收频率是一样的。

虽然方程（7）是从经典理论导出的，还不完备，但是仍然提供了一些对拉曼光谱有意义的认识。首先，极化和散射强度都正比于入射激光的强度；其次，只有改变分子极化率的振动（即$d\alpha/dQ_j \neq 0$）才能产生拉曼散射，这一点正是拉曼光谱基本选择定则的基础，与红外光谱有明显区别。

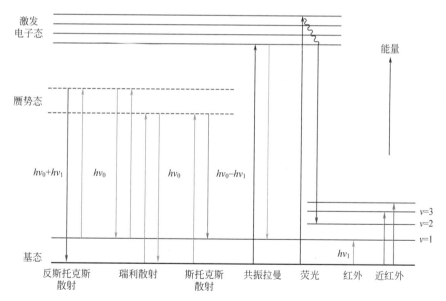

图B10-6 几种类型振动光谱的跃迁过程

v_0—入射激光频率；v—振动量子数

B10.2.3 硝酸盐的拉曼光谱

硝酸盐的拉曼光谱来自于硝酸根NO_3^-的振动，NO_3^-共有6个正则振动模式。从分子对称性角度看，NO_3^-属于D_{3h}点群，由特征标表分析，具有拉曼活性的正则振动模式有5个。固

体硝酸盐的拉曼光谱位移受周围阳离子性质的影响较大，其最强拉曼散射峰是1040～1070 cm^{-1}波数范围内的对称伸缩振动峰（v_1-NO$_3^-$）。图B10-7是室温下不同组成的KNO$_3$-NaNO$_3$熔盐样品v_1-NO$_3^-$对称伸缩振动的拉曼光谱图，纯KNO$_3$的对称伸缩振动峰（v_1-NO$_3^-$）位于1048cm^{-1}处，形成单一α-固溶体相后（x_{NaNO_3}=0.0412），该振动峰位移至1050cm^{-1}处，随着NaNO$_3$含量的增加该振动峰强度降低，在1068cm^{-1}处出现新的拉曼振动峰，可指认为纯NaNO$_3$的v_1-NO$_3^-$振动峰。

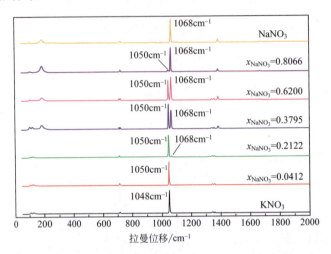

图B10-7 室温下不同组成的NaNO$_3$-KNO$_3$样品的拉曼光谱

在升温过程中，熔盐样品的相组成会逐步发生变化，拉曼位移也会发生相应的变化，比如强度改变以及谱峰位置移动等，可以显示出样品相结构转变的细致过程。

B10.2.4 差热分析-拉曼光谱联用实验装置原理

图B10-8是适用于共聚焦拉曼光谱仪显微样品台的小型差热分析装置设计原理图。整个样品台共有三对引出线，分别是加热丝的输入线（绿色），测温热电偶的热电势引出线（红+黑-），样品和参比之间的温差电势引出线（蓝色）。测温热电偶信号反馈至程序控温仪进行线性升温（或降温），以样品和参比物的托盘之间的热电势差作为温差大小的指示。

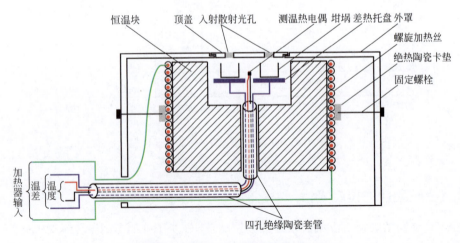

图B10-8 差热分析样品台设计原理图

DTA-Raman光谱联用实验装置包括以下几个部分：拉曼光谱仪及光谱数据采集系统、DTA样品台、DTA样品台温度控制系统、DTA样品台温度/温差数据采集系统等，系统整体连接原理框图见图B10-9。

为精确测量与控制样品温度，用一支K型铠装热电偶浸在冰水浴中作为温度测量的冷端。将该冷端热电偶的负极与DTA样品台的测温热电偶的负极相连，以DTA样品台测温热电偶的正极为温度测量正极、以冷端热电偶的正极为温度测量的负极，此时两热电偶正极间的热电势U即可换算为相对于0℃的温度值T，根据CRC手册数据，0～400℃范围内K型热电偶热电势与温度关系如下：

$$T/℃ = 0.4581 + 24.47122(U/mV)$$

线性拟合关系的Adj. R^2=0.99996。该温度热电势信号同时输入AI-808P程序升温控制器热电偶输入端和数据采集单元A通道，前者为温度控制反馈信号，后者为温度数据采集信号。在AI-808P程序升温控制器上的"冷端热电偶跳线"的作用是采用0℃作为温度测量参考点，如没有该跳线，程控仪将自动进行室温补偿，可能影响温度测量精度。

数据采集单元采用教学实验室常见的色谱数据工作站，该工作站实际就是一个双通道的直流电压信号采集器，测量范围为0.1μV～1000mV。两个样品托盘的信号直接接入数据采集单元的B通道，作为温差热电势信号，其大小正比于温差值ΔT。

DTA样品台放置在激光共聚焦拉曼光谱仪的载物台上，该载物台可三维移动，方便对焦。激光束通过DTA样品台顶盖上的小孔射入，散射光也由小孔射出，经光谱仪滤波后进行分光检测。

B10.3 仪器试剂

KNO_3(A.R.)，$NaNO_3$(A.R.)，不同组成的$NaNO_3$-KNO_3熔融体粉末，α-Al_2O_3粉末（参比物），ϕ5mm×4mm铝坩埚。

共聚焦显微拉曼光谱仪（雷尼绍，inVia型），AI-808P程序温度控制器（厦门宇电），双通道色谱数据工作站，DTA样品台，数据采集用电脑2台。

B10.4 安全须知和废弃物处理

- 在实验室需穿戴实验服、防护目镜或面罩。
- 处理硝酸盐时需使用丁腈橡胶手套。
- 如发生皮肤沾染，用水冲洗沾染部位10min以上。
- 离开实验室前务必洗手。
- 使用过的坩埚、固体废渣、碎屑放入固体废弃物桶。
- 眼睛不得进入激光光路中。

B10.5 实验步骤

（1）按照图B10-9所示组装仪器。

（2）取2只铝坩埚，分别放入样品和参比物，质量为20～30mg（质量尽量相同），轻轻压实后，放置在样品台左右托盘上。

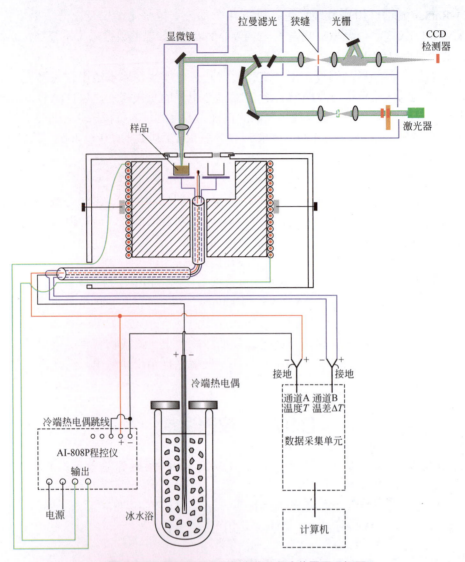

图 B10-9　DTA-Raman 光谱联用实验装置原理框图

（3）设置程序升温：20℃→370℃，升温速率 10℃·min^{-1}。调节 AI-808P 程控仪的 P，T，M 参数，使得升温曲线呈现线性（建议值：P=30，T=30，M=100）。

（4）拉曼光谱仪开机预热 30min 后，使用硅片，对仪器进行波长校正后对样品进行检测。实验条件：激光波长 514nm；物镜 50X；激光功率 20mW，拉曼光谱扫描范围 900～1200cm^{-1}。

（5）设置差热程序升温条件进行 DTA-Raman 同步检测，常规测量以 5℃·min^{-1} 升温，相变前后的精细测量设定为 1℃·min^{-1} 或 2℃·min^{-1}。

（6）实验结束，导出实验数据用 Origin 软件进行处理。

B10.6　数据处理与结果分析

1. 绘制纯 KNO_3 和 $NaNO_3$ 样品在不同温度下的拉曼光谱图。

2. 绘制典型组成的 $NaNO_3$-KNO_3 熔盐样品 DTA-Raman 同步分析曲线。

由图 B10-3 可知，熔盐中 $NaNO_3$ 摩尔分数低于 0.2530 时，升温过程中拉曼光谱曲线的变化相对简单，当熔盐中 $NaNO_3$ 摩尔分数超过 0.2530 以后，熔盐样品在 109℃ 至固线温度之间的相变还涉及复杂的固相融合转化过程。以 $x_{NaNO_3}=0.8066$ 的熔盐样品为例（见图 B10-10），当温度由 100℃ 增加至 128℃ 时，拉曼双峰结构中的主峰（$1066cm^{-1}$）基本没有发生变化，而 $1050cm^{-1}$ 处的峰逐渐蓝移至 $1055cm^{-1}$ 处形成了一个肩峰，由其 DTA 曲线观察，可知该温度区间对应于熔盐的晶系结构转变过程。该肩峰在 200℃ 左右基本消失，形成峰值为 $1064cm^{-1}$ 的单峰结构。继续升高温度至 240℃，其拉曼主峰位置逐渐红移，DTA 曲线显示样品开始熔融，至 297℃ 时熔融为液态，此时拉曼主峰位置移至 $1055cm^{-1}$ 处。

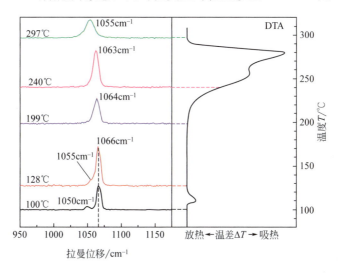

图 B10-10 $NaNO_3$ 摩尔分数为 0.8066 的熔盐样品的 DTA-Raman 同步分析图谱

按上面的示例对所测量的 DTA-Raman 图谱进行分析比较，对比相图，确定升温过程中各相变阶段出现或消失的相，对热分析方法测定相图中各相区的组成情况进行分析。

B10.7 讨论与思考

1. 查阅文献，分析 $1040 \sim 1070cm^{-1}$ 范围内硝酸盐拉曼散射峰对应的振动模式。除该模式外，硝酸盐的拉曼散射还有哪些振动模式，分别位于什么波数范围？

2. 在熔盐完成晶相转变后，直到熔盐固线温度前，DTA 曲线基本上呈现为一条平直的基线，对该过程中各温度下样品的拉曼光谱进行仔细分析，能否确认发生了固相的融合过程？

3. 试分析联用分析技术对提升研究质量的作用，并举出一个实例（非本实验）。

B 11 循环伏安法测定电极过程动力学参数

B11.1 实验简介

本实验将学习和掌握循环伏安法的实验原理和技术，并利用该实验方法研究电极表面的动力学过程。循环伏安法是现代电化学研究的常规方法，常用于偏离热力学平衡状态的电极过程，在这个实验中，将不仅会熟悉循环伏安图谱的一般特征，而且要将其特征参数与电极过程动力学方程相关联。这有助于理解深奥难懂的电化学动力学理论。

对于4课时实验，建议选择 $[Fe^{III}(CN)_6]^{3-}/[Fe^{II}(CN)_6]^{4-}$ 可逆体系的CV曲线测定为主要实验内容；对于8课时实验，建议完成全部实验内容。

学生应熟悉电化学动力学理论的基本概念，如超电势、电流密度、离子扩散速率及其与电极表面化学反应速率的关系，请仔细阅读并理解本实验的"理论探讨"部分。

B11.2 理论探讨

B11.2.1 循环伏安法原理

在电化学研究中，循环伏安法（cyclic voltammetry，简称CV）已经成为一种经典的测量技术，是一种用于表征发生在电极/电解质溶液两相界面上电化学过程的标准程序。

循环伏安法的主要实验内容是对一根浸没在静止的、未加搅拌的溶液中的电极进行电位循环扫描，同时测量所得到的电流。这根电极称为工作电极（working electrode，简称WE），其电势可通过与参比电极（reference electrode，简称RE）构成电势测量回路进行控制，常用的参比电极包括饱和甘汞电极（saturated calomel electrode，简称SCE）、银/氯化银电极（Ag/AgCl）等。可以将工作电极和参比电极间的可控电势看作是激发信号，循环伏安法的激发信号为三角波形的线性电势扫描信号，如图B11-1所示，电极电势 E 将以恒定的扫描速率 dE/dt 在两个值之间来回扫描，这两个电势值有时也称为转换电势。在循环伏安实验中，常将电解质溶液开始分解的电极电势值选作转换电势，在水溶液中，这就是氧气和氢气开始在电极表面释放的电势值。图B11-1中，激发信号首先导致电极电势（相对于SCE）由+0.80 V开始进行负向扫描，直至−0.20V（蓝线），然后在该点反转扫描方向，进行正向扫描直至回到初始电势+0.80V（红线）；由直线斜率可知扫描速率为 $50\text{mV}\cdot\text{s}^{-1}$；第二轮扫描循环用虚线表示在图B11-1中。电位负向扫描时发生还原反应：$O + e^- \longrightarrow R$，电位正向扫描

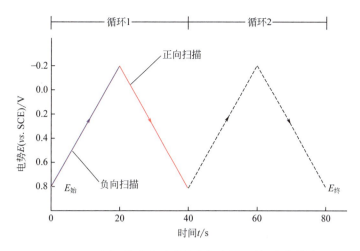

图B11-1　循环伏安实验中的电极电势-时间变化曲线

时发生氧化反应：R⟶O+e⁻，一次完整的扫描过程包括负向扫描和正向扫描，恰好完成一个氧化-还原过程的循环。循环伏安法实验可以进行单轮或多轮循环扫描，现代的实验仪器可以非常方便地改变转换电势和扫描速率。

在电势扫描过程中测量工作电极上的电流就得到循环伏安图，该电流可以看作是电势激发信号的响应信号，循环伏安图以电流信号为纵坐标，以电势信号为横坐标，由于电势随时间作线性变化，因此横坐标也可以看作时间。电流在工作电极和对电极（counter electrode，简称CE，也称为辅助电极）之间通过，这可以保证参比电极上通过的电流极其微小，防止极化，从而精确地控制工作电极的电势。由此可见，循环伏安测量系统为典型的三电极系统（见图B11-2），该系统含两个回路，一个为测试回路，由工作电极和参比电极组成，用来测试工作电极的电化学反应过程，另一个回路由工作电极和辅助电极组成，构成电解槽，满足电化学反应平衡要求。

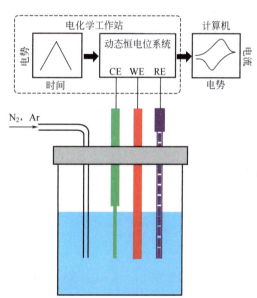

图B11-2　循环伏安三电极系统原理图

图B11-3为典型的循环伏安曲线，工作电极为铂电极，水溶液中含有$6×10^{-3}$mol·dm^{-3}的电化学活性物种$[K_3Fe(CN)_6]$，以1.0mol·dm^{-3}的KNO_3为支持电解质，除负向转换电势为−0.15V外，电势激发信号与图B11-1基本相同。起始扫描电位选定为+0.8V（a点），这可以防止电极通电时引起$[K_3Fe(CN)_6]$分解；电势开始负向扫描，如图B11-3中箭头所示，当电势变负至足以还原$[Fe^{III}(CN)_6]^{3-}$时，阴极电流开始产生（b段），电极反应为

$$[Fe^{III}(CN)_6]^{3-}+e^- \longrightarrow [Fe^{II}(CN)_6]^{4-} \tag{1}$$

此时工作电极变成了还原$[Fe^{III}(CN)_6]^{3-}$的强还原剂；接着，阴极电流快速增大（b→c→d），

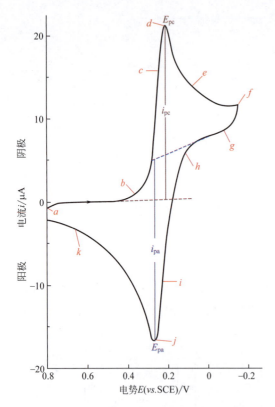

图 B11-3 $K_3[Fe(CN)_6]$ 循环伏安曲线，扫描速率 $50mV·s^{-1}$，Pt 电极面积 $2.54mm^2$

直至达到峰值（d 点），电极表面的 $[Fe^{III}(CN)_6]^{3-}$ 浓度大大降低；由于电解转化为 $[Fe^{II}(CN)_6]^{4-}$，电极周围溶液中 $[Fe^{III}(CN)_6]^{3-}$ 逐渐耗尽，电流随之衰减（g 段）。

电势扫描在 $-0.15V$ 转向为正向扫描（f 点）；尽管电势已经开始向正方向变化，此时电极电势仍负且足以还原 $[Fe^{III}(CN)_6]^{3-}$，因此阴极电流继续存在（g 段）；当电极变成足够强的氧化剂时（h 段），聚集在电极周围的 $[Fe^{II}(CN)_6]^{4-}$ 能够被氧化，电极过程为

$$[Fe^{II}(CN)_6]^{4-} \longrightarrow [Fe^{III}(CN)_6]^{3-} + e^- \quad (2)$$

这就导致阳极电流的产生（$i \to k$）；阳极电流快速增大（i 段），直至表面 $[Fe^{II}(CN)_6]^{4-}$ 浓度大大降低，电流达到峰值（j 点）；随着电极周围的 $[Fe^{II}(CN)_6]^{4-}$ 逐渐耗尽，电流逐步衰减（$j \to k$）；当扫描电势达到 $+0.8V$ 时，第一轮循环扫描完成。从所得到的循环伏安曲线上可以看出，在大于 $+0.4V$ 的条件下，$[Fe^{III}(CN)_6]^{3-}$ 都不会被还原，因此选择高于 $+0.4V$ 的电位，作为起始扫描电位，可以防止反应物种在实验中被提前分解。

B11.2.2 电化学可逆体系循环伏安曲线的解读

简单来说，在循环伏安实验的前向扫描（负向扫描）过程中，阴极电流说明通过电化学反应由 $[Fe^{III}(CN)_6]^{3-}$ 生成了 $[Fe^{II}(CN)_6]^{4-}$；反之，在反向扫描（正向扫描）过程中，阳极电流说明所生成的 $[Fe^{II}(CN)_6]^{4-}$ 又变回了 $[Fe^{III}(CN)_6]^{3-}$。因此，循环伏安法可以在前向扫描中快速生成一种新的氧化态，然后在反向扫描中立即考察该新氧化态的变化规律，这是循环伏安法技术的重要特征，对于研究复杂反应的机理非常有帮助。

为进一步了解循环伏安法，可以考虑能斯特方程以及电解过程中电极周围溶液的浓度变化。对于可逆体系，电势激发信号对氧化-还原物种比例 $[Fe^{III}(CN)_6]^{3-}/[Fe^{II}(CN)_6]^{4-}$ 的影响可以用能斯特方程表示

$$E = E^{0'} - \frac{RT}{nF}\ln\frac{[Fe^{II}(CN)_6^{4-}]}{[Fe^{III}(CN)_6^{3-}]} = E^{0'} + \frac{0.059}{1}\lg\frac{[Fe^{III}(CN)_6^{3-}]}{[Fe^{II}(CN)_6^{4-}]} \quad (3)$$

式中，E 和 $E^{0'}$ 为相对参比电极的电势值；$E^{0'}$ 为氧化-还原对的表观电势（formal electrode potential 或 conditional electrode potential，也称为式量电极电势），它与标准电势相差一个活度系数的对数项。由方程（3）可以看出，若起始扫描电位大大高于 $E^{0'}$，$[Fe^{III}(CN)_6]^{3-}$ 在电极周围溶液中占绝对多数，因此当起始扫描电位设定为 $+0.8V$ 时，所导致的电流基本可以忽略；然而，当 E 开始负向扫描后，$[Fe^{III}(CN)_6]^{3-}$ 必须通过还原反应生成 $[Fe^{II}(CN)_6]^{4-}$，以满足能斯特方程的要求；当扫描电位 E 接近 $E^{0'}$ 时，浓度比 $[Fe^{III}(CN)_6]^{3-}/[Fe^{II}(CN)_6]^{4-}$ 接近 1，这导

致了在前向扫描过程中阴极电流的急剧升高（图B11-3中$b \to d$）。

对应于图B11-3的循环伏安曲线，电位扫描各阶段电极附近溶液中各物质的浓度-距离关系曲线（c-x曲线）如图B11-4所示，这些曲线描述了溶液浓度c作为离开电极表面距离x的函数所发生的变化。

图B11-4(a)为起始扫描电位下$[Fe^{III}(CN)_6]^{3-}$和$[Fe^{II}(CN)_6]^{4-}$的c-x曲线，可以注意到，与体相溶液浓度相比，起始扫描电位$E_{始}$并没有显著改变电极表面$[Fe^{III}(CN)_6]^{3-}$的浓度；随着电势朝负向扫描，电极表面的$[Fe^{III}(CN)_6]^{3-}$逐步下降，以保证在任意时刻所处的工作电位上都能满足能斯特方程要求的$[Fe^{III}(CN)_6]^{3-}/[Fe^{II}(CN)_6]^{4-}$比例［图B11-4(c)～(e)］。在图B11-4(c)中，电极表面的$[Fe^{III}(CN)_6]^{3-}$和$[Fe^{II}(CN)_6]^{4-}$的浓度恰好相等，这对应于扫描电位E恰好等于氧化-还原对的表观电势$E^{0\prime}$（相对于SCE）。

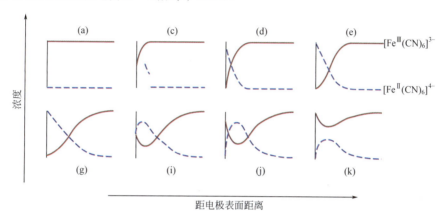

图B11-4　对应图B11-3循环伏安曲线各阶段的浓度-距离关系示意图

在图B11-4（e）和图B11-4（g）中，扫描电位已经远远负于表观电势，电极表面的$[Fe^{III}(CN)_6]^{3-}$浓度实际上已经降为零。一旦电势达到能够使反应物表面浓度为零的值，则电势及其变化率都将不会对扩散控制过程的电流产生实质性的影响，也就是说，如果在e点将电势扫描截止，电流仍然会顺着原来的轨迹随时间变化，就仿佛电势扫描没有被截止一样，这个性质是下面用来测量阳极峰电流时如何确定基线位置的基础。

电势扫描过程中电流的变化可以从图B11-4得到定性理解。在循环伏安实验中，电流正比于c-x曲线在电极表面的斜率，即

$$i = nFAD\left(\frac{\partial c}{\partial x}\right)_{x=0} = K\left(\frac{\partial c}{\partial x}\right)_{x=0} \tag{4}$$

式中，i为电流，A；n是每个离子的电子得失数；A是电极面积，cm^2；D是扩散系数，$cm^2 \cdot s^{-1}$；c是浓度，$mol \cdot cm^{-3}$；x是离开电极表面的距离，cm。由方程（4）可知，图B11-3中循环伏安曲线上特定电势下的电流大小可以用图B11-4中对应c-x曲线的斜率变化予以解释：图B11-4（a）曲线斜率为零，因此该电势下的电流基本可以忽略；电势朝负向扫描，曲线c、d的$(\partial c/\partial x)_{x=0}$变大，图B11-3中的阴极电流随之增加；电势扫描越过d点后，由于电极附近的$[Fe^{III}(CN)_6]^{3-}$耗尽，$(\partial c/\partial x)_{x=0}$逐渐变小［见图B11-4（e）和图B11-4（g）］，对应的阴极电流也随之下降。因此，循环伏安图前向扫描过程中电流变化的行为是：电流首先增大，达到峰值电流，然后衰减。

电势负向扫描过程中$[Fe^{III}(CN)_6]^{3-}$被还原为$[Fe^{II}(CN)_6]^{4-}$，在电极周围的$[Fe^{III}(CN)_6]^{3-}$被耗尽的同时，$[Fe^{II}(CN)_6]^{4-}$也在不断累积，这可以从$[Fe^{II}(CN)_6]^{4-}$的c-x曲线上看出来。当

电势扫描在-0.15V转向后,还原反应仍然持续进行(阴极电流的存在证明这一点),直至工作电位足够正,使得累积的$[Fe^{II}(CN)_6]^{4-}$开始被氧化;氧化反应发生的迹象来自于阳极电流的出现,与负向扫描一样,随着扫描电位变正,阳极电流逐渐增大,直至$[Fe^{II}(CN)_6]^{4-}$耗尽,电流达到峰值,然后衰减[见图B11-4中(i)~(k)]。这样,在电势扫描的还原过程和氧化过程中都能够产生电流峰。

循环伏安曲线上的重要参数有阳极峰电流(anodic peak current, i_{pa})和阴极峰电流(cathodic peak current, i_{pc}),以及阳极峰电位(anodic peak potential, E_{pa})和阴极峰电位(cathodic peak potential, E_{pc}),这些参数都标示在图B11-3中,直接读取峰电流的方法涉及外推基线的问题,正确确定基线是获得准确的峰电流的基本条件,这并不是一件容易的事情,尤其是对于复杂反应体系,可能存在多个连续重叠的电流峰。

对于任意一个还原反应:$O + ne^- \rightleftharpoons R$,初始溶液中仅含有氧化态物种O,且符合半无限线性扩散模型,即满足如下关系:

$$\frac{\partial c_O(x,t)}{\partial t} = D_O \frac{\partial^2 c_O(x,t)}{\partial^2 x} \qquad \frac{\partial c_R(x,t)}{\partial t} = D_R \frac{\partial^2 c_R(x,t)}{\partial^2 x} \tag{5a}$$

$$c_O(x,0) = c_O^* \qquad c_R(x,0) = 0 \tag{5b}$$

$$\lim_{x\to\infty} c_O(x,t) = c_O^* \qquad \lim_{x\to\infty} c_R(x,t) = 0 \tag{5c}$$

流量平衡关系为

$$D_O \left[\frac{\partial c_O(x,t)}{\partial x}\right]_{x=0} + D_R \left[\frac{\partial c_R(x,t)}{\partial x}\right]_{x=0} = 0 \tag{5d}$$

式中,D_O和D_R分别为氧化态物种和还原态物种的扩散系数。

假定氧化还原物种在电极表面的电荷转移反应速率很快,这可以定义为电化学可逆体系,比如对于反应$O + e^- \rightleftharpoons R$,若正向反应和逆向反应都很快并足以达成平衡,则满足可逆条件和能斯特方程

$$E = E^{0\prime} + \frac{RT}{nF} \ln \frac{c_O(0,t)}{c_R(0,t)} \tag{6}$$

在循环伏安实验中,初始扫描电位$E_{始}$时不发生任何电极反应,前向扫描电位与时间关系为

$$E(t) = E_{始} - vt \tag{7}$$

式中,v为电位扫描速率,$V \cdot s^{-1}$。Randies[10]和Sevcik[11]首先考虑了方程(5)、(6)、(7)的求解问题,Nicholson和Shain[12]对此进行了更加明晰的分析,得到前向扫描(负向扫描)峰电流为

$$i_p = 0.4463 \left(\frac{F^3}{RT}\right)^{1/2} n^{3/2} A D_O^{1/2} c_O^* v^{1/2} \tag{8}$$

25℃时,电极面积A的单位为cm^2;氧化态物种扩散系数D_O的单位为$cm^2 \cdot s^{-1}$;体相浓度c_O^*单位为$mol \cdot cm^{-3}$;电位扫描速率v的单位为$V \cdot s^{-1}$,则阴极峰电流(单位:A)

$$i_p = (2.686 \times 10^5) n^{3/2} A D_O^{1/2} c_O^* v^{1/2} \tag{9}$$

可见,i_p与电势扫描速率的平方根成正比,且正比于氧化态物种的体相浓度,一个可逆的循环伏安过程是一个扩散控制的过程,即电子转移速率由通过扩散向电极表面输送物质的速率控制。在循环伏安实验中,一般以第一次的前向扫描峰电流为定量分析参数,因为反向扫描的峰电流是转换电势的函数;对可逆体系进行多次来回扫描获得的CV曲线是类似的,但峰电流会略有下降,对于单电子转移反应,多次循环扫描并不会给出更多的信息,但是如果电

极反应还与溶液中的化学反应复合，比如

$$O + e^- \rightleftharpoons R$$
$$R \longrightarrow 产物$$

则多次循环扫描可能给出更多的信息。

由此求得前向扫描的峰电位为

$$E_p = E_{1/2} - 1.109\frac{RT}{nF} = E_{1/2} - \frac{28.5\text{mV}}{n} \quad (25℃) \tag{10}$$

其中

$$E_{1/2} = E^{0\prime} + \frac{RT}{nF}\ln\left(\frac{D_R}{D_O}\right)^{1/2} \tag{11}$$

$E_{1/2}$ 可以认为是还原峰电位和氧化峰电位的平均值，若氧化物种和还原物种的扩散系数相等，即 $D_O = D_R$，则 $E_{1/2} = E^{0\prime}$。可以注意到，扩散系数对 $E_{1/2}$ 的影响是不大的，即使 $D_O/D_R = 2$，25℃时 $E_{1/2}$ 与 $E^{0\prime}$ 之间也仅相差约9mV。

由于循环伏安曲线的峰顶往往较为宽平，E_p 不容易确定，也常常将峰电流一半处的电位，即半峰电位 $E_{p/2}$ 作为测量参数，$E_{p/2}$ 定义为

$$E_{p/2} = E_{1/2} + 1.09\frac{RT}{nF} = E_{1/2} + \frac{28.0\text{mV}}{n}(25℃) \tag{12}$$

可见，E_p 和 $E_{p/2}$ 都与扫描速率 v 无关。图B11-5中标示出了上述各参数的位置，$E_{1/2}$ 处于 E_p 和 $E_{p/2}$ 之间。

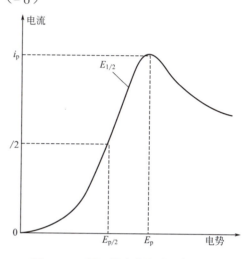

图 B11-5 循环伏安曲线重要参数标示

在循环伏安实验中，$i_p/(v^{1/2}c_O^*)$ 是一个常用的参数，也称为电流函数，它与 $n^{3/2}$ 和 $D_O^{1/2}$ 有关。如果已知扩散系数，则可以用该参数来估算电极反应涉及的电子数，反之亦然。

B11.2.3 循环伏安曲线上的可逆电极反应判据

（1）阴极与阳极峰电位之差在57～60 mV范围内（随转换电势不同而略有改变），即

$$\Delta E_p = |E_{pc} - E_{pa}| \approx 58\text{mV} \tag{13}$$

在实验中很少能观察到 ΔE_p 恰好为58mV，因为存在溶液电阻效应及电子或数学平滑过程对数据产生微小的影响，对可逆的电子转移过程而言，ΔE_p 的测量结果常常在60～70mV之间。对于可逆的多电子转移反应，ΔE_p 的理论预测值约为 $(60/n)$ mV。

（2）初次前向扫描的峰电位与半峰电位之差约为 $(57/n)$ mV，即

$$|E_p - E_{p/2}| \approx 57\text{mV} \tag{14}$$

（3）阴极峰电流和阳极峰电流的"移动比"（shifted ratio）为单位量，即

$$i_{pc}/i_{pa}^* = 1 \tag{15}$$

式中的阳极峰电流 i_{pa}^* 的测量原理是：只要转换电势超过阴极峰电势 $35/n$ mV，则反向扫描CV曲线形态就与前向扫描CV曲线形态一致，因此可以将阴极电流衰减部分的曲线作为阳极电流的基线。图B11-6表示了确定 i_{pa}^* 的方法，沿负向扫描所得的CV曲线的衰减部分，自转换

点 s 开始向负电势方向外推，该外推部分的电流 i 与扫描时间平方根的倒数（$t^{-1/2}$）呈线性关系，从CV曲线正向扫描部分测出转换点 s 到阳极峰顶位置之间的电势差 δ，在外推曲线上找到与 s 点电势相差 δ 的点 q，则 q 点就是测量阳极峰电流 i_{pa}^* 的基线点，按图B11-6所示方法即可获得 i_{pa}^* 的值。

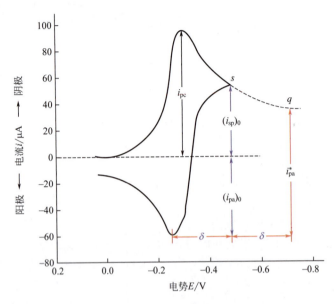

图B11-6 i_{pa}^* 的测量方法

图B11-3中用直线外推法获得阳极峰电流的基线，这与电极表面氧化态物种耗尽后阴极电流变化规律不符，基线轨迹随意性较大，若以0电流位置作为基线，则阳极峰电流 $(i_{pa})_0$ 的大小与转换电势的取值有很强的相关性，这两种测量 i_{pa} 的方法都会使测量结果偏离方程（15）。Nicholson建议[13]，如果测定阳极峰电流的基线无法清晰判断，可以采用并不准确的、以0电流位置为基线的阳极峰电流 $(i_{pa})_0$，以及转换电势位置 s 点的电流 $(i_{sp})_0$，通过计算得出峰电流比值

$$\frac{i_{pa}}{i_{pc}} = \frac{(i_{pa})_0}{i_{pc}} + \frac{0.485(i_{sp})_0}{i_{pc}} + 0.086 \tag{16}$$

式中，$(i_{pa})_0$ 和 $(i_{sp})_0$ 的定义标示在图B11-6中。

（4）负向扫描的峰电流与电势扫描速率的平方根成正比，这一判据常用来区分"扩散控制"过程和"电极表面吸附控制"过程，后者的特征是峰电流与扫描速率的一次方成正比。若以 $\lg i_p$ 对 $\lg v$ 作图，可得一直线，直线斜率为0.5对应于扩散控制过程，直线斜率为1对应于吸附控制过程，斜率介于两者之间对应于扩散-吸附混合控制过程。

（5）表观还原反应电势为

$$E^{0\prime} = \frac{E_{pc} + E_{pa}}{2} \tag{17}$$

（6）若 ΔE_p 为60mV，还原反应为扩散控制过程，且电子转移数 $n=1$，则由方程（8）或方程（9）可以计算扩散系数；电极的几何面积可以通过方程（8）或方程（9）计算，或者用一个扩散系数 D 和电子转移数 n 已知的标准物质进行标定；即使扩散系数只能粗略地估计，n 值也能比较可靠地计算出来，i_p 与 $D^{1/2}$ 成正比，也与 $n^{3/2}$ 成正比。

B11.2.4 不可逆过程和准可逆过程

1. 完全不可逆过程

对于一步完成的单电子不可逆电极反应

$$O + e^- \xrightarrow{k_f} R$$

反应速率可以表示为

$$\frac{i}{FA} = D_O \left[\frac{\partial c_O(x,t)}{\partial x}\right]_{x=0} = k_f(t) c_O(0,t) \tag{18}$$

式中，电极反应速率常数

$$k_f(t) = k^0 \exp\left\{-\frac{\alpha F}{RT}[E(t) - E^{0\prime}]\right\} \tag{19}$$

式中，k^0 为标准速率常数；α 为对称因子（或传递系数）。将方程（7）代入方程（19），采用前述文献类似的处理方法可以得到阴极峰电流为

$$i_p = 0.4958 \left(\frac{F^3}{RT}\right)^{1/2} \alpha^{1/2} A D_O^{1/2} c_O^* v^{1/2} \tag{20}$$

25℃时，阴极峰电流为

$$i_p = (2.99 \times 10^5) \alpha^{1/2} A D_O^{1/2} c_O^* v^{1/2} \tag{21}$$

式中，各物理量的单位与方程（9）相同。

阴极峰电势为

$$E_p = E^{0\prime} - \frac{RT}{\alpha F}\left[0.780 + \ln\left(\frac{D_O^{1/2}}{k^0}\right) + \ln\left(\frac{\alpha F v}{RT}\right)^{1/2}\right] \tag{22}$$

$$|E_p - E_{p/2}| = \frac{1.857 RT}{\alpha F} = \frac{47.7}{\alpha} \text{mV} (25℃) \tag{23}$$

因此，完全不可逆过程的 E_p 与电位扫描速率有关，且可能不存在反向扫描峰（此时当然也不存在 ΔE_p 值），这些都是与可逆过程不同的。由方程（23）可知，对还原反应而言，扫描速率增加10倍，E_p 将朝负电势方向移动 $1.15 RT/\alpha F$（25℃时 $30/\alpha$ mV），且 E_p 位置在 $E^{0\prime}$ "之上"（即更加负），这是由于反应中存在相对于 k^0 的活化超电势所致。

将方程（22）重排后代入方程（20），可以得到 i_p 关于 E_p 的表达式：

$$i_p = 0.227 F A c_O^* k^0 \exp\left[-\frac{\alpha F}{RT}(E_p - E^{0\prime})\right] \tag{24}$$

假定 $E^{0\prime}$ 已知，在不同的电位扫描速率下进行CV曲线测定，以 $\ln i_p$ 对 $(E_p - E^{0\prime})$ 作图，可得一直线，其斜率为 $(-\alpha F/RT)$、截距正比于 k^0。

2. 准可逆过程

完全不可逆过程的逆反应可以忽略，但是如果某个反应显示出电子转移过程存在动力学限制条件，即逆反应必须加以考虑，不能完全忽略，同时正、逆向反应又不能达成平衡，这种情况称为准可逆（quasireversible）过程。对于一步完成的单电子准可逆电极反应

$$O + e^- \underset{k_b}{\overset{k_f}{\rightleftharpoons}} R$$

相应的边界条件为

$$D_O\left[\frac{\partial c_O(x,t)}{\partial x}\right]_{x=0} = k^0 e^{-\frac{\alpha F}{RT}[E(t)-E^{0\prime}]}\left\{c_O(0,t)-c_R(0,t)e^{\frac{F}{RT}[E(t)-E^{0\prime}]}\right\} \tag{25}$$

这类反应的曲线形态和各个峰参数 i_p、E_p 和 $E_{p/2}$ 都与对称因子 α 和一个参数 Λ 有关，Λ 的定义为

$$\Lambda = \frac{k^0}{(D_O^{1-\alpha}D_R^\alpha fv)^{1/2}} \tag{26}$$

式中，$f=F/RT$。若 $D_O=D_R=D$，则

$$\Lambda = \frac{k^0}{(Dfv)^{1/2}} \tag{27}$$

在 CV 实验中，一步完成的单电子准可逆过程的 $i-E$ 曲线的峰形和 ΔE_p 值都与扫描速率 v、标准速率常数 k^0、对称因子 α 和转换电位 E_λ 有关。若 E_λ 在阴极峰电势以上（负向）$90/n$ mV，则 E_λ 的影响可以忽略。在这种情况下，CV 曲线将是无量纲量 α 和参数 Λ 的函数，其中 Λ 又可以由方程（26）变形为参数 ψ

$$\psi = \Lambda \pi^{-1/2} = \frac{(D_O/D_R)^{\alpha/2} k^0}{(\pi D_O fv)^{1/2}} = (D_O/D_R)^{\alpha/2} k^0 \left(\frac{RT}{F\pi D_O v}\right)^{1/2} \tag{28}$$

当 $0.3<\alpha<0.7$ 时，ΔE_p 值与 α 基本无关，仅与 ψ 有关，表 B11-1 中的数据将参数 ψ 与 k^0 关联起来，是广泛应用的估算准可逆过程 k^0 方法的基础（也称为 Nicholson 法），通过不同的扫描速率得到不同的 ΔE_p 值，查表 B11-1 数据得到参数 ψ，再根据方程（28）计算即可得到 k^0。

表 B11-1　ΔE_p 与 ψ 的变化关系（25℃）[①]

ψ	ΔE_p/mV	ψ	ΔE_p/mV
20	61	1	84
7	63	0.75	92
6	64	0.50	105
5	65	0.35	121
4	66	0.25	141
3	68	0.10	212
2	72		

注：一步完成的单电子过程，$E_\lambda = E_p - 112.5/n$ mV，$\alpha=0.5$。

综上所述，可逆体系的峰电位和 ΔE_p 值不随电位扫描速率的变化而变化；若随着电位扫描速率增大，峰电位也随之向电位扫描方向位移、ΔE_p 值增大，该体系属于准可逆体系；当阴极峰和阳极峰之间 ΔE_p 足够大，以致两峰间完全没有重叠部分时，该体系为完全不可逆体系。完全不可逆体系的另一种类型是不存在可逆反应，即化学反应不可逆，此时 CV 曲线上只在一个电位扫描方向上存在电流峰。可逆体系和完全不可逆体系的峰电流 i_p 均与电位扫描速率的平方根 $v^{1/2}$ 成线性比例关系，准可逆体系不存在这个关系。对于可逆、准可逆和完全不可逆的电极反应过程，可以用如下的边界条件进行判断和处理：

可逆　　　　$\Lambda \geq 15$，$k^0 \geq 0.3 v^{1/2}$ cm·s^{-1}

准可逆　　　$15 \geq \Lambda \geq 10^{-2(1+\alpha)}$，$0.3 v^{1/2} \geq k^0 \geq 2\times 10^{-5} v^{1/2}$ cm·s^{-1}

不可逆　　　$\Lambda \leq 10^{-2(1+\alpha)}$，$k^0 \leq 2\times 10^{-5} v^{1/2}$ cm·s^{-1}

B11.3 仪器试剂

电化学工作站（Dynechem），计算机，铂丝电极，铂电极，饱和甘汞电极，电极架，100mL、50mL、25mL容量瓶，5mL、10mL移液管，大号称量瓶（作电解池）。

铁氰化钾[$K_3Fe(CN)_6$，A.R.]，硫酸铁铵[$Fe(NH_4)(SO_4)_2 \cdot 12H_2O$]，A.R.，硫酸亚铁（$FeSO_4 \cdot 7H_2O$，A.R.），硝酸钾（A.R.），硫酸钠（A.R.），硫酸（A.R.），硝酸，电极磨料。

浓度待测的$K_3Fe(CN)_6$溶液（以$1mol \cdot dm^{-3} KNO_3$为支持电解质）。

B11.4 安全须知和废弃物处理

- 在实验室需穿戴实验服、防护目镜或面罩。
- 在处理金属样品和溶液时需使用丁腈橡胶手套。
- 铁盐及含铁金属盐溶液可能刺激眼睛、皮肤、黏膜和呼吸道，应避免吸入或误食，如发生沾染，请用水冲洗沾染部位10min以上。
- 离开实验室前务必洗手。
- 金属盐溶液倒入指定的废液回收桶。
- 使用过的砂纸和固体废渣、碎屑放入固体废弃物桶。

B11.5 实验步骤

B11.5.1 $[Fe^{III}(CN)_6]^{3-}/[Fe^{II}(CN)_6]^{4-}$可逆体系

1. 配制溶液

配制$1mol \cdot dm^{-3} KNO_3$溶液作为支持电解质溶液备用。

准确称取0.33g左右$K_3[Fe(CN)_6]$，用$1mol \cdot dm^{-3} KNO_3$溶液溶解后定容于100mL容量瓶中，得到约$10mmol \cdot dm^{-3}$浓度的$K_3[Fe(CN)_6]$母液。

在25mL容量瓶中分别准确移入$10mmol \cdot dm^{-3}$浓度的$K_3[Fe(CN)_6]$母液5mL、10mL、15mL、20mL，用$1mol \cdot dm^{-3} KNO_3$溶液定容至刻度，配成$2mmol \cdot dm^{-3}$、$4mmol \cdot dm^{-3}$、$6mmol \cdot dm^{-3}$、$8mmol \cdot dm^{-3}$浓度的$K_3[Fe(CN)_6]$溶液。

另行配制$4mmol \cdot dm^{-3} K_3[Fe(CN)_6]/1mol \cdot dm^{-3} Na_2SO_4$溶液。

必须准确知道上述溶液中$K_3[Fe(CN)_6]$的浓度。

2. 实验准备

用铂丝电极作为工作电极和对电极，使用前用Al_2O_3粉抛光，再用蒸馏水淋洗干净。以饱和甘汞电极（SCE）作为参比电极。将WE、CE、RE以及通气管安装到电极架上。

更换测量体系后，应进行铂电极表面的清洁，方法是将电极浸入$0.5 \sim 1mol \cdot dm^{-3} H_2SO_4$溶液中，在$-1.5 \sim +2V$范围内进行5轮以上的循环伏安扫描，扫描速度不大于$100\ mV \cdot s^{-1}$，扫描结束后将电极用蒸馏水清洗。电极表面的清洁过程可重复多次。

在电解池中放入$1mol \cdot dm^{-3} KNO_3$溶液，以电极适当浸入为准。由通气管向溶液中鼓入N_2泡10min，以除去氧气。如果实验条件允许，除氧结束后可以将通气管提离溶液，继续保持N_2流过溶液表面，防止O_2重新溶入。

进行除氧的同时可以设定实验参数，注意此时不要将工作电极连接到电化学工作站。启动电化学分析系统"EC Analyser"软件，实验方法选择"循环伏安法-CV"，实验参数设置如下：

初始电位/V	+0.80
第一转折电位/V	−0.20
第二转折电位/V	+0.80
终止电位/V	+0.80
静止时间/s	20
扫描速度/V·s^{-1}	0.02
扫描段数	6～10
采样间隔/V	0.001
电流灵敏度	1μA

其中扫描起始电位+0.80V，转换电势−0.20V，所有电位扫描都从负向扫描开始，扫描速率20mV·s^{-1}（特殊说明除外）。扫描开始前在起始扫描电位停留10s以上等待电流稳定，采样间隔和电流灵敏度先采用软件默认设置，可根据实验情况适当调整。

除氧结束后将工作电极接入测试系统，电流达到稳定值后开始扫描，测定支持电解质KNO_3的本底CV曲线。

3. 在不同条件下测定$[Fe^{III}(CN)_6]^{3-}/[Fe^{II}(CN)_6]^{4-}$可逆体系的CV曲线

断开工作电极的连接，清洗电解池，然后放入4mmol·dm^{-3}浓度的$K_3[Fe(CN)_6]$溶液，按上述同样的程序测定$[Fe^{III}(CN)_6]^{3-}$-$[Fe^{II}(CN)_6]^{4-}$氧化-还原电对的CV曲线。用游标卡尺测量工作电极浸入溶液的长度和铂丝直径，估算电极表面积A。以后每次实验测量应尽量保证电极浸入深度相同。

用上述溶液考察扫描速率v对循环伏安曲线的影响，扫描速率依次设定为20mV·s^{-1}、50mV·s^{-1}、75mV·s^{-1}、100mV·s^{-1}、125mV·s^{-1}、150mV·s^{-1}、175mV·s^{-1}和200mV·s^{-1}。要注意在每次测量前，必须将电极表面恢复原状，方法是将工作电极在溶液中平缓地上下晃动，但是不要把电极拉出溶液，在此过程中要防止气泡附着在电极表面。

溶液浓度也会影响到峰电流的大小，在20mV·s^{-1}的扫描速率下，依次测定2mmol·dm^{-3}、6mmol·dm^{-3}、8mmol·dm^{-3}、10mmol·dm^{-3} $K_3[Fe(CN)_6]$溶液的循环伏安曲线。扫描浓度待测的$K_3[Fe(CN)_6]$溶液的循环伏安曲线。

考察支持电解质性质对循环伏安曲线的影响，测量4 mmol·dm^{-3} $K_3[Fe(CN)_6]$/1mol·dm^{-3} Na_2SO_4溶液的循环伏安曲线，扫描速率依次设定为20mV·s^{-1}、50mV·s^{-1}、100mmV·s^{-1}、150mV·s^{-1}和200mV·s^{-1}。

B11.5.2 高扫描速率条件下的$Fe^{III}(NH_4)(SO_4)_2/Fe^{II}SO_4$体系

1. 配制溶液

配制0.5mol·dm^{-3} H_2SO_4溶液。

准确称取1.2055g $Fe(NH_4)(SO_4)_2·12H_2O$，用该硫酸溶液溶解后定容于50mL容量瓶中，配制成0.05mol·dm^{-3}的$Fe(NH_4)(SO_4)_2$溶液。准确称取0.6951g $FeSO_4·7H_2O$，用该硫酸溶液溶解后定容于50mL容量瓶中，配制成0.05mol·dm^{-3}的$FeSO_4$溶液。

2. $Fe^{III}(NH_4)(SO_4)_2/Fe^{II}SO_4$体系CV曲线的测定

电极处理方法同I。将$Fe(NH_4)(SO_4)_2$和$FeSO_4$溶液等体积注入电解池中，所配溶液中

$Fe(NH_4)(SO_4)_2$ 和 $FeSO_4$ 浓度均为 25 mmol·dm^{-3}、支持电解质 H_2SO_4 浓度为 0.5 mol·dm^{-3}。通 N_2 鼓泡10min除氧。

按I中同样方法进行不同电位扫描速率下CV曲线的测定，扫描范围 $-0.5 \sim +0.5$V，扫描速率分别为100mV·s^{-1}、200mV·s^{-1}、400mV·s^{-1}、600mV·s^{-1}、800mV·s^{-1} 和 1000mV·s^{-1}。

3．自主探索

若将参比电极SCE改成与工作电极一样的铂丝，能否进行 $Fe(NH_4)(SO_4)_2/FeSO_4$ 体系的CV曲线测定？试设计实验方案进行尝试。

B11.5.3　H_2SO_4水溶液的CV曲线测定（选做，如无铂片电极可不做）

当以氢电极（RHE）作为参比电极时，H_2SO_4 水溶液的电势扫描范围为 $0.02 \sim 1.66$ V，本实验采用饱和甘汞电极（SCE）作为参比电极，请据此设计可行的实验方案。

将 0.5mol·dm^{-3} H_2SO_4 溶液稀释定容，配制成 0.05mol·dm^{-3} H_2SO_4 溶液。将该 0.05mol·dm^{-3} H_2SO_4 溶液放入电解池中，通 N_2 鼓泡10min除氧。工作电极和对电极均为铂片电极，为达到实验的重现性，先以 1V·s^{-1} 的电位扫描速率进行多次快扫，然后再进行正式的CV曲线测定，内容包括如下：

（1）在 $0.02 \sim 1.66$ V（vs. RHE）范围内，以100mV·s^{-1} 的电位扫描速率测定 H_2SO_4 溶液的CV全谱；

（2）在 $0.02 \sim 0.8$V（vs. RHE）范围内，以100mV·s^{-1} 的电位扫描速率测定 H_2SO_4 溶液的CV谱；

（3）在 $0.4 \sim 0.7$V（vs. RHE）范围内，以20mV·s^{-1}、40mV·s^{-1}、60mV·s^{-1}、80 mV·s^{-1}、100mV·s^{-1} 的电位扫描速率依次测定 H_2SO_4 溶液的CV谱。

B11.6　数据处理与结果分析

B11.6.1　$[Fe^{III}(CN)_6]^{3-}/[Fe^{II}(CN)_6]^{4-}$ 可逆体系

1．画出 KNO_3 溶液的CV曲线，说明本底溶液的循环伏安扫描特征。

2．将各电位扫描速率下 4mmol·dm^{-3} $K_3[Fe(CN)_6]$ 溶液的CV曲线重叠绘制在一张图上，列表和计算如下参数：电位扫描速率 v/V·s^{-1}，E_{pc}/V(vs. SCE)，E_{pa}/V(vs. SCE)，ΔE_p/V，i_{pc}/μA，i_{pa}/μA，i_{pc}/i_{pa}，$i_{pc}/v^{1/2}$，$i_{pa}/v^{1/2}$，注意阳极峰电流 i_{pa} 即为图B11-6所示的 i_{pa}^* [14]。

3．根据 ΔE_p 的变化规律说明 $[Fe^{III}(CN)_6]^{3-}/[Fe^{II}(CN)_6]^{4-}$ 体系的可逆性；在同一张图上绘出 i_{pc}-$v^{1/2}$ 和 i_{pa}-$v^{1/2}$ 曲线，进行线性拟合；根据方程（17）计算 $[Fe^{III}(CN)_6]^{3-}/[Fe^{II}(CN)_6]^{4-}$ 氧化还原对的表观电极电势 $E^{0\prime}$，并与文献值对比；计算铂丝电极面积，根据方程（8）或方程（9），估算 $[Fe^{III}(CN)_6]^{3-}$ 和 $[Fe^{II}(CN)_6]^{4-}$ 的扩散系数 D_O 和 D_R，25℃时文献值如下：

1.00mol·dm^{-3} KCl 溶液中，$D_O = (0.726 \pm 0.011) \times 10^{-5} cm^2 \cdot s^{-1}$，$D_R = (0.667 \pm 0.014) \times 10^{-5} cm^2 \cdot s^{-1}$；

0.10mol·dm^{-3} KCl 溶液中，$D_O = (0.720 \pm 0.018) \times 10^{-5} cm^2 \cdot s^{-1}$，$D_R = (0.666 \pm 0.013) \times 10^{-5} cm^2 \cdot s^{-1}$。

（KNO_3 作为支持电解质时，扩散系数仅有微小差别）

4．将 20mV·s^{-1} 的扫描速率下，2mmol·dm^{-3}、4mmol·dm^{-3}、6mmol·dm^{-3}、8mmol·dm^{-3}、10mmol·dm^{-3} $K_3[Fe(CN)_6]$ 溶液和待测溶液的CV曲线重叠绘制在一张图上，读出各浓度溶液

的 i_{pc} 和 i_{pa}，并列表。

5. 在同一张图上绘制 i_{pc}-c_O^* 曲线和 i_{pa}-c_O^* 曲线，进行线性拟合，由拟合关系求出待测溶液的浓度。

6. 将 4 mmol·dm^{-3} K$_3$[Fe(CN)$_6$]/1mol·dm^{-3} Na$_2$SO$_4$ 溶液的 CV 曲线画在一张图上，列表和计算如下参数：电位扫描速率 v/V·s^{-1}，E_{pc}/V($vs.$ SCE)，E_{pa}/V($vs.$ SCE)，ΔE_p/V，i_{pc}/μA，i_{pa}/μA，i_{pc}/i_{pa}，$i_{pc}/v^{1/2}$，$i_{pa}/v^{1/2}$，并与相同实验条件下 K$_3$[Fe(CN)$_6$]/KNO$_3$ 溶液结果进行对比，说明不同类型的支持电解质对循环伏安测量的影响。

B11.6.2　高扫描速率条件下的 Fe^{III}(NH$_4$)(SO$_4$)$_2$/Fe^{II}SO$_4$ 体系

扩散系数 D_O=4.65×10^{-6} cm^2·s^{-1}，D_R=5.04×10^{-6} cm^2·s^{-1}

1. 将各电位扫描速率下的 CV 曲线重叠绘制在一张图上，列表和计算如下参数：电位扫描速率 v/V·s^{-1}，E_{pc}/V($vs.$ SCE)，E_{pa}/V($vs.$ SCE)，ΔE_p/V，i_{pc}/μA，i_{pa}/μA，i_{pc}/i_{pa}，$i_{pc}/v^{1/2}$，$i_{pa}/v^{1/2}$，注意阳极峰电流 i_{pa} 即为图 B11-6 所示的 i_{pa}^*。

2. 根据 ΔE_p 的变化规律说明 Fe^{III}(NH$_4$)(SO$_4$)$_2$/Fe^{II}SO$_4$ 体系的可逆性；在同一张图上绘出 i_{pc}-$v^{1/2}$ 和 i_{pa}-$v^{1/2}$ 曲线，进行线性拟合。

3. 根据方程（20）或方程（21），由上一步拟合直线的斜率求出对称因子 α。

4. 根据方程（28）和表 B11-1 数据，计算标准速率常数 k^0，以及交换电流密度 j_0：

$$j_0 = Fk^0 c_O^\alpha c_R^{1-\alpha} \tag{29}$$

（估算值 k^0=0.02～0.03 cm·s^{-1}，j_0=1.0～1.5 mA·cm^2）

B11.6.3　H$_2$SO$_4$ 水溶液的 CV 曲线测定

1. 绘出 0.02～1.66V（$vs.$ RHE）范围内 CV 负向扫描和正向扫描的全谱，查阅文献，说明负向扫描曲线和正向扫描曲线上各个峰、平台等位置分别对应什么电化学变化或过程。

2. 绘出 0.02～0.8V（$vs.$ RHE）范围内 CV 曲线，指出电极表面发生氢气吸附的证据，指出双电层形成的电位扫描区段。

3. 将 0.4～0.7V（$vs.$ RHE）范围内，以各电位扫描速率依次测定 H$_2$SO$_4$ 溶液的 CV 谱重叠绘制在一张图上；选取某个电位值（比如 600mV），以电流 i 对电位扫描速率 v 作图，讨论两者之间可能的函数关系，说明该函数关系可能包含的电化学概念和原理。

B11.7　讨论与思考

本实验项目理论探讨部分涉及峰电流的方程，无论是针对可逆体系、完全不可逆体系或者准可逆体系，都是以负向扫描的还原反应 O+ne$^-$ ⟶ R 为处理对象的。若现在首先进行正向扫描，处理对象改为 R ⟶ O+ne$^-$，问这些方程是否能够继续使用？或者需要做出什么样的改变，请举例说明。

B 12

H₂分子在Ag（111）表面势能面的构建

B12.1 实验简介

本实验将学习利用量子化学计算软件构建化学反应势能面的理论化学计算方法，所处理的研究对象是H_2分子在Ag（111）表面吸附的，将画出H_2分子在Ag（111）表面的势能面，从中找出H_2分子解离的过渡态并估算解离能垒，由所获得的过渡态结构参数，用过渡态理论计算H_2在Ag（111）表面上解离的速率常数。

本实验设计为4课时，也可以作为开放实验由学生通过网络服务器完成。

学生应熟悉过渡态理论的统计力学及热力学计算方法，了解基本的量子化学概念和计算模型。

B12.2 理论探讨

B12.2.1 多相催化

多相催化（又称非均相催化）是指催化剂与反应混合物分为两相的催化反应。在现代化学工业中，多相催化扮演着极其重要的角色。实际应用的催化反应中很大一部分都属于多相催化，其中尤为重要的类型是以固体催化剂和气态反应物组成的气固相催化体系。

根据阿仑尼乌斯公式 $k=Ae^{-E/RT}$，催化剂参与反应能够使活化能E值减小，从而使反应速率常数k显著提高。在气固相催化反应中，固体催化剂通常能够与气态的反应物分子发生化学吸附作用，使得反应物分子得到活化，从而降低反应的活化能，最终使反应速率加快。

反应物分子在固体催化剂表面的吸附是多相催化过程中的第一步，所谓吸附过程就是通过化学键、范德华力等相互作用，气相或液相中的小分子与固体表面牢固地结合在一起的过程。根据吸附的分子与表面相互作用的类型，可以将吸附过程分为物理吸附和化学吸附。物理吸附指小分子和固体表面之间通过范德华力相互作用结合在一起，它不会引起分子及表面几何结构和电子结构的显著变化，其吸附能在10～50kJ·mol^{-1}的范围，接近冷凝热；在化学吸附中，吸附分子和表面之间通过化学键相互结合在一起，所以分子和表面之间的电子云会发生明显的重新排布，并可能会造成吸附分子结构的显著变化，比如某些化学键的断裂，化学吸附的吸附能在80～420kJ·mol^{-1}的范围内。

B12.2.2 势能面概述

分子结构和势能面的概念来源于玻恩–奥本海默近似（Born-Oppenheimer approximation，简称BO近似），在处理包含电子与原子核的体系时，考虑到原子核的质量要比电子大很多，一般要大3～4个数量级，因而在同样的相互作用下，原子核的运动速度比电子要小得多，这一速度差异使得电子在每一时刻仿佛运动在静止原子核构成的势场中，原子核则感受不到电子的具体位置，而只能受到平均作用力。BO近似可以将电子运动从几何结构优化中分离出来。由于原子核的质量远大于电子的质量，而运动速度却远小于电子，在BO近似的前提下就可以通过固定原子坐标求解电子结构的问题，并且这种操作可以对所有可能的几何结构进行。因此，一个分子体系的能量就可以描述成包含参数的原子核坐标的函数，也就因此产生了势能面的概念。

理论模拟的基本内容是建立分子和原子体系的数学模型来模拟实际体系。体系中分子和原子的结构可以通过定义分子中每一个原子在直角坐标系（或内禀坐标系）内的位置来确定，对于确定量子态的体系，任意一个确定的几何结构都对应着一个唯一确定的势能，而一个体系在全空间或给定形变范围内所有可能的微观态所对应的势能的集合就称为势能面。可以看出，势能面是描述体系能量随着体系几何结构而变化的函数图形。在计算模拟过程中，势能面既可以运用预先确定的势函数进行描述，也可以通过迭代自洽求解薛定谔方程得到每一个结构的势能。图B12-1给出了一个简单的势能面，势能面上任意点的纵坐标为体系的能量，该点对应的两个水平坐标则对应于用于确定体系几何结构的两个参数。

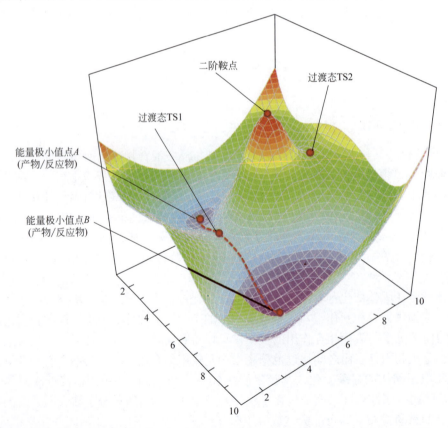

图 B12-1　势能面示意图（图中标示出了势能面上一些特殊结构和典型反应路径）

图B12-1所示的势能面可以直观地看作一张绵延起伏的地形图,其中具有"山谷""山峰""隘口"等地形特征。虽然对于大多数分子来说,其结构变量的数目往往不止两个,但其势能面的绝大多数重要的特征都可以从这张图中看出来。

势能面上的谷地对应于局部能量极小值点,这些点代表着化学反应中的反应物、产物或者稳定中间体的结构。在势能面上连接反应物和产物所处能量极小值点的能量最低通道称为反应通道(也称反应路径)。在化学反应的过程中,反应物沿着势能面上的反应通道变化最终形成产物,反应通道上的能量最高点就是该反应对应的过渡态,过渡态与反应物之间的能量差就对应于该反应的能垒。从图像上看,过渡态在势能面上是一个"隘口",从数学上来讲,过渡态所处的点对应于势能面上的一阶鞍点,沿着反应发生的自由度看,过渡态的能量是极大值,而沿着其他的维度看,过渡态的能量则为极小值。势能面图上的"山峰"是高阶鞍点,在化学反应中一般不关心高阶鞍点的信息。

利用能量对几何结构参数(x)的一阶导数和二阶导数,可以建立势能面的二次近似函数

$$E(x) = E(x_0) + g_0^T \Delta x + \frac{1}{2} \Delta x^T H_0 \Delta x \tag{1}$$

式中,g_0称为梯度,是x_0处能量的一阶导数(dE/dx);H_0是Hessian矩阵(d^2E/dx^2)。运用梯度和Hessian矩阵信息可以进行过渡态搜索,其中负梯度就是分子中原子受力的向量;在势能面上的能量极小点、过渡态以及高阶鞍点处的力向量均为零,因此也把这些点称为驻点;Hessian矩阵也称为力常数矩阵,使用直角坐标得到的质量加权的Hessian矩阵中的本征向量对应于分子的简正振动模式。对于能量极小点,对应于不同振动模式的Hessian矩阵的本征值都必须是正数,而振动频率都是实数。对于过渡态,Hessian矩阵中有且仅有一个负数,而过渡态有且仅有一个虚振动频率。

B12.2.3 过渡态理论

过渡态理论即活化络合物理论(transition-state theory)。过渡态理论以量子力学对反应过程中的能量变化的研究为依据,认为从反应物到生成物之间形成了势能较高的活化络合物,活化络合物所处的状态叫过渡态。为了解释基元化学反应的反应速率,该理论假设在反应物和活化的过渡态络合物之间有一种特殊的化学平衡(准平衡)。过渡态理论最初用于定性地解释化学反应是怎么发生的。这一理论在1935年由普林斯顿大学的Henry Eyring和曼彻斯特大学的Meredith Gwynne Evans和Michael Polanyi同时提出来。过渡态理论出现之前,人们通常使用阿仑尼乌斯速率定律($k=Ae^{-E_a/RT}$)来确定反应能垒的能量。但由于阿仑尼乌斯方程是基于经验观测而来的,忽视了对反应机理的影响,比如没有考虑到从反应物到产物的转化是涉及一个还是几个反应中间体。过渡态理论进一步发展了阿仑尼乌斯方程,得到了艾林方程,解决了阿仑尼乌斯方程中指前因子(A)和活化能(E_a)的由来问题。过渡态理论的公式为

$$k = \frac{k_B T}{h} \exp\left(\frac{\Delta S^{\neq}}{R}\right) \exp\left(-\frac{\Delta H^{\neq}}{RT}\right) \tag{2}$$

B12.2.4 计算软件及基本参数介绍

VASP(Vienna Ab-initio Simulation Package)是奥地利G. Kresse等开发的用于从头算量子力学计算的程序,使用平面波基组,赝势则采用超软赝势或者PAW赝势。两种赝势都可

以相当程度地减少平面波基组的数目。VASP是目前使用最广泛的平面波商业计算程序。对于平面波程序，有几个重要的控制精度的参数：cutoff，KPOINTS。在本实验中，我们使用的cutoff 400eV，KPOINTS（k点）则为$6×6×1$，具体含义可以查阅固体物理教材。

Materials Studio是专门为材料科学领域研究者开发的一款可运行在PC上的模拟软件。它有助于解决当今化学、材料工业中的一系列重要问题。Materials Studio使化学及材料科学的研究者们能更方便地建立三维结构模型，并对各种晶体、无定形以及高分子材料的性质及相关过程进行深入研究。

B12.3 实验步骤

B12.3.1 构建Ag（111）表面的理论模型

为了在理论上描述周期性重复的晶体表面，常常采用构建具有一定厚度的周期性层板（slab）模型的方法。这里可以利用Materials Studio（MS）软件本身提供的数据库（其中里面包含了大量金属、氧化物、矿物等的晶体结构），从该数据库中载入金属Ag的晶体结构，随后利用material studio的图形界面，切割出Ag的（111）晶面，从而构建起Ag（111）表面的slab模型。需要注意的是，采用slab模型来描述表面对于slab的厚度有一定的要求。原则上，slab模型的厚度越厚，则越能够精确地描述表面结构，但是同时消耗的计算量也越大。本实验中采用具有3层Ag原子厚度的slab模型来模拟表面。早期研究表明，该厚度已经可以较好地模拟一般金属材料表面，并且计算量适中。

首先打开Materials Studio软件，在任务栏中选择File→Import，在程序弹出导入文件对话框中找到Materials Studio软件数据库所在位置，打开"metals"文件夹，在"pure-metals"子文件夹中找到金属Ag的晶体结构文件"Ag.msi"并打开。此时在软件界面上能够看到具有金属Ag结构的周期性超元胞（super cell）模型。随后，在任务栏中选择Build→Surfaces→Cleave Surface，此时程序会跳出"Cleave Surface"对话框，在这个对话框中可以设置需要切割出的晶面参数。其中在"Cleave Plane（h, k, l）："后的方框中填入切割后要暴露的晶面指数，在此方框中输入："111"；下面的"Top："后的方框中填入的是关于切割位置的参数，这里不用改动；下方的"Thickness："后的方框中填入的是切割后的层板厚度，由于本实验采用厚度为三个Ag原子的层状模型，因此需要将Thickness参数设为3。点击对话框右下角的"Cleave"按钮就得到了所需slab模型的基本重复单元。在切出表面之后，由于模型在三维方向上重复，需要在z方向加入真空层来隔离slab的周期性镜像。通过任务栏选择Build→Crystals→Build Vacuum Slab，在弹出的窗口中可以设置真空层的厚度。设置Vacuum thickness为1.5nm，Slab position为真空层厚度一半，即0.75nm。在点击"Build"按钮之后，就得到了Ag（111）的slab模型。

此时得到的表面模型的晶胞是一个倾斜的晶胞，这会增加之后扫描势能面的难度，而且单个晶胞的横截面积太小，难以容纳H_2分子，因此还需要进一步将该晶胞的形状调整为更易处理的正交晶胞，并适当拓展晶胞的重复单元，使其具有足够大的横截面积来容纳H_2分子。通过任务栏选择Build→Symmetry→Redefine Lattice，弹出"Redefine Lattice"对话框。可以看到窗口中默认值为A：100，B：010，C：001。将其中B后的数字修改为"120"，点击"Redefine"按钮之后，就得到了一个长方体形状的正交晶胞。随后，为了增加晶胞的横截面积，需要将晶胞的重复单元沿着表面短轴方向（A方向）扩大一倍。通过任务栏选择

Build→Symmetry→Supercell，弹出"Supercell"对话框，在其中设置A：2，B：1，C：1后，点击"Create Supercell"按钮，就得到了所需的Ag（111）的表面模型，如图B12-2所示。在这里建议仔细检查得到的模型是否和图B12-2中的完全一致。

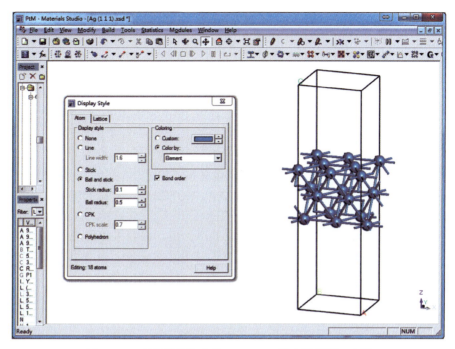

图 B12-2　利用软件构建的Ag（111）的表面模型示意图

B12.3.2　放入H_2分子

下一步，将在晶胞中放入H_2分子。由于在Ag（111）表面上不同表面原子排列位置存在差异，导致在表面不同位置上的化学活性也会有所不同。对类似Ag这样的具有面心立方（face-centered cubic, fcc）晶格结构的金属而言，其（111）面上几个典型的位置有：顶位（top site）、桥位（bridge site）和空穴位（hollow site）等。本实验将H_2分子的质心放在以上这些不同的位置上，可以在输入原子坐标后观察这些位置的差异。

添加原子时，从任务栏选择Build→Add Atoms，在弹出的对话框中的element选项中选择添加原子的元素种类，这里选择H元素。然后在右侧的a、b、c中选项中分别输入需添加的两个H原子的分数坐标。

不同位置的分数坐标如下。

顶位：H1（0.792, 0.583, 0.691）H2（0.708, 0.417, 0.691）。
桥位：H1（0.303, 0.798, 0.691）H2（0.447, 0.702, 0.691）。
空位（FCC型）：H1（0.167, 0.250, 0.691）H2（0.334, 0.250, 0.691）。
空位（HCP型）：H1（0.417, 0.250, 0.691）H2（0.584, 0.250, 0.691）。

本实验只考虑H_2分子水平吸附的这种构型。从这些初始结构出发，通过调节H_2分子的结构参数可以构建势能面。

B12.3.3　准备VASP输入文件

在准备VASP的输入文件之前，应先从前面准备的初始模型中导出需要的结构信息，这要用到Material Studio的CASTEP模块输出所需的坐标信息。在具体操作过程中，首先在Material Studio的任务栏中选择Modules→CASTEP→Calculation，弹出CASTEP模块对话框，点击对话框下方的"Files"按钮，再在新弹出的"CASTEP Job Files"对话框中，点击"Save Files"按钮，保存需要的输入文件信息。保存完成后，在软件左侧的Project栏目中会看到增加了一个名为"Ag（111）CASTEP Energy"的新目录。用鼠标右键点击该目录，选择"Open Containing Folder"选项，随后在弹出的Windows资源管理器中打开该目录。在该目录中找到隐藏文件Ag（111）.cell，用记事本打开该文件。可以看到文件中包含了许多计算参数，其中第一部分位于"%BLOCK LATTICE_CART"和"%ENDBLOCK LATTICE_CART"之间的数字是slab模型的晶胞参数，后面"%BLOCK POSITIONS_FRAC"和"%ENDBLOCK POSITIONS_FRAC"之间的内容则是晶胞中每个原子的位置对应的分数坐标。

在导出初始模型的结构信息后，可以开始准备VASP的输入文件。运行VASP需要的输入文件包括4个独立的文件：INCAR、POSCAR、POTCAR以及KPOINTS。其中INCAR、POTCAR以及KPOINTS三个文件使用我们在实验前设置好的文件，在实验过程中无需修改，以确保扫描势能面过程中计算得出的能量的可比性。在扫描势能面的过程中只需要构建用于设定结构参数的POSCAR文件即可。为了方便同学修改，下面给出了一个POSCAR文件的模板，如图B12-3所示。我们需要修改文件中两部分的内容（在图B12-3中用黄色高亮标出），其中第一部分替换为前面导出的slab模型晶胞参数，第二部分替换为前面导出的原子的分数坐标，并去掉坐标前的元素名称。至此一套完整的VASP计算输入文件就准备完成了。

```
Structure
1.00000000000000
    5.778052351787755    0.000000000000000    0.000000000000000
    0.000000000000000    5.003940121044614    0.000000000000000
    0.000000000000000    0.000000000000000    19.717759989656102
  H   Ag
  2   12
Direct configuration = 100
    0.7916666666666667    0.5833333333333333    0.6910000000000000
    0.7083333333333333    0.4166666666666667    0.6910000000000000
    0.0000000000000002    0.0000000000000007    0.6196322501169260
    0.2500000000000006    0.5000000000000007    0.6196322501169260
    0.2500000000000001    0.1666666666666656    0.5000000000000000
    0.0000000000000000    0.6666666666666667    0.5000000000000000
    0.0000000000000000    0.3333333333333335    0.3803677498830743
    0.2500000000000001    0.8333333333333316    0.3803677498830743
    0.5000000000000003    0.0000000000000004    0.6196322501169260
    0.7500000000000004    0.5000000000000002    0.6196322501169260
    0.7500000000000002    0.1666666666666667    0.5000000000000000
    0.5000000000000000    0.6666666666666672    0.5000000000000000
    0.5000000000000000    0.3333333333333335    0.3803677498830743
    0.7500000000000002    0.8333333333333333    0.3803677498830743
```

图B12-3　POSCAR文件模板

B12.3.4　调节H_2的构型及势能面绘制

在绘制势能面图时，首先需要选定反应坐标。反应坐标一般可以从反应过程中变化最明显的几何结构参数中选取，随后通过扫描这些几何结构参数的变化对体系能量的影响就能够获得势能面的图像。本实验选择 H_2 分子距离 Ag 表面的高度以及 H—H 键长作为反应坐标，由于仅仅靠这两个几何参数还不能完全确定 H_2 分子的几何构型，在扫描势能面的过程中还规定 H—H 键取向保持不变，H_2 分子质心在表面的投影位置也保持不变。通过这些限制条件就能够将 H_2 分子的构型唯一地确定了。

随后，基于初始构型，通过逐渐调节 H_2 分子距离表面的高度以及 H—H 键的键长来得到一系列需要扫描的结构，每个结构对应于势能面上的一个点。分别将 H_2 分子距离表面的高度逐渐从 0.3nm 降低到 0.07nm，间隔为 0.01nm，同时将 H—H 键长从 0.06nm 逐渐增加到 0.2nm，间隔同样为 0.01nm。为了方便同学们计算，在本实验中提供一个 gen-positon.sh 脚本文件帮助构建并计算所有的结构。只需要运行"./gen-position.sh"，屏幕上就会输出每个构型相应的反应坐标和能量，同时也会将结果输出在 results 文件中。此时需要耐心等待计算完成。该过程大约需要 2h。在此过程中不要关闭命令窗口。在计算完成之后，需要利用 results 文件中的数据点来画出二维势能面。

B12.4　数据处理与结果分析

1．将势能面数据结果可视化，画出二维势能面，步骤如下：
①将 results 中的数据点拷贝到列表中；
②选中第三列 C（Y）列；
③菜单栏 Column → Set As → z；
④菜单栏 Plot → Contour/Heat Map → Color Fill，至此得到二维势能面；
⑤在二维势能面上右键单击，Plot Details → Colormap/Contours，在弹出的对话框中点击 Lines...，然后选择 Show all。

2．在图中标出 H_2 在 Ag 表面解离的过渡态，记录下其在过渡态时的 H—H 键长。

3．通过计算得到的反应能垒，利用过渡态理论的公式计算出 H_2 解离的反应速率常数。

B12.5　讨论与思考

1．在 slab 模型中，除了厚度之外，其他影响因素如周期性重复单元的尺寸、真空层厚度等对模拟的结果有何影响？

2．该实验中估算反应能垒的主要误差来源有哪些？

3．在 Ag（111）表面上 H_2 分子的哪种吸附构型最有利于 H_2 分子的解离？

4．在本实验中 H_2 分子在表面发生的是化学吸附还是物理吸附？

5．尝试用 Origin 软件绘制 3D 势能面。

参考文献

[1]*Journal of Chemical Education,* 2001, 78(7): 961-964.

[2]http://www.sangli.com.cn/end.asp?id=163.

[3]Kissinger H M. Reaction Kinetics in Differential Thermal Analysis. *Anal. Chem.*, **1957**, 29: 1702-1706.

[4]Centre for Research in Computational Thermochemistry(CRCT). FACT Compound and Solution Database[EB/OL]. http://www.crct.polymtl.ca/FACT/phase_diagram.php?file=KNO$_3$-NaNO$_3$.jpg&dir=FTsalt.

[5]Greis O, Bahamdan K M, Uwais B M. The Phase Diagram of the System NaNO$_3$-KNO$_3$ Studied by Differential Scanning Calorimetry. *Thermochim. Acta*, **1985**, 86: 345-350.

[6]Tammann G, Ruppelt A. Die EntmischunglückenloserMischkristallreihen. *Z. Anorg. Allg. Chem.*, **1931**, 197: 65-89.

[7]Kofler A. Mikrothermoanalyse des Systems NaNO$_3$-KNO$_3$. *Monatsh. Chem.*, **1955**, 86,:643-652.

[8]Kramer C M, Wilson C J. The Phase Diagram of NaNO$_3$-KNO$_3$. *Thermochim. Acta*, **1980**, 42: 253-264.

[9]Xu K, Chen Y. Temperature-dependent Raman Spectra of Mixed Crystals of NaNO$_3$-KNO$_3$: Evidence for Limited Solid Solutions. *J. RamanSpectrosc.*, **1999**, 30: 173-179.

[10]Randles J. E. B. A Cathode Ray Polarograph. Part II-The Current-Voltage Curves. *Trans. Faraday Soc.*, **1948**, 44: 327-338.

[11]Ševčík A. Oscillographic Polarography with Periodical Triangular Voltage. *Coll. Czech. Chem. Commun.*, **1948**, 13: 349-377.

[12]Nicholson R S, Shain I. Theory of Stationary Electrode Polarography-Single Scan and Cyclic Methods Applied to Reversible, Irreversible, and Kinetic Systems. *Anal. Chem.*, **1964**, 36: 706-723.

[13]Nicholson R S. Theory and Application of Cyclic Voltammetry for Measurement of Electrode Reaction Kinetics. *Anal. Chem.*, **1965**, 37: 1351-1355.

[14]Konopka S J, McDuffie B. Diffusion Coefficients of Ferri- and Ferrocyanide Ions in Aqueous Media, Using Twin-Electrode Thin-layer Electrochemistry. *Anal. Chem.*, **1970**, 42: 1741-1746.